U0383581

中国科学院科学出版基金资助出版

《现代数学基础丛书》编委会

副主编：夏道行　龚　昇　王梓坤　齐民友

编　委：(以姓氏笔画为序)

万哲先　王世强　王柔怀　叶彦谦

孙永生　江泽坚　江泽培　陈希孺

张禾瑞　张恭庆　严志达　胡和生

姜伯驹　聂灵沼　莫绍揆　曹锡华

现代数学基础丛书·典藏版 49

# 非线性偏微分复方程

闻国椿 著

科学出版社

北京

## 内容简介

本书主要用复分析方法阐述一阶、二阶和高阶非线性椭圆型复方程的各种边值问题，二阶非线性、非散度型抛物型复方程与方程组的各种初-边值问题，一阶、二阶双曲型与混合型(椭圆-双曲型)复方程解的性质和一些边值问题. 书中大部分内容是作者及其合作者的最新研究成果，不论是复方程，还是区域与边界条件，都就较广泛的情形进行讨论，且书中所述的内容比较系统和完整.

本书的读者对象是高等学校数学系与应用数学系的学生、教师、研究生

图书在版编目(CIP)数据

非线性偏微分复方程/闻国椿著.-北京:科学出版社，1999.6
(现代数学基础丛书·典藏版;49)
ISBN 978-7-03-007199-6
Ⅰ.非… Ⅱ.闻… Ⅲ.非线性偏微分方程 Ⅳ.O175.29
中国版本图书馆CIP数据核字(98)第38684号

责任编辑：吕　虹／责任校对：钟　洋
责任印制：徐晓晨／封面设计：王　浩

科学出版社出版
北京东黄城根北街16号
邮政编码：100717
http://www.sciencep.com
北京厚诚则铭印刷科技有限公司印刷
科学出版社发行　各地新华书店经销
*
1999年6月第一版　开本：B5(720×1000)
2015年7月印刷　印张：21 3/4
字数：281 000
定价：148.00元
(如有印装质量问题，我社负责调换)

# 序　　言

本书的内容是著作[15]3),[140]中所述研究成果的继续与扩展.书中主要阐述一阶、二阶和高阶一般的椭圆型复方程的各种边值问题,二阶非线性、非散度型抛物型复方程与方程组的一些初-边值问题,一阶、二阶双曲型复方程解的若干性质.此外,书中还介绍了一阶、二阶混合型(椭圆-双曲型)复方程的一些结果.

在第一章中,讨论了多连通区域上带弱条件的一般非线性椭圆型复方程的各种边值问题,包括复合边值问题,非线性Riemann-Hilbert 问题,Poincaré 边值问题等,其中非线性椭圆型复方程的低阶项都包含有明显的非线性部分,而且区域的边界允许是非光滑的.在第二章中,我们证明了 $n$ 阶非线性椭圆型复方程解的存在定理与一些边值问题,这里 $n$ 可以是任意的正偶数与正奇数,其中特别详细地介绍了三阶椭圆型复方程的有关结果.

在第三章和第四章中,不仅研究了带可测系数的二阶非线性、非散度性抛物型方程的初-边值问题,而且还讨论了二阶非线性、非散度型抛物型方程组的初-边值问题.没有看到国内外有其他人用复分析方法讨论抛物型方程与方程组的有关问题并得到如本书所述条件下关于这方面的结果.

在第五章中,介绍了双曲准正则函数与拟双曲变换,这对应于椭圆型复方程理论中的准解析函数与拟共形映射.基于双曲数与双曲复变函数的表示法,在一定条件下的一阶双曲型方程组与二阶双曲型方程能转化为复形式.在此基础上,我们还讨论了一阶和二阶线性、拟线性双曲型复方程一些边值问题的可解性.

在第六章中,我们研究了一阶、二阶拟线性混合型(椭圆-双曲型)复方程较一般的边值问题.这里,我们没有使用积分方程的方法,而主要使用一阶椭圆型复方程间断边值问题的结果与双曲型方程的理论，证明混合型方程各种边值问题解的存在唯一性，所得结果包含 A. V. Bitsadze 的结果（见[23]1)，3)）作为特殊情形. 有关混合型方程的不少问题仍待今后继续研究.

类似于专著[15]3)，[140]，本书中所考虑的复方程与边界条件都相当广泛，而且使用的方法也是多种多样的. 本书的内容有两个主要特点，其一是：关于椭圆型复方程的边值问题大多是考虑非线性复方程在多连通区域上颇为一般的边界条件，其二是：较系统地把复分析方法用来研究抛物型、双曲型甚至是混合型复方程中的一些问题. 虽然本书限于讨论二维或包含时间 $t$ 的三维区域的情形，但我们也能用处理前述复方程的思想和其它一些方法来解决一些高维区域上的椭圆型、抛物型方程与方程组的相应问题（见[139]23)，26)）. 还要提及：使用本书中所述的一些结果，可以处理空气动力学、渗流理论、弹塑性力学中的自由边界和滑动边界问题以及弹性力学中的混合接触问题（见[15]3)，[150]），特别是混合型方程的一些边值问题，它们和流体力学中的某些问题有着密切的联系.

本书中的大部分内容都是作者及其合作者在近几年来获得的研究成果，并且不少结果初次发表于此. 本书可供高等学校数学系相关方向的高年级学生、研究生和教师使用，也可供一些科技工作者参阅.

闻国椿

于北京大学 1997 年 10 月

# 目　录

# 第一章　带弱条件的非线性椭圆型方程与方程组

本章中，我们讨论一般的一阶椭圆型方程组、二阶椭圆型方程和方程组的一些边值问题，其中区域的边界、边界条件与方程系数的条件都弱于书[140]和[15]3)中相应的条件. 我们获得了上述边值问题的可解性结果，这些结果对于以后各章、椭圆型复方程的数值分析及力学和物理中的自由边值问题等都是常使用到的.

## §1. 带非光滑边界的椭圆型复方程的边值问题

本节主要处理一般的一阶非线性椭圆型方程组在非光滑边界的有界多连通区域上的 Riemann-Hilbert 边值问题，我们提出了这种边值问题的适定提法，进而讨论了它的可解性.

### 1. 带非光滑边界区域上的 Riemann-Hilbert 边值问题的适定提法

设 $D$ 是复平面$\mathbb{C}$上的 $N+1$ 连通有界区域，其边界 $\Gamma=\sum_{j=0}^{N}\Gamma_j\in C_\alpha(0<\alpha<1)$，而闭曲线 $\Gamma_j(j=1,\cdots,N)$都在以 $\Gamma_0=\Gamma_{N+1}$为边界的有界区域 $D_0$ 内，且 $0\in D$.

我们讨论一阶非线性一致椭圆型复方程

$$\begin{cases}w_{\bar z}=F(z,w,w_z)+G(z,w),\ F=Q_1w_z+Q_2\overline{w}_{\bar z}\\ \qquad +A_1w+A_2\overline{w}+A_3,\ G=B_1(z,w)|w|^\sigma,\ 0<\sigma<\infty,\\ Q_j=Q_j(z,w,w_z),\ j=1,2,\ A_j=A_j(z,w),\\ j=1,2,3,\ A_3=A_3(z),\end{cases}\tag{1.1}$$

它是在一定条件下的以下一阶非线性椭圆型实方程组的复形式.

$$\Phi_j(x,y,u,v,u_x,u_y,v_x,v_y) = 0, j = 1,2 \tag{1.2}$$

(见[140]). 假定复方程(1.1)满足以下条件:

**条件 $C$** 1) $Q_j(z,w,U)(j=1,2)$, $A_j(z,w)(j=1,2,3)$对所有 $\overline{D}$ 上的连续函数 $w(z)$和所有的可测函数 $U(z)\in L_{p_0}(\tilde{D})$, 在 $D$ 上均可测, 且满足条件

$$L_p[A_j,\overline{D}] \leqslant k_0, j = 1,2, L_p[A_3,\overline{D}] \leqslant k_1, \tag{1.3}$$

此处 $\tilde{D}$ 是 $D$ 内的任意闭子集, $p_0, p(2<p_0\leqslant p)$, $k_0, k_1$ 都是非负常数.

2)上述函数对几乎所有的 $z\in D, U\in \mathbb{C}$ 关于 $w\in\mathbb{C}$ 连续, 且当 $z\notin D$ 时, $Q_j=0(j=1,2)$, $A_j=0(j=1,2,3)$.

3)复方程(1.1)满足一致椭圆型条件, 即对几乎所有的 $z\in D$ 和任意的复数 $w, U_1, U_2$, 都有

$$|F(z,w,U_1) - F(z,w,U_2)| \leqslant q_0|U_1 - U_2|, \tag{1.4}$$

这里 $q_0(<1)$是非负常数.

4)对任意的函数 $w(z)\in C(\overline{D})$, $G(z,w)$在 $D$ 内可测, 且对几乎所有的 $z\in D$, $G(z,w)$关于 $w\in\mathbb{C}$ 连续, 并满足条件:

$$|B_1(z,w)| \leqslant B_0(z), L_p[B_0,\overline{D}] \leqslant k_1', \tag{1.5}$$

此处 $k_1'$ 是非负常数.

现在提出方程(1.1)的 Riemann-Hilbert 边值问题如下:

**问题 $A$** 求(1.1)在闭区域 $\overline{D}$ 上的连续解 $w(z)$, 使它适合边界条件

$$\mathrm{Re}[\overline{\lambda(z)}w(z)] = r(z), z \in \Gamma, \tag{1.6}$$

其中 $|\lambda(z)|=1, z\in\Gamma$, 且 $\lambda(z), r(z)$满足条件

$$C_\alpha[\lambda(z),\Gamma] \leqslant k_0,\ C_\alpha[r(z),\Gamma] \leqslant k_2, \tag{1.7}$$

这里 $\alpha(0<\alpha<1)$, $k_0, k_2$ 都是非负常数.

当 $A_3(z,w)=0, z\in D, w\in\mathbb{C}$ 和 $r(z)=0, z\in\Gamma$ 时的问题 $A$ 简称为问题 $A_0$. 整数

$$K = \frac{1}{2\pi}\Delta_\Gamma \arg\lambda(z)$$

叫作问题 $A$ 和问题 $A_0$ 的指数. 当 $K<0$ 时,问题 $A$ 可以是不可解的,而当 $K\geqslant 0$ 时,问题 $A$ 的解不一定是唯一的. 因此我们需要考虑问题 $A$ 的具有变态边界条件的适定提法.

**问题 $B$** 求复方程(1.1)在 $\overline{D}$ 上的连续解 $w(z)$,使它适合边界条件

$$\operatorname{Re}[\overline{\lambda(z)}w(z)] = r(z) + h(z),\ z \in \Gamma\ , \tag{1.8}$$

其中

$$h(z)=\begin{cases} 0, z\in\Gamma, & \text{当 } K\geqslant N, \\ \left.\begin{array}{l} h_j, z\in\Gamma_j, j=1,\cdots,N-K, \\ 0, z\in\Gamma_j, j=N-K+1,\cdots,N+1 \end{array}\right\}, & \text{当 } 0\leqslant K<N, \\ \left.\begin{array}{l} h_j, z\in\Gamma_j, j=1,\cdots,N, \\ h_0+\operatorname{Re}\sum\limits_{m=1}^{-K-1}(h_m^+ + ih_m^-)z^m, z\in\Gamma_0 \end{array}\right\}, & \text{当 } K<0\ , \end{cases}$$

这里 $h_j(j=0,1,\cdots,N)$, $h_m^{\pm}(m=1,\cdots,-K-1,K<0)$都是待定的实常数. 此外,当指数 $K\geqslant 0$,我们可要求解 $w(z)$满足点型条件

$$\operatorname{Im}[\overline{\lambda(a_j)}w(a_j)]=b_j, j\in J=\begin{cases} 1,\cdots,2K-N+1, \text{当 } K\geqslant N, \\ N-K+1,\cdots,N+1, \text{当 } 0\leqslant K<N, \end{cases} \tag{1.9}$$

此处 $a_j\in\Gamma_j(j=1,\cdots,N)$, $a_j\in\Gamma_0(j=N+1,\cdots,2K-N+1,K\geqslant N)$是边界 $\Gamma$ 上不相同的固定点,而 $b_j(j\in J)$都是实常数,满足条件

$$|b_j| \leqslant k_3,\ j \in J\ , \tag{1.10}$$

这里 $k_3$ 是非负常数.

**问题 $B'$** 如果 $\Gamma_j(j=0,1,\cdots,N)$都是可求长闭曲线,又点型条件(1.9)由以下积分条件来代替

$$L_j(\bar{\lambda}w)=\begin{cases} \operatorname{Im}\int_{\Gamma_j}\overline{\lambda(z)}w(z)ds=B_j, j=N-K+1,\cdots,N+1, \\ \qquad\qquad\qquad\qquad\qquad \text{当 } 0\leqslant K<N; \end{cases}$$

$$L_j(\bar{\lambda}w)=\begin{cases}\operatorname{Im}\int_{\Gamma_j}\overline{\lambda(z)}w(z)ds=B_j,j=1,\cdots,N+1,\\ \operatorname{Re}\int_{\Gamma_0}z^{j-N-1}\overline{\lambda(z)}w(z)ds=B_j,j=N+2,\cdots,K+1,\\ \operatorname{Im}\int_{\Gamma_0}z^{j-K-1}\overline{\lambda(z)}w(z)ds=B_j,j=K+2,\cdots,2K-N+1,\\ \qquad\qquad\qquad\qquad\text{当 } K\geqslant N;\end{cases}\tag{1.11}$$

这里 $B_j(j\in J)$ 都是实常数，满足条件

$$|B_j|\leqslant k_3, j\in J,\tag{1.12}$$

那么边值问题(1.1)，(1.8)，(1.11)简称为问题 $B'$. 为了方便，以后我们有时也将点型条件和积分条件叫作边界条件.

下面，我们先给出在条件 $C$ 下的方程(1.1)之问题 $B$ 和问题 $B'$ 解所满足的估计式，然后使用此估计式与 Schauder 不动点定理，证明问题 $B$ 和问题 $B'$ 的可解性，进而导出方程(1.1)之问题 $A$ 的可解条件. 为了验证(1.1)之问题 $B$ 解的唯一性，我们需要增加以下条件，即对于任意于 $\bar{D}$ 上连续函数 $w_1(z)$，$w_2(z)$ 与 $U(z)\in L_{p_0}(\tilde{D})$，有

$$\begin{cases}F(z,w_1,U)-F(z,w_2,U)=A(z,w_1,w_2,U)(w_1-w_2),\\ G(z,w_1)-G(z,w_2)=B(z,w_1,w_2)(w_1-w_2),\end{cases}\tag{1.13}$$

其中 $A(z,w_1,w_2,U)$，$B(z,w_1,w_2)$ 满足条件

$$L_{p_0}[A,\bar{D}]<\infty,\ L_{p_0}[B,\bar{D}]<\infty,\ 2<p_0\leqslant p.$$

特别当(1.1)是线性方程时，条件(1.13)显然成立.

## 2. 问题 $B$ 与问题 $B'$ 解的先验估计

首先，我们给出方程(1.1)之问题 $B$ 与问题 $B'$ 解的表示定理.

**定理 1.1** 如果方程(1.1)满足条件 $C$ 且 $k'_1=0$，又 $w(z)$ 是(1.1)之问题 $B$(或问题 $B'$)的解，那么 $w(z)$ 可表示成

$$w(z)=\Phi[\zeta(z)]e^{\varphi(z)}+\psi(z),\tag{1.14}$$

其中 $\zeta(z)$ 是 $\overline{D}$ 上的一个同胚，它将区域 $D$ 拟共形映射到以 $L=\sum_{j=0}^{N}L_j$ 为边界的 $N+1$ 连通圆界区域 $G$，这里 $L_j=\zeta(\Gamma_j)$ $(j=1,\cdots,N)$ 都在以 $L_0=\zeta(\Gamma_0)=\{|\zeta|=1\}$ 为边界的单位圆 $|\zeta|<1$ 内，且 $\zeta(0)=0$，$\Phi(\zeta)$ 是区域 $G$ 内的解析函数，$\varphi(z),\psi(z)$，$\zeta(z)$ 及其反函数 $z(\zeta)$ 满足估计式

$$C_\beta[\tau,\overline{D}]\leqslant k_4,\tau=\varphi(z),\psi(z),\zeta(z),C_\beta[z(\zeta),\overline{G}]\leqslant k_4,\tag{1.15}$$

$$L_{p_0}[|\varphi_{\bar z}|+|\varphi_z|,\overline{D}]\leqslant k_4,L_{p_0}[|\psi_{\bar z}|+|\psi_z|,\overline{D}]\leqslant k_4,\tag{1.16}$$

$$L_{p_0}[|\zeta_{\bar z}|+|\zeta_z|,\widetilde{D}]\leqslant k_5,L_{p_0}[|z_{\bar\zeta}|+|z_\zeta|,\widetilde{G}]\leqslant k_5,\tag{1.17}$$

此处 $\beta=\min(\alpha,1-2/p_0)$，$p_0(2<p_0\leqslant p)$，$k_4,k_5$ 分别是仅依赖于 $q_0,p_0,k_0,k_1,D$ 与 $q_0,p_0,k_0,k_1,\widetilde{D}$ 的非负常数，记作 $k_4=k_4(q_0,p_0,k_0,k_1,D)$，$k_5=k_5(q_0,p_0,k_0,k_1,\widetilde{D})$，$\widetilde{D}=\{z\,|\,z\in D,\mathrm{dist}(z,\Gamma)\geqslant\varepsilon>0\}$，$\varepsilon$ 是一个适当小的正常数，$\widetilde{G}=\zeta(\widetilde{D})$.

**证** 类似于[140]第二章中的定理 2.4，我们将问题 $B$(或问题 $B'$)的解 $w(z)$ 代入到方程(1.1)中，并考虑以下方程组

$$\psi_{\bar z}=Q\psi_z+A_1\psi+A_2\bar\psi+A_3,Q=\begin{cases}Q_1+Q_2\overline{w}_{\bar z}/w_z & \text{当 } w_z\neq 0,\\ 0 & \text{当 } w_z=0 \text{ 或 } z\notin D,\end{cases}\tag{1.18}$$

$$\varphi_{\bar z}=Q\varphi_z+A,A=\begin{cases}A_1+A_2\overline{w}/w & \text{当 } w(z)\neq 0,\\ 0 & \text{当 } w(z)=0 \text{ 或 } z\notin D,\end{cases}\tag{1.19}$$

$$W_{\bar z}=QW_z,\ W(z)=\Phi[\zeta(z)].\tag{1.20}$$

使用连续性方法与压缩映射原理，我们能求出方程组(1.18)—(1.20)形如下的解：

$$\psi(z)=Tf=-\frac{1}{\pi}\iint_D\frac{f(\zeta)}{\zeta-z}d\sigma_\zeta,\varphi(z)=Tg,$$

$$\zeta(z)=\Psi[\chi(z)],\chi(z)=z+Th,$$

这里 $f(z),g(z),h(z)\in L_{p_0}(\overline{D})$，$2<p_0\leqslant p$，$\chi(z)$是 $\overline{D}$ 上的一个同胚，$\Psi(\chi)$是区域 $E=\chi(D)$内的单叶解析函数，它将 $E$ 共形映射到 $N+1$ 连通圆界区域 $G$，而 $\Phi(\zeta)$是 $G$ 内的一个解析函数. 我们能够验证函数 $\varphi(z),\psi(z)$满足估计式(1.15)，(1.16). 余下要证 $\zeta(z)$ 及其反函数 $z(\zeta)$满足估计式(1.15)，(1.17). 事实上，我们先找出

一个单叶解析函数 $Z=Z(z)$，它将区域 $D$ 共形映射到位于单位圆内的 $N+1$ 连通圆界区域 $\Delta$，用 $z=z(Z)$ 表示 $Z=Z(z)$ 的反函数. 于是复方程(1.20)可转化为以自变量 $Z$ 的复方程

$$W_{\bar Z}=[Q\overline{z'(Z)}/z'(Z)]W_Z,\ |Q\overline{z'(Z)}/z'(Z)|\leqslant q_0<1. \tag{1.21}$$

由[131]1)，可知(1.21)具有形如 $V(Z)=Z+TH(H(Z)\in L_{p_0}(\bar\Delta))$ 的同胚解. 现在我们再求得一个单叶解析函数 $\zeta=\Omega(V)$，使得它把 $V(\Delta)$ 映射到如定理中所述的 $N+1$ 连通区域 $G$，因此 $\zeta=\zeta(z)=\Omega\{V[Z(z)]\}$. 根据共形映射中的结果(见[137]，[139]17))，并使用[140]第二章中引理 2.1 的证明方法，可以验证 $\zeta(z)$ 及其反函数 $z(\zeta)$ 确实满足(1.15)与(1.17).

其次，我们要证明问题 $B$ 和问题 $B'$ 的解所满足的估计式.

**定理 1.2** 在定理 1.1 相同的条件下，方程(1.1)之问题 $B$(或问题 $B'$)的解 $w(z)$ 满足估计式

$$C_\gamma[w(z),\bar D]\leqslant M_1=M_1(q_0,p_0,k,\alpha,K,D), \tag{1.22}$$

$$L_{p_0}[|w_{\bar z}|+|w_z|,D]\leqslant M_2=M_2(q_0,p_0,k,\alpha,K,\tilde D), \tag{1.23}$$

其中 $k=(k_0,k_1,k_2,k_3)$，$\gamma=\alpha\beta^2$，$2<p_0\leqslant p$，$\tilde D=\{z\,|\,z\in D,\mathrm{dist}(z,\Gamma)\geqslant\varepsilon>0\}$，$M_j(j=1,2)$ 都是非负常数. 在本书中我们总是把 $M_j$ 记为非负常数，为了方便，有时不作说明.

**证** 根据定理 1.1，上述问题 $B$ 的解 $w(z)$ 可表示成(1.14)的形式，这样边界条件(1.8)，(1.9)可转化为解析函数 $\Phi(\zeta)$ 之问题 $\tilde B$ 所适合的边界条件

$$\mathrm{Re}[\overline{\Lambda(\zeta)}\Phi(\zeta)]=R(\zeta)+H(\zeta),\ \zeta\in L=\zeta(\Gamma), \tag{1.24}$$

$$H(\zeta)=\begin{cases}0,\zeta\in L,\text{当 }K\geqslant N,\\ \left.\begin{array}{l}h_j,\zeta\in L_j,j=1,\cdots,N-K,\\ 0,\zeta\in L_j,j=N-K+1,\cdots,N+1\end{array}\right\}\text{当 }0\leqslant K<N,\\ \left.\begin{array}{l}h_j,\zeta\in L_j,j=1,\cdots,N,\\ h_0+\mathrm{Re}\displaystyle\sum_{m=1}^{-K-1}(h_m^++ih_m^-)[z(\zeta)]^m,\zeta\in L_0\end{array}\right\}\text{当 }K<0,\end{cases} \tag{1.25}$$

$$\mathrm{Im}[\overline{\Lambda(a'_j)}\Phi(a'_j)]=b'_j,\ j\in J, \tag{1.26}$$

此处

$\overline{\Lambda(\zeta)} = \overline{\lambda[z(\zeta)]}e^{\varphi[z(\zeta)]}, R(\zeta) = r[z(\zeta)] - \mathrm{Re}\{\overline{\lambda[z(\zeta)]}\psi[z(\zeta)]\}$,
$a'_j = \zeta(a_j), b'_j = b_j - \mathrm{Im}[\overline{\lambda(a_j)}\psi(a_j)], j \in J$.
由(1.7),(1.10)和(1.15),可知 $\Lambda(\zeta), R(\zeta), b'_j\ (j \in J)$ 满足条件

$$C_{\alpha\beta}[\Lambda(\zeta), L] \leqslant M_3, C_{\alpha\beta}[R(\zeta), L] \leqslant M_3, |b'_j| \leqslant M_3, j \in J, \tag{1.27}$$

这里 $M_3 = M_3(q_0, p_0, k, \alpha, K, D)$. 如果我们能证明问题 $\widetilde{B}$ 的解 $\Phi(\zeta)$ 满足估计式

$$C_{\alpha\beta}[\Phi(\zeta), \overline{G}] \leqslant M_4, C_{\alpha\beta}[\Phi'(\zeta), \widetilde{G}] \leqslant M_5, \tag{1.28}$$

其中 $\widetilde{G} = \zeta(\widetilde{D}), M_4 = M_4(q_0, p_0, k, \alpha, K, D), M_5 = M_5(q_0, p_0, k, \alpha, K, \widetilde{D})$,那么从问题 $B$ 的解 $w(z)$ 的表示式(1.14)与估计式(1.15)—(1.17),可以导出 $w(z)$ 所满足的估计式(1.22)和(1.23).

余下我们只要证明(1.28)成立. 为此,我们先验证 $\Phi(\zeta)$ 的有界性,即

$$C[\Phi(\zeta), \overline{G}] \leqslant M_6 = M_6(q_0, p_0, k, \alpha, K, D). \tag{1.29}$$

假定(1.29)不成立,那么存在具有与 $\Lambda(\zeta), R(\zeta), b'_j$ 同样条件的函数序列 $\{\Lambda_n(\zeta)\}, \{R_n(\zeta)\}, \{b'_{jn}\}$,它们分别在 $L$ 上一致收敛到函数 $\Lambda_0(\zeta), R_0(\zeta), b'_{j0}(j \in J)$,且存在对应于 $\Lambda_n(\zeta), R_n(\zeta), b'_{jn}(j \in J)$ 之解析函数边值问题(问题 $\widetilde{B}_n$)的解 $\Phi_n(\zeta)$,使得 $I_n = C[\Phi_n(\zeta), \overline{G}] \to \infty$,当 $n \to \infty$. 我们不妨设 $I_n \geqslant 1 (n = 1, 2, \cdots)$. 显然函数 $\widetilde{\Phi}_n(\zeta) = \Phi_n(\zeta)/I_n$ 满足边界条件

$$\mathrm{Re}[\overline{\Lambda_n(\zeta)}\widetilde{\Phi}_n(\zeta)] = [R_n(\zeta) + H(\zeta)]/I_n, \ \zeta \in L, \tag{1.30}$$

$$\mathrm{Im}[\overline{\Lambda_n(a'_j)}\widetilde{\Phi}_n(a'_j)] = b'_{jn}/I_n, \ j \in J. \tag{1.31}$$

使用 Schwarz 公式,Cauchy 公式及对称开拓的方法(见[140]第一章定理 1.4),可得 $\widetilde{\Phi}_n(\zeta)$ 所满足的估计式

$$C_{\alpha\beta}[\widetilde{\Phi}_n(\zeta), \overline{G}] \leqslant M_7, C[\widetilde{\Phi}'_n(\zeta), \widetilde{G}] \leqslant M_8, \tag{1.32}$$

此处 $M_7 = M_7(q_0, p_0, k, \alpha, K, D), M_8 = M_8(q_0, p_0, k, \alpha, K, \widetilde{D})$. 于是我们能从 $\{\widetilde{\Phi}_n(\zeta)\}$ 选取子序列 $\{\widetilde{\Phi}_{n_k}(z)\}$,使得它在 $\overline{G}$ 上一致收敛到一解析函数 $\widetilde{\Phi}_0(z)$,而 $\widetilde{\Phi}_0(z)$ 适合齐次边界条件

$$\mathrm{Re}[\overline{\Lambda_0(\zeta)}\widetilde{\Phi}_0(\zeta)] = H(\zeta), \zeta \in L, \tag{1.33}$$

$$\operatorname{Im}[\overline{\Lambda_0(a'_j)}\tilde{\Phi}_0(a'_j)] = 0, j \in J. \tag{1.34}$$

依照后面如定理 1.4 所述的唯一性定理，可知 $\tilde{\Phi}_0(\zeta)=0,\zeta\in\overline{G}$. 然而从条件 $C[\tilde{\Phi}_n(\zeta),\overline{G}]=1$，不难看出：在 $\overline{G}$ 上存在一点 $\zeta_*$，使得 $|\tilde{\Phi}_0(\zeta_*)|=1$. 此矛盾证明了(1.29)式成立. 然后使用由 $C[\tilde{\Phi}_n(\zeta),\overline{G}]=1$导出估计式(1.32)的方法，可证(1.28)成立.

类似地，我们也能验证问题 $B'$ 的解 $w(z)$ 满足估计式(1.22)和(1.23).

**定理 1.3** 设复方程(1.1)满足条件 $C$，那么(1.1)之问题 $B$(或问题 $B'$)的解 $w(z)$满足估计式

$$C_\gamma[w(z),\overline{D}] \leqslant M_9 k_*, L_{p_0}[|w_{\bar{z}}| + |w_z|,\tilde{D}] \leqslant M_{10} k_*, \tag{1.35}$$

此处 $\gamma,p_0,\tilde{D}$ 均如定理 1.2 中所述，又 $k_* = k_1 + k'_1 C[|w|^\sigma,\overline{D}] + k_2 + k_3$, $M_9 = M_9(q_0,p_0,k_0,\alpha,K,D)$, $M_{10} = M_{10}(q_0,p_0,k_0,\alpha,K,\tilde{D})$. 特别当 $\sigma \leqslant 1$，估计式(1.35) 成为

$$C_\gamma[w(z),\overline{D}] \leqslant M_{11} k^*, L_{p_0}[|w_{\bar{z}}| + |w_z|,\tilde{D}] \leqslant M_{12} k^*, \tag{1.36}$$

这里 $k^* = k_1 + k'_1 + k_2 + k_3$, $M_{11} = M_{11}(q_0,p_0,k_0,k'_1,K,D)$, $M_{12} = M_{12}(q_0,p_0,k_0,k'_1,\alpha,K,\tilde{D})$.

**证** 当 $k_* = 0$，即 $k_1 = k'_1 = k_2 = k_3 = 0$，由定理 1.4，即知 $w(z) = 0, z \in \overline{D}$. 当 $k_* > 0$，容易看出：函数 $W(z) = w(z)/k_*$ 满足复方程和边界条件：

$$W_{\bar{z}} - Q_1 W_z - Q_2 \overline{W}_{\bar{z}} - A_1 W - A_2 \overline{W} = [A_3 + G]/k_*, \ z \in D, \tag{1.37}$$

$$\operatorname{Re}[\overline{\lambda(z)} W(z)] = [r(z) + h(z)]/k_*, \ z \in \Gamma, \tag{1.38}$$

$$\operatorname{Im}[\overline{\lambda(a_j)} W(a_j)] = b_j/k_*, \ j \in J. \tag{1.39}$$

注意到条件

$$L_p[(A_3 + G)/k_*,\overline{D}] \leqslant 1, \ C_\alpha[r(z)/k_*,\Gamma] \leqslant 1,$$

$$|b_j/k_*| \leqslant 1, j \in J,$$

并使用定理 1.2 的证明方法，我们可得

$$C_\gamma[W(z),\overline{D}] \leqslant M_9, L_{p_0}[|W_{\bar{z}}| + |W_z|,\tilde{D}] \leqslant M_{10}. \tag{1.40}$$

从上述估计式，即知(1.35)成立.

当 $\sigma\leqslant 1$,我们可把方程(1.1)重新写成如下形式:

$$\begin{cases} w_{\bar{z}}=Q_1w_z+Q_2\overline{w}_{\bar{z}}+A_1w+A_2'\overline{w}+A_3', \\ A_2'=\begin{cases} A_2, \\ A_2+G(z,w)/\overline{w}, \end{cases} \quad A_3'=\begin{cases} A_3+G(z,w),\ \text{当}\ |w|\leqslant 1 \\ A_3,\ \text{当}\ |w|>1\ . \end{cases} \end{cases} \tag{1.41}$$

注意到 $A_2'$, $A_3'$ 满足条件

$$L_p[A_2',\overline{D}]\leqslant L_p[A_2,\overline{D}]+L_p[B_0,\overline{D}]\leqslant k_0+k_1',$$

$$L_p[A_3',\overline{D}]\leqslant L_p[A_3,\overline{D}]+L_p[B_0,\overline{D}]\leqslant k_1+k_1',$$

使用前面类似的方法,便可得到估计式(1.36).

最后我们提及:如果 $w(z)$ 是方程(1.1)之问题 $B'$ 的解,那么点型条件(1.39)应代以积分条件,而估计式(1.35)可类似地证明.

### 3. 问题 $B$ 与问题 $B'$ 解的唯一性与可解性

**定理 1.4** 如果条件 $C$ 与(1.13)成立,那么(1.1)之问题 $B$(或问题 $B'$)至多有一个解.

**证** 设 $w_1(z)$, $w_2(z)$ 是方程(1.1)之问题 $B$ 的两个解. 由条件 $C$ 与(1.13),容易看出:$w(z)=w_1(z)-w_2(z)$ 是以下边值问题的一个解:

$$w_{\bar{z}}-\widetilde{Q}w_z=\widetilde{A}w+\widetilde{B}\overline{w},\ z\in D, \tag{1.42}$$

$$\operatorname{Re}[\overline{\lambda(z)}w(z)]=h(z),\ z\in\Gamma, \tag{1.43}$$

$$\operatorname{Im}[\overline{\lambda(a_j)}w(a_j)]=0,\ j\in J, \tag{1.44}$$

其中

$$\widetilde{Q}=\begin{cases} [F(z,w_1,w_{1z})-F(z,w_1,w_{2z})]/(w_1-w_2)_z,\ \text{当}\ w_{1z}\neq w_{2z}, \\ 0,\ \text{当}\ w_{1z}=w_{2z},z\in D, \end{cases}$$

$$\widetilde{A}=\begin{cases} [F(z,w_1,w_{2z})-F(z,w_2,w_{2z})]/(w_1-w_2), \\ \text{当}\ w_1(z)\neq w_2(z), \\ 0,\ \text{当}\ w_1(z)=w_2(z),z\in D, \end{cases}$$

$$\widetilde{B}=\begin{cases} [G(z,w_1)-G(z,w_2)]/(w_1-w_2),\ \text{当}\ w_1(z)\neq w_2(z), \\ 0,\ \text{当}\ w_1(z)=w_2(z),z\in D, \end{cases}$$

$|\widetilde{Q}|\leqslant q_0<1,z\in D,L_{p_0}[\widetilde{A},\overline{D}]<\infty,L_{p_0}[\widetilde{B},\overline{D}]<\infty.$

从定理 1.1 中的表示式(1.14),我们有

$$w(z) = \Phi[\zeta(z)]e^{\varphi(z)}, \tag{1.45}$$

此处 $\varphi(z)$,$\zeta(z)$,$\Phi(\zeta)$均如定理 1.1 中所述. 不难看出:解析函数 $\Phi(\zeta)$满足问题 $B_0$ 的边界条件

$$\mathrm{Re}[\overline{\Lambda(\zeta)}\Phi(\zeta)] = H(\zeta), \zeta \in L = \zeta(\Gamma), \tag{1.46}$$

$$\mathrm{Im}[\overline{\Lambda(a'_j)}\Phi(a'_j)] = 0, \ j \in J, \tag{1.47}$$

这里 $\Lambda(\zeta)$,$H(\zeta)(\zeta \in L)$,$a'_j\ (j \in J)$ 均如(1.24) − (1.26) 中所述. 依照[140] 第二章中的定理 4.1,可知当标数 $K \geqslant 0$,则有 $\Phi(\zeta) = 0, \zeta \in G = \zeta(D)$. 于是 $w(z) = \Phi[\zeta(z)]e^{\varphi(z)} = 0$,即 $w_1(z) = w_2(z), z \in D$.

其次,我们讨论 $K<0$ 的情形. 根据[131]1)第四章中的定理 4.12,可知问题 $B_0$ 可解的充分和必要条件为

$$\int_L [\overline{\Lambda(\zeta)}]^{-1}\Psi_n(\zeta)H(\zeta)\zeta'(s)ds = 0, \ n = 1,\cdots,N - 2K - 1, \tag{1.48}$$

其中 $\Psi_n(\zeta)(n=1,\cdots,N-2K-1)$是解析函数带有边界条件

$$\mathrm{Re}\{[\overline{\Lambda(\zeta)}]^{-1}\Psi_n(\zeta)\zeta'(s)\} = 0, \ \zeta \in L, n = 1,\cdots,N - 2K - 1 \tag{1.49}$$

之共轭边值问题 $B'_0$ 线性无关解的完全组. 注意(1.8)式中 $h(z)$的定义,条件(1.46)可写成

$$\begin{aligned}&\sum_{j=0}^{N} h_j \int_{L_j} \mathrm{Im}[\overline{\Lambda(\zeta)}]^{-1}\Psi_n(\zeta)\zeta'(s)ds \\ &\quad + \sum_{m=1}^{-K-1}\Big\{h_m^+ \int_{L_0} \mathrm{Im}[\overline{\Lambda(\zeta)}]^{-1}\Psi_n(\zeta)\zeta'(s)\cos[m\arg z(\zeta)]ds \\ &\quad - h_m^- \int_{L_0} \mathrm{Im}[\overline{\Lambda(\zeta)}]^{-1}\Psi_n(\zeta)\zeta'(s)\sin[m\arg z(\zeta)]ds\Big\} = 0, \\ &\qquad n=1,\cdots,N-2K-1 .\end{aligned} \tag{1.50}$$

假定 $h_j(j=0,1,\cdots,N)$,$h_m^\pm(m=1,\cdots,-K-1)$不全为 0,那么代数方程组(1.50)的系数行列式必等于 0 . 因此,我们能求出实常数 $c_1,\cdots,c_{N-2K-1}$,由于它们不全为 0,因而问题 $B'_0$ 的解

$$\Psi(z) = \sum_{n=1}^{N-2K-1} c_n\Psi_n(z) \not\equiv 0, z \in G = \zeta(D),$$

并且 $\Psi(z)$ 还满足以下的等式：

$$\begin{aligned} &\int_{L_j} \operatorname{Im}[\overline{\Lambda(\zeta)}]^{-1}\Psi(\zeta)\zeta'(s)ds = 0, j = 0,1,\cdots,N, \\ &\int_{L_0} \operatorname{Im}[\overline{\Lambda(\zeta)}]^{-1}\Psi(\zeta)\zeta'(s)\cos[m\arg z(\zeta)]ds = 0, \\ &\int_{L_0} \operatorname{Im}[\overline{\Lambda(\zeta)}]^{-1}\Psi(\zeta)\zeta'(s)\sin[m\arg z(\zeta)]ds = 0, \\ &\qquad m = 1,\cdots, -K-1 . \end{aligned} \tag{1.51}$$

由(1.51)及[131]1)第四章中的定理 4.7，可以得知：$\Psi(\zeta)$ 在 $L$ 上至少有 $2N-2K-1$ 个零点. 注意到

$$\frac{1}{2\pi}\Delta_\Gamma \arg[\Lambda(\zeta)]^{-1}\zeta'(s) = N-K-1,$$

又根据[131]1)第四章中的公式(4.19)，我们可导出一个矛盾的不等式：

$$2N-2K-1 \leqslant 2N_D + N_\Gamma = 2N-2K-2 .$$

此矛盾证明了

$$h_j = 0, j = 0,1,\cdots,N, h_m^{\pm} = 0, m = 1,\cdots, -K-1,$$

即 $H(\zeta)=0,\zeta\in L$，因此 $\Phi(\zeta)=0,\zeta\in G$ . 故 $w(z)=0$，即 $w_1(z)=w_2(z),z\in D$ .

使用类似的方法，我们可以证明问题 $B'$ 的解也是唯一的.

**定理 1.5** 设方程(1.1)满足条件 $C$ .

(1)当 $0<\sigma<1$，则(1.1)之问题 $B$ 具有解 $w(z)\in \widetilde{W}^1_{p_0}(D)=C_\gamma(\overline{D})\cap W^1_{p_0}(\widetilde{D})$，这里 $\gamma,p_0(2<p_0\leqslant p),\widetilde{D}$ 均如前所述.

(2)当 $\sigma>1$，只要常数

$$M_{13} = L_p[A_3,\overline{D}] + C_\alpha[r,\Gamma] + \sum_{j\in J}|b_j| \tag{1.52}$$

足够小，那么(1.1)之问题 $B$ 具有解 $w(z)\in \widetilde{W}^1_{p_0}(D)$ .

**证** (1)$0<\sigma<1$ . 我们引入 Banach 空间 $C(\overline{D})$ 中的一有界闭凸集 $B^*$，其中的元素都是 $\overline{D}$ 上的连续函数 $w(z)$，满足条件

$$C[w(z),\overline{D}] \leqslant M = M_{11}k^*, \tag{1.53}$$

这里 $M_{11},k^*$ 都是(1.36)式中所示的常数. 我们任取一函数 $W(z)$

$\in C(\overline{D})$，并代入系数 $Q_j(j=1,2)$，$A_j(j=1,2,3)$和 $G(z,w)$中适当的位置，即 $Q_j=Q_j(z,W,w_z)$，$j=1,2$，$A_j=A_j(z,W)$，$j=1,2,3$，$G=G(z,W)$，从[140]第二章中的结果，可知复方程

$$w_{\bar{z}}=\widetilde{F}(z,w,W,w_z),\widetilde{F}=Q_1w_z+Q_2\overline{w}_{\bar{z}}+A_1w+A_2w+A_3+G \tag{1.54}$$

之问题 $B$ 具有解 $w(z)$，满足估计式(1.36)，因此 $w(z)\in B^*$. 用 $w=S(W)$表示从 $W(z)\in B^*$ 到 $w(z)$的上述映射. 由于 $w(z)$满足(1.36)，可知 $S(W)$映射 $B^*$ 到自身的一个紧集. 为了验证 $S$ 是 $B^*$ 中的连续算子，任取 $B^*$ 中一函数序列$\{W_n(z)\}$，使得 $C[W_n(z)-W_0(z),\overline{D}]\to 0$，当 $n\to\infty$. 因为 $w_n=S(W_n)(n=1,2,\cdots)$满足估计式(1.36)，则从$\{w_n(z)\}$中可选取一子序列$\{w_{n_k}(z)\}$，使得 $C[w_{n_k}(z)-w_0(z),\overline{D}]\to 0$，当 $k\to\infty$；为了方便，我们仍用$\{w_n(z)\}$表示子序列$\{w_{n_k}(z)\}$. 从 $w_n=S(W_n)$和 $w_0=S(W_0)$，我们有

$$[w_n-w_0]_{\bar{z}}-\widetilde{F}(z,w_n,W_n,w_{nz})+\widetilde{F}(z,w_0,W_0,w_{0z})$$
$$=G(z,W_n)-G(z,W_0),z\in D, \tag{1.55}$$

$$\operatorname{Re}\{\overline{\lambda(z)}[w_n(z)-w_0(z)]\}=h(z),z\in\Gamma, \tag{1.56}$$

$$\operatorname{Im}\{\overline{\lambda(a_j)}[w_n(a_j)-w_0(a_j)]\}=0,j\in J, \tag{1.57}$$

由于

$$\widetilde{F}(z,w_n,W_n,w_{nz})-\widetilde{F}(z,w_0,W_0,w_{0z})=\widetilde{F}(z,w_n,W_n,w_{nz})$$
$$-\widetilde{F}(z,w_n,W_n,w_{0z})+\widetilde{F}(z,w_n,W_n,w_{0z})-\widetilde{F}(z,w_0,W_0,w_{0z}),$$
$$\widetilde{F}(z,w_n,W_n,w_{0z})-\widetilde{F}(z,w_0,W_0,w_{0z})=A_1(z,W_n)(w_n-w_0)$$
$$+A_2(z,W_n)(\overline{w}_n-\overline{w}_0)+s_n,s_n=[A_1(z,W_n)-A_1(z,W_0)]w_0$$
$$+[A_2(z,W_n)-A_2(z,W_0)]\overline{w}_0+[A_3(z,W_n)-A_3(z,W_0)], \tag{1.58}$$

我们能够证明 $s_n$ 具有性质：

$$L_{p_0}[s_n,\overline{D}]\to 0,\text{ 当 } n\to\infty. \tag{1.59}$$

事实上，由条件 $C$，可以看出 $s_n$ 在 $D$ 内几乎处处收敛到 0，于是对于两个任意小的正数 $\varepsilon_1,\varepsilon_2$，存在 $D$ 中的一子集 $D_*$ 及一正整数 $N$，使得 $\operatorname{meas}D_*<\varepsilon_1$ 及$|s_n|<\varepsilon_2$，当 $z\in\overline{D}\backslash D_*$，且 $n>N$. 使用 Hölder

不等式与 Minkowski 不等式，我们有

$$\begin{aligned}L_{p_0}[s_n,\overline{D}] &\leqslant L_{p_0}[s_n,D_*]+L_{p_0}[s_n,\overline{D}\backslash D_*]\\&\leqslant L_{p_0}[s_n,D_*]+\varepsilon_2(\mathrm{meas}D)^{1/p_0}\\&\leqslant L_{p_0}[s_n,D_*]+\varepsilon_2\pi^{1/p_0}\\&\leqslant 2M_0\varepsilon_1^{1/p_2}L_{p_1}[1,D_*]+\varepsilon_2\pi^{1/p_0}=\varepsilon,\end{aligned}\tag{1.60}$$

其中 $M_0=\sup_{n=0}^{\infty}C[s_n,\overline{D}]$，$p_1$ 是满足条件 $p_0<p_1<\min(p,1/(1-\alpha))$ 的正常数，$p_2=p_0p_1/(p_1-p_0)$. 上式表明(1.59)的正确的. 类似地，我们可证

$$L_{p_0}[G(z,W_n)-G(z,W_0),\overline{D}]\to 0,\text{当 } n\to\infty.\tag{1.61}$$

根据方程(1.1)之问题 $B$ 解的唯一性，可导出：$C[w_n(z)-w_0(z),\overline{D}]\to 0$，当 $n\to\infty$. 再由 Schauder 不动点定理，则知存在一函数 $w(z)\in B^*$，使得 $w=S(w)$，而 $w(z)$ 正是方程(1.1)之问题 $B$ 的一个解.

(2) $\sigma>1$. 考虑以下 $t$ 的代数方程

$$M_9\{L_p[A_3,\overline{D}]+L_p[B_0,\overline{D}]t^{\sigma}+C_{\alpha}[r,\Gamma]+\sum_{j\in J}|b_j|\}=t,\tag{1.62}$$

由于 $\sigma>1$，可知当(1.52)中的常数 $M_{13}$ 适当小，那么(1.62)具有一个解 $t=M_{14}\geqslant 0$(如果有多于一个解，则取最小者). 我们引入 Banach 空间 $C(\overline{D})$ 中一个闭凸集 $B_*$，其中元素 $w(z)$ 都是满足如下条件的函数：

$$C[w(z),\overline{D}]\leqslant M_{14}.\tag{1.63}$$

任意选取一函数 $\widetilde{w}(z)\in B_*$，并代入到方程(1.1)中适当的位置，而得复方程

$$\begin{aligned}w_{\bar z}=\widetilde{F}(z,w,\widetilde{w},w_z)+G(z,\widetilde{w}),\ \widetilde{F}&=F(z,\widetilde{w},w_z)\\-F(z,\widetilde{w},0)+A_1(z,\widetilde{w})w&+A_2(z,\widetilde{w})\overline{w}+A_3(z,\widetilde{w}),\end{aligned}\tag{1.64}$$

由(1)中的方法，可求得(1.64)之问题 $B$ 的一个解 $w(z)$，并可证问题 $B$ 此解的唯一性. 用 $w(z)=S[\widetilde{w}(z)]$ 表示从 $\widetilde{w}(z)\in B_*$ 到

$w(z)$的映射. 从定理 1.3 中的结果,我们有

$$C_\gamma[w(z),\overline{D}]\leqslant M_9\{L_p[A_3,\overline{D}]+C_\alpha[r,\Gamma]+\sum_{j\in J}|b_j|+L_p[G,\overline{D}]\}$$
$$\leqslant M_9\{M_{13}+L_p[B_0,\overline{D}]|w|^\sigma\}$$
$$\leqslant M_9\{M_{13}+L_p[B_0,\overline{D}]M_{14}^\sigma\}=M_{14}. \qquad (1.65)$$

这表明 $S(\widetilde{w})$把 $B_*$映射到自身的一紧集. 余下要验证 $S$ 是 $B_*$中的一连续算子. 事实上,任取 $B_*$ 中的一序列$\{\widetilde{w}_n(z)\}$,使得 $C[\widetilde{w}_n-\widetilde{w}_0,\overline{D}]\to 0$,当 $n\to\infty$. 由条件 $C$ 并使用(1)中的方法,可证:

$$L_p[A_j(z,\widetilde{w}_n)-A_j(z,\widetilde{w}_0),\overline{D}]\to 0,\ j=1,2,$$
$$L_p[G(z,\widetilde{w}_n)-G(z,\widetilde{w}_0),\overline{D}]\to 0,\ 当\ n\to\infty.$$

进而从 $w_n=S[\widetilde{w}_n]$,$w_0=S[\widetilde{w}_0]$,易知 $w_n-w_0$ 是复方程

$$(w_n-w_0)_{\bar z}=\widetilde{F}(z,w_n,\widetilde{w}_n,w_{nz})-\widetilde{F}(z,w_0,\widetilde{w}_0,w_{0z})$$
$$+G(z,\widetilde{w}_n)-G(z,\widetilde{w}_0),\ z\in D \qquad (1.66)$$

的一个解,满足边界条件(1.56),(1.57),并可证:$C[w_n-w_0,\overline{D}]\to 0$,当 $n\to\infty$. 根据 Schauder 不动点定理,则知存在一函数 $w(z)\in B_*$,使得 $w=S[w]$,从定理 1.3,可知 $w(z)\in\widetilde{W}_{p_0}^1(D)=C_\gamma(\overline{D})\cap W_{p_0}^1(\widetilde{D})$,因此,$w(z)$是复方程(1.1)($\sigma>1$)之问题 $B$ 的解.

此外,我们也可类似地讨论(1.1)之问题 $B'$的可解性. 依照[140]第二章中定理 4.8 的证法,从定理 1.5 可导出如下结果.

**定理 1.6** 在定理 1.5 相同的条件下,有以下关于问题 $A$ 的可解性结果.

(1)当标数 $K\geqslant N$,则方程(1.1)之问题 $A$ 是可解的.

(2)当 $0\leqslant K<N$,方程(1.1)之问题 $A$ 的可解条件总数不超过 $N-K$.

(3)当 $K<0$,方程(1.1)之问题 $A$ 具有 $N-2K-1$ 个可解条件.

此外,我们也能讨论带有非光滑边界区域上二阶非线性椭圆型方程的 Poincaré 边界问题的可解性(见[153]2),[157]).

## §2. 一阶非线性椭圆型复方程的复合边值问题

本节中,我们讨论多连通区域上一般的一阶非线性椭圆型复方程的复合边值问题,这种边值问题包含 Riemann-Hilbert 作为特殊情形.

### 1. 复合边值问题的提法

设 $D$ 是如 §1 中所述的 $N+1$ 连通区域,其边界 $\Gamma=\sum_{j=0}^{N}\Gamma_j\in C_\alpha$, $L_j(j=1,\cdots,m)$ 是 $D$ 内 $m$ 条互相外离的不相交闭曲线,且 $L=\sum_{j=1}^{m}L_j\in C_\alpha^1$,这里 $\alpha(0<\alpha<1)$ 是一正常数. 记

$$D^+=D\backslash D^-, D^-=\sum_{j=0}^{m}D_j^-,\ D_j^-=D\cap d_j,\ j=1,\cdots,m,$$

此处 $d_j$ 是由 $L_j$ 所围的有界区域, $j=1,\cdots,m$. 不失一般性,我们可设 $0\in D^+$.

我们考虑形如下的一阶非线性椭圆型复方程

$$\begin{aligned}w_{\bar z}&=F(z,w,w_z)+f(z,w),\ F=Q(z,w,w_z)w_z\\&+A_1(z,w)w+A_2(z,w)\overline{w}+A_3(z),\ z\in\hat D=D\backslash L,\end{aligned}\tag{2.1}$$

其中 $F(z,w,w_z)$, $f(z,w)$满足以下条件.

**条件 $C'$** 1) $Q(z,w,U)$, $A_j(z,w)(j=1,2,3)$对所有在 $\hat D$ 上的连续函数 $w(z)$与可测函数 $U(z)\in L_{p_0}(\hat D)$,在 $D$ 内可测,且满足条件

$$L_p[A_j,\overline{D}]\leqslant k_0,\ j=1,2,L_p[A_3,\overline{D}]\leqslant k_1,\tag{2.2}$$

此处 $\hat D=\{z\in D,\mathrm{dist}(z,\Gamma)\geqslant\varepsilon>0\}$, $p_0$, $p(2<p_0\leqslant p)$, $k_0$, $k_1$, $\varepsilon$ 都是非负常数.

2)上述函数对 $D$ 内几乎所有的 $z$ 及 $U\in\mathbb{C}$ 关于 $w\in\mathbb{C}$ 连续,且 $Q=0$, $A_j=0(j=1,2,3)$,当 $z\notin D$.

3)复方程(1.1)满足一致椭圆型条件(1.4).

4）对任意的函数 $w(z)\in C(\hat{D})$，$f(z,w)$ 在 $D$ 内可测，且对 $D$ 内几乎所有的 $z$ 关于 $w\in\mathbb{C}$ 连续，还满足条件

$$|f(z,w)|\leqslant B_0(z)|w|^\sigma,\ 0<\sigma<\infty,\tag{2.3}$$

其中 $L_p[B_0,\overline{D}]\leqslant k_1'<\infty$.

**问题 $F$** 所谓方程(2.1)的复合边值问题，即求(2.1)在 $D$ 上的分片连续解

$$w(z)=\begin{cases}w^+(z),\ z\in\overline{D^+},\\ w^-(z),\ z\in\overline{D^-},\end{cases}\tag{2.4}$$

使它适合复合边界条件

$$\mathrm{Re}[\overline{\lambda(z)}w(z)]=r(z),\ z\in\Gamma,\tag{2.5}$$

$$w^+(z)=G(z)w^-(z)+g(z),\ z\in L,\tag{2.6}$$

此处 $\lambda(z)$，$r(z)$ 如(1.6)中所示，而函数 $G(z)$，$g(z)$ 满足条件

$$C_\alpha[G(z),L]\leqslant k_0,G(z)\neq 0,z\in L,C_\alpha[g(z),L]\leqslant k_2,\tag{2.7}$$

这里 $\alpha(1/2<\alpha<1)$，$k_0$，$k_2$ 都是非负常数. 带有条件 $A_3(z)=0$，$z\in D$，$r(z)=0$，$z\in\Gamma$ 与 $g(z)=0$，$z\in L$ 的边界问题 $F$ 简记为问题 $F_0$. 整数

$$K=\frac{1}{2\pi}[\Delta_\Gamma\arg\lambda(z)+\Delta_L\arg G(z)]\tag{2.8}$$

称为问题 $F$ 与问题 $F_0$ 的标数.

因为当 $K<N$ 时，问题 $F$ 不一定可解，类似于[140]，我们可修改边界条件(2.5)，使得边值问题变成为适定的.

**问题 $G$** 求方程(2.1)具有形如(2.4)的分片连续解 $w(z)$，使它适合变态的边界条件

$$\begin{cases}\mathrm{Re}[\overline{\lambda(z)}w(z)]=r(z)+h(z),\ z\in\Gamma,\\ w^+(z)=G(z)w^-(z)+g(z),\ z\in L,\end{cases}\tag{2.9}$$

$$h(z)=\begin{cases}0,z\in\Gamma,K\geqslant N,\\ \left.\begin{array}{l}h_j,z\in\Gamma_j,j=1,\cdots,N-K,\\ 0,z\in\Gamma_j,j=N-K+1,\cdots,N+1\end{array}\right\}0\leqslant K<N,\\ \left.\begin{array}{l}h_j,z\in\Gamma_j,j=1,\cdots,N,\\ h_0+\mathrm{Re}\sum\limits_{m=1}^{-K-1}(h_m^++ih_m^-)z^m,z\in\Gamma_0\end{array}\right\}K<0,\end{cases}\tag{2.10}$$

其中 $h_j(j=0,1,\cdots,N)$，$h_m^{\pm}(m=1,\cdots,-K-1,K<0)$都是待定实常数．并且我们可要求解 $w(z)$满足点型条件

$$\operatorname{Im}[\overline{\lambda(a_j)}w(a_j)] = b_j,$$

$$j \in J = \begin{cases} 1,\cdots,2K-N+1, K \geqslant N, \\ N-K+1,\cdots,N+1, 0 \leqslant K < N, \end{cases} \tag{2.11}$$

此处 $a_j,b_j(j\in J)$均如(1.9)，(1.10)中所述．带有条件 $A_3=0,z\in D,r=0,z\in\Gamma$ 与 $g=0,z\in L$ 简称为问题 $G_0$.

在[36]中讨论了单连通区域 $D$ 上非线性椭圆型复方程(2.1)的 Riemann 边值问题，Riemann-Hilbert 问题与复合边值问题．在本节中，我们讨论多连通区域 $D$ 上复方程(2.1)的复合边值问题 $G$，证明当 $0<\sigma<1$ 时，此问题具有分片连续解，而当 $\sigma>1$ 时，只要常数 $k_1,k_2,k_3$ 足够小，此问题也存在分片连续解．为了证明问题 $G$ 的唯一可解性，我们需要对复方程(2.1)增加一些条件，即对任意的函数 $w_j(z)\in C(\hat{D}),j=1,2,U(z)\in L_{p_0}(\hat{D}),F(z,w,U),f(z,w)$满足条件

$$\begin{cases} F(z,w_1,U)-F(z,w_2,U)=A(z,w_1,w_2,U)(w_1-w_2), \\ f(z,w_1)-f(z,w_2)=B(z,w_1,w_2)(w_1-w_2), \end{cases} \tag{2.12}$$

此处 $A,B\in L_{p_0}(\overline{D})$，而 $p_0(2<p_0\leqslant p)$是非负常数．

### 2. 复合边值问题解的先验估计

首先，我们证明两个引理．

**引理 2.1** 如果 $f(z,w)$满足条件 $C'$ 中条件 4)，那么由 $f=f(z,w)$所确定的非线性映射 $f:\widetilde{C}[w,\overline{D}]=\max[C(w^+,D^+),C(w^-,D^-)]\to L_p(\overline{D})$是连续的，并且有界，即

$$L_p[f(z,w(z)),\overline{D}] \leqslant L_p[B_0,\overline{D}][\widetilde{C}(w,\overline{D})]^{\sigma}. \tag{2.13}$$

**证** 为了证明由 $f=f[z,w(z)]$确定的映射 $f:\widetilde{C}(\overline{D})\to L_p(\overline{D})$是连续的，我们选取任意的函数序列 $w_n(z)\in\widetilde{C}(\overline{D})(n=0,1,2,\cdots)$，使得 $\widetilde{C}[w_n-w_0,\overline{D}]\to 0$，当 $n\to\infty$．我们可证 $c_n(z)=f(z,w_n)$

$-f(z,w_0)$具有性质：

$$L_{p_0}[c_n,\overline{D}]\to 0,\ 当\ n\to\infty\ . \tag{2.14}$$

事实上，由条件 $C'$，可知 $c_n(z)$在 $D$ 上几乎处处趋于 0，因此对于任意小的两个正数 $\varepsilon_1,\varepsilon_2$，一定存在 $D$ 内的子集 $D_*$ 及一正整数 $N$，使得 $\mathrm{meas}D_*<\varepsilon_1$ 与 $|c_n|<\varepsilon_2,z\in\overline{D}\backslash D_*$，当 $n>N$ . 根据 Hölder 不等式与 Minkowski 不等式，我们有

$$\begin{aligned}L_{p_0}[c_n,\overline{D}]&\leqslant L_{p_0}[c_n,D_*]+L_{p_0}[c_n,\overline{D}\backslash D_*]\\&\leqslant L_{p_0}[f(z,w_n)-f(z,w_0),D_*]+\varepsilon_2(\mathrm{meas}D)^{1/p_0}\\&\leqslant L_{p_0}[B_0(z)(|w_n|^\sigma+|w_0|^\sigma),D_*]+\varepsilon_2\pi^{1/p_0}\\&\leqslant 2M_0\varepsilon_1{}^{1/p_2}L_{p_1}[B_0,D_*]+\varepsilon_2\pi^{1/p_0}=\varepsilon,\end{aligned} \tag{2.15}$$

其中 $M_0=\sup_{n=0}^{\infty}\widetilde{C}[|w_n|^\sigma,\overline{D}]$，$p_1$ 是一正常数满足条件 $p_0<p_1<\min(p,1/(1-\alpha))$，又 $p_2=p_0p_1/(p_1-p_0)$. 因此(2.14)成立. 而不等式(2.13)显然成立.

**引理 2.2** 如果 $w^+(z)\in W_p^1(D^+)$，$w^-(z)\in W_p^1(D^-)$，$p>2$，又形如(2.4)的函数 $w(z)$在 $D$ 内连续，那么 $w(z)\in W_p^1(D)$.

**证** 我们只要证明 $w_{\bar z},w_z\in L_p(\overline{D})$. 对于 $\varphi(z)\in D_\infty^0(D)$，由 Green 公式，我们有

$$\begin{aligned}\iint_D w\varphi_{\bar z}\,d\sigma_z&=\iint_{D^+}w^+\ \varphi_{\bar z}d\sigma_z+\iint_{D^-}w^-\ \varphi_{\bar z}d\sigma_z\\&=-\iint_{D^+}w_{\bar z}^+\varphi\,d\sigma_z+\frac{1}{2i}\int_{\Gamma\cap\overline{D^+}}w^+\ \varphi\,dz-\frac{1}{2i}\int_L w^+\ \varphi\,dz\\&\quad-\iint_{D^-}w_{\bar z}^-\varphi\,d\sigma_z+\frac{1}{2i}\int_L w^-\ \varphi\,dz-\frac{1}{2i}\int_{\Gamma\cap\overline{D^-}}w^-\ \varphi\,dz\\&=-\iint_{D^+}w_{\bar z}^+\varphi\,d\sigma_z-\iint_{D^-}w_{\bar z}^-\varphi\,d\sigma_z-\frac{1}{2i}\int_L(w^+-w^-)\varphi\,dz\\&=-\iint_{D^+}w_{\bar z}^+\varphi\,d\sigma_z-\iint_{D^-}w_{\bar z}^-\varphi\,d\sigma_z.\end{aligned}$$

这表明 $w_{\bar z}\in L_p(\overline{D})$. 类似地我们可证 $w_z\in L_p(\overline{D})$. 因此 $w(z)\in W_p^1(D)$.

其次，我们要证明复方程

$$w_{\bar{z}} = F(z,w,w_z) + f(z),\ z \in D \qquad (2.16)$$

之问题 $G$ 解 $w(z)$ 所满足的估计式，在(2.16)中，$f(z)$ 是 $D$ 内的可测函数，满足条件

$$L_p[f(z),\overline{D}] \leqslant k_4, \qquad (2.17)$$

此处 $p(>2)$，$k_4$ 都是非负常数.

**定理 2.3** 设复方程(2.16)满足条件 $C'$ 与(2.17)，那么(2.16)之问题 $G$ 具有解 $w(z) \in \widetilde{W}^1_{p_0}(D)$，而 $w(z)$ 满足估计式

$$\begin{aligned}
&\| w \|_{\widetilde{W}^1_{p_0}(D)} \\
&= \widetilde{C}[w,\overline{D}] + L_{p_0}[|w_{\bar{z}}| + |w_z|,\widetilde{D}^+] + L_{p_0}[|w_{\bar{z}}|] + |w_z|,\widetilde{D}^-] \\
&\leqslant M_1\{L_p[A_3,\overline{D}] + L_p[f,\overline{D}] + C_\alpha[r,\Gamma] + C_\alpha[g,L] + \sum_{j\in J}|b_j|\} \\
&\leqslant M_1\{k_1 + 2k_2 + k_4 + \max(2k - N + 1,K + 1)k_3\}, \qquad (2.18)
\end{aligned}$$

这里 $\widetilde{D}^\pm = \widetilde{D} \cap \overline{D^\pm}$，$p_0(2<p_0\leqslant p)$，$k_j(j=1,2,3,4)$ 都是如前所述的非负常数，$M_1 = M_1(q_0,p_0,k_0,\alpha,K,\widetilde{D}^\pm)$.

**证** 我们将使用消去法(见[97]1)，[140])证明本定理. 为此，引入函数 $w(z)$ 的一个变换，即

$$w(z) = \Phi(z) + X(z)W(z),\ \Phi(z) = X(z)\Phi(z), \qquad (2.19)$$

其中

$$X(z) = \begin{cases} X^+(z) = e^{\Gamma^+(z)/\Pi(z)},\ z \in D^+, \\ X^-(z) = e^{\Gamma^-(z)},\ z \in D^-, \end{cases}$$

$$\Psi(z) = \frac{1}{2\pi i}\int_L \frac{g(t)dt}{X^+(t)(t-z)}, \qquad (2.20)$$

此处

$$\Pi(z) = \prod_{j=1}^{m}(z-s_j)^{\kappa_j}, s_j \in d_j, \kappa_j = \frac{1}{2\pi}\Delta_{L_j}\arg G(z),$$

$$\Gamma(z) = \frac{1}{2\pi i}\int_L \frac{\ln[G(t)\Pi(t)]}{t-z}dt\ .\ j = 1,\cdots,m,$$

不难看出：复方程(2.16)的问题 $G$ 被转化为如下的 Riemann-Hilbert 边值问题(问题 $B$)

$$W_{\bar{z}} = F_0(z,W,W_z) + f(z)/X(z),\ z \in D\backslash L, \qquad (2.21)$$

$$\mathrm{Re}[\overline{\Lambda(z)}W(z)] = R(z) + h(z),\ z \in \Gamma, \tag{2.22}$$
$$W^{+}(z) = W^{-}(z),\ z \in L, \tag{2.23}$$
$$\mathrm{Im}[\overline{\Lambda(a_j)}W(a_j)] = B_j,\ j \in J\ . \tag{2.24}$$

这里

$$F_0 = F(z,\Phi + XW,\Phi' + X'W + XW_z)/X,\ z \in D,$$
$$\Lambda(z) = \lambda(z)\,\overline{X(z)},\ z \in \Gamma,$$
$$R(z) = r(z) - \mathrm{Re}[\overline{\lambda(z)}\Phi(z)],\ z \in \Gamma,$$
$$B_j = b_j - \mathrm{Im}[\overline{\lambda(a_j)}\Phi(a_j)],\ j \in J\ .$$

注意到(2.21)—(2.24)满足§1中所述条件$C$相类似的条件，根据定理1.5中的证明方法或[140]第二章中的结果，可知上述问题$B$具有解$W(z)$. 因为函数$X(z)$,$\Psi(z)$,$\Phi(z)$满足估计式

$$C_\alpha[Y(z),\overline{D^{\pm}}] \leqslant M_2,\ L_{p_0}[Y'(z),\widetilde{D}^{\pm}] \leqslant M_3, \tag{2.25}$$

这里$Y(z)$代表$X(z)$,$\Psi(z)$,$\Phi(z)$中的任一个，而$\alpha$,$p_0$($2<p_0<\min(p,1/(1-\alpha))$)都是如前所述的正常数，又$M_2=M_2(\alpha,k,K,D^{\pm})$, $M_3=M_3(\alpha,k,K,\widetilde{D}^{\pm})$, $k=(k_1,k_2,k_3,k_4)$. 因此(2.21),(2.22),(2.24)中的函数$f(z)/X(z)$,$\Lambda(z)$,$R(z)$与常数$B_j(j\in J)$满足条件

$$\begin{cases} L_{p_0}[f(z)/X(z),\overline{D}] \leqslant M_4, C_\alpha[\Lambda(z),\Gamma] \leqslant M_5, \\ C_\alpha[R(z),\Gamma] \leqslant M_6, |B_j| \leqslant M_7,\ j \in J, \end{cases} \tag{2.26}$$

此处$M_j=M_j(\alpha,k,K,D^{\pm})$, $j=4,\cdots,7$. 根据§1中的结果与引理2.2,我们可得$W(z)$所满足的估计式

$$\begin{aligned} \| W \|_{\widetilde{W}^1_{p_0}(D)} &= C[W,\overline{D}] + L_{p_0}[W_{\bar z},\widetilde{D}] + L_{p_0}[W_z,\widetilde{D}] \\ &\leqslant M_8\{L_p[A_3(z)/X(z),\overline{D}] + L_p[f(z)/X(z),\overline{D}] \\ &\quad + C_\alpha[R(z),\Gamma] + \sum_{j\in J}|B_j|\}, \end{aligned} \tag{2.27}$$

这里$M_8=M_8(q_0,p_0,\alpha,k,K,\widetilde{D}^{\pm})$. 联合(2.19),(2.25)—(2.27),便得估计式(2.18).

### 3. 复合边值问题的可解性

**定理2.4** 假设复方程(2.1)满足条件$C'$.

(1)当 $0<\sigma<1$，则(2.1)的问题 $G$ 具有解 $w(z)\in \widetilde{W}^1_{p_0}(D)$，这里 $p_0(2<p_0<p)$是如前所述的正常数.

(2)当 $\sigma>1$，只要常数

$$M_9 = L_p[A_3,\overline{D}] + C_\alpha[r,\Gamma] + C_\alpha[g,L] + \sum_{j\in J}|b_j| \qquad (2.28)$$

适当小，则(2.1)的问题 $G$ 存在一个解 $w(z)\in \widetilde{W}^1_{p_0}(D)$.

(3)如果 $f(z,w)$满足条件(2.12)，那么(2.1)之问题 $G$ 的解是唯一的.

**证** (1)考虑代数方程

$$M_1\{L_p[A_3,\overline{D}] + L_p[B_0,\overline{D}]t^\sigma + C_\alpha[r,\Gamma] + C_\alpha[g,L] + \sum_{j\in J}|b_j|\} = t, \qquad (2.29)$$

由于 $0<\sigma<1$，可知方程(2.29)存在唯一解 $t=M_{10}\geqslant 0$ . 我们引入 Banach 空间 $\widetilde{C}(\overline{D})$中一有界闭凸集 $B^*$，其中元素 $w(z)$均为满足以下条件的形如(2.4)的分片连续函数

$$w(z)\in \widetilde{C}(\overline{D}),\ \widetilde{C}[w(z),\overline{D}]\leqslant M_{10}. \qquad (2.30)$$

我们任选一函数 $\tilde{w}(z)\in B^*$，并考虑复方程

$$w_{\bar z} = \widetilde{F}(z,w,\tilde{w},w_z) + f(z,\tilde{w}), \qquad (2.31)$$

其中

$$\widetilde{F}(z,w,\tilde{w},w_z) = Q(z,\tilde{w},w_z)w_z + A_1(z,\tilde{w})w + A_2(z,\tilde{w})\overline{w} + A_3(z,\tilde{w}).$$

由定理 2.3，可知(2.31)的问题 $G$ 具有解 $w(z)$，并且这样的解是唯一的. 用 $w(z)=T[\tilde{w}(z)]$表示从 $\tilde{w}(z)\in B^*$到 $w(z)$的映射，根据引理 2.1 与定理 2.3，便知 $w(z)$满足估计式

$$\|w\|_{\widetilde{W}^1_{p_0}(D)} \leqslant M_1\{L_p[A_3,\overline{D}] + C_\alpha[r,\Gamma] + C_\alpha[g,L] + \sum_{j\in J}|b_j| + L_{p_0}[f,\overline{D}]\} \leqslant M_1\{M_9 + L_p[B_0,\overline{D}] \cdot \widetilde{C}[|w|^\sigma,\overline{D}]\} \leqslant M_1\{M_9 + L_p[B_0,\overline{D}]M_{10}^\sigma\} = M_{10}. \qquad (2.32)$$

这表明 $w=T[\tilde{w}]$映射 $B^*$到自身的一紧集. 现在我们验证 $T$ 是 $B^*$中的连续算子. 事实上，任选 $B^*$中的一函数序列$\{w_n(z)\}$，使得 $\widetilde{C}[w_n-w_0,\overline{D}]\to 0$，当 $n\to\infty$ . 由引理 2.1，可知 $L_p[f(z,w_n)-$

$f(z,w_0),\overline{D}]\to 0$，当 $n\to\infty$．进而从 $w_n=T[\widetilde{w}_n]$，$w_0=T[\widetilde{w}_0]$，可看出 $w_n-w_0$ 是以下边值问题的解．

$$(w_n-w_0)_{\bar z}=\widetilde{F}(z,w_n,\widetilde{w}_n,w_{nz})-\widetilde{F}(z,w_0,\widetilde{w}_0,w_{0z})$$
$$+f(z,\widetilde{w}_n)-f(z,\widetilde{w}_0),\ z\in D,\tag{2.33}$$

$$\begin{cases}\mathrm{Re}[\overline{\lambda(z)}(w_n(z)-w_0(z))]=h(z),\ z\in\Gamma,\\ w_n^+(z)-w_0^+(z)=G(z)[w_n^-(z)-w_0^-(z)],\ z\in L,\end{cases}\tag{2.34}$$

$$\mathrm{Im}[\overline{\lambda(a_j)}(w_n(a_j)-w_0(a_j))]=0,\ j\in J.\tag{2.35}$$

使用定理 1.5 与[140]第二章的方法，我们可得估计式

$$\|w_n-w_0\|_{\widetilde{W}^1_{p_0}(D)}\leqslant M_1L_{p_0}\{[A_1(z,\widetilde{w}_n)-A_1(z,\widetilde{w}_0)]w_0$$
$$+[A_2(z,\widetilde{w}_n)-A_2(z,w_0)]\overline{w}_0+f(z,\widetilde{w}_n)-f(z,\widetilde{w}_0),\overline{D}\}.\tag{2.36}$$

因此 $\widetilde{C}[w_n-w_0,\overline{D}]\to 0$，当 $n\to\infty$．根据 Schauder 不动点定理，存在一函数 $w(z)\in B^*$，使得 $w(z)=T[w(z)]$，并从定理 2.3，可知 $w(z)\in\widetilde{W}^1_{p_0}(D)$，故 $w(z)$ 是(2.1)$(0<\sigma<1)$之问题 $G$ 的解．

(2)对于 $\sigma>1$．当(2.28)中的常数 $M_9$ 适当小，代数方程(2.29)存在一个解 $t=M_{10}\geqslant 0$．我们考虑 Banach 空间中的有界闭凸集 $B_*$，即

$$B_*=\{w(z)\in\widetilde{C}(\overline{D}),\ \widetilde{C}[w(z),\overline{D}]\leqslant M_{10}\},\tag{2.37}$$

使用类似于(1)中的方法，可知复方程(2.1)$(\sigma>1)$之问题 $G$ 具有解 $w(z)\in\widetilde{W}^1_{p_0}(D)$．

(3)当 $f(z,w)$ 满足条件(2.12)，使用定理 2.3 证明中相类似的方法，可以证明方程(2.1)之问题 $G$ 解的唯一性．

从定理 2.4，不难导出(2.1)之问题 $F$ 如下的可解性结果．

**定理 2.5** 在定理 2.4 相同的条件下，以下的结论成立．

(1)当标数 $K\geqslant N$，复方程(2.1)的问题 $F$ 是可解的．

(2)当 $0\leqslant K<N$，在 $N-K$ 个可解条件下，(2.1)之问题 $F$ 存在一个解．

(3)当 $K<0$，(2.1)的问题 $F$ 有 $N-2K-1$ 个可解条件．

例．函数 $f(z,w)=|w|\sin(|w|^2)$ 满足条件(2.3)，但不满足条件(2.2)．而函数

$$f(z,w)=|w|^{\rho_1}\sin(|w|^{\rho_2}),\ \rho_1>0,\rho_2\geqslant 0\tag{2.38}$$

满足条件(2.3),如果以下条件之一成立,

(1)$\rho_1\leqslant 1$,

(2)$\rho_1>1$,又(2.28)中的常数 $M_9$ 适当小,那么由定理 2.4,复方程(2.1),(2.38)之问题 $G$ 具有解 $w(z)\in \widetilde{W}^1_{p_0}(D)$,

(3)$\rho_1\leqslant 1,\rho_1+\rho_2\geqslant 1$,复方程(2.1),(2.38)之问题 $G$ 的解是唯一的.

## §3. 多连通区域上椭圆型复方程的非线性 Riemann-Hilbert 问题

### 1. 多连通区域上非线性 Riemann-Hilbert 问题的提法

设 $D$ 是如§1 中所述以 $\Gamma=\sum\limits_{j=0}^{N}\Gamma_j$ 为边界的区域,但这里设 $\Gamma\in C^1_\alpha(0<\alpha<1)$. 不失一般性,我们可认为 $D$ 是一圆界区域,其边界为 $\Gamma_j=\{|z-z_j|=\gamma_j\},j=0,1,\cdots,N$,而 $\Gamma_j(j=1,\cdots,N)$均在由 $\Gamma_0=\Gamma_{N+1}=\{|z|=1\}$所围的单位圆内,且 $z=0\in D$,因为通过 $z$ 的一个共形映射,便可达到上述要求. 我们讨论一阶非线性椭圆型复方程

$$\begin{aligned}
&w_{\bar z}=F(z,w,w_z)+G(z,w),\\
&F=Qw_z+A_1w+A_2\overline{w}+A_3,\ G=B_1|w|^\sigma,\\
&Q=Q(z,w,w_z),A_j=A_j(z,w),j=1,2,3,\\
&A_3=A_3(z),\ B_1=B_1(z,w).
\end{aligned}\tag{3.1}$$

假定复方程(3.1)满足如§1 中所述的条件 $C$,其中主要条件为:对任意的 $w,U_1,U_2\in\mathbb{C}$,在 $D$ 内几乎处处有

$$\begin{cases}|F(z,w,U_1)-F(z,w,U_2)|\leqslant q_0|U_1-U_2|,\\|G(z,w)|\leqslant B_0(z)|w|^\sigma,\end{cases}\tag{3.2}$$

又对 $\overline{D}$ 上任意的连续函数 $w(z)$,有

$$\begin{aligned}
&L_p[A_j(z,w(z)),\overline{D}]\leqslant k_0,j=1,2,\\
&L_p[A_3,\overline{D}]\leqslant k_1,\ L_p[B_0,\overline{D}]\leqslant k_1',
\end{aligned}\tag{3.3}$$

这里 $q_0(<1),p(>2),k_0,k_1,k_1'$ 都是非负常数.

**问题 A**　求复方程(3.1)在 $\overline{D}$ 上的连续解 $w(z)$，使它适合非线性边界条件

$$\operatorname{Re}[\overline{\lambda(z)}w(z)] = r(z,w),\ z \in \Gamma, \tag{3.4}$$

此处 $|\lambda(z)|=1$，$\lambda(z)$，$r(z,0)=r_0(z)$，$r(z,w)$ 满足条件：对所有的 $w_1(z(\zeta))$，$w_2(z,(\zeta))\in C_\alpha(L)$，有

$$\begin{cases} C_\alpha[\lambda(z(\zeta)),L] \leqslant k_0, C_\alpha[r_0(z(\zeta)),L] \leqslant k_2, L = \zeta(\Gamma), \\ C_\alpha[r(z(\zeta),w_1) - r(z(\zeta),w_2),L] \leqslant \varepsilon C_\alpha[w_1 - w_2,L], \end{cases} \tag{3.5}$$

其中 $\zeta(z)$ 是 Beltrami 方程

$$\zeta_{\bar z} = Q(z)\zeta_z,\ |Q(z)| \leqslant q_0 < 1 \tag{3.6}$$

的同胚解，它将区域 $D$ 拟共形映射到 $N+1$ 连通圆界区域 $G$，使得 $\zeta(0)=0$，$\zeta(1)=1$，而 $z(\zeta)$ 为 $\zeta(z)$ 的反函数，$\alpha(0<\alpha<1)$，$k_0$，$k_1$，$\varepsilon$ $(>0)$ 都是非负常数. 带有条件 $A_3(z)=0$，$z\in D$，$r(z,w)=0$，$z\in\Gamma$ 的问题 $A$ 记作问题 $A_0$ .

现在，我们也要提出问题 $A$ 的变态边值问题如下：

**问题 B**　求复方程(3.1)于 $\overline{D}$ 上的连续解 $w(z)$，使它适合变态边界条件

$$\operatorname{Re}[\overline{\lambda(z)}w(z)] = r(z,w) + h(z),\ z \in \Gamma, \tag{3.7}$$

$$L_j\bar{\lambda}w=\begin{cases} \operatorname{Im}\int_{\Gamma_j}\overline{\lambda(z)}w(z)ds=b_j(w), j\in J=\begin{cases}1,\cdots,N+1,K\geqslant N, \\ N-K+1,\cdots,N+1,0\leqslant K<N,\end{cases} \\ \operatorname{Re}\int_{\Gamma_0}z^{j-N-1}\overline{\lambda(z)}w(z)ds=b_j(w), j=N+2,\cdots,K+1, \\ \operatorname{Im}\int_{\Gamma_0}z^{j-K-1}\overline{\lambda(z)}w(z)ds=b_j(w), j=K+2,\cdots,2K-N+1, \\ \qquad K\geqslant N, \end{cases} \tag{3.8}$$

这里 $K=\Delta_\Gamma\arg\lambda(z)/2\pi$，称为问题 $A$ 与问题 $B$ 的标数，又 $h(z)$ 与 (1.8)中的相同，而 $b_j(w)(j\in J)$ 满足条件：对任意的 $w_1,w_2\in\mathbb{C}$，有

$$|b_j(0)| \leqslant k_3, |b_j(w_1) - b_j(w_2)| \leqslant \varepsilon|w_1 - w_2|,\ j \in J\ , \tag{3.9}$$

其中 $k_3,\varepsilon(>0)$都是非负常数. 带有条件 $A_3(z)=0,r(z,w)=0$, $b_j(w)=0,j\in J$的问题 $B$ 简称为问题 $B_0$.

下面,我们先给出问题 $B$ 解的先验估计,然后使用这种估计,连续性方法与 Schauder 不动点定理,证明问题 $B$ 解的存在性,进而导出问题 $A$ 的可解性结果.

## 2. 问题 $B$ 解的先验估计

**引理 3.1** 以问题 $B_*$表示具有条件 $C$ 的非线性复方程(3.1)的线性边值问题 $B$,即边界条件(3.7),(3.8)中的 $r(z,w)=r(z,0),b_j(w)=b_j(0),j\in J$,则(3.1)之问题 $B_*$ 的解 $w(z)$满足估计式

$$C_\gamma[w,\overline{D}]\leqslant M_1\{k_1+k_1'C[|w|^\sigma,\overline{D}]+k_2+k_3\},\quad(3.10)$$

这里 $M_1=M_1(q_0,p_0,\alpha,k_0,K,D)$, $p_0(2<p_0<p)$, $\gamma=\alpha\beta$, $\beta=\min(\alpha,1-2/p_0)$都是非负常数.

**证** 设 $w(z)$是(3.1)之问题 $B_*$ 的解,使用定理 1.3 证明中的方法,当 $k=k_1+k_1'C[|w|^\sigma,\overline{D}]+k_2+k_3>0$, 记 $W(z)=w(z)/k$, 易知它是以下边值问题的解

$$\begin{cases}W_{\bar z}=[F(z,w,w_z)+G(z,w)]/k,\\(F+G)/k=QW_z+A_1W+A_2\overline{W}+(A_3+G)/k,\\\mathrm{Re}[\overline{\lambda(z)}W(z)]=[r(z,0)+h(z)]/k,\\L_j\bar\lambda W=b_j(0)/k,\ j\in J.\end{cases}\quad(3.11)$$

注意到

$$L_p[(A_3+G)/k,\overline{D}]\leqslant1,\ C_\alpha[r(z,0)/k,\Gamma]\leqslant1,$$
$$|b_j(0)/k|\leqslant1,\ j\in J,\quad(3.12)$$

我们能证

$$C_\gamma[W,\overline{D}]\leqslant M_1.\quad(3.13)$$

因此(3.10) 成立. 当 $k=k_1+k_1'C[|w|^\sigma,\overline{D}]+k_2+k_3=0$,遵照定理 1.4 的证明,可知 $w(z)=0,z\in D$. 因此我们也有(3.10).

**定理 3.2** 设复方程(3.1)满足条件 $C$,又(3.5),(3.9)中的正数 $\varepsilon$ 适当小,那么(3.1)之问题 $B$ 的解 $w(z)$满足估计式

$$C_\gamma[w,\overline{D}] \leqslant M_2\{k_1 + k_1' C[|w|^\sigma,\overline{D}] + k_2 + k_3\}, \quad (3.14)$$

其中 $M_2=M_2(q_0,p_0,\alpha,k_0,K,D)$，$\gamma=\alpha\beta$，$\beta=\min(\alpha,1-p_0/2)$，$2<p_0\leqslant p$.

**证** 设 $w(z)$ 是复方程(3.1)之问题 $B$ 的任一解，记 $k=k_1+k_1' C[|w|^\sigma,\overline{D}]+k_2+k_3$. 依照定理1.1，(3.11)中第一式所示复方程的解 $W(z)=w(z)/k$ 可表示成

$$W(z) = \Phi[\zeta(z)]e^{\varphi(z)} + \psi(z), \quad (3.15)$$

其中 $\varphi(z)$，$\psi(z)$，$\zeta(z)$ 及其反函数 $z(\zeta)$ 满足估计式

$$\begin{aligned} &C_\beta[\varphi,\overline{D}] \leqslant k_4, C_\beta[\psi,\overline{D}] \leqslant k_4, \\ &C_\beta[\zeta(z),\overline{D}] \leqslant k_4,\ C_\beta[z(\zeta),\overline{G}] \leqslant k_4, \end{aligned} \quad (3.16)$$

这里 $G=\zeta(D)$，$k_4=k_4(q_0,p_0,k_0,D)$，而解析函数 $\Phi(\zeta)$ 适合边界条件

$$\begin{aligned} &\mathrm{Re}[\overline{\Lambda(\zeta)}\Phi(\zeta)] = R(\zeta,\Phi) + H(\zeta),\ \zeta \in L = \zeta(\Gamma), \\ &\overline{\Lambda(\zeta)} = \overline{\lambda[z(\zeta)]}e^{\varphi[z(\zeta)]}, \\ &R(\zeta,\Phi) = r\{z(\zeta),\Phi(\zeta)e^{\varphi[z(\zeta)]} + \psi[z(\zeta)]\} \\ &- \mathrm{Re}\{\overline{\lambda[z(\zeta)]}\psi[z(\zeta)]\}, \\ &H(\zeta) = h[z(\zeta)], \\ &L_j\overline{\lambda}\Phi = b_j\{\Phi(\zeta)e^{\varphi[z(\zeta)]} + \psi[z(\zeta)]\} - L_j\overline{\lambda}\psi \\ &\quad = B_j(\Phi),\ j \in J. \end{aligned} \quad (3.17)$$

由(3.5)，(3.9)，$\Lambda(\zeta)$，$R(\zeta,\Phi)$，$B_j(\Phi)$ 满足条件

$$\begin{aligned} &C_\alpha[\Lambda(\zeta),L] \leqslant k_5,\ C_\alpha[R(\zeta,0),L] \leqslant k_5, \\ &C_\alpha[R(\zeta,\Phi) - R(\zeta,0),L] \leqslant \varepsilon k_5 C_\alpha[\Phi(\zeta),L], \\ &|B_j(0)| \leqslant k_5, |B_j(\Phi) - B_j(0)| \leqslant \varepsilon k_5|\Phi|, j \in J, \end{aligned} \quad (3.18)$$

此处 $k_5=k_5(q_0,p_0,\alpha,k_0,D)$ 是一非负常数. 根据引理 3.1，可得 $\Phi(\zeta)$ 所满足的估计式

$$\begin{aligned} C_\alpha[\Phi,\overline{D}] &\leqslant M_3\{k_5 + C_\alpha[R(\zeta,\Phi),L] + \max_{j\in J}|B_j(\Phi)|\} \\ &\leqslant M_3\{3k_5 + 2\varepsilon k_5 C_\alpha[\Phi,L]\}, \end{aligned} \quad (3.19)$$

这里 $M_3=M_3(q_0,p_0,\alpha,k_0,K,D)$ 是一非负常数，只要正数 $\varepsilon$ 适当小，使得 $2\varepsilon k_5 M_3\leqslant 1/2$，那么从(3.19)式即得

$$C_\alpha[\Phi,\overline{D}] \leqslant 6k_5M_3 = M_4, \tag{3.20}$$

联合(3.15),(3.16)和(3.20),便得估计式(3.14).

### 3. 问题 $B$ 解的唯一性与存在性

**定理 3.3** 在定理 3.2 相同的条件下,又设方程(3.1)满足如下条件,即对任意的函数 $w_1(z),w_2(z)\in C(\overline{D})$及 $U(z)\in L_{p_0}(\overline{D})$,有

$$\begin{cases}F(z,w_1,U) - F(z,w_2,U) = A(z,w_1,w_2,U)(w_1 - w_2),\\ G(z,w_1) - G(z,w_2) = B(z,w_1,w_2)(w_1 - w_2),\end{cases} \tag{3.21}$$

其中 $L_{p_0}[A,\overline{D}]<\infty$,$L_{p_0}[B,\overline{D}]<\infty$,$2<p_0\leqslant p$,那么(3.1)之问题 $B$ 的解是唯一的.

**证** 设 $w_1(z),w_2(z)$是(3.1)之问题 $B$ 的两个解,易知 $w(z)=w_1(z)-w_2(z)$是以下边值问题的一个解.

$$\begin{cases}w_{\bar z}=Qw_z+(A+B)w,\ z\in D,\\ \mathrm{Re}[\overline{\lambda(z)}w(z)]=r(z,w_1)-r(z,w_2)+h(z),\ z\in\Gamma,\\ L_j\bar\lambda w=b_j(w_1)-b_j(w_2),\ j\in J,\end{cases} \tag{3.22}$$

其中

$$Q=\begin{cases}[F(z,w_1,w_{1z}) - F(z,w,w_{2z})]/w_z,\text{当 } w_z \neq 0,\\ 0,\ \text{当 } w_z = 0,\ z\in D,\end{cases}$$

$$A=\begin{cases}[F(z,w_1,w_{1z}) - F(z,w_2,w_{1z})]/w,\text{当 } w(z) \neq 0,\\ 0,\text{当 } w(z) = 0,\ z\in D,\end{cases}$$

$$B=\begin{cases}[G(z,w_1) - G(z,w_2)]/w,\text{当 } w(z) \neq 0,\\ 0,\text{当 } w(z) = 0,\ z\in D.\end{cases}$$

然后仿照定理 1.4 的证法,从(3.14),可得 $w(z)=0$,即 $w_1(z)=w_2(z)$,$z\in D$.

为了证明(3.1)之问题 $B$ 的可解性,我们先证解析函数问题 $B$ 存在唯一解.

**定理 3.4** 如果(3.5),(3.9)中的正数 $\varepsilon$ 适当小,那么解析函

数问题 $B$ 是唯一地可解的.

**证** 解析函数问题 $B$ 解的唯一性由定理 3.3 得知. 为了用连续性方法证明解析函数问题 $B$ 的可解性,我们考虑解析函数具有如下带参数 $t\in[0,1]$的边界条件的边值问题(问题 $B'$):

$$\begin{cases}\mathrm{Re}[\overline{\lambda(z)}\Phi(z)] = tr[z,\Phi] + R(z) + h(z),\ z\in\Gamma,\\ L_j\bar{\lambda}\Phi = tb_j(\Phi) + B_j,\ j\in J,\end{cases}\tag{3.23}$$

这里 $R(z)\in C_\alpha(\Gamma)$,$B_j(j\in\Gamma)$都是实常数. 用 $T$ 表示 $0\leqslant t\leqslant 1$ 中的一个集合,即对于其中每一个 $t$,问题 $B'$ 存在唯一解. 容易看出:当 $t=0$,解析函数的问题 $B'$ 具有解 $\Phi(z)$,这表明 $T$ 是非空的. 如果我们能证明 $T$ 在 $0\leqslant t\leqslant 1$ 既是开集,又是闭集,那么可以导出,$T=\{0\leqslant t\leqslant 1\}$,因而当 $t=1$,解析函数的问题 $B'$ 是可解的,特别当 $R(z)=0,z\in\Gamma,B_j=0(j\in J)$的问题 $B'$ 即解析函数的问题 $B$ 是可解的.

从定理 3.2,我们可验证 $T$ 是 $0\leqslant t\leqslant 1$ 中的闭集. 为了证明 $T$ 是 $0\leqslant t\leqslant 1$ 中的开集,任选一个 $t_0\in J$,并将此 $t_0$ 代入(3.23)中 $t$ 的位置,于是带有任意函数 $R(z)\in C_\alpha(\Gamma)$与任意的实常数 $B_j(j\in J)$之问题 $B'$ 均可解. 下面将证明:存在一个正数 $\delta$,使得对 $t_0$ 的邻域 $T_\delta=\{|t-t_0|<\delta,0\leqslant t\leqslant 1\}$中任一点 $t$,解析函数的问题 $B'$ 均可解. 事实上,可把(3.23)改写成

$$\begin{cases}\mathrm{Re}[\overline{\lambda(z)}\Phi(z)]-t_0r(z,\Phi)=(t-t_0)r(z,\Phi)+R(z)+h(z),z\in\Gamma,\\ L_j\bar{\lambda}\Phi-t_0b_j(\Phi)=(t-t_0)b_j(\Phi)+B_j,\ j\in J.\end{cases}\tag{3.24}$$

既然 $t_0\in T$,我们任意选取一函数 $\Phi_0(z)\in C_\alpha(\Gamma)$,特别可选取 $\Phi_0(z)=0$,并代入(3.24)右边 $\Phi$ 的位置,易知

$$(t-t_0)r(z,\Phi_0)+R(z)\in C_\alpha(\Gamma),(t-t_0)b_j(\Phi_0)+B_j\in\mathbb{R},\ j\in J\ .$$

因此对于以上式中函数为右边的解析函数的边值问题(3.23)存在唯一解 $\Phi_1(z)\in C_\alpha(\overline{D})$. 使用逐次叠代法,可得函数序列 $\Phi_n(z)$,$n=1,2,\cdots$,它们满足边界条件

$$\begin{cases}\operatorname{Re}[\overline{\lambda(z)}\Phi_{n+1}]-t_0r(z,\Phi_{n+1})=(t-t_0)r(z,\Phi_n)+R(z)+h(z),\\ \qquad z\in\Gamma,\\ L_j\bar{\lambda}\,\Phi_{n+1}-t_0b_j(\Phi_{n+1})=(t-t_0)b_j(\Phi_n)+B_j,j\in J.\end{cases}\tag{3.25}$$

从上述公式，我们有

$$\begin{cases}\operatorname{Re}[\overline{\lambda(z)}(\Phi_{n+1}-\Phi_n)]-t_0[r(z,\Phi_{n+1})-r(z,\Phi_n)]\\ =(t-t_0)[r(z,\Phi_n)-r(z,\Phi_{n-1})]+h(z),z\in\Gamma,\\ L_j\bar{\lambda}(\Phi_{n+1}-\Phi_n)-t_0[b_j(\Phi_{n+1})-b_j(\Phi_n)]\\ =(t-t_0)[b_j(\Phi_n)-b_j(\Phi_{n-1})],\ j\in J\ .\end{cases}\tag{3.26}$$

根据引理 3.1，可知函数 $\Phi_{n+1}(z)-\Phi_n(z)$ 满足估计式

$$\begin{aligned}C_\alpha[\Phi_{n+1}-\Phi_n,\overline{D}]&\leqslant 2M_1\{\varepsilon C_\alpha[\Phi_{n+1}-\Phi_n,\Gamma]+|t-t_0|\varepsilon\\ &\cdot C_\alpha[\Phi_n-\Phi_{n-1},\Gamma]\}\leqslant 2M_1\{\varepsilon C_\alpha[\Phi_{n+1}-\Phi_n,\overline{D}]\\ &+|t-t_0|\varepsilon C_\alpha[\Phi_n-\Phi_{n-1},\overline{D}]\}.\end{aligned}\tag{3.27}$$

选取 $\varepsilon$ 适当小，使得 $2M_1\varepsilon<1$，并记 $\delta=(1-2M_1\varepsilon)/4(M_1+1)\varepsilon$，那么对任意的 $t\in T_\delta=\{|t-t_0|<\delta,0\leqslant t\leqslant 1\}$，我们有

$$\begin{aligned}C_\alpha[\Phi_{n+1}-\Phi_n,\overline{D}]&\leqslant\frac{2M_1|t-t_0|\varepsilon}{1-2M_1\varepsilon}C_\alpha[\Phi_n-\Phi_{n-1},\overline{D}]\\ &\leqslant\frac{1}{2}C_\alpha[\Phi_n-\Phi_{n-1},\overline{D}],\end{aligned}\tag{3.28}$$

因此 $C_\alpha[\Phi_n-\Phi_m,\overline{D}]\to 0$，当 $n,m\to\infty$ . 由 Banach 空间的完备性，则知存在一函数 $\Phi_*(z)\in C_\alpha(\overline{D})$，使得 $C_\alpha[\Phi_n-\Phi_*,\overline{D}]\to 0$，当 $n\to\infty$ . 故 $\Phi_*(z)$ 是对于 $t\in T_\delta$ 之问题 $B'$ 的解. 这表明 $T$ 在 $0\leqslant t\leqslant 1$ 中的开集性.

**定理 3.5** 设复方程(3.1)满足条件 $C$，又(3.5)，(3.9)中的正数 $\varepsilon$ 适当小.

(1)当 $0<\sigma<1$，(3.1)之问题 $B$ 在空间 $\widetilde{B}=C_\gamma(\overline{D})\cap W^1_{p_0}(\widetilde{D})$ 中具有解 $w(z)$，这里 $\gamma=\alpha\beta$，$p_0(2<p_0\leqslant p)$ 都是如前所述的常数，$\widetilde{D}$ 是区域 $D$ 内的任意闭集.

(2)当 $\sigma>1$，只要常数

$$M_5=L_p[A_3,\overline{D}]+C_\alpha[r_0(z(\zeta)),L]+\sum_{j\in J}|b_j(0)|\tag{3.29}$$

适当小，那么(3.1)之问题 $B$ 存在着解 $w(z)\in\widetilde{B}$ .

**证** 当 $0<\sigma<1$，考虑 $t$ 的代数方程

$$M_2\{L_p[A_3,\overline{D}]+L_p[B_1,\overline{D}]t^\sigma+C_\alpha[r_0(z(\zeta)),L]$$
$$+\sum_{j\in J}|b_j(0)|\}, \tag{3.30}$$

其中 $M_2$ 是(3.14)中的常数，不难看出：(3.30)存在唯一解 $t=M_6\geqslant 0$ . 我们引入 Banach 空间 $C(\overline{D})$ 中的一有界闭凸集

$$B^* = \{w(z)\in C(\overline{D}),\ C[w(z),\overline{D}]\leqslant M_6\}, \tag{3.31}$$

任取一函数 $\widetilde{w}(z)\in B^*$，代入复方程(3.1)中适当的位置，并考虑

$$\begin{cases}w_{\bar z}=\widetilde{F}(z,w,\widetilde{w},w_z)+G(z,\widetilde{w}),\\ \widetilde{F}(z,w,\widetilde{w},w_z)=Q(z,\widetilde{w},w_z)w_z+A_1(z,\widetilde{w})w\\ +A_2(z,\widetilde{w})\overline{w}+A_3(z,\widetilde{w}),\end{cases} \tag{3.32}$$

由[15]3)第二章定理 2.5 的证明方法，可知复方程(3.32)的问题 $B$ 是可解的，并且这样的解是唯一的. 用 $w(z)=T[\widetilde{w}(z)]$ 表示从 $\widetilde{w}(z)\in B^*$ 到 $w(z)$ 的映射. 从定理 3.2，可得 $w(z)$ 所满足的估计式

$$C_\gamma[w,\overline{D}]\leqslant M_2\{L_p[A_3,\overline{D}]+L_p[G,\overline{D}]+C_\alpha[r_0(z(\zeta)),\Gamma]$$
$$+\sum_{j\in J}|b_j(0)|\}\leqslant M_2\{M_5+L_p[B_0,\overline{D}]C[|w|^\sigma,\overline{D}]\}$$
$$\leqslant M_2\{M_5+L_p[B_0,\overline{D}]M_6^\sigma\}=M_6, \tag{3.33}$$

其中 $M_5$ 是(3.29)中所示的常数. 这表明 $T$ 把 $B^*$ 映射到自身的一紧集. 为了验证 $T$ 是 $B^*$ 中的一连续算子，选取 $B^*$ 中任意的函数序列 $\{\widetilde{w}_n(z)\}$，使得 $C[\widetilde{w}_n-\widetilde{w}_0,\overline{D}]\to 0$，当 $n\to\infty$ . 将 $w_n=T[\widetilde{w}_n]$ 与 $w_0=T(\widetilde{w}_0)$ 相减，可得 $w_n-w_0$ 所满足的复方程及边界条件

$$(w_n-w_0)_{\bar z}=\widetilde{F}(z,w_n,\widetilde{w}_n,w_{nz})-\widetilde{F}(z,w_0,\widetilde{w}_0,w_{0z})$$
$$+G(z,\widetilde{w}_n)-G(z,\widetilde{w}_0), \tag{3.34}$$

$$\mathrm{Re}[\overline{\lambda(z)}(w_n-w_0)]=r(z,w_n)-r(z,w_0)+h(z),$$
$$z\in\Gamma, \tag{3.35}$$

$$L_j\bar\lambda(w_n-w_0)=b_j(w_n)-b_j(w_0),\ j\in J. \tag{3.36}$$

根据定理 3.2，可知 $w_n-w_0$ 满足估计式

$$C_\gamma[w_n-w_0,\overline{D}]\leqslant M_7\{L_{p_0}[\widetilde{F}(z,w_0,\widetilde{w}_n,w_{0z})-\widetilde{F}(z,w_0,\widetilde{w}_0,w_{0z})$$

$$+G(z,\widetilde{w}_n)-G(z,\widetilde{w}_0),\overline{D}]+2\varepsilon C_\gamma[w_n-w_0,\Gamma]\},\qquad(3.37)$$

这里 $M_7=M_7(q_0,p_0,k_0,\alpha,K,D)$ 是非负常数. 选取正数 $\varepsilon$ 适当小，使得 $2\varepsilon M_7<1/2$，则从(3.37)可导出

$$C_\gamma[w_n-w_0,\overline{D}]\leqslant 2M_7\{L_{p_0}[\widetilde{F}(z,w_0,\widetilde{w}_n,w_{0z})-\widetilde{F}(z,w_0,\widetilde{w}_0,w_{0z})$$
$$+G(z,\widetilde{w}_n)-G(z,\widetilde{w}_0),\overline{D}]\}.\qquad(3.38)$$

因为我们可证

$$L_{p_0}[\widetilde{F}(z,w_0,\widetilde{w}_n,w_{0z})-\widetilde{F}(z,w_0,\widetilde{w}_0,w_{0z})$$
$$+G(z,\widetilde{w}_n)-G(z,\widetilde{w}_0),\overline{D}]\to 0,\ \text{当}\ n\to\infty,$$

故 $C[w_n-w_0,\overline{D}]\to 0$，当 $n\to\infty$ . 这样，由 Schauder 不动点定理，则知存在一函数 $w(z)$，使得 $w(z)=T[w(z)]$，而此函数 $w(z)$ 就是复方程(3.1)($0<\sigma<1$)之问题 $B$ 的解.

至于 $\sigma>1$ 的情形，只要(3.29)中的常数 $M_5$ 适当小，则代数方程(3.30)存在一个解 $t=M_6\geqslant 0$. 考虑 Banach 空间 $C(\overline{D})$ 中的一有界闭凸集

$$B_*=\{w(z)\in C(\overline{D}),\ C[w,\overline{D}]\leqslant M_6\},$$

使用类似于前的方法，可证复方程(3.1)之问题 $B$ 存在一解 $w(z)\in B_*$. 定理 3.5 证毕.

从上述定理，我们可以导出复方程(3.1)之问题 $A$ 的可解性结果，如定理 1.6 中的(1)，(2)，(3)所述 .

## §4. 二阶非线性椭圆型方程的 Poincaré 边值问题

本节中，我们使用 §1－§3 中的结果，讨论二阶非线性椭圆型方程的 Poincaré 边值问题.

### 1. Poincaré 边值问题的提法

如在 §3 中所述，设 $D$ 是以 $\Gamma=\sum_{j=0}^{N}\Gamma_j$ 为边界的 $N+1$ 连通区域，但这里 $\Gamma\in C_\alpha^2(0<\alpha<1)$. 我们考虑二阶非线性椭圆型方程

的复形式

$$\begin{cases}u_{z\bar{z}}=F(z,u,u_z,u_{zz})+G(z,u,u_z),F=\mathrm{Re}[Qu_{zz}+A_1u_z]\\ +\varepsilon A_2u+A_3,G=A_4|u_z|^\sigma+A_5|u|^\tau,Q=Q(z,u,u_z,u_{zz}),\\ A_j=A_j(z,u,u_z),j=1,\cdots,5,A_3=A_3(z),\end{cases}\tag{4.1}$$

其中 $\varepsilon,\sigma,\tau$ 都是正常数. 假设方程(4.1)满足如下条件.

**条件 $C^*$** 1)函数 $Q(z,u,w,U),A_j(z,u,w)(j=1,\cdots,5)$ 对于 $\overline{D}$ 上任意连续函数 $u(z),w(z)$ 及任意的可测函数 $U(z)\in L_{p_0}(\overline{D})$ 均在 $D$ 内可测,且满足条件

$$L_p[A_j(z,u,w),\overline{D}]\leqslant k_0,\ j=1,2,\ L_p[A_3,\overline{D}]\leqslant k_1,\tag{4.2}$$

此处 $p_0,p(2<p_0\leqslant p),k_0,k_1$ 都是非负常数.

2)上述函数对几乎所有的 $z\in D$, $U\in\mathbb{C}$ 关于 $u,w\in\mathbb{C}$ 连续,并设 $Q=0,A_j=0(j=1,2,3)$,当 $z\notin D$.

3)方程(4.1)满足一致椭圆型条件,即对任意的实数 $u$,复数 $w,U_1,U_2$,在 $D$ 内几乎处处有

$$|F(z,u,w,U_1)-F(z,u,w,U_2)|\leqslant q_0|U_1-U_2|,\tag{4.3}$$

这里 $q_0(<1)$ 是非负常数.

4)$G(z,u,u_z)$ 对任意的实数 $u$,复数 $u_z$,满足

$$|G(z,u,u_z)|\leqslant B_1(z)|u_z|^\sigma+B_2(z)|u|^\tau,\ z\in D,\tag{4.4}$$

此处

$$L_p[B_j,\overline{D}]=k_j'<\infty,\ j=1,2,\tag{4.5}$$

其中 $k_1',k_2'$ 都是非负常数.

现在,我们提出方程(4.1)的 Poincaré 边值问题.

**问题 $P$** 求方程(4.1)在 $\overline{D}$ 上的连续可微解 $u(z)$,使它适合边界条件

$$\frac{\partial u}{\partial\nu}+2\varepsilon a_1(z)u=2a_2(z),\text{即}\ \mathrm{Re}[\overline{\lambda(z)}u_z]+\varepsilon a_1(z)u=a_2(z),\ z\in\Gamma,\tag{4.6}$$

其中 $\nu$ 是边界 $\Gamma=\partial D$ 的每点上的向量,$\lambda(z)=\cos(\nu,x)-i\cos(\nu,y)$,$a_1(z),a_2(z)$ 都是已知函数,满足条件

$$C_\alpha[\lambda(z),\Gamma]\leqslant k_0,\ C_\alpha[a_1(z),\Gamma]\leqslant k_0,\ C_\alpha[a_2(z),\Gamma]\leqslant k_2,\tag{4.7}$$

这里 $\varepsilon(>0)$，$\alpha(1/2<\alpha<1)$，$k_0$，$k_2$ 都是非负常数.

如果 $\cos(\nu,n)=0$，$a_1=0$，$z\in\Gamma$，这里 $n$ 是 $\Gamma$ 的外法线向量，那么问题 $P$ 是 Dirichlet 边值问题(问题 $D$). 如果 $\cos(\nu,n)=1$，$a_1=0$，$z\in\Gamma$，那么问题 $P$ 是 Neumann 边值问题(问题 $N$). 如果 $\cos(\nu,n)>0$，$a_1\geqslant 0$，$z\in\Gamma$，那么问题 $P$ 是正则斜微商问题即第三边值问题(问题 $O$). 整数

$$K=\frac{1}{2\pi}\Delta_{\Gamma}\arg\lambda(z) \tag{4.8}$$

叫作问题 $P$ 的标数. 当标数 $K<0$，问题 $P$ 可能是不可解的，而当 $K\geqslant 0$，问题 $P$ 的解不一定唯一. 因此我们考虑问题 $P$ 的如下变态适定提法.

**问题 $Q$** 求复方程

$$\begin{aligned} w_{\bar z} &= F(z,u,w,w_z)+G(z,u,w), \\ F &= \mathrm{Re}[Qw_z+A_1w]+\varepsilon A_2u+A_3, \\ G &= A_4|w|^{\sigma}+A_5|u|^{\tau}, \end{aligned} \tag{4.9}$$

在 $\overline{D}$ 上的连续解 $[w(z),u(z)]$，使它适合变态的边界条件

$$\mathrm{Re}[\overline{\lambda(z)}w(z)]+\varepsilon a_1(z)u=a_2(z)+h(z),\ z\in\Gamma, \tag{4.10}$$

和关系式

$$u(z)=2\mathrm{Re}\int_0^z\left[w(z)+\sum_{j=1}^{N}\frac{id_j}{z-z_j}dz\right]+b_0, \tag{4.11}$$

这里 $d_j(j=1,\cdots,N)$ 都是适当选取的实常数，使得由(4.10)中积分所确定的函数在 $D$ 内是单值的，又(4.9)中的 $h(z)$ 是待定函数，如(1.8)中所述. 此外，当 $K\geqslant 0$，我们可要求解 $w(z)$ 满足点型条件

$$\mathrm{Im}[\overline{\lambda(a_j)}w(a_j)]=b_j,\ j\in J=\begin{cases}1,\cdots,2K-N+1, K\geqslant N,\\ N-K+1,\cdots,N+1, 0\leqslant K<N,\end{cases} \tag{4.12}$$

此处 $a_j\in\Gamma_j(j=1,\cdots,N)$，$a_j\in\Gamma_0(j=N+1,\cdots,2K-N+1, K\geqslant N)$ 都是不同的点，而 $b_j(j\in J)$ 都是实常数，满足条件

$$|b_j|\leqslant k_3,\ j\in J+\{0\}=J', \tag{4.13}$$

这里 $k_3$ 是非负常数.

## 2. Poincaré 边值问题解的先验估计

首先,我们给出复方程(4.9)之问题 $Q$ 解的先验估计式.

**定理 4.1** 假设方程(4.1)满足条件 $C^*$,又 $A_2=0,z\in D,a_1=0,z\in\Gamma$,那么(4.9)之问题 $Q$ 的解$[w(z),u(z)]$满足估计式

$$C_\beta[w(z),\overline{D}]+C_\beta[u(z),\overline{D}]\leqslant M_1k^*, \tag{4.14}$$

$$L_{p_0}[|w_{\bar z}|+|w_z|,\overline{D}]\leqslant M_2k^*, \tag{4.15}$$

这里 $\beta=\alpha(1-2/p_0),2<p_0\leqslant p,M_j=M_j(q_0,p_0,k_0,\alpha,K,D)$, $j=1,2,k^*=k_1+k_2+k_3+k_1'C[|w|^\sigma,\overline{D}]+k_2'C[|u|^\tau,\overline{D}]$.

**证** 注意到定理中所述问题 $Q$ 的解$[w(z),u(z)]$满足以下复方程与边界条件

$$w_{\bar z}-\mathrm{Re}[Qw_z+A_1w]=A_3+G,\ z\in D, \tag{4.16}$$

$$\mathrm{Re}[\overline{\lambda(z)}w]=a_2(z)+h(z),\ z\in\Gamma, \tag{4.17}$$

$$\mathrm{Im}[\overline{\lambda(a_j)}w(a_j)]=b_j,\ j\in J. \tag{4.18}$$

依照[140]第二章中的结果或定理 1.3 的证法,可以导出 $w(z)$所满足的估计式

$$C_\beta[w(z),\overline{D}]\leqslant M_3k_*, \tag{4.19}$$

$$L_{p_0}[|w_{\bar z}|+|w_z|,\overline{D}]\leqslant M_4k_*, \tag{4.20}$$

此处 $\beta=\alpha(1-2/p_0),M_j=M_j(q_0,p_0,k_0,\alpha,K,D),j=3,4$,又 $k_*=k_1+k_2+k_3+L_p[G,\overline{D}]$. 从(4.11),我们有

$$C_\beta[u(z),\overline{D}]\leqslant M_5C_\beta[w(z),\overline{D}]+k_3, \tag{4.21}$$

$$L_{p_0}[u_z,\overline{D}]\leqslant M_5C_\beta[w(z),\overline{D}]+k_3, \tag{4.22}$$

其中 $M_5=M_5(p_0,D)$是非负常数. 另外,容易看出:

$$L_p[G,\overline{D}]\leqslant L_p[B_1,\overline{D}]C[|w|^\sigma,\overline{D}]+L_p[B_2,\overline{D}]\cdot C[|u|^\tau,\overline{D}]\leqslant k_1'C[|w|^\sigma,\overline{D}]+k_2'C[|u|^\tau,\overline{D}]. \tag{4.23}$$

联合(4.19)-(4.23),便得估计式(4.14),(4.15).

**定理 4.2** 设方程(4.1)满足条件 $C^*$,又(4.9),(4.10)中的正数 $\varepsilon$ 适当小,则复方程(4.9)之问题 $Q$ 的任一解$[w(z),u(z)]$满

足估计式

$$C_\beta[w(z),\overline{D}]+C_\beta[u(z),\overline{D}]\leqslant M_6k^*,\tag{4.24}$$

$$L_{p_0}[|w_{\bar{z}}|+|w_z|,\overline{D}]+L_{p_0}[u_z,\overline{D}]\leqslant M_7k^*,\tag{4.25}$$

这里 $\beta,p_0,k^*$ 均如定理 4.1 中所述，$M_j=M_j(q_0,p_0,k_0,\alpha,K,D)$，$j=6,7$.

**证** 容易看出：$[w(z),u(z)]$是以下边值问题的一个解.

$$w_{\bar{z}}-\mathrm{Re}[Qw_z+A_1w]=\varepsilon A_2u+A_3+G,\ z\in D,\tag{4.26}$$

$$\mathrm{Re}[\overline{\lambda(z)}w(z)]=-\varepsilon a_1(z)u+a_2(z)+h(z),\ z\in\Gamma,\tag{4.27}$$

$$\mathrm{Im}[\overline{\lambda(a_j)}w(a_j)]=b_j,\ j\in J.\tag{4.28}$$

根据(4.19)，(4.20)，我们有

$$C_\beta[w(z),\overline{D}]\leqslant M_3\{k_*+\varepsilon k_0C_\beta[u,\overline{D}]\},$$

$$L_{p_0}[|w_{\bar{z}}|+|w_z|,\overline{D}]\leqslant M_4\{k_*+\varepsilon k_0C_\beta[u,\overline{D}]\},\tag{4.29}$$

进而由(4.21)－(4.23)，可导出

$$C_\beta[w(z),\overline{D}]\leqslant M_3\{k^*+\varepsilon k_0[M_5C_\beta(w(z),\overline{D})+k_3]\},$$

$$L_{p_0}[|w_{\bar{z}}|+|w_z|,\overline{D}]\leqslant M_4\{k^*+\varepsilon k_0[M_5C_\beta(w(z),\overline{D})+k_3]\}.\tag{4.30}$$

选取正数 $\varepsilon$ 适当小，使得 $1-\varepsilon k_0M_3M_5\geqslant\frac{1}{2}$，那么从(4.30)的第一式，可得

$$C_\beta[w(z),\overline{D}]\leqslant\frac{(1+\varepsilon k_0)M_3k^*}{1-\varepsilon k_0M_3M_5}=M_8k^*.\tag{4.31}$$

联合(4.21)，(4.31)，我们有

$$C_\beta[w(z),\overline{D}]+C_\beta[u(z),\overline{D}]\leqslant[1+(1+M_5)M_8]k^*=M_6k^*,\tag{4.32}$$

这就是估计式(4.24). 至于(4.25)，这容易从(4.22)及(4.30)的第二式导出，即

$$\begin{aligned}&L_{p_0}[|w_{\bar{z}}|+|w_z|,\overline{D}]+L_{p_0}[u_z,\overline{D}]\\&\leqslant M_4\{k^*+\varepsilon k_0[k_3+M_5C_\beta(w(z),\overline{D})]\}+M_5C_\beta[w(z),\overline{D}]+k_3\\&\leqslant[1+(1+\varepsilon k_0)M_4+M_5M_8(1+\varepsilon k_0M_4)]k^*=M_7k^*.\end{aligned}\tag{4.33}$$

### 3. Poincaré 边值问题的可解性结果

我们先证明一个引理.

**引理 4.3** 设 $G(z,u,w)$ 满足条件 $C^*$ 中所述的条件，则由 $G=G[z,u(z),w(z)]$ 所确定的非线性映射 $G:[u(z),w(z)]\in C(\overline{D})\times C(\overline{D})\to L_p(\overline{D})$ 是连续的，且满足

$$L_p[G(z,u(z),w(z)),\overline{D}]$$
$$\leqslant L_p[B_1,\overline{D}][C(w,\overline{D})]^\sigma + L_p[B_2,\overline{D}][C(u,\overline{D})]^\tau, \quad (4.34)$$

这里 $p(>2)$ 是常数.

**证** 为了证明由 $G=G[z,u(z),w(z)]$ 所确定的映射 $G:C(\overline{D})\times C(\overline{D})\to L_p(\overline{D})$ 是连续的，我们任意地选取函数序列 $\{u_n(z)\}$，$\{w_n(z)\}(u_n(z),w_n(z)\in C(\overline{D}),n=0,1,2,\cdots)$，使得

$$C[u_n - u_0,\overline{D}] + C[w_n - w_0,\overline{D}] \to 0, \text{当 } n\to\infty .$$

下面，我们要证明：$c_n=G(z,u_n,w_n)-G(z,u_0,w_0)$ 具有性质：

$$L_{p_0}[c_n,\overline{D}] \to 0, \text{ 当 } n\to\infty, \quad (4.35)$$

这里 $2<p_0\leqslant p$. 事实上，由条件 $C^*$，可知 $c_n$ 在 $D$ 内几乎处处收敛于 0，于是对任意足够小的正数 $\varepsilon_1,\varepsilon_2$，存在 $D$ 内的子集 $D_*$ 与一正整数 $N$，使得 $\text{meas}D_*<\varepsilon_1$ 与 $|c_n|<\varepsilon_n,z\in\overline{D}\backslash D_*$，当 $n\geqslant N$. 由 Hölder 不等式与 Minkowski 不等式，我们有

$$L_{p_0}[c_n,\overline{D}]\leqslant L_{p_0}[c_n,D_*] + L_{p_0}[c_n,\overline{D}\backslash D_*]$$
$$\leqslant L_{p_0}[G(z,u_n,w_n) - G(z,u_0,w_0),D_*] + \varepsilon_n(\text{meas}D)^{1/p_0}$$
$$\leqslant L_{p_0}[B_1(z)(|w_n|^\sigma + |w_0|^\sigma),D_*]$$
$$+ L_{p_0}[B_2(z)(|u_n|^\tau + |u_0|^\tau),D_*] + \varepsilon_2\pi^{1/p_0}$$
$$\leqslant 2M_0\varepsilon_1{}^{1/p_2}\sum_{j=1}^{2}L_{p_1}[B_j(z),D_*] + \varepsilon_2\pi^{1/p_0} = \varepsilon, \quad (4.36)$$

此处 $M_0=\sup_{n=0}^{\infty}\{C[|w_n|^\sigma,\overline{D}]+C[|u_n|^\tau,\overline{D}]\}$，$p_1$ 是一正数，满足 $2<p_0<p_1<\min(p,1/(1-\alpha))$，$p_2=p_0p_1/(p_1-p_0)$. 因此(4.35)成立.

而不等式(4.34)显然成立.

**定理 4.4** 在定理 4.2 同样的条件下,

(1)当 $0<\sigma,\tau<1$,复方程(4.9)之问题 $Q$ 具有解$[w(z),u(z)]$,其中 $w(z),u(z)\in W^1_{p_0}(D)$,$p_0$,$p(2<p_0\leqslant p)$都是如前所述的常数.

(2)当 $\min(\sigma,\tau)>1$,只要常数

$$M_9=L_p[A_3,\overline{D}]+C_\alpha[a_2,\Gamma]+\sum_{j\in J+\{0\}}|b_j| \tag{4.37}$$

适当小,那么(4.9)之问题 $Q$ 存在着解$[w(z),u(z)]$,这里 $w(z),u(z)\in W^1_{p_0}(D)$.

(3)如果 $F(z,u,w,w_z)$,$G(z,u,w)$满足条件,即对任意的 $u_j(z),w_j(z)\in C(\overline{D})$与 $U(z)\in L_{p_0}(\overline{D})$,有

$$\begin{cases}F(z,u_1,w_1,U)-F(z,u_2,w_2,U)\\=\mathrm{Re}[\widetilde{A}_1(w_1-w_2)]+\widetilde{A}_2(u_1-u_2),\\G(z,u_1,w_1)-G(z,u_2,w_2)\\=\widetilde{B}_1(w_1-w_2)+\widetilde{B}_2(u_1-u_2),\end{cases} \tag{4.38}$$

其中 $\widetilde{A}_j,\widetilde{B}_j\in L_{p_0}(\overline{D})$,$j=1,2$,那么复方程(4.9)之问题 $Q$ 至多有一个解.

**证** (1)我们考虑 $t$ 的代数方程

$$M_1\{k_1+k_1't^\sigma+k_2't^\tau+k_2+k_3\}=t, \tag{4.39}$$

此处 $k_1,k_2,k_3,k_1',k_2'$ 是如(4.2),(4.5),(4.7),(4.13)中所述的非负常数,因 $0<\sigma,\tau<1$,可知(4.39)存在唯一解 $t=M_{10}\geqslant 0$. 我们引入 Banach 空间 $C(\overline{D})\times C(\overline{D})$中的一有界闭凸集 $B^*$,其中元素$[w(z),u(z)]$均为满足如下条件的函数组:

$$C[w(z),\overline{D}]+C[u(z),\overline{D}]\leqslant M_{10}. \tag{4.40}$$

任意地选取函数组$[\widetilde{w}(z),\tilde{u}(z)]\in B^*$,并代入复方程(4.9)与边界条件(4.10)中的适当位置,可得

$$w_{\bar z}=\widetilde{F}(z,u,w,\tilde{u},\widetilde{w},w_z)+G(z,\tilde{u},\widetilde{w}),\ \widetilde{F}=\mathrm{Re}[Q(z,\tilde{u},\widetilde{w},w_z)w_z$$
$$+A_1(z,\tilde{u},\widetilde{w})w]+\varepsilon A_2(z,\tilde{u},\widetilde{w})u+A_3(z,\tilde{u},\widetilde{w}),\ z\in D, \tag{4.41}$$

$$\mathrm{Re}[\overline{\lambda(z)}w]=-\varepsilon a_1(z)\tilde{u}+a_2(z)+h(z),\ z\in\Gamma, \tag{4.42}$$

根据定理 1.5 的证法,可证复方程(4.41)带有边界条件(4.42),

(4.12)与关系式(4.11)之问题 $Q$ 具有解$[w(z),u(z)]$，并且这样的解是唯一的. 用$[w,u]=T[\tilde{w},\tilde{u}]$表示从$[\tilde{w}(z),\tilde{u}(z)]\in B^*$到$[w(z),u(z)]$的映射. 注意到

$$L_p[\varepsilon A_2 u,\overline{D}]\leqslant \varepsilon M_{10}k_0,\ C_\alpha[-\varepsilon a_1 u,\Gamma]\leqslant \varepsilon M_{10}k_0,$$

只要选取 $\varepsilon$ 适当小，并由定理 4.2，可得

$$\begin{aligned}\|w\|_{W^1_{p_0}(D)}+\|u\|_{W^1_{p_0}(D)}&\leqslant M_{11}\{k_1+k_2+k_3+L_p[G,\overline{D}]\}\\&\leqslant M_{11}\{k_1+k_2+k_3+L_p[B_1,\overline{D}]C[|\tilde{w}|^\sigma,D]\\&\quad+L_p[B_2,\overline{D}]C[|\tilde{u}|^\tau,\overline{D}]\}\\&\leqslant M_{11}\{k_1+k_2+k_3+k_1'M_{10}^\sigma+k_2'M_{10}^\tau\}=M_{10},\end{aligned}\tag{4.43}$$

此处 $M_{11}=M_{11}(q_0,p_0,k_0,\alpha,K,D)$是非负常数. 因此，$T[\tilde{w},\tilde{u}]$把 $B^*$ 映射到自身的一紧集. 余下，我们证明 $T$ 是 $B^*$ 中的一连续算子. 为此，选取任一函数序列$[\tilde{w}_n(z),\tilde{u}_n(z)]\in B^*$，$n=0,1,2,\cdots$，使得

$$C[\tilde{w}_n-\tilde{w}_0,\overline{D}]+C[\tilde{u}_n-\tilde{u}_0,\overline{D}]\to 0,\ 当\ n\to\infty\ .\tag{4.44}$$

由引理 4.3，可知

$$L_p[A_j(z,\tilde{u}_n,\tilde{w}_n)-A_j(z,\tilde{u}_0,\tilde{w}_0),\overline{D}]\to 0(j=1,\cdots,5),\quad 当\ n\to\infty\ .\tag{4.45}$$

而将$[w_n,u_n]=T[(\tilde{w}_n,\tilde{u}_n)$，$[w_0,u_0]=T[\tilde{w}_0,\tilde{u}_0]$相减，可得

$$\begin{aligned}(w_n-w_0)_{\bar{z}}=&\widetilde{F}(z,u_n,w_n,\tilde{u}_n,\tilde{w}_n,w_{nz})-\widetilde{F}(z,u_0,w_0,\tilde{u}_0,\tilde{w}_0,w_{0z})\\&+G(z,\tilde{u}_n,\tilde{w}_n)-G(z,\tilde{u}_0,\tilde{w}_0),\ z\in D,\end{aligned}\tag{4.46}$$

$$\mathrm{Re}[\overline{\lambda(z)}(w_n-w_0)]=-\varepsilon a_1(z)(\tilde{u}_n-\tilde{u}_0)+h(z),\ z\in\Gamma,\tag{4.47}$$

$$\mathrm{Im}[\overline{\lambda(a_j)}(w_n(a_j)-w_0(a_j))]=0,\ j\in J\ .\tag{4.48}$$

仿照定理 4.2 的证明，可导出 $w_n(z)-w_0(z)$所满足的估计式

$$\begin{aligned}&\|w_n-w_0\|_{W^1_{p_0}(D)}+\|u_n-u_0\|_{W^1_{p_0}(D)}\\\leqslant& M_{12}\{L_p[\mathrm{Re}(A_1(z,\tilde{u}_n,\tilde{w}_n)-A_1(z,\tilde{u}_0,\tilde{w}_0))w_0+\varepsilon(A_2(z,\tilde{u}_n,\tilde{w}_n)\\&-A_2(z,\tilde{u}_0,\tilde{w}_0))u_0+G(z,\tilde{u}_n,\tilde{w}_n)-G(z,\tilde{u}_0,\tilde{w}_0),\overline{D}]\\&+C_\alpha[-\varepsilon a_1(z)(\tilde{u}_n-\tilde{u}_0),\Gamma]\},\end{aligned}\tag{4.49}$$

这里 $M_{12}=M_{12}(q_0,p_0,k_0,\alpha,K,D)$. 由(4.44)，(4.45)及上式，便可得

$$C[w_n - w_0, \overline{D}] + C[u_n - u_0, \overline{D}] \to 0, \text{当 } n \to \infty. \quad (4.50)$$

根据 Schauder 不动点定理，存在一函数组$[w(z), u(z)] \in B^*$，使得$[w,u]=T[w,u]$，且 $w(z), u(z) \in W^1_{p_0}(D)$，而$[w(z), u(z)]$正是复方程(4.9)之问题 $Q$ 的解.

(2)当 $\min(\sigma,\tau)>1$，如果(4.37)中的常数 $M_9$ 适当小，那么代数方程(4.39)存在唯一解 $t=M_{10}\geqslant 0$ . 我们考虑 Banach 空间 $C(\overline{D})\times C(\overline{D})$中的一有界闭凸集：

$$B_* = \{w(z), u(z) \in C(\overline{D}),\ C[w, \overline{D}] + C[u, \overline{D}] \leqslant M_{10}\},$$

使用前面相类似的方法，可证复方程(4.9)之问题 $Q$ 具有解$[w(z), u(z)] \in B_*$，并且 $w(z), u(z) \in W^1_{p_0}(D)$.

(3)当 $F(z,u,w,w_z)$，$G(z,u,w)$满足条件(4.38)，我们使用定理 4.2 的证法，可证(4.9)之问题 $Q$ 至多有一个解.

**定理 4.5** 在定理 4.4 相同的条件下，方程(4.1)之问题 $P$ 有如下的可解性结论.

(1)当标数 $K>N$，方程(4.1)之问题 $P$ 有 $N$ 个可解条件，当这些条件满足时，问题 $P$ 的通解包含 $2N-K+2$ 个任意实常数.

(2)当 $0\leqslant K<N$，(4.1)之问题 $P$ 有 $2N-K$ 个可解条件，当这些条件满足时，其通解包含有 $K+2$ 个任意实常数.

(3)当 $K<0$，(4.1)之问题 $P$ 有 $2N-2K-1$ 个可解条件，而当这些条件成立时，其通解包含有一个任意实常数.

**证** 将复方程(4.9)之问题 $Q$ 的解$[w(z), u(z)]$代入到边界条件(4.10)与关系式(4.11)，如果恰使其中的 $h(z)=0$，即 $h_j=0$，$j=1,\cdots,N-K$，当 $0\leqslant K<N$，$h_j=0$，$j=0,1,\cdots,N$，$h_m^{\pm}=0$，$m=1,\cdots,-K-1$，当 $K<0$，以及 $d_j=0$，$j=1,\cdots,N$，那么此问题 $Q$ 的解 $w(z)=u_z$ 正是(4.1)之问题 $P$ 的解，上述等式的个数恰是问题 $P$ 的可解条件个数. 另外，关系式(4.11)中的常数 $b_0$ 与点型条件(4.12)中的 $b_j(j\in J)$是任给的，这正是定理中所述通解中所包含的任意实常数的个数.

## §5. 二阶椭圆型方程组的一些边值问题

本节中，我们将用前面所得结果讨论二阶椭圆型方程组的一些边值问题.

### 1. 二阶椭圆型方程组边值问题的提出

如在 §4 中所述，设 $D$ 是复平面$\mathbb{C}$上的 $N+1$ 连通有界区域，其边界 $\Gamma=\sum_{j=0}^{N}\Gamma_j\in C_\alpha^2(0<\alpha<1)$. 我们考虑二阶非线性椭圆型方程组的复形式，即

$$\begin{cases}w_{z\bar z}=F(z,w,w_z,\overline{w}_z,w_{zz},\overline{w}_{zz})+G(z,w,w_z,\overline{w}_z),\\ F=Q_1w_{zz}+Q_2\overline{w}_{zz}+A_1w_z+A_2\overline{w}_z+A_3w+A_4,\\ G=A_5|w_z|^\sigma+A_6|\overline{w}_z|^\tau+A_7|w|^\eta,\\ Q_j=Q_j(z,w,w_z,\overline{w}_z,w_{zz},\overline{w}_{zz}),j=1,2,\\ A_j=A_j(z,w,w_z,\overline{w}_z),j=1,\cdots,7,A_4=A_4(z),\end{cases}\tag{5.1}$$

其中 $\sigma,\tau,\eta$ 都是正常数. 假设复方程(5.1)满足以下条件：

**条件 $C$.** 1)函数 $Q_j(z,w,w_z,\overline{w}_z,U,V)(j=1,2)$，$A_j(z,w,w_z,\overline{w}_z)(j=1,\cdots,7)$ 对任意的连续可微函数 $w(z)$ 与可测函数 $U(z),V(z)\in L_{p_0}(\overline{D})$，在 $D$ 内可测，且满足条件

$$L_p[A_j(z,w,w_z,\overline{w}_z),\overline{D}]\leqslant k_{j-1},\ j=1,\cdots,4,\tag{5.2}$$

这里 $p_0,p(2<p_0\leqslant p)$，$k_j(j=0,1,2,3)$ 都是非负常数.

2)上述函数对几乎所有的 $z\in D,U,V\in\mathbb{C}$ 关于 $w,w_z,\overline{w}_z\in\mathbb{C}$ 连续，且 $Q_j=0(j=1,2)$，$A_j=0(j=1,\cdots,7)$，$z\notin D$.

3)复方程(5.1)满足如下的一致椭圆型条件，即对任意的 $w,w_z,\overline{w}_z,U^j,V^j\in\mathbb{C}(j=1,2)$，在 $D$ 内几乎处处有

$$\begin{aligned}&|F(z,w,w_z,\overline{w}_z,U^1,V^1)-F(z,w,w_z,\overline{w}_z,U^2,V^2)|\\&\leqslant q_1|U^1-U^2|+q_2|V^1-V^2|,\end{aligned}\tag{5.3}$$

此处 $q_j(j=1,2,q_1+q_2<1)$ 都是非负常数.

4)对任意的函数 $w(z)\in C^1(\overline{D})$，$G(z,w,w_z,\overline{w}_z)$ 满足条件

$$|G(z,w,w_z,\overline{w}_z)|\leqslant B_1(z)|w_z|^\sigma+B_2(z)|\overline{w}_z|^\tau+B_3(z)|w|^\eta,\quad(5.4)$$

这里 $\sigma,\tau,\eta$ 都是正常数，而 $B_j(z)(j=1,2,3)$ 满足

$$L_p[B_j(z),\overline{D}]\leqslant k'_j,\ j=1,2,3,$$

此处，$p(>2)$，$k'_1,k'_2,k'_3$ 都是非负常数.

现在我们提出复方程(5.1)的一个边值问题.

**问题 $A^*$** 求复方程(5.1)在 $\overline{D}$ 上的连续可微解 $w(z)$，使它适合边界条件

$$\begin{cases}\mathrm{Re}[\overline{\lambda_1(z)}\ \overline{w(z)}]=a_1(z),z\in\Gamma,\\ \mathrm{Re}[\overline{\lambda_2(z)}w_z+a_0(z)w]=a_2(z),\ z\in\Gamma,\end{cases}\quad(5.5)$$

其中 $\lambda_j(z)(j=1,2)$，$a_j(z)(j=0,1,2)$ 都是已知函数，满足条件

$$C_\alpha^{2-j}[\lambda_j,\Gamma]\leqslant k_0,C_\alpha^{2-j}[a_j,\Gamma]\leqslant k_4,j=1,2,C_\alpha[a_0,\Gamma]\leqslant k_2,\quad(5.6)$$

此处 $\alpha(1/2<\alpha<1)$，$k_0,k_2,k_4$ 都是非负常数.

记

$$K_j=\frac{1}{2\pi}\Delta_\Gamma\arg\lambda_j(z),\ j=1,2,\quad(5.7)$$

并称 $(K_1,K_2)$ 为问题 $A^*$ 的标数. 一般地说，复方程(5.1)的问题 $A^*$ 是不适定的，即或者它不存在解，或它的解不唯一，因此我们给出问题 $A^*$ 的变态适定提法.

**问题 $B^*$** 求复方程(5.1)在 $\overline{D}$ 上的连续可微解 $w(z)$，使它适合变态的边界条件

$$\begin{cases}\mathrm{Re}[\overline{\lambda_1(z)}\ \overline{w(z)}]=a_1(z)+h_1(z),z\in\Gamma,\\ \mathrm{Re}[\overline{\lambda_2(z)}w_z+a_0(z)w]=a_2(z)+h_2(z),z\in\Gamma,\end{cases}\quad(5.8)$$

其中

$$h_j(z)=\begin{cases}0,z\in\Gamma,\text{当 }K_j\geqslant N,\\ \left.\begin{array}{l}h_{jk},z\in\Gamma_k,k=1,\cdots,N-K_j,\\ 0,z\in\Gamma_k,k=N-K_j+1,\cdots,N+1\end{array}\right\}\text{当 }0\leqslant K_j<N,\\ \left.\begin{array}{l}h_{jk},z\in\Gamma_k,k=1,\cdots,N,\\ h_{j0}+\mathrm{Re}\sum\limits_{m=1}^{-K_j-1}(h_{jm}^++ih_{jm}^-)z^m,z\in\Gamma_0\end{array}\right\}\text{当 }K<0;\\ \qquad\qquad j=1,2,\end{cases}\quad(5.9)$$

此处 $h_{jk}(k=0,1,\cdots,N)$，$h_{jm}^{\pm}(m=1,\cdots,-K_j-1,K_j<0,j=1,2)$ 都是待定实常数. 此外，当 $K_j\geqslant 0(j=1,2)$，我们可要求解 $w(z)$ 满足点型条件：

$$\begin{cases}\operatorname{Im}[\overline{\lambda_1(a_k)}\,\overline{w(a_k)}]=b_{1k},\\ \operatorname{Im}[\overline{\lambda_2(a_k)}w_z(a_k)+a_0(a_k)w(a_k)]=b_{2k},\\ k\in J_j=\begin{cases}1,\cdots,2K_j-N+1,\text{当 }K_j\geqslant N,\\ N-K_j+1,\cdots,N+1,\text{当 }0\leqslant K_j<N,\end{cases}\end{cases}\tag{5.10}$$

这里 $a_k\in\Gamma_k(k=1,\cdots,N)$，$a_k\in\Gamma_0(k=N+1,\cdots,2K_j-N+1,K_j\geqslant N,j=1,2)$ 都是不同的点，而 $b_{jk}(k\in J_j,j=1,2)$ 都是实常数，满足条件

$$\sum_{k\in J_j,j=1,2}|b_{jk}|\leqslant k_5,\tag{5.11}$$

此处 $k_5$ 是非负常数. 带有条件 $A_3=0,z\in D,a_j(z)=0,z\in\Gamma,b_{jk}=0,k\in J_j,j=1,2$ 的问题 $B^*$ 简记为问题 $B_0$ .

**2. 问题 $B^*$ 解的先验估计**

首先，我们给出复方程(5.1)之问题 $B^*$ 解的一种表示式.

**定理 5.1** 设复方程(5.1)满足条件 $C_*$，那么复方程(5.1)之问题 $B^*$ 的解 $w(z)(w_{z\bar z}=\rho(z)\in L_{p_0}(\overline{D}),2<p_0\leqslant p)$ 具有表示式

$$\begin{cases}w(z)=X(z)+H\rho,H\rho=\dfrac{2}{\pi}\displaystyle\iint_D\ln\left|1-\frac{z}{\zeta}\right|\rho(\zeta)d\sigma_\zeta,\\ X(z)=\overline{\Phi_1(z)}+\overline{T}\Phi_2(z)+\overline{\Phi_3(z)},\Phi_3(z)=-\dfrac{1}{2\pi i}\displaystyle\int_\Gamma\frac{H\bar\rho}{t-z}dt,\end{cases}\tag{5.12}$$

这里 $T\rho=-\dfrac{1}{\pi}\displaystyle\iint_D[\rho(\zeta)/(\zeta-z)]d\sigma_\zeta$，$\Phi_j(z)(j=1,2,3)$ 都是 $D$ 内的解析函数，而 $X(z)$ 是 $D$ 内的调和复变函数，$\Phi_2(z)$ 和 $X(z)$ 满足边界条件

$$\left.\begin{cases}\operatorname{Re}[\overline{\lambda_1(z)}\,\overline{(X(z)+H\rho)}]=a_1(z)+h_1(z),\\ \operatorname{Re}[\overline{\lambda_2(z)}(\Phi_2(z)+T\rho)]=-\operatorname{Re}[a_0(z)w]+h_2(z),\end{cases}\right. z\in\Gamma,\tag{5.13}$$

与点型条件

$$\begin{cases}\operatorname{Im}[\overline{\lambda_1(z)}\ \overline{(X(z)+H\rho)}]|_{z=a_k}=b_{1k},k\in J_1,\\ \operatorname{Im}[\overline{\lambda_2(z)}(\Phi_2(z)+T\rho)]|_{z=a_k}=-\operatorname{Im}[a_0(a_k)w(a_k)]+b_{2k},k\in J_2.\end{cases}\tag{5.14}$$

**证** 将问题 $B^*$ 的解 $w(z)$ 代入复方程(5.1)，并将此复方程写成

$$w_{z\bar{z}}=\rho(z),\ \rho(z)\in L_{p_0}(\overline{D}),\tag{5.15}$$

于是有

$$w_z=\Phi_2(z)+T\rho.\tag{5.16}$$

注意到 $w_z$ 满足边界条件(5.8)，(5.10)的第二式，可知解析函数 $\Phi_2(z)$ 满足(5.13)，(5.14)的第二式. 从(5.16)，我们又可看出 $\overline{w(z)}$ 具有表示式

$$\overline{w(z)}=\Phi_1(z)+T\overline{\Phi_2(z)}+T\overline{T\rho},\tag{5.17}$$

其中 $\Phi_1(z)$ 是 $D$ 内的解析函数，又

$$T\overline{T\rho}=\frac{1}{\pi^2}\iint_D\frac{d\sigma_t}{t-z}\iint_D\overline{\rho(\zeta)}\frac{d\sigma_\zeta}{\overline{\zeta}-\overline{z}}=\frac{2}{\pi}\iint_D\ln\left|1-\frac{t}{\zeta}\right|\overline{\rho(\zeta)}d\sigma_\zeta$$
$$-\frac{1}{2\pi i}\int_\Gamma\frac{1}{t-z}\left[\frac{2}{\pi}\iint_D\ln\left|1-\frac{t}{\zeta}\right|\overline{\rho(\zeta)}dt\right]=H\overline{\rho}-\frac{1}{2\pi i}\int_\Gamma\frac{H\overline{\rho}}{t-z}dt.\tag{5.18}$$

因此我们有表示式(5.12)，其中 $X(z)$ 满足边界条件(5.13)，(5.14)的第一式.

**定理5.2** 假设条件 $C^*$ 成立，又 $G=0,z\in D$，且(5.2)，(5.3)，(5.6)中的 $q_2,k_1,k_2$ 都适当小，那么复方程(5.1)之问题 $B^*$ 的解 $w(z)$ 满足估计式

$$S_1w=C^1_\gamma[w(z),\overline{D}]\leqslant M_1k^*,\tag{5.19}$$

$$S_2w=L_{p_0}[|w_{z\bar{z}}|+|w_{zz}|+|\overline{w}_{zz}|,\overline{D}]\leqslant M_2k^*,\tag{5.20}$$

这里 $\gamma=\alpha\beta^2,\beta=\min(\alpha,1-2/p_0),2<p_0\leqslant p,M_j=M_j(q_1,p_0,k_0,\alpha,K,D)(j=1,2)$ 都是非负常数，$k^*=k_3+k_4+k_5$.

**证** 将问题 $B^*$ 的解 $w(z)$ 代入复方程(5.1)与边界条件(5.8)，(5.10)，容易看出 $w(z)$ 满足复方程(5.15)及边界条件(5.8)，(5.10)的第二式，即

$$w_{z\bar{z}}-Q_1w_{zz}-A_1w_z=A+A_4,A=Q_2\overline{w}_{zz}+A_2\overline{w}_z+A_3w,\ z\in D,$$
(5.21)

$$\mathrm{Re}[\overline{\lambda_2(z)}w_z]=r(z)+a_2(z)+h_2(z),r(z)=-\mathrm{Re}[a_0(z)w],z\in\Gamma,$$
(5.22)

$$\mathrm{Im}[\overline{\lambda_2(a_k)}w_z(a_k)]=s_k+b_{2k},s_k=-\mathrm{Im}[a_0(a_k)w(a_k)],k\in J_2,\quad(5.23)$$

仿照定理1.3的证明,我们可导出边值问题(5.21)－(5.23)的解 $w_z$ 满足估计式

$$C_\gamma[w_z,\overline{D}]\leqslant M_3k_*,\qquad(5.24)$$

$$L_{p_0}[|w_{z\bar{z}}|+|w_{zz}|,\overline{D}]\leqslant M_4k_*,\qquad(5.25)$$

此处 $\gamma,p_0$ 如前所述,$k_*=k_3+k_4+k_5+L_p[A,\overline{D}]+C_\alpha[r,\Gamma]+\sum_{k\in J_2}|s_k|$, $M_j=M_j(q_1,p_0,k_0,\alpha,K,D)(j=3,4)$ 都是非负常数. 又 $w(z)$ 满足复方程(5.16)与边界条件(5.8),(5.10)的第一式,我们可得估计式

$$C_\gamma[w(z),\overline{D}]\leqslant M_5k_{**},\qquad(5.26)$$

$$L_{p_0}[|w_{\bar{z}}|+|w_z|,\overline{D}]\leqslant M_6k_{**},\qquad(5.27)$$

这里 $k_{**}=k_4+k_5+L_{p_0}[w_z,\overline{D}]\leqslant k_4+k_5+M_3k_*$. 再从(5.15)与(5.8)的第一式,可知 $\overline{w}_z$ 是以下边值问题的一个解.

$$(\overline{w}_z)_{\bar{z}}=\overline{\rho(z)},\ z\in D,\qquad(5.28)$$

$$\mathrm{Re}[\overline{\lambda_1(z)}z'(s)\overline{w}_z]=-\mathrm{Re}[\overline{\lambda_1(z)}z'(s)w_z+\overline{\lambda}'_{1s}w]+a'_{1s}+h'_{1s},z\in\Gamma,\qquad(5.29)$$

而 $\overline{w}_z=\overline{X}_z+T\overline{\rho}$ 满足

$$C_\alpha[\overline{w}_z,D_0]\leqslant M_7\{M_3k_*+M_5k_{**}+L_{p_0}[\rho,\overline{D}]+k_4\},$$
(5.30)

此处 $D_0$是 $D$ 中的任一闭集,$M_7=M_7(p_0,\alpha,k_0,D,D_0)$. 于是有估计式

$$C_\gamma[\overline{w}_z,\overline{D}]\leqslant M_8\{L_{p_0}[\rho,\overline{D}]+k_4+M_3k_*+M_5k_{**}\}$$
$$\leqslant M_8\{M_4k_*+k_4+M_3k_*+M_5(M_3k_*+k_4+k_5)\},\qquad(5.31)$$
$$L_{p_0}[\overline{w}_{zz},\overline{D}]\leqslant M_9\{L_{p_0}[\rho,\overline{D}]+k_4+M_3k_*+M_5k_{**}\}$$

$$\leqslant M_9\{M_4k_*+k_4+M_3k_*+M_5(M_3k_*+k_4+k_5)\},\qquad(5.32)$$

这里 $M_j=M_j(q_1,p_0,k_0,\alpha,k,D),j=8,9$．联合(5.24)—(5.27)，(5.31)，(5.32)，我们得到

$$S_1w+S_2w\leqslant(M_3+M_4)k_*+(M_8+M_9)\{M_4k_*+k_4+M_3k_*$$
$$+M_5(M_3k_*+k_4+k_5)\}+M_5(M_3k_*+k_4+k_5)\leqslant M_{10}(k_*+k^*)$$
$$\leqslant M_{10}\Big\{2k^*+L_p[A,\overline{D}]+C_\alpha[r,\Gamma]+\sum_{k\in J_2}|s_k|+\sum_{k\in J_j,j=1,2}|b_{jk}|\Big\}$$
$$\leqslant M_{10}\{2k^*+q_2S_2w+(k_1+k_2)S_1w\},\qquad(5.33)$$

其中 $M_{10}=M_{10}(q_1,p_0,k_0,\alpha,K,D)$. 选取(5.2)，(5.3)，(5.6)中的常数 $q_2,k_1,k_2$ 适当小，使得$1-M_{10}(q_2+k_1+k_2)\geqslant1/2$，从(5.33)，即得

$$S_1w+S_2w\leqslant 2M_{10}k^*/[1-M_{10}(q_2+k_1+k_2)].$$

这样，便知有估计式(5.19)，(5.20).

**定理5.3** 设复方程(5.1)满足条件 $C_*$，又(5.2)，(5.3)，(5.6)中的 $q_2,k_1,k_2$ 适当小，那么复方程(5.1)之问题 $B^*$ 的解 $w(z)$ 满足估计式

$$S_1w=C^1_\gamma[w,\overline{D}]\leqslant M_{11}k^{**},\qquad(5.34)$$
$$S_2w=L_{p_0}[|w_{z\bar z}|+|w_{zz}|+|\overline{w}_{zz}|,\overline{D}]\leqslant M_{12}k^{**},\qquad(5.35)$$

其中 $k^{**}=k^*+k'_1[C(w_z,\overline{D})]^\sigma+k'_2[C(\overline{w}_z,D)]^\tau+k'_3[C(w,\overline{D})]^\eta,\gamma$，$p_0,k^*$ 如定理5.2中所述，$M_j=M_j(q_1,p_0,k_0,\alpha,K,D)(j=11,12)$都是非负常数.

**证** 容易看出：$w(z)$是复方程

$$w_{z\bar z}-Q_1w_{zz}-A_1w_z=Q_2\overline{w}_{zz}+A_2\overline{w}_z+A_3w+A_4+G\qquad(5.36)$$

于 $\overline{D}$ 上的连续可微解，并满足边界条件(5.8)，(5.10)，又注意到 $G(z,w,w_z,\overline{w}_z)$满足

$$L_p[G(z,w,w_z,\overline{w}_z),\overline{D}]\leqslant L_p[B_1,\overline{D}][C(w_z,D)]^\sigma$$
$$+L_p[B_2,\overline{D}][C(\overline{w}_z,\overline{D})]^\tau+L_p[B_3,\overline{D}][C(w,\overline{D})]^\eta$$
$$\leqslant k'_1[C(w_z,\overline{D})]^\sigma+k'_2[C(\overline{w}_z,\overline{D})]^\tau+k'_3[C(w,\overline{D})]^\eta,\qquad(5.37)$$

这里 $p>2$．根据定理5.2，便得估计式(5.34)，(5.35).

### 3. 问题 $B^*$ 与问题 $A^*$ 的可解性结果

**定理5.4** 如果复方程(5.1)满足条件 $C_*$，其中 $G=0$，又(5.2)，(5.3)，(5.6)中的常数 $q_2,k_1,k_2$适当小，那么复方程(5.1)之问题 $B^*$ 存在着一个解 $w(z)\in B=C^1(\overline{D})\cap W^2_{p_0}(D)$，$2<p_0\leqslant p$．

**证** 依照定理5.1，如果我们求得积分方程

$$\rho(z)=F(z,w,w_z,\overline{w}_z,X_{zz}+\Pi\rho,\overline{X}_{zz}+\Pi\overline{\rho}) \tag{5.38}$$

的一个解 $\rho(z)\in L_{p_0}(\overline{D})$，$2<p_0\leqslant p$，其中 $w(z)=X(z)+H\rho$，那么此函数 $w(z)$正是(5.1)(当 $G=0$)之问题 $B^*$ 的一个解．为了求出积分方程(5.38)的解 $\rho(z)\in L_{p_0}(\overline{D})$，我们引入 Banach 空间$L_{p_0}(\overline{D})$中的一个有界开集 $B_M$，其中元素 $\rho(z)$是 $D$ 内的所有可测函数，满足不等式

$$L_{p_0}[\rho(z),\overline{D}]<M=M_2k^*+1, \tag{5.39}$$

此处 $M_2,k^*$ 都是(5.20)中所示的常数．我们任取一函数 $\rho(z)\in\overline{B_M}$，并构造如(5.12)中的积分 $H\rho$，然后求出如(5.12)中所示的函数 $X(z)$，使得 $w(z)=X(z)+H\rho$ 满足边界条件(5.8)，(5.10)．将函数 $w(z)$，$X_{zz}$，$\overline{X}_{zz}$代入积分方程(5.38)中适当的位置，由压缩映射原理，可求得积分方程

$$\rho^*(z)=kF(z,w,w_z,\overline{w}_z,X_{zz}+\Pi\rho^*,\overline{X}_{zz}+\Pi\overline{\rho}^*),\ 0\leqslant k\leqslant 1 \tag{5.40}$$

的唯一解 $\rho^*(z)\in L_{p_0}(\overline{D})$．用 $\rho^*=S(\rho,k)$表示从 $\rho(z)\in L_{p_0}(\overline{D})$到 $\rho^*(z)$的映射．由估计式(5.20)，函数 $\rho^*(z)$满足不等式(5.39)，即 $\rho^*(z)\in B_M$．设 $B_0=B_M\times[0,1]$，我们可验证 $\rho^*=S(\rho,k)$满足 Leray-Schauder 定理中的三个条件：

(1)对每一个 $k\in[0,1]$，$\rho^*=S(\rho,k)$连续映射 Banach 空间 $L_{p_0}(\overline{D})$到自身，且在$\overline{B_M}$上是完全连续的．此外，对 $\rho(z)\in\overline{B_M}$，$S(\rho,k)$关于 $k\in[0,1]$一致连续．

(2)当 $k=0$，从(5.12)与(5.38)，容易看出：$\rho^*(z)=S(\rho,0)=X(z)\in B_M$．

(3)从(5.20)，可以看出：$\rho^*(z)=S(\rho,k)(0\leqslant k\leqslant 1)$在边界

$\partial B_M=\overline{B_M}\backslash B_M$ 上没有解.

因此,由 Leray-Schauder 定理,可知积分方程(5.38)当 $k=1$ 时具有解 $\rho(z)\in B_M$. 故如(5.12)式中所示的函数 $w(z)=X(z)+H\rho$ 正是(5.1)(当 $G=0$)之问题 $B^*$ 的一个解.

**定理5.5** 假设复方程(5.1)满足条件 $C_*$,又(5.2),(5.3),(5.6)中的常数 $q_2,k_1,k_2$ 适当小.

(1)当 $0<\sigma,\tau,\eta<1$,则(5.1)之问题 $B^*$ 存在着解 $w(z)\in B=C^1(\overline{D})\cap W^2_{p_0}(D)$,这里 $p_0(2<p_0\leqslant p)$ 是正常数.

(2)当 $\min(\sigma,\tau,\eta)>1$,只要常数

$$M_{13}=L_p[A_4,\overline{D}]+\sum_{j=1}^{2}C_\alpha^{2-j}[a_j,\Gamma]+\sum_{k\in J_j,j=1,2}|b_{jk}| \tag{5.41}$$

适当小,则(5.1)的问题 $B^*$ 具有解 $w(z)\in B$.

**证** (1)考虑 $t$ 的代数方程

$$M_1\Big\{k_3+k_1't^\sigma+k_2't^\tau+k_3't^\eta+\sum_{j=1}^{2}C_\alpha^{2-j}[a_j,\Gamma]+\sum_{k\in J_j,j=1,2}|b_{jk}|\Big\}=t, \tag{5.42}$$

由于 $0<\sigma,\tau,\eta<1$,可知(5.42)存在唯一解 $t=M_{14}\geqslant 0$. 现在引入 Banach 空间 $C^1(\overline{D})$ 中一有界闭凸集 $B^*$,其中元素 $w(z)$ 是满足条件

$$C^1[w(z),\overline{D}]\leqslant M_{14} \tag{5.43}$$

的任意函数. 任选一函数 $W(z)\in B^*$,代入 $F(z,w,w_z,\overline{w}_z,w_{zz},\overline{w}_{zz})+G(z,w,w_z,\overline{w}_z)$ 中适当的位置,并考虑复方程

$$\begin{aligned}w_{z\bar z}=&\widetilde{F}(z,w,w_z,\overline{w}_z,W,W_z,\overline{W}_z,w_{zz},\overline{w}_{zz})\\&+G(z,W,W_z,\overline{W}_z),\end{aligned} \tag{5.44}$$

其中

$$\begin{aligned}&\widetilde{F}=\widetilde{Q}_1w_{zz}+\widetilde{Q}_2\overline{w}_{zz}+\widetilde{A}_1w_z+\widetilde{A}_2\overline{w}_z+\widetilde{A}_3w+\widetilde{A}_4,\\&\widetilde{Q}_j=Q_j(z,W,W_z,\overline{W}_z,w_{zz},\overline{w}_{zz}),j=1,2,\\&\widetilde{A}_j=A_j(z,W,W_z,\overline{W}_z),j=1,2,3,4.\end{aligned}$$

仿照定理5.4的证明,可求得复方程(5.44)之问题 $B^*$ 的一个解

$w(z)\in B^*$，且可证此解的唯一性．用 $w=S[W(z)]$ 表示从 $W(z)\in B^*$ 到 $w(z)$ 的映射．根据定理5.3，我们有

$$S_1 w\leqslant M_{11}\{L_p[A_4,\overline{D}]+\sum_{j=1}^{2}C_\alpha^{2-j}[a_j,\Gamma]+\sum_{k\in J_j,j=1,2}|b_{jk}|$$
$$+L_p[G,\overline{D}]\}\leqslant M_{11}\{k_3+k_4+k_5+k_1'[C(w_z,\overline{D})]^\sigma$$
$$+k_2'[C(\overline{w}_z,\overline{D})]^\tau+k_3'[C(w,\overline{D})]^\eta\}$$
$$\leqslant M_{11}\{k^*+k_1'M_{14}^\sigma+k_2'M_{14}^\tau+k_3'M_{14}^\eta\}=M_{14}. \quad (5.45)$$

这表明 $w=S[W]$ 映射 $B^*$ 到自身的紧集．余下还要验证 $S$ 是 $B^*$ 中的一连续算子．事实上，任取一序列 $W_n(z)\in B^*$，$n=0,1,2,\cdots$，使得 $C^1[W_n-W_0,\overline{D}]\to 0$，当 $n\to\infty$．类似于引理4.3，可证：

$$L_p[A_j(z,W_n,W_{nz},\overline{W}_{nz})-A_j(z,W_0,W_{0z},\overline{W}_{0z}),\overline{D}]\to 0,$$
$$\text{当 } n\to\infty,\ j=1,\cdots,7. \quad (5.46)$$

进而将 $w_n=S[W_n]$ 与 $w_0=S[W_0]$ 相减，可知 $w_n-w_0$ 是以下边值问题的一个解．

$$(w_n-w_0)_{z\bar z}=\widetilde{F}(z,w_n,w_{nz},\overline{w}_{nz},W_n,W_{nz},\overline{W}_{nz},w_{nzz},\overline{w}_{nzz})$$
$$-\widetilde{F}(z,w_0,w_{0z},\overline{w}_{0z},W_0,W_{0z},\overline{W}_{0z},w_{0zz},\overline{w}_{0zz})+G(z,W_n,$$
$$W_{nz},\overline{W}_{nz})-G(z,W_0,W_{0z},\overline{W}_{0z}),\ z\in D, \quad (5.47)$$

$$\begin{cases}\mathrm{Re}[\overline{\lambda_1(z)}\ \overline{(w_n(z)-w_0(z))}]=h_1(z),\\ \mathrm{Re}[\overline{\lambda_2(z)}(w_n-w_0)_z+a_0(z)(w_n-w_0)]=h_2(z),\end{cases} z\in\Gamma, \quad (5.48)$$

$$\begin{cases}\mathrm{Im}[\overline{\lambda_1(a_k)}\ \overline{(w_n(a_k)-w_n(a_k))}]=0,\ k\in J_1,\\ \mathrm{Im}[\overline{\lambda_2(a_k)}(w_{nz}(a_k)-w_{0z}(a_k))+a_0(a_k)(w_n(a_k)-w_0(a_k))]=0,\\ \qquad k\in J_2,\end{cases} \quad (5.49)$$

使用定理5.2中的证明方法，我们可得估计式

$$L_p[\widetilde{F}(z,w_0,w_{0z},\overline{w}_{0z},W_n,W_{nz},\overline{W}_{nz},w_{0zz},\overline{w}_{0zz})$$
$$-\widetilde{F}(z,w_0,w_{0z},\overline{w}_{0z},W_0,W_{0z},\overline{W}_{0z},w_{0zz},\overline{w}_{0zz})$$
$$+G(z,W_n,W_{nz},\overline{W}_{nz})-G(z,W_0,W_{0z},\overline{W}_{0z}),\overline{D}]\to 0,$$
$$\text{当 } n\to\infty,$$

因此有 $C^1[w_n-w_0,\overline{D}]\to 0$，当 $n\to\infty$．根据 Schauder 不动点定理，则知存在一函数 $w(z)\in C^1(\overline{D})$，使得 $w(z)=S[w(z)]$，从定理

5.3，可知 $w(z)\in B=C^1(\overline{D})\cap W^2_{p_0}(D)$，而 $w(z)$ 正是复方程(5.1)之问题 $B^*$ 的解.

(2)至于 $\min(\sigma,\tau,\eta)>1$，由于(5.41)中的常数适当小，则知(5.42)存在一个解 $t=M_{14}\geqslant 0$ . 引入 Banach 空间的一有界闭凸集

$$B_* = \{w(z)\in C^1(\overline{D}), C^1[w,\overline{D}]\leqslant M_{14}\},$$

使用(1)中相类似的方法，可证明(5.1)之问题 $B^*$ 具有解 $w(z)\in B=C^1(\overline{D})\cap W^2_{p_0}(D)$.

从以上定理，可以导出如下结果.

**定理5.6** 在定理5.5相同的条件下，

(1)当标数 $K_j\geqslant N(j=1,2)$，则复方程(5.1)的问题 $A^*$ 是可解的；

(2)当 $0\leqslant K_j<N(j=1,2)$，则(5.1)的问题 $A^*$ 有 $2N-K_1-K_2$ 个可解条件；

(3)当 $K_j<0(j=1,2)$，则(5.1)之问题 $A^*$ 有 $2(N-K_1-K_2-1)$ 个可解条件.

我们还可写出其余情形下复方程(5.1)之问题 $A^*$ 的可解条件个数.

最后还要提及：我们还能提出复方程(5.1)的斜微商边值问题及其适定提法，并讨论它们的可解性问题.

# 第二章　高阶椭圆型方程组

在本章中，我们首先把三阶线性与非线性的一致椭圆型方程组化为复形式，然后讨论这种复形式的方程即复方程解的表示式和存在定理以及一些边值问题. 然后我们介绍四阶与 $n$ 阶椭圆型复方程的解的一些性质与边值问题.

## §1. 三阶椭圆型方程组的复形式

### 1. 三阶线性与非线性椭圆型方程组的复形式

我们先考虑三阶非线性方程组

$$\begin{aligned}\Phi_j(x,y,u,v,u_x,v_x,\cdots,u_{x^3},u_{x^2y},u_{xy^2},u_{y^3},\\ v_{x^3},v_{x^2y},v_{xy^2},v_{y^3})=0,\ j=1,2,\end{aligned}\tag{1.1}$$

其中 $\Phi_j(x,y,u_{00},v_{00},u_{10},v_{10},\cdots,u_{30},u_{21},u_{12},u_{03},v_{30},v_{21},v_{12},v_{03})(j=1,2)$ 是 $(x,y)\in D$ 与实变量 $u_{jk},v_{jk}(j,k\geqslant 0,0\leqslant j+k\leqslant 3)$ 的连续实函数，并对 $u_{jk},v_{jk}(j,k\geqslant 0,j+k=3)$ 具有连续偏微商，这里 $D$ 是 $(x,y)$ 平面上的一有界区域. 如果对任意的实数 $\lambda$，不等式

$$\begin{cases}|A_{30}\lambda^3+A_{21}\lambda^2+A_{12}\lambda+A_{03}|>0,\ |A_{30}|>0\ ,\\ A_{jk}=\begin{pmatrix}\Phi_{1u_{jk}}\Phi_{1v_{jk}}\\ \Phi_{2u_{jk}}\Phi_{2v_{jk}}\end{pmatrix},\ u_{jk}=u_{x^jy^k},v_{jk}=v_{x^jy^k},\ j+k=3\end{cases}\tag{1.2}$$

在 $D$ 内成立，那么称方程组(1.1)在 $D$ 内是椭圆型的. 引入形式偏微商：$(\ )_{\bar z}=[(\ )_x+i(\ )_y]/2$, $(\ )_z=[(\ )_x-i(\ )_y]/2$，这里 $z=x+iy$，我们可得

$$\begin{cases}(\ )_{x^3}=(\ )_{z^3}+3(\ )_{z^2\bar z}+3(\ )_{z\bar z^2}+(\ )_{\bar z^3},\\ (\ )_{x^2y}=i[(\ )_{z^3}+(\ )_{z^2\bar z}-(\ )_{z\bar z^2}-(\ )_{\bar z^3}]\ ,\\ (\ )_{xy^2}=-(\ )_{z^3}+(\ )_{z^2\bar z}+(\ )_{z\bar z^2}-(\ )_{\bar z^3},\\ (\ )_{y^3}=i[-(\ )_{z^3}+3(\ )_{z^2\bar z}-3(\ )_{z\bar z^2}+(\ )_{\bar z^3}]\ .\end{cases}\tag{1.3}$$

而且$()_{x^jy^k}(j,k\geqslant 0,j+k\leqslant 2)$也可由$()_{z^j\bar{z}^k}(j,k\geqslant 0,j+k\leqslant 2)$表示. 将$u_{x^jy^k},v_{x^jy^k}(j,k\geqslant 0,j+k\leqslant 3)$的上述表示代入到方程组(1.1)中，那么可把$\Phi_j(j=1,2)$看成是$z\in D,u,v,u_z,v_z,\cdots,u_{z^3},u_{z^2\bar{z}},v_{z^3}$与$v_{z^2\bar{z}}$的函数. 这样，我们有

$$\begin{cases}\Phi_{j\sigma_{z^3}}=\Phi_{j\sigma_{x^3}}+i\Phi_{j\sigma_{x^2y}}-\Phi_{j\sigma_{xy^2}}-i\Phi_{j\sigma_{y^3}}=\overline{\Phi_{j\sigma_{\bar{z}^3}}},\\ \Phi_{j\sigma_{z\bar{z}^2}}=3\Phi_{j\sigma_{x^3}}-i\Phi_{j\sigma_{x^2y}}+\Phi_{j\sigma_{xy^2}}-3i\Phi_{j\sigma_{y^3}}=\overline{\Phi_{j\sigma_{z^2\bar{z}}}},\\ \qquad j=1,2,\ \sigma=u,v.\end{cases}\tag{1.4}$$

**定理1.1** 设方程组(1.1)在区域$D$内满足条件

$$|A_{03}|\geqslant\delta>0,\quad\sup_{m=1,2,\ j+k=3}(|\Phi_{mu_{x^jy^k}}|,\ |\Phi_{mv_{x^jy^k}}|)\leqslant\delta^{-1},\tag{1.5}$$

这里$\delta(<1)$是一个正常数. 那么经过自变量$x,y$的线性变换

$$\xi=tx+y,\ \eta=-tx+y,\tag{1.6}$$

此处$t$是一待定正常数，方程组(1.1)关于$w_{\zeta\bar{\zeta}^2}(w=u+iv,\zeta=\xi+i\eta)$可解，并得到新变量$\zeta$的复方程

$$w_{\zeta\bar{\zeta}^2}=F(\zeta,w,w_\zeta,\bar{w}_\zeta,\cdots,w_{\zeta^3},\ w_{\zeta^2\bar{\zeta}},\bar{w}_{\zeta^2\zeta},\ \bar{w}_{\zeta^3}).\tag{1.7}$$

**证** 从线性变换(1.6)，容易导出关系式

$$\sigma_{x^2}=(-2\sigma_{\xi\eta}+\sigma_{\xi^2}+\sigma_{\eta^2})t^2,$$
$$\sigma_{y^2}=2\sigma_{\xi\eta}+\sigma_{\xi^2}+\sigma_{\eta^2},$$
$$\sigma_{xy}=(\sigma_{\xi^2}-\sigma_{\eta^2})t,\ \sigma=u,v$$

与

$$\begin{cases}\sigma_{x^3}=(\sigma_{\xi^3}-3\sigma_{\xi^2\eta}+3\sigma_{\xi\eta^2}-\sigma_{\eta^3})t^3,\\ \sigma_{x^2y}=(\sigma_{\xi^3}-2\sigma_{\xi^2\eta}-2\sigma_{\xi\eta^2}+\sigma_{\eta^3})t^2,\\ \sigma_{xy}=(\sigma_{\xi^3}+2\sigma_{\xi^2\eta}-2\sigma_{\xi\eta^2}-\sigma_{\eta^3})t,\\ \sigma_{y^3}=\sigma_{\xi^3}+3\sigma_{\xi^2\eta}+3\sigma_{\xi\eta^2}+\sigma_{\eta^3},\ \sigma=u,v.\end{cases}\tag{1.8}$$

因此

$$\Phi_{j\sigma_{\xi^3}}=\Phi_{j\sigma_{x^3}}t^3+\Phi_{j\sigma_{x^2y}}t^2+\Phi_{j\sigma_{xy^2}}t+\Phi_{j\sigma_{y^3}},$$
$$\Phi_{j\sigma_{\xi^2\eta}}=-3\Phi_{j\sigma_{x^3}}t^3-2\Phi_{j\sigma_{x^2y}}t^2+2\Phi_{j\sigma_{xy^2}}t+3\Phi_{j\sigma_{y^3}},$$
$$\Phi_{j\sigma_{\xi\eta^2}}=3\Phi_{j\sigma_{x^3}}t^3-2\Phi_{j\sigma_{x^2y}}t^2-2\Phi_{j\sigma_{xy^2}}t+3\Phi_{j\sigma_{y^3}},$$

$$\Phi_{j\sigma_{\eta^3}} = -\Phi_{j\sigma_{x^3}}t^3 + \Phi_{j\sigma_{x^2y}}t^2 - \Phi_{j\sigma_{xy^2}}t + \Phi_{j\sigma_{y^3}},$$
$$j=1,2,\ \sigma = u,v. \tag{1.9}$$
注意到(1.4)中的第二式,我们得到
$$\begin{aligned}\Phi_{j\sigma_{\zeta\bar\zeta^2}} &= 3\Phi_{j\sigma_{\xi^3}} - i\Phi_{j\sigma_{\xi^2\eta}} + \Phi_{j\sigma_{\xi\eta^2}} - 3i\Phi_{j\sigma_{\eta^3}} \\ &= (1+i)(6\Phi_{j\sigma_{x^3}}t^3 + \Phi_{j\sigma_{xy^2}}t) + (1-i)(\Phi_{j\sigma_{x^2y}}t^2 + 6\Phi_{j\sigma_{y^3}}),\end{aligned}$$
$$j = 1,2,\ \sigma = u,v.$$
由于
$$u_{\zeta\zeta^2} = \frac{1}{2}(w_{\zeta\zeta^2} + \bar{w}_{\zeta\zeta^2}),\ v_{\zeta\zeta^2} = \frac{1}{2i}(w_{\zeta\zeta^2} - \bar{w}_{\zeta\zeta^2}),$$
可得
$$\begin{aligned}\frac{D(\Phi_1,\Phi_2)}{D(W,\overline{W})} &= \begin{vmatrix}\Phi_{1W} & \Phi_{1\overline{W}} \\ \Phi_{2W} & \Phi_{2\overline{W}}\end{vmatrix} = \frac{i}{2}\begin{vmatrix}\Phi_{1u_{\zeta\zeta^2}} & \Phi_{1v_{\zeta\zeta^2}} \\ \Phi_{2u_{\zeta\zeta^2}} & \Phi_{2v_{\zeta\zeta^2}}\end{vmatrix} \\ &= \frac{1}{2}i^2(1-i)^2\begin{vmatrix}B_1 & B_2 \\ B_3 & B_4\end{vmatrix} = 36i\,|tA_* + A_{03}|, \end{aligned} \tag{1.10}$$
$$W = w_{\zeta\zeta^2},$$
其中
$$B_1 = 6i\Phi_{1u_{x^3}}t^3 + \Phi_{1u_{x^2y}}t^2 + i\Phi_{1u_{xy^2}}t + 6\Phi_{1u_{y^3}},$$
$$B_2 = 6i\Phi_{2u_{x^3}}t^3 + \Phi_{2u_{x^2y}}t^2 + i\Phi_{2u_{xy^2}}t + 6\Phi_{2u_{y^3}},$$
$$B_3 = 6i\Phi_{1v_{x^3}}t^3 + \Phi_{1v_{x^2y}}t^2 + i\Phi_{1u_{xy^2}}t + 6\Phi_{1v_{y^3}},$$
$$B_4 = 6i\Phi_{2v_{x^3}}t^3 + \Phi_{2v_{x^2y}}t^2 + i\Phi_{2v_{xy^2}}t + 6\Phi_{2v_{y^3}}.$$
选取 $t\,(>0)$ 足够小,使得 $t\,|A_*| \leqslant \delta/2$,于是有 $|A_{03}| - t|A_*| \geqslant \delta/2 > 0$. 因此
$$\frac{D(\Phi_1,\Phi_2)}{D(W,\overline{W})} \neq 0,\ z\in D.$$
这样一来,从方程组(1.1)可解出 $W=w_{\zeta\zeta^2}$,而得复方程(1.7).

其次,我们考虑三阶线性椭圆型方程组
$$\sum_{m=1}^{2}\sum_{j+k=0}^{3} a_{mjk}^{(n)}(x,y)u_{mx^jy^k} = a^{(n)}(x,y),\ n = 1,2, \tag{1.11}$$
此处系数 $a_{mjk}^{(n)}(x,y)(j,k\geqslant 0,\ j+k\leqslant 3,\ m,n=1,2)$都是$(x,y)\in D$

的已知函数．根据定理1.1，只要在 $D$ 内，有

$$\begin{vmatrix} a_{103}^{(1)} & a_{203}^{(1)} \\ a_{103}^{(2)} & a_{203}^{(2)} \end{vmatrix} \geqslant \delta > 0, \quad \sup_{m,n=1,2,\ j+k=3} \left( \left| a_{mjk}^{(n)} \right| \right) \leqslant \delta^{-1}, \qquad (1.12)$$

那么通过线性变换(1.6)，方程组(1.11)可转化为复形式的方程(1.7)．然而，由关系式(1.3)，可将方程组(1.11)写成如下复形式的方程组

$$\sum_{m=1}^{2} \sum_{j+k=0}^{3} b_{mjk}^{(n)}(z) u_{mz^j\bar{z}^k} = b^{(n)}(z),\ n = 1,2, \qquad (1.13)$$

其中 $b_{mjk}^{(n)}(z)$ $(j,k\geqslant 0,\ j+k\leqslant 3,\ m,n=1,2)$都是 $a_{mjk}^{(n)}(j,k\geqslant 0, j+k\leqslant 3,\ m,n=1,2)$的已知函数．如果

$$\begin{vmatrix} b_{112}^{(1)}(z) & b_{212}^{(1)}(z) \\ b_{112}^{(2)}(z) & b_{212}^{(2)}(z) \end{vmatrix} \neq 0\ , \qquad (1.14)$$

那么我们可从方程组(1.13)解出 $u_{1z\bar{z}^2}$，$u_{2z\bar{z}^2}$，而得复方程组

$$u_{mz\bar{z}^2} = F_m(z,u_1,u_2,u_{1z},u_{2z},\cdots,u_{1z^3},u_{1z^2\bar{z}},\ u_{2z^3},u_{2z^2\bar{z}}),$$
$$m = 1,2\ . \qquad (1.15)$$

记 $w=u_1+iu_2$，$u_1=(w+\overline{w})/2$，$u_2=(w-\overline{w})/2i$，上述复方程组可简写成复方程

$$w_{z\bar{z}^2} = F(z,w,w_z,\overline{w}_z,\cdots,w_{z^3},w_{z^2\bar{z}},\overline{w}_{z^2\bar{z}},\overline{w}_{z^3}). \qquad (1.16)$$

此复方程与复方程(1.7)在形式上相类似，只是在自变量上有所区别．

## 2. 加于三阶椭圆型复方程的条件

设 $D$ 是复平面$\mathbb{C}$上以 $\Gamma = \sum_{j=0}^{N} \Gamma_j \in C_\alpha^3(0<\alpha<1)$ 为边界的 $N+1$连通区域．不失一般性，可以认为 $D$ 是单位圆内的 $N+1$连通圆界区域，其中圆周 $\Gamma_j=\{|z-z_j|=\gamma_j\}(j=1,2,\cdots,N)$都在单位圆周 $\Gamma_0=\Gamma_{N+1}=\{|z|=1\}$内，且 $z=0\in D$．因为否则，通过自变量的一个共形映射，可以达到上述要求．我们先考虑三阶椭圆型复方程(1.7)和(1.16)，并可写成如下形式

$$\begin{cases} w_{z\bar{z}^2} = F(z,w,w_z,\overline{w}_z,\cdots,w_{z^3},w_{z^2\bar{z}},\overline{w}_{z^3}), \\ F = Q_1 w_{z^3} + Q_2 w_{z^2\bar{z}} + Q_3 \overline{w}_{z^3} + \sum_{j+k=0}^{2} A_{jk} w_{z^j\bar{z}^k} + A_0, \end{cases} \tag{1.17}$$

其中 $Q_j(j=1,2,3)$都是 $z\in D,w,w_z,\overline{w}_z,\cdots,w_{z^3},w_{z^2\bar{z}},\overline{w}_{z^3}$的函数，$A_{jk}(j,k\geqslant 0,\ j+k\leqslant 2)$，$A_0$都是 $z\in D,w,w_z,\overline{w}_z,w_{z^2},w_{z\bar{z}},\overline{w}_{z^2}$的函数. 假设复方程(1.17)满足如下条件.

**条件 C** 1)函数 $Q_j(=Q_j(z,w,\cdots,X,Y,Z),j=1,2,3)$，$A_{jk}(=A_{jk}(z,w,\cdots,\overline{w}_{z^2}),0\leqslant j+k\leqslant 2)$，$A_0(=A_0(z))$对任意的复变函数 $w(z)\in C^2_\beta(\overline{D})$与 $X(z),Y(z),Z(z)\in L_{p_0}(\overline{D})$，都在 $D$ 内可测，并满足条件

$$L_p[A_0,\overline{D}]\leqslant k_0, L_p[A_{jk},\overline{D}]\leqslant k_1, 0\leqslant j+k\leqslant 2\ , \tag{1.18}$$

此处 $p_0(2<p_0\leqslant p),k_0,k_1,\beta(0<\beta<1)$都是非负常数.

2)上述函数对几乎所有的 $z\in D$ 与 $X,Y,Z\in \mathbb{C}$ 关于 $w,w_z,\overline{w}_z,w_{z^2},w_{zz},\overline{w}_{z^2}$连续.

3)复方程(1.17)满足如下的一致椭圆型条件：

$$|F(z,w,w_z,\cdots,\overline{w}_{z^2},X_1,Y_1,Z_1) - F(z,w,w_z,\cdots,\overline{w}_{z^2},X_2,Y_2,Z_2)| \leqslant q_1|X_1-X_2| + q_2|Y_1-Y_2| + q_3|Z_1-Z_2| \tag{1.19}$$

对 $w,w_z,\cdots,\overline{w}_{z^2},X_j,Y_j,Z_j(j=1,2)\in\mathbb{C}$ 在 $D$ 内几乎处处成立，其中 $q_1,q_2,q_3$都是非负常数，满足条件：$q_1+q_2+q_3<1$.

其次，我们考虑一般的三阶非线性椭圆型复方程

$$\begin{cases} w_{z\bar{z}^2} = F(z,w,w_z,\overline{w}_z,\cdots,w_{z^3},w_{z^2z},\overline{w}_{z^3}) \\ \qquad\qquad + G(z,w,\cdots,\overline{w}_{z^2}), \\ G = \sum_{j+k=0}^{2} B_{jk}|w_{z^j\bar{z}^k}|^{\sigma_{jk}}, \end{cases} \tag{1.20}$$

其中 $F(z,w,w_z,\overline{w}_z,\cdots,w_{z^3},w_{z^2\bar{z}},\overline{w}_{z^3})$如(1.17)中所示，$\sigma_{jk}(0\leqslant j+k\leqslant 2)$都是正常数，$B_{jk}=B_{jk}(z,w,\cdots,\overline{w}_{z^2})$对几乎所有的 $z\in D$ 关于 $w,\cdots,\overline{w}_{z^2}$连续，又对任意的复变函数 $w(z)\in C^2_\beta(\overline{D})(0<\beta<1)$满足条件

$$L_p[B_{jk},\overline{D}]\leqslant k_1',\ j,k\geqslant 0, 0\leqslant j+k\leqslant 2, \tag{1.21}$$

如果复方程(1.20)满足条件 $C$ 与(1.21)，那么我们称(1.20)满足

条件 $C^*$.

一个复变函数 $w(z)\in W^3_{p_0}(\widetilde{D})(2<p_0\leqslant p)$ 在区域 $D$ 内几乎处处适合复方程(1.17)(或(1.20))，称为复方程(1.17)(或(1.20))在 $D$ 内的广义解，简称为 $D$ 内的解，这里 $\widetilde{D}$ 是 $D$ 内的任一闭子集(见[139]13)).

## §2. 三阶椭圆型复方程的存在定理与 Riemann-Hilbert 问题

本节中，我们先讨论三阶非线性椭圆型复方程解的存在性，然后讨论三阶线性与非线性椭圆型复方程的 Riemann-Hilbert 边值问题.

### 1. 三阶非线性椭圆型复方程解的存在定理

引入重积分

$$f(z)=J\rho=\frac{1}{\pi}\iint_D Y(z,\zeta)\rho(\zeta)d\sigma_\zeta, \tag{2.1}$$

此处 $D$ 是复平面 $\mathbb{C}$ 上的有界区域，$\rho(z)$ 是 $D$ 上的一个可测函数，$\rho(z)\in L_p(\overline{D}),p>1$，而 $Y(z,\zeta)$ 是方程 $Y_{z\bar{z}^2}=0$ 在 $D$ 内除了 $z=\zeta\in D$ 外形如下的解：

$$\begin{cases}Y(z,\zeta)=(\bar{z}-\bar{\zeta})(2\ln|z-\zeta|+1),\ Y_z=(\bar{z}-\bar{\zeta})/(z-\zeta),\\ Y_{\bar{z}}=2(\ln|z-\zeta|+1),\ Y_{z^2}=-(\bar{z}-\bar{\zeta})/(z-\zeta)^2,\\ Y_{z\bar{z}}=1/(z-\zeta),\ Y_{z^2\bar{z}}=-1/(z-\zeta)^2,\\ Y_{z^3}=2(\bar{z}-\bar{\zeta})/(z-\zeta)^3,\ Y_{z\bar{z}^2}=0,\ z\neq\zeta\in D.\end{cases} \tag{2.2}$$

从(2.1)与(2.2)，我们可得

$$\begin{cases}f(z)=-\dfrac{1}{\pi}\displaystyle\iint_D(\bar{\zeta}-\bar{z})(2\ln|z-\zeta|+1)\rho(\zeta)d\sigma_\zeta,\\ f_z=\dfrac{2}{\pi}\displaystyle\iint_D(\ln|\zeta-z|+1)\rho(\zeta)d\sigma_\zeta,\end{cases}$$

$$
\begin{cases}
f_z = \dfrac{1}{\pi}\iint_D \dfrac{\bar\zeta - \bar z}{\zeta - z}\rho(\zeta)d\sigma_\zeta, \\
f_{z^2} = -\dfrac{1}{\pi}\iint_D \dfrac{\bar\zeta - \bar z}{(\zeta - z)^2}\rho(\zeta)d\sigma_\zeta = \widetilde{T}\rho, \\
f_{z\bar z} = -\dfrac{1}{\pi}\iint_D \dfrac{\rho(\zeta)}{\zeta - z}d\sigma_\zeta = T\rho,\ \bar f_{z^2} = \widetilde{T}\bar\rho\ , \\
f_{z^3} = \dfrac{2}{\pi}\iint_D \dfrac{\bar\zeta - \bar z}{(\zeta - z)^3}\rho(\zeta)d\sigma_\zeta = \widetilde{\Pi}\rho,\ \bar f_{z^3} = \widetilde{\Pi}\bar\rho\ , \\
f_{z^2\bar z} = -\dfrac{1}{\pi}\iint_D \dfrac{\rho(\zeta)}{(\zeta - z)^2}d\sigma_\zeta = \Pi\rho,\ f_{z\bar z^2} = \rho(z)\ .
\end{cases}
\tag{2.3}
$$

使用书[131]1)第一章中相类似的方法,我们可以证明如下引理.

**引理2.1** (1)如果复变可测函数 $\rho(z)\in L_p(\bar D)$,$p>1$,那么

$$
\begin{cases}
L_p[\Pi\rho,\bar D] \leqslant \Lambda_p\, L_p[\rho,\bar D],\Lambda_2 = 1, \\
L_p[\widetilde{\Pi}\rho,\bar D] \leqslant \widetilde{\Lambda}_p\, L_p[\rho,\bar D],\widetilde{\Lambda}_2 = 1.
\end{cases}
\tag{2.4}
$$

并且对于满足条件 $q_1+q_2+q_3<1$的非负常数 $q_1,q_2,q_3$,存在正常数 $p_0,p_1(2<p_0<p_1)$,使得

$$
q_2\Lambda_{p_j} + (q_1 + q_3)\widetilde{\Lambda}_{p_j} < 1,\ j = 0,1. \tag{2.5}
$$

(2)如果 $\rho(z)\in L_p(\bar D)$,$p>2$,那么

$$
C^2_\beta[f(z),\bar D] \leqslant M_1 L_p[\rho,\bar D], \tag{2.6}
$$

其中 $f(z)$如(2.1)所示,$\beta=1-2/p$, $M_1=M_1(p,D)$都是非负常数.

使用书[139]13)第八章引理2.1的证法,我们还可得到三阶一致椭圆型复方程(1.17)解的表示式与存在定理.

**定理2.2** 设复方程(1.17)满足条件 $C$.

(1)如果 $w(z)$是(1.17)的解,且 $w(z)\in W^3_{p_0}(D)(2<p_0\leqslant p)$,那么 $w(z)$可表示成

$$
w(z) = W(z) + f(z) = W(z) + \frac{1}{\pi}\iint_D Y(z,\zeta)\rho(\zeta)d\sigma_\zeta, \tag{2.7}
$$

其中 $W(z)$是复方程

$$
W_{z\bar z^2} = 0,\ z \in D \tag{2.8}
$$

的一个解，$\rho(z)=w_{z\bar{z}^2}\in L_{p_0}(\overline{D})$.

(2)如果 $W(z)$ 是复方程(2.8)的一个解，且 $W(z)\in W_{p_0}^3(D)$，$2<p_0\leqslant p$，又条件 $C$ 中的常数 $k_1$ 适当小，那么复方程(1.17)具有形如(2.7)的解，其中 $\rho(z)\in L_{p_0}(\overline{D})(2<p_0<p)$ 是积分方程

$$\rho(z)=F(z,w,w_z,\cdots,W_{z^3}+\tilde{\Pi}\rho,W_{z^2\bar{z}}+\Pi\rho,\overline{W}_{z^3}+\tilde{\Pi}\bar{\rho}) \tag{2.9}$$

在 $D$ 内的解，这里 $w(z)=W(z)+f(z)$.

**证** (1)设 $\rho(z)=w_{z\bar{z}^2}$，由定理中的条件，可知 $\rho(z)\in L_{p_0}(\overline{D})$. 用 $f(z)$ 表示(2.1)中所示的函数，从(2.3)得知：$[w(z)-f(z)]_{z\bar{z}^2}=0$，$z\in D$，因此函数 $W(z)=w(z)-f(z)$ 是复方程(2.8)在 $D$ 内的解. 这表明 $w(z)$ 可表示成(2.7)式，其中 $\rho(z)$ 是积分方程(2.9)在 $D$ 内的解.

(2)将 $W,W_z,\cdots,W_{z^3},W_{z^2\bar{z}},\overline{W}_{z^3}$ 代入到复方程(1.17)中相应的位置，而得积分方程

$$\begin{aligned}\rho(z)=F(z,W+f,W_z+f_z,\cdots,W_{z^3}+\tilde{\Pi}\rho,\\ W_{z^2\bar{z}}+\Pi\rho,\overline{W}_3+\tilde{\Pi}\bar{\rho})\,,\end{aligned} \tag{2.10}$$

这里 $f(z)$ 如(2.1)式所示. 如果我们能求出积分方程(2.10)的解 $\rho(z)\in L_{p_0}(\overline{D})$，那么形如(2.7)的函数 $w(z)$ 正是复方程(1.17)在 $D$ 内的解. 由(2.7)，我们可得

$$C[f_{z^j\bar{z}^k},\overline{D}]\leqslant M_{jk}L_{p_0}[\rho,\overline{D}],j,k\geqslant 0,\ 0\leqslant j+k\leqslant 2, \tag{2.11}$$

此处 $M_{jk}(j,k\geqslant 0,\ 0\leqslant j+k\leqslant 2)$ 都是非负常数，只要(1.18)中的常数 $k_1$ 适当小，使得

$$M_2=q_2\Lambda_{p_0}+(q_1+q_3)\tilde{\Lambda}_{p_0}+k_1\sum_{j+k=0}^{2}M_{jk}<1, \tag{2.12}$$

那么我们可对(1.17)的解 $w(z)=W(z)+f(z)$ 给出一个估计式. 事实上，设 $\rho(z)\in L_{p_0}(\overline{D})$ 是积分方程(2.10)在 $D$ 内的解，则有

$$\rho(z)=Q_1\tilde{\Pi}\rho+Q_2\Pi\rho+Q_3\tilde{\Pi}\bar{\rho}+\sum_{j+k=0}^{2}A_{jk}f_{z^j\bar{z}^k}+A, \tag{2.13}$$

其中

$$A = Q_1 W_{z^3} + Q_2 W_{z^2 z} + Q_3 \overline{W}_{z^3} + \sum_{j+k=0}^{2} A_{jk} W_{z^j \bar{z}^k} + A_0.$$

容易看出：

$$L_{p_0}[A, \overline{D}] \leqslant q_1 L_{p_0}[W_{z^3}, \overline{D}] + q_2 L_{p_0}[W_{z^2 \bar{z}}, \overline{D}] + q_3 L_{p_0}[\overline{W}_{z^3}, \overline{D}]$$

$$+ k_1 \sum_{j+k=0}^{2} C[W_{z^j \bar{z}^k}, \overline{D}] + k_0 = M_3, \qquad (2.14)$$

从(2.13)与(2.14)，我们有

$$L_{p_0}[\rho, \overline{D}] \leqslant M_3/(1 - M_2) = M_4 = M_4(q_0, p_0, k_0, D, W), \qquad (2.15)$$

其中常数 $M_2, M_3$如前所述.

下面，我们使用 Schauder 不动点定理证明积分方程(2.10)具有解 $\rho(z) \in L_{p_0}(\overline{D})$，用 $B_M$ 表示 Banach 空间 $L_{p_0}(\overline{D})$中的一有界闭凸集，其中元素是满足(2.15)的全部可测函数 $\rho(z)$. 任选一函数 $\rho(z) \in B_M$，并构造如(2.1)中所示的函数 $f(z)$，还代入(2.10)的系数中，我们考虑积分方程

$$\rho^*(z) = Q_1(W_{z^3} + \tilde{\Pi}\rho^*) + Q_2(W_{z^2 \bar{z}} + \Pi\rho^*) + Q_3(\overline{W}_{z^3} + \tilde{\Pi}\bar{\rho}^*)$$

$$+ \sum_{j+k=0}^{2} A_{jk}(W_{z^j z^k} + f^*_{z^j \bar{z}^k}) + A_0, \qquad (2.16)$$

其中

$$f^*(z) = \frac{1}{\pi} \iint_D Y(z, \zeta) \rho^*(\zeta) d\sigma_\zeta$$

$$= -\frac{1}{\pi} \iint_D (\bar{\zeta} - \bar{z})(2\ln|z - \zeta| + 1) \rho^*(\zeta) d\sigma_\zeta,$$

$$Q_j = Q_j(z, w^*, w_z^*, \cdots, \overline{w}^*_{\bar{z}^2}, W_{z^3} + f^*_{z^3}, W_{z^2 \bar{z}} + f^*_{z^2 \bar{z}},$$

$$\overline{W}_{z^3} + \bar{f}^*_{z^3}),\ j = 1, 2,$$

$$A_{jk} = A_{jk}(z, w^*, w_z^*, \cdots, \overline{w}^*_{\bar{z}^2}),\ j, k \geqslant 0,\ 0 \leqslant j + k \leqslant 2,$$

$$w^*(z) = W(z) + f^*(z) = W(z) + J\rho^*.$$

注意到条件(2.10)与估计式(2.15)，根据压缩映射原理，可从积分方程(2.16)求得唯一解 $\rho^*(z) \in L_{p_0}(\overline{D})$，易知此解仍满足估计式

(2.15). 用 $\rho^*=S(\rho)$表示从 $\rho(z)\in B_M$ 到 $\rho^*(z)$的映射. 由于条件 $C$,我们可证 $\rho^*=S'(\rho)$连续映射 $B_M$ 到自身的一紧集,于是由 Schauder 定理(见[118]),则知积分方程(2.16)即(2.13)与(2.10)存在唯一解 $\rho(z)\in B_M$. 因此椭圆型复方程(1.17)具有形如(2.7)的解.

**2. 三阶非线性椭圆型复方程的 Riemann-Hilbert 问题**

这里,我们设 $D$ 是如§1中所述的 $N+1$连通圆界区域,并讨论三阶非线性椭圆型复方程(1.17)在区域 $D$ 上的如下 Riemann-Hilbert 边值问题.

**问题 $A$** 求复方程(1.17)在 $\bar{D}$ 上具有二阶连续偏微商的解 $w(z)$,使它适合边界条件

$$\begin{cases}\operatorname{Re}[\overline{\lambda_1(z)}w(z)]=r_1(z),\ \operatorname{Re}[\overline{\lambda_2(z)}\ \overline{w_{\bar z}}]=r_2(z),\\ \operatorname{Re}[\overline{\lambda_3(z)}w_{z\bar z}]=r_3(z),\ z\in\Gamma=\partial D,\end{cases}\tag{2.17}$$

其中 $\lambda_j(z),\ r_j(z)(j=1,2,3)$满足条件

$$C_\alpha^{3-j}[\lambda_j(z),\Gamma]\leqslant k_0,\ C_\alpha^{3-j}[r_j(z),\Gamma]\leqslant k_2,\ j=1,2,3,\tag{2.18}$$

此处 $k_0,k_2,\alpha(\frac{1}{2}<\alpha<1)$都是非负常数. 整数组

$$K=(K_1,K_2,K_3),\ K_j=\frac{1}{2\pi}\Delta_\Gamma\arg\lambda_j(z),\ j=1,2,3$$

叫作问题 $A$ 的指数.

当 $K_j<N,\ j=1,2,3$,问题 $A$ 一般是不可解的,又当 $K_j\geqslant N$, $j=1,2,3$,问题 $A$ 的解不唯一,因此我们给出问题 $A$ 的变态适定提法如下.

**问题 $B$** 求复方程(1.17)在 $\bar{D}$ 上具有二阶连续偏微商的解 $w(z)$,使它适合变态的边界条件

$$\begin{cases}\operatorname{Re}[\overline{\lambda_1(z)}w(z)]=r_1(z)+h_1(z),\\ \operatorname{Re}[\overline{\lambda_2(z)}\ \overline{w_{\bar z}}]=r_2(z)+h_2(z),\\ \operatorname{Re}[\overline{\lambda_3(z)}w_{z\bar z}]=r_3(z)+h_3(z),\ z\in\Gamma,\end{cases}\tag{2.19}$$

其中

$$h_j(z)=\begin{cases}0, z\in\Gamma,\text{当 } K_j\geqslant N,\ j=1,2,3,\\ \left.\begin{array}{l}h_{jk}, z\in\Gamma_k, k=1,\cdots,N-K_j,\\ 0, z\in\Gamma_k, k=N-K_j+1,\cdots,N+1\end{array}\right\}\text{当 } 0\leqslant K_j<N,\\ \left.\begin{array}{l}h_{jk}, z\in\Gamma_k, k=1,\cdots,N,\\ h_{j0}+\operatorname{Re}\sum\limits_{m=1}^{-K_j-1}(h_{jm}^{+}+ih_{jm}^{-})z^m, z\in\Gamma_0\end{array}\right\}\text{当 } K_j<0,\end{cases}$$

此处 $h_{jk}(k=0,1,\cdots,N)$，$h_{jm}^{\pm}(m=1,\cdots,-K_j-1,K_j<0,$ $j=1,2,3)$都是待定实常数. 又当 $K_j\geqslant 0$,我们可要求(1.17)的解满足点型条件

$$\begin{cases}\operatorname{Im}[\overline{\lambda_1(a_k)}w(a_k)]=b_{1k},\\ \operatorname{Im}[\overline{\lambda_2(a_k)}\ \overline{w_{\bar{z}}(a_k)}]=b_{2k},\\ \operatorname{Im}[\lambda_3(a_k)w_{zz}(a_k)]=b_{3k},\end{cases}$$

$$k\in J_j=\begin{cases}1,\cdots,2K_j-N+1, K_j\geqslant N,\\ N-K_j+1,\cdots,N+1, 0\leqslant K_j<N,\\ j=1,2,3,\end{cases}$$

(2.20)

这里 $a_k\in\Gamma_k(k=1,\cdots,N)$，$a_k\in\Gamma_0(k=N+1,\cdots,2K_j-N+1,K_j\geqslant N,j=1,2,3)$都是 $\Gamma$ 上不同的点,而 $b_{jk}(k\in J_j,j=1,2,3)$都是实常数,满足条件

$$|b_{jk}|\leqslant k_3, k\in J_j,\ j=1,2,3, \tag{2.21}$$

这里 $k_3$是非负常数.

设 $w(z)$是复方程(1.17)之问题 $B$ 的解,且 $w_{z\bar{z}^2}=\rho(z)\in L_{p_0}(\overline{D})(2<p_0\leqslant p)$. 依照书[139]13)第七章中的公式(5.19),$w_{z\bar{z}}$与$\overline{w_{\bar{z}}}$可表示成

$$w_{z\bar{z}}=\Phi_3(z)+\widetilde{T}_3\rho,\ \overline{w_{\bar{z}}}=\Phi_2(z)+\widetilde{T}_2\overline{\Phi_3}+\widetilde{T}_2\overline{\widetilde{T}_3\rho},$$

其中 $\Phi_2(z)$,$\Phi_3(z)$是区域 $D$ 内的两个解析函数,又 $\Phi_2(z)+\widetilde{T}_2\overline{W_{z\bar{z}}}$, $\Phi_3(z)+\widetilde{T}_3\rho$ 分别适合(2.19)的第二个与第三个边界条件,而$\widetilde{T}_jw_j$ $(j=2,3)$是类似于书[139]13)第二章公式(2.73)所示的重积分.

因此(1.17)的解 $w(z)$ 可表示成

$$w(z) = W_1(z) + g(z) = W_1(z) + W(z) + f(z), \tag{2.22}$$

这里

$$\begin{cases} W_1(z) = \Phi_1(z) + \widetilde{T}_1 \overline{\Phi_2} + \widetilde{T}_1 \overline{\widetilde{T}_2 \Phi_3}, \\ f(z) = \dfrac{1}{\pi} \iint_D Y(z,\zeta)\rho(\zeta) d\sigma_\zeta. \end{cases} \tag{2.23}$$

不难看出：$W_1(z)$ 是复方程(2.8)于 $D$ 内的一个解，而 $W(z) = g(z) - f(z) = w(z) - W_1(z) - f(z)$ 也是(2.8)的一个解. 任选一可测函数 $\rho(z) \in L_{p_0}(\overline{D})$，$2 < p_0 < p$，并构造形如(2.22)，(2.23)中所示的两个重积分 $f(z)$，$g(z)$. 这里 $W(z) = g(z) - f(z)$ 是(2.8)的解，而 $W(z) + f(z)$ 满足齐次边界条件

$$\begin{cases} \mathrm{Re}[\overline{\lambda_1(z)}(W + f)] = h_1(z), \\ \mathrm{Re}[\overline{\lambda_2(z)}(\overline{W}_{\bar{z}} + \overline{f}_{\bar{z}})] = h_2(z), \qquad z \in \Gamma, \\ \mathrm{Re}[\overline{\lambda_3(z)}(W_{zz} + f_{zz})] = h_3(z), \end{cases} \tag{2.24}$$

其中 $h_j(z)$ $(j=1,2,3)$ 如前所述. 既然 $W+f$，$\overline{W}_z + \overline{f}_z$，$W_{z\bar{z}} + f_{zz}$ 适合边界条件(2.24)，使用引理2.1及书[140]第五章引理4.2的证法，我们可导出 $W(z)+f(z)$ 满足

$$\begin{cases} C_\beta^2[W + f, \overline{D}] \leqslant M_5 L_{p_0}[\rho, \overline{D}], \\ L_{p_0}[(W + f)_{z^2\bar{z}}, \overline{D}] \leqslant M_6 L_{p_0}[\rho, \overline{D}], \\ L_{p_0}[(W + f)_{z^3}, \overline{D}], L_{p_0}[(\overline{W} + \overline{f})_{z^3}, \overline{D}] \leqslant M_7 L_{p_0}[\rho, \overline{D}], \end{cases} \tag{2.25}$$

这里 $\beta = 1 - 2/p_0$，$2 < p_0 \leqslant \min(p, 1/(1-\alpha))$，$M_j = M_j(p_0)$ $(j=5,6,7)$ 都是非负常数.

**定理2.3** 设非线性复方程(1.17)满足条件 $C$.

(1)若在一定条件下，(1.17)之问题 $B$ 的解 $w(z)$ 满足估计式

$$L_{p_0}[\rho, \overline{D}] < M_8, \ \rho(z) = w_{z\bar{z}^2}, \tag{2.26}$$

此处 $M_8$ 是一正常数，那么(1.17)之问题 $B$ 是可解的，且其解 $w(z)$ 可表示成(2.22)式.

(2)若条件 $C$ 中的常数 $q_1,q_2,q_3,k_1$适当小，使得

$$M_9 = q_2 M_6 + (q_1 + q_3) M_7 + k_1 \sum_{j+k=0}^{2} M_{jk} < 1, \quad (2.27)$$

这里 $M_6,M_7$是(2.25)中所示的常数，$M_{jk}$是使以下不等式成立的最小常数.

$$C[(W + f)_{z^j \bar{z}^k}, \overline{D}] \leqslant M_{jk} L_{p_0}[\rho, \overline{D}], \quad (2.28)$$

此处 $j,k \geqslant 0$，$0 \leqslant j+k \leqslant 2$，$\rho(z) \in L_{p_0}(\overline{D})$，那么(1.17)之问题 $B$ 是可解的.

**证** (1)我们先设复方程(1.17)的系数在区域的边界 $\Gamma$ 附近等于0，并把这样的复方程写成

$$w_{z\bar{z}^2} = \widetilde{F}(z, w, w_z, \cdots, w_{z^3}, w_{z^2\bar{z}}, \overline{w}_{z^3}). \quad (2.29)$$

用 $B_M$ 表示 Banach 空间 $L_{p_0}(\overline{D})$ $(2 < p_0 \leqslant \min(p, 1/(1-\alpha)))$中的一有界开集，其中元素均为满足(2.26)的复变可测函数. 任取一函数 $\rho(z) \in \overline{B_M}$，并构造形如(2.1)的重积分 $f(z)$，然后再求出复方程(2.8)在 $D$ 内的两个解 $W_1(z), W(z)$，如(2.22)，(2.23)中所述，使得 $w(z) = W_1(z) + W(z) + f(z)$适合边界条件(2.19)与点型条件(2.20)，将 $w(z), W_1(z) + W(z)$代入到复方程(2.29)中的适当位置，并考虑带参数 $t \in [0,1]$的积分方程

$$\begin{aligned} \rho^*(z) = t\widetilde{F}[z, w, \cdots, \overline{w}_{z^2}, (W_1 + W)_{z^3} + \widetilde{\Pi}\rho^*, \\ (W_1 + W)_{z^2\bar{z}} + \Pi\rho^*, (\overline{W}_1 + \overline{W})_{z^3} + \widetilde{\Pi}\overline{\rho}^*]. \quad (2.30) \end{aligned}$$

注意到条件 $C$ 及使用压缩映射原理，可从(2.30)求得唯一解 $\rho^*(z) \in L_{p_0}(\overline{D})$. 用 $\rho^*(z) = S(\rho, t)$表示从 $\rho(z) \in \overline{B_M}$到 $\rho^*(z)$的映射. 类似于书[140]第五章定理2.4的证法，可以验证 $\rho^* = S(\rho, t)$ $(0 \leqslant t \leqslant 1)$满足 Leray-Schauder 定理中的三个条件(见[86]). 因此当 $t=1$，积分方程(2.30)有一个解 $\rho^*(z) = \rho(z) \in B_M$. 将 $\rho(z)$代入(2.22)中的 $f(z)$，并如前可求得复方程(2.8)的两个解 $W_1(z), W(z)$，这样，函数 $w(z) = W_1(z) + W(z) + f(z)$就是复方程(2.29)之问题 $B$ 的解. 最后，仿照[140]第五章定理2.5的证法，可以消去复方程(2.29)的系数在边界 $\Gamma$ 附近等于0的假设.

(2)类似于书[15]3)第六章定理2.3，我们可证(2)中所述的结

论.

**定理2.4** 在定理2.3相同的条件下,复方程(1.17)之问题 $A$ 具有如下的可解性结果.

(1)当 $K_j\geqslant N$, $j=1,2,3$,(1.17)的问题 $A$ 是可解的.

(2)当$0\leqslant K_j<N$, $j=1,2,3$,(1.17)之问题 $A$ 的可解条件总数不超过$3N-(K_1+K_2+K_3)$.

(3)当 $K_j<0,j=1,2,3$,(1.17)的问题 $A$ 有$3(N-1)-2(K_1+K_2+K_3)$个可解条件.

此外,我们也能写出其它情形下问题 $A$ 的可解条件个数.

**证** 将(1.17)之问题 $B$ 的解 $w(z)$代入到边界条件(2.19),如果 $h_j(z)=0,j=1,2,3,z\in\Gamma$,那么此问题 $B$ 的解也是问题 $A$ 的解. 而 $h_j(z)=0(j=1,2,3)$中实常数等于0的个数正是定理中所述问题 $A$ 可解条件的个数.

### 3. 三阶线性椭圆型复方程的 Riemann-Hilbert 问题

现在,我们讨论三阶线性椭圆型复方程(1.16)即

$$\begin{cases}w_{zz^2}-Q_1(z)w_{z^3}-Q_2(z)w_{z^2z}-Q_3(z)\overline{w}_{z^3}\\=\varepsilon G(z,w,w_z,\cdots,\overline{w}_{z^2})+A_0(z),\\G(z,w,w_z,\cdots,\overline{w}_{z^2})=\sum\limits_{j+k=0}^{2}A_{jk}(z)w_{z^jz^k}\end{cases}\tag{2.31}$$

其中 $\varepsilon$ 是一复数,而系数 $Q_j(z)(j=1,2,3),A_{jk}(z)(j,k\geqslant0,j+k\leqslant2)$, $A_0$都是 $D$ 内的可测函数,满足条件

$$\begin{cases}|Q_j(z)|\leqslant q_j,\ j=1,2,3,\ q_1+q_2+q_3<1,\\L_p[A_{jk}(z),\overline{D}]\leqslant k_1,\ 0\leqslant j+k\leqslant2,L_p[A_0(z),\overline{D}]\leqslant k_0,\end{cases}\tag{2.32}$$

此处 $q_j(j=0,1,2,3),p(>2),k_0,k_1$都是非负常数. 类似于前面的第2小节,线性复方程(2.31)之问题 $B$ 的解 $w(z)$可表示(2.22)的形式,即

$$w(z)=W_1(z)+W(z)+f(z),$$

$$f(z)=\frac{1}{\pi}\iint_D Y(z,\zeta)\rho(\zeta)d\sigma_\zeta, \qquad (2.33)$$

这里$W_1(z)$,$W(z)$都是复方程(2.8)在$D$内的解,$W_1(z)$适合边界条件(2.19),(2.20),而$W(z)+f(z)=H\rho$适合齐次边界条件(2.24)与估计式(2.25).

我们选取常数$q_j(j=1,2,3)$足够小,使得

$$q_2M_6+(q_1+q_3)M_7<1,\ 2<p_0\leqslant\min(p,\frac{1}{1-\alpha}), \qquad (2.34)$$

其中$M_6$,$M_7$是(2.25)式中所示的非负常数. 由[140]第一章定理3.5,可知当$K_3\leqslant 0$,只要选取正数$p_0$充分地接近2,那么常数$M_6<1$,在这种情形下,我们可不必选取$q_2$足够小,而只要$q_2<1$即可.

将(2.22)中的函数$w(z)$代入线性椭圆型复方程(2.31),我们有

$$\rho(z)-Q_1(z)(H\rho)_{z^3}-Q_2(z)(H\rho)_{z^2\bar z}-Q_3(z)(\overline{H\rho})_{z^3}$$
$$=\varepsilon\sum_{j+k=0}^{2}A_{jk}(z)(H\rho)_{z^j\bar z^k}+g(z,\varepsilon), \qquad (2.35)$$

这里

$$g(z,\varepsilon)=\varepsilon\sum_{j+k=0}^{2}A_{jk}(z)W_{1z^j\bar z^k}+Q_1(z)W_{1z^3}$$
$$+Q_2(z)W_{z^2\bar z}+Q_3(z)\overline{W}_{z^3}+A_0(z).$$

如果条件(2.34)成立,记$\Pi_1\rho=(H\rho)_{z^3}$, $\Pi_2\rho=(H\rho)_{z^2\bar z}$, $\Pi_3\rho=(\overline{H\rho})_{z^3}$,可知$I-Q_1\Pi_1-Q_2\Pi_2-Q_3\Pi_3$具有逆算子$R$,于是我们得到积分方程

$$\rho(z)=\varepsilon R[G(z,H\rho,(H\rho)_z,\cdots,(\overline{H\rho})_{z^2})]+R[g(z,\varepsilon)]. \qquad (2.36)$$

因为$H\rho=W(z)+f(z)$是从$L_{p_0}(\overline{D})$映射到$C^2_\beta(\overline{D})$$(0<\beta\leqslant\min(\alpha,1/(1-p_0)))$的完全连续算子,因此上述逆算子$R$也是完全连续的. 根据积分方程的Fredholm定理,齐次积分方程

$$\rho(z)=\varepsilon R[G(z,H\rho,(H\rho)_z,\cdots,(\overline{H\rho})_{z^2}] \qquad (2.37)$$

具有离散的特征值

$$\varepsilon_j(j=1,2,\cdots):\ 0<|\varepsilon_1|\leqslant|\varepsilon_2|\leqslant\cdots$$
$$\leqslant|\varepsilon_n|\leqslant|\varepsilon_{n+1}|\leqslant\cdots, \qquad (2.38)$$

这里$|\varepsilon_1|>0$是由于当 $\varepsilon=0$,复方程(2.31)之问题 $B$ 是可解的. 如果 $\varepsilon$ 是(2.38)中所示秩为 $q$ 的一个特征值,应用 Fredholm 定理,可知积分方程(2.35)有 $q$ 个可解条件,因而复方程(2.31)之问题 $B$ 也有 $q$ 个可解条件. 于是,我们有

**定理2.5** 假定线性椭圆型复方程(2.31)满足条件(2.32),(2.34). 如果 $\varepsilon\neq\varepsilon_j(j=1,2,\cdots)$,这里 $\varepsilon_j(j=1,2,\cdots)$是齐次积分方程(2.37)的全部特征值,那么(2.31)的问题 $B$ 是可解的. 如果 $\varepsilon$ 是(2.37)以 $q$ 为秩的特征值,那么(2.31)的问题 $B$ 有 $q$ 个可解条件.

从以上定理,我们可以导出线性椭圆型复方程(2.31)之问题 $A$ 的可解条件个数.

## §3. 三阶椭圆型复方程的斜微商边值问题

### 1. 三阶椭圆型复方程斜微商边值问题的提法

设 $D$ 是复平面$\mathbb{C}$上的单位圆,我们考虑的斜微商边值问题如下:

**问题 $P$** 求复方程(1.17)或(1.20)在 $\bar{D}$ 上具有二阶连续偏微商的解 $w(z)$,使它适合边界条件

$$\mathrm{Re}[\bar{z}^{K_1}w_{z\bar{z}}]=r_1(z),\ \mathrm{Re}[\bar{z}^{K_2}\overline{w}_{z^2}]=r_2(z),$$
$$\mathrm{Re}[\bar{z}^{K_3}w(z)]=r_3(z),\ z\in\Gamma=\partial D, \qquad (3.1)$$

此处 $r_j(z)\in C_\alpha(\Gamma)$,$j=1,2$,$r_3(z)\in C_\alpha^2(\Gamma)$,$\alpha(\frac{1}{2}<\alpha<1)$是正常数,$K_j(j=1,2,3)$都是正整数. 如果 $K_j\geqslant 0$,我们设解 $w(z)$满足条件

$$\int_\Gamma[S_j(z)-\Phi_j(z)]e^{-im\theta}d\theta=0,\ m=1,\cdots,2K_j,1\leqslant j\leqslant 3, \qquad (3.2)$$

其中$S_1(z)=w_{z\bar{z}}$，$S_2(z)=\overline{w}_{z^2}$，$S_3(z)=w(z)$，而$\Phi_j(z)(j=1,2,3)$都是$D$内的解析函数，具有形式

$$\Phi_j(z)=\begin{cases}\dfrac{z^{K_j}}{2\pi i}\displaystyle\int_\Gamma r_j(t)\frac{t+z}{t-z}\frac{dt}{t}+\sum_{m=0}^{2K_j}C_m^{(j)}z^m,\text{当 }K_j\geqslant 0,\\ \dfrac{1}{\pi i}\displaystyle\int_\Gamma\frac{r_j(t)}{t_{-K_j}(t-z)}dt,\text{ 当 }K_j<0,j=1,2,3,\end{cases}$$

(3.3)

这里$C_{2K_j-m}^{(j)}=-\overline{C_m^{(j)}}(m=0,1,\cdots,K_j,K_j\geqslant 0,j=1,2,3)$都是复常数(见[140]第五章).

当$K_j(j=1,2,3)$之一是负整数时，问题$P$不一定可解，因此我们提出变态的斜微商边值问题如下：

**问题$Q$**　求(1.17)或(1.20)在$\overline{D}$上具有二阶连续偏微商的解$w(z)$，使它适合变态的边界条件

$$\begin{cases}\operatorname{Re}[\bar{z}^{K_1}w_{z\bar{z}}]=r_1(z)+h_1(z),\\ \operatorname{Re}[\bar{z}^{K_2}\overline{w}_{z^2}]=r_2(z)+h_2(z),\qquad z\in\Gamma,\\ \operatorname{Re}[\bar{z}^{K_3}w(z)]=r_2(z)+h_3(z),\end{cases}\tag{3.4}$$

其中

$$h_j(z)=\begin{cases}h_0^{(j)}+\operatorname{Re}\displaystyle\sum_{m=1}^{-K_j-1}(h_m^{(j)}+ih_{-m}^{(j)})z^m,\text{当 }K_j<0,\\ 0,\text{当 }K_j\geqslant 0,\ 1\leqslant j\leqslant 3,z\in\Gamma,\end{cases}\tag{3.5}$$

此处$h_0^{(j)},h_m^{(j)},h_{-m}^{(j)}(m=1,\cdots,-K_j-1,j=1,2,3)$都是待定实常数，$r_j(z)$ $(j=1,2,3)$如(3.1)中所述. 当$K_j\geqslant 0(1\leqslant j\leqslant 3)$，我们设解$w(z)$满足条件(3.2).

## 2. 复方程(1.17)斜微商边值问题的可解性

我们先给出斜微商问题解的表示式.

**定理3.1**　设$w(z)$是(1.17)之问题$Q$的解，且$\rho(z)=w_{z\bar{z}^2}\in L_{p_0}(\overline{D})(2<p_0<p)$，那么此解$w(z)$可表示成

$$w(z)=W(z)+S\rho=W(z)+g(z),g(z)=S\rho=\hat{T}_3\hat{H}\rho,$$

(3.6)

其中

$$W(z)=\Phi_3(z)+\hat{T}_3W_1, W_1(z)=\int_0^z\Phi_1(z)dz+\overline{\int_0^z\Phi_2(z)dz}, \tag{3.7}$$

这里 $\Phi_j(z)(j=1,2,3)$ 都是 $D$ 内的解析函数，如(3.3)所示，而

$$\hat{H}\rho=\frac{2}{\pi}\iint_D\left[\ln\left|1-\frac{z}{\zeta}\right|\cdot\rho(\zeta)\right.$$
$$\left.+\frac{1}{2}[g_1(z,\zeta)+\overline{g_2(z,\zeta)}]\overline{\rho(\zeta)}\right]d\sigma_\zeta,$$

$$g_j(z,\zeta)=\begin{cases}\mathrm{Re}\bar{\zeta}^{-2K_j-2}\left[\ln(1-\bar{\zeta}z)+\sum\limits_{m=1}^{2K_j+1}\frac{(\bar{\zeta}z)^m}{m}\right], \text{当 } K_j\geqslant 0,\\ \mathrm{Re}\bar{\zeta}^{-2K_j-2}\ln(1-\bar{\zeta}z), \text{当 } K_j<0, j=1,2,\end{cases}$$

$$\hat{T}_j\rho=\begin{cases}-\frac{1}{\pi}\iint_D\left[\frac{\rho(\zeta)}{\zeta-z}+\frac{z^{2K_j+1}\overline{\rho(\zeta)}}{1-\bar{\zeta}z}\right]d\sigma_\zeta, \text{当 } K_j\geqslant 0,\\ -\frac{1}{\pi}\iint_D\left[\frac{\rho(\zeta)}{\zeta-z}+\frac{\zeta^{-2K_j-1}\overline{\rho(\zeta)}}{1-\bar{\zeta}z}\right]d\sigma_\zeta, \text{当 } K_j<0\end{cases}$$

$$j=1,2,3, (\hat{H}\rho)_z=\hat{T}_1\rho, (\overline{\hat{H}\rho})_z=\hat{T}_2\bar{\rho}. \tag{3.8}$$

**证** 依照[140]第五章公式(3.6)，$w_{\bar z}$ 可表示成

$$w_{\bar z}=W_1(z)+\hat{H}\rho, \tag{3.9}$$

此处 $\rho(z)=w_{z\bar{z}^2}$，$W_1(z)$，$\hat{H}\rho$ 如(3.7)，(3.8)所示，因此 $w(z)$ 具有表示式(3.6).

不难看出：$W(z)=\Phi_3(z)+\hat{T}_3W_1$ 是复方程

$$W_{z\bar{z}^2}=0, z\in D \tag{3.10}$$

的一个解，而 $g(z)=\hat{T}_3\hat{H}\rho=w(z)-W(z)$ 是复方程 $w_{z\bar{z}^2}=\rho(z)$ 的一个解. 任选一函数 $\rho(z)\in L_{p_0}(\bar{D})$，$2<p_0<p$，并构造一个积分 $g(z)=S\rho=\hat{T}_3\hat{H}\rho$，可以看出：它适合齐次边界条件

$$\begin{cases}\mathrm{Re}[\bar{z}^{K_1}g_{z\bar{z}}]=h_1(z),\\ \mathrm{Re}[\bar{z}^{K_2}\bar{g}_{z^2}]=h_2(z), z\in\Gamma,\\ \mathrm{Re}[\bar{z}^{K_3}g(z)]=h_3(z),\end{cases} \tag{3.11}$$

这里 $h_j(z)(j=1,2,3)$ 如(3.4)所示. 根据[140]第五章引理4.2中

的证法,可得

$$\begin{cases} C_\beta^2[g,\overline{D}] \leqslant M_1 L_{p_0}[\rho,\overline{D}], \\ L_{p_0}[g_{z^2\bar{z}},\overline{D}] \leqslant M_2 L_{p_0}[\rho,\overline{D}], \\ L_{p_0}[g_{z^3},\overline{D}], L_{p_0}[\overline{g}_{z^3},\overline{D}] \leqslant M_3 L_{p_0}[\rho,\overline{D}], \end{cases} \tag{3.12}$$

此处 $\beta=\min(\alpha,1-2/p_0)$, $2<p_0<\min(p,1/(1-\alpha))$, $M_j=M_j(p_0)$, $j=1,2,3$.

**定理3.2** 设非线性椭圆型复方程(1.17)满足条件 $C$. 又其中的常数 $q_j(j=1,2,3)$, $k_1$ 适当小,使得

$$M_4 = q_2 M_2 + (q_1+q_3)M_3 + k_1 M_1 < 1, \tag{3.13}$$

其中 $M_1,M_2,M_3$ 是(3.12)中的常数,那么(1.17)的问题 $Q$ 是可解的.

**证** 我们先假设复方程(1.17)的系数在 $D$ 的边界 $\Gamma$ 附近等于0,并用 $B_M$ 表示 Banach 空间 $L_{p_0}(\overline{D})(2<p_0<\min(p,1/(1-\alpha))$ 中的一有界开集,其中元素 $\rho(z)$ 是满足条件

$$L_{p_0}[\rho(z),\overline{D}] < M_5 = M_2 + 1 \tag{3.14}$$

的可测函数全体,上式中的 $M_2$ 是(3.12)中的常数. 任选一函数 $\rho(z)\in\overline{B_M}$,并构造如(3.6)所示的积分 $g(z)=S\rho$. 进而又求出如(3.7)中所示的函数 $W(z)$,使得 $w(z)=W(z)+g(z)$ 适合边界条件(3.4)与积分条件(3.2). 将函数 $w(z)$, $W(z)$ 代入到复方程(1.17)中的恰当位置,然后考虑带参数 $t\in[0,1]$ 的积分方程

$$\begin{aligned} \rho^*(z) = tF[&z,w,w_z,\cdots,\overline{w}_{\bar{z}^2},W_{z^3}+\hat{\Pi}_1\rho^*, \\ &W_{z^2\bar{z}}+\hat{\Pi}_2\rho^*,\overline{W}_{z^3}+\hat{\Pi}_3\overline{\rho}^*], \end{aligned} \tag{3.15}$$

其中 $w=W(z)+g(z)$, $\hat{\Pi}_1\rho^*=(\hat{T}_3\hat{H}\rho^*)_{z^3}$, $\hat{\Pi}_2\rho^*=(\hat{T}_3\hat{H}\rho^*)_{z^2\bar{z}}$, $\hat{\Pi}_3\overline{\rho}^*=(\hat{T}_3\hat{H}\overline{\rho}^*)_{z^3}$. 由条件 $C$ 与压缩映射原理,从积分方程(3.15)可求得唯一解 $\rho^*(z)\in L_{p_0}(\overline{D})$. 用 $\rho^*=S(\rho,t)$ 表示从 $\rho(z)\in B_M$ 到 $\rho^*(z)$ 的映射. 仿照[140]第五章,定理2.4的证法,可以验证 $\rho^*=S(\rho,t)(0\leqslant t\leqslant 1)$ 满足 Leray-Schauder 定理中的三个条件,因此当 $t=1$ 时,积分方程(3.15)具有解 $\rho^*(z)=\rho(z)\in B_M$. 将此函数 $\rho(z)$ 代入到(3.6)中,于是便得(1.17)之问题 $Q$ 的解 $w(z)$

$=W(z)+S\rho$. 最后，仿照[140]第五章定理2.5的证明方法，可以消去(1.17)的系数在边界 $\Gamma$ 附近等于0的假设.

### 3. 一般非线性椭圆型复方程斜微商边值问题的可解性

**定理3.3** 设非线性椭圆型复方程(1.20)满足条件 $C^*$，又其中的常数 $q_1,q_2,q_3,k_1$ 均适当小，使得(3.13)式成立.

(1)当 $0<\sigma^*=\max\limits_{0\leqslant j+k\leqslant 2}\{\sigma_{jk}\}<1$，那么(1.20)的问题 $Q$ 存在着解 $w(z)\in B=W^3_{p_0}(D)$，这里 $p_0(2<p_0<\min(p,1/(1-\alpha))$ 是正常数.

(2)当 $\sigma_*=\min\limits_{0\leqslant j+k\leqslant 2}\{\sigma_{jk}\}>1$，只要常数

$$M_6=L_p[A_0,\bar{D}]+\sum_{j=1}^{2}C_\alpha[r_j,\Gamma]+C^2[r_3,\Gamma] \qquad (3.16)$$

适当小，那么(1.20)的问题 $Q$ 具有解 $w(z)\in B$.

**证** (1)考虑 $t$ 的代数方程

$$\Big[M_7+\sum_{j+k=0}^{2}L_p(B_{jk},\bar{D})t^{\sigma_{jk}}\Big]/(1-M_4)=t, \qquad (3.17)$$

此处

$$M_7=k_0+k_1\sum_{j+k=0}^{3}C[W_{z^j\bar{z}^k},\bar{D}], \qquad (3.18)$$

这里 $W(z)$ 是(3.7)中所示的函数. 因 $0<\sigma^*<1$，可知代数方程(3.17)具有解 $t=M_8\geqslant 0$. 引入 Banach 空间 $L_{p_0}(\bar{D})$ 中的一有界闭凸集 $B^*$，其中元素 $\rho(z)$ 为满足条件

$$L_{p_0}[\rho(z),\bar{D}]\leqslant M_8 \qquad (3.19)$$

的可测函数全体. 任选一函数 $\tilde{\rho}(z)\in B^*$，记 $\tilde{w}(z)=W(z)+\tilde{g}(z)=W(z)+S\tilde{\rho}$，并将 $\tilde{w}(z)$ 代入到复方程(1.20)中适当的位置，而得复方程

$$\begin{aligned}w_{z\bar{z}^2}=&\tilde{F}(z,w,\tilde{w},\cdots,w_{z^2},\tilde{w}_{z^2},w_{z^3},w_{z^2\bar{z}},\tilde{w}_{z^3})\\&+G(z,\tilde{w},\cdots,\tilde{w}_{z^2}),\ z\in D,\end{aligned} \qquad (3.20)$$

其中

$$\tilde{F}(z,w,\tilde{w},\cdots,\overline{w}_{z^2},\overline{\tilde{w}}_{z^2},w_{z^3},w_{z^2\bar{z}},\overline{w}_{z^3})$$

$$= \tilde{Q}_1 w_{z^3} + \tilde{Q}_2 w_{z^2\bar{z}} + \tilde{Q}_3 \overline{w}_{z^3} + \sum_{j+k=0}^{2} \tilde{A}_{jk} w_{z^j\bar{z}^k} + \tilde{A}_0,$$

$$\tilde{Q}_j = Q_j(z, \tilde{w}, \cdots, \overline{\tilde{w}}_{z^2}, w_{z^3}, w_{z^2\bar{z}}, \overline{w}_{z^3}),\ j = 1,2,3,$$

$$\tilde{A}_{jk} = A_{jk}(z, \tilde{w}, \cdots, \overline{\tilde{w}}_{z^2}),\ 0 \leqslant j + k \leqslant 2,\ \tilde{A}_0 = A_0(z).$$

仿照定理2.2的证法，(4.20)之问题 $Q$ 存在唯一解 $w(z)=W(z)+S\rho$，这里 $\rho(z)=w_{z\bar{z}^2}$，用 $\rho=T[\tilde{\rho}(z)]$表示从 $\tilde{\rho}(z)\in B^*$ 到 $\rho(z)$的映射. 再仿照定理2.2的证法，可以证明 $\rho=T[\tilde{\rho}]$连续映射 $B^*$ 到自身的紧集. 根据 Schauder 不动点定理，必存在一函数 $\rho(z)\in B^*$，使得 $\rho(z)=T[\rho(z)]$. 如(3.6)式，可构造一函数 $w(z)=W(z)+S\rho\in W^3_{p_0}(D)$ $(2<p_0\leqslant\min(p,1/(1-\alpha))$，而此函数 $w(z)$就是复方程(1.20)$(0<\sigma^*<1)$之问题 $Q$ 的解.

(2)对于 $\sigma_*>1$的情形. 当(3.18)式中的常数 $M_7$适当小，代数方程(3.17)也存在一个解 $t=M_8\geqslant0$. 考虑 Banach 空间 $L_{p_0}(\overline{D})$中的一有界闭凸集

$$B_* = \{\rho(z)\,|\,L_{p_0}[\rho(z),\overline{D}] \leqslant M_8\}, \tag{3.21}$$

使用(1)中相类似的方法，可证积分方程

$$\rho(z) = \tilde{F}(z, w, \tilde{w}, \cdots, \overline{w}_{z^2}, \overline{\tilde{w}}_{z^2}, W_{z^3} + \hat{\Pi}\rho,\ W_{z^2\bar{z}} + \Pi\rho,$$
$$\overline{W}_{z^3} + \hat{\Pi}\bar{\rho}) + G(z, \tilde{w}, \cdots, \overline{\tilde{w}}_{z^2}),\ z \in D \tag{3.22}$$

存在唯一解$\rho(z)\in L_{p_0}(\overline{D})$，而如(3.6)中所示的函数 $w(z)=W(z)+S\rho$ 就是(1.20)$(\sigma_*>1)$之问题 $Q$ 的解.

从以上定理，也可导出复方程(1.20)之问题 $P$ 的可解条件个数估计.

### 4. 线性椭圆型复方程的斜微商边值问题

现在，我们讨论三阶线性椭圆型复方程(2.31)的一种斜微商边值问题(问题 $Q$). 如定理3.1那样，也可将(2.31)之问题 $Q$ 的解 $w(z)$表示成(3.6)的形式，即 $w(z)=W(z)+S\rho=W(z)+\hat{T}_3H\rho=W(z)+g(z)$，其中 $W(z)$是复方程(3.10)于 $D$ 内的解，适合边界条件(3.4)，而 $g(z)=S\rho$ 为复方程 $g_{z\bar{z}^2}=\rho(z)$于 $D$ 内的解适合齐次边界条件(3.11)与估计式(3.12).

我们选择常数 $q_j(j=1,2,3)$ 足够小，使得

$$q_2M_2 + (q_1 + q_3)M_3 < 1,\ 2 < p_0 \leqslant \min(p, \frac{1}{1-\alpha}), \tag{3.23}$$

此处 $M_2, M_3$ 是(3.12)中所示的常数. 把(3.6)中的函数 $w(z)$ 代入到线性椭圆型复方程(2.31)，我们有

$$\begin{aligned}\rho(z) - Q_1(z)(S\rho)_{z^3} - Q_2(z)(S\rho)_{z^2\bar{z}} - Q_3(z)(\overline{S\rho})_{z^3} \\ = \varepsilon \sum_{j+k=0}^{2} A_{jk}(z)(S\rho)_{z^j\bar{z}^k} + f(z,\varepsilon),\end{aligned} \tag{3.24}$$

这里

$$f(z,\varepsilon) = \varepsilon \sum_{j+k=0}^{2} A_{jk}(z)W_{z^j\bar{z}^k} + A_0(z).$$

在(3.23)成立的情形下，我们看出：积分方程(3.24)具有逆算子 $R$，并可得到积分方程

$$\rho(z) = \varepsilon R[G(z, S\rho, (S\rho)_z, \cdots, (\overline{S\rho})_{z^2})] + R[f(z,\varepsilon)]. \tag{3.25}$$

因为 $S\rho$ 是从 $L_{p_0}(\overline{D})$ 映射到 $C_\beta^2(\overline{D})(0<\beta\leqslant\min(\alpha, 1/(1-p_0))$ 的完全连续算子，因此逆算子 $R$ 也是完全连续的. 根据积分方程的 Fredholm 定理，齐次积分方程

$$\rho(z) = \varepsilon R[G(z, S\rho, (S\rho)_z, \cdots, (\overline{S\rho})_{z^2})] \tag{3.26}$$

具有离散的特征值

$$\varepsilon_j(j = 1,2,\cdots): 0 < |\varepsilon_1| \leqslant |\varepsilon_2| \leqslant \cdots \leqslant |\varepsilon_n| \leqslant |\varepsilon_{n+1}| \leqslant \cdots. \tag{3.27}$$

这里 $|\varepsilon_1|>0$ 是因为当 $\varepsilon=0$ 时的复方程(2.31)之问题 $Q$ 是可解的. 这表明当 $\varepsilon\neq\varepsilon_j(j=1,2,\cdots)$，非齐次积分方程(3.24)存在唯一解 $\rho(z)\in L_{p_0}(\overline{D})$，因此复方程(2.31)之问题 $Q$ 也是可解的. 如果 $\varepsilon$ 是(3.27)秩为 $q$ 的特征值，应用 Fredholm 定理，可知复方程(2.31)之问题 $Q$ 具有 $q$ 个可解条件. 于是我们有

**定理3.4** 设线性椭圆型复方程(2.31)满足条件(2.32)，(3.23). 当 $\varepsilon\neq\varepsilon_j(j=1,2,\cdots)$，这里 $\varepsilon_j(j=1,2,\cdots)$ 是齐次积分方程(3.26)如(3.27)所示的特征值，那么(2.31)的问题 $Q$ 是可解

的. 当 $\epsilon$ 是齐次积分方程(3.27)秩为 $q$ 的特征值,那么(2.31)之问题 $Q$ 有 $q$ 个可解条件.

同样,我们也可从以上定理给出线性椭圆型复方程(2.31)之问题 $P$ 可解条件的个数估计.

此外,我们也能讨论复方程(2.31)或(1.20)在多连通区域上的斜微商边值问题. 对于三阶椭圆型复方程,李子植和他的学生们也作过一些研究.

## §4. 四阶非线性椭圆型复方程的存在定理与一些边值问题

本节中,我们处理一般的四阶非线性椭圆型复方程. 我们将给出这种非线性椭圆型复方程解的表示式,存在定理以及一些边值问题的可解性结果.

### 1. 一般的四阶非线性椭圆型复方程及其解的表示式

设 $D$ 是复平面上的一有界区域,我们考虑 $D$ 上如下形式的一般非线性椭圆型复方程

$$\begin{cases} w_{z^2\bar{z}^2} = F(z,w,w_z,\bar{w}_z,\cdots,\bar{w}_{z^3},w_{z^4},w_{z^3\bar{z}}, \\ \bar{w}_{z^3\bar{z}},\bar{w}_{z^4}) + G(z,w,w_z,\bar{w}_z,\cdots,\bar{w}_{z^3}), \\ F = \sum\limits_{(j,k)\neq(2,2)}^{j+k=4} Q_{jk}w_{z^j\bar{z}^k} + \sum\limits_{j+k=0}^{3} A_{jk}w_{z^j\bar{z}^k} + A_0, \\ G = \sum\limits_{j+k=0}^{3} B_{jk}|w_{z^j\bar{z}^k}|^{\sigma_{jk}},\ 0<\sigma_{jk}<\infty, \end{cases} \tag{4.1}$$

其中 $\sigma_{jk}(j,k\geqslant 0,0\leqslant j+k\leqslant 3)$ 都是正常数,而

$$Q_j = Q_j(z,w,w_z,\bar{w}_z\cdots,\bar{w}_{z^3},\ w_{z^4},w_{z^3\bar{z}},\bar{w}_{z^3\bar{z}},\bar{w}_{z^4}),\ j=1,2,3,4,$$
$$A_{jk} = A_{jk}(z,w,w_z,\bar{w}_z,\cdots,\bar{w}_{z^3}),\ 0\leqslant j+k\leqslant 3,\ A_0 = A_0(z),$$
$$B_{jk} = B_{jk}(z,w,w_z,\bar{w}_z,\cdots,\bar{w}_{z^3}),\ 0\leqslant j+k\leqslant 3.$$

假设复方程(4.1)满足下列条件.

**条件 $C^*$** 1)函数 $Q_{jk}(=Q_{jk}(z,w,\cdots,\bar{w}_{z^3},U,V,X,Y))$, $A_{jk}$

$(=A_{jk}(z,w,\cdots,\overline{w}_{z^3}))$，$A_0(=A_0(z))$对任意的复变函数 $w(z)\in C_\beta^3(\overline{D})$与$U(z),V(z),X(z),Y(z)\in L_{p_0}(\overline{D})$，均在$D$上可测，并满足条件

$$\begin{cases}L_p[A_0,\overline{D}]\leqslant k_0,\ L_p[A_{jk},\overline{D}]\leqslant k_1,\\ L_p[B_{jk},\overline{D}]\leqslant k_1',\ 0\leqslant j+k\leqslant 3,\end{cases}\tag{4.2}$$

此处 $p,p_0(2<p_0\leqslant p)$，$k_0,k_1,k_1',\beta(0<\beta<1)$都是非负常数.

2)上述函数对几乎所有的 $z\in D$ 及 $U,V,X,Y\in\mathbb{C}$ 关于 $w$，$w_z,\overline{w}_z,\cdots,\overline{w}_{z^3}\in\mathbb{C}$ 连续.

3)复方程(4.1)满足一致椭圆型条件，即对任意的复数 $w,w_z$，$\overline{w}_z,\cdots,\overline{w}_{z^3},U_j,V_j,X_j,Y_j(j=1,2)$，不等式

$$\begin{aligned}&|F(z,w,w_z,\overline{w}_z,\cdots,\overline{w}_{z^3},U_1,V_1,X_1,Y_1)\\&\quad-F(z,w,w_z,\overline{w}_z,\cdots,\overline{w}_{z^3},U_2,V_2,X_2,Y_2)|\\&\leqslant q_1|U_1-U_2|+q_2|V_1-V_2|\\&\quad+q_3|X_1-X_2|+q_4|Y_1-Y_2|\end{aligned}\tag{4.3}$$

在$D$内几乎处处成立，其中 $q_j(j=1,2,3,4)$都是非负常数，满足条件 $q_1+q_2+q_3+q_4<1$.

在上述条件下，在区域$D$内几乎处处满足复方程(4.1)的连续函数 $w(z)\in W_{p_0}^4(D_*)$，称为(4.1)在$D$内的解，这里$D_*$是$D$内的任意闭子集，$p_0(2<p_0\leqslant p)$是一正常数.

**定理4.1** 设四阶复方程(4.1)满足条件$C^*$，又$w(z)$是(4.1)在$D$内的解，且$w(z)\in W_{p_0}^4(D)$，那么$w(z)$可表示成

$$\begin{aligned}w(z)&=W(z)+f(z),f(z)=J\rho=\frac{1}{\pi}\iint_D Y(z,\zeta)\rho(\zeta)d\sigma_\zeta,\\Y(z,\zeta)&=2|z-\zeta|^2\ln|z-\zeta|,\end{aligned}\tag{4.4}$$

其中$W(z)$是复方程

$$W_{z^2\bar{z}^2}=0,\ z\in D\tag{4.5}$$

的解，而$\rho(z)\in L_{p_0}(\overline{D})$是积分方程

$$\begin{aligned}\rho(z)=&F(z,w,w_z,\overline{w}_z,\cdots,\overline{w}_{z^3},W_{z^4}+\tilde{\Pi}\rho,W_{z^3\bar{z}}+\Pi\rho,\\&\overline{W}_{z^3\bar{z}}+\Pi\overline{\rho},\overline{W}_{z^4}+\tilde{\Pi}\overline{\rho})+G(z,w,w_z,\overline{w}_z,\cdots,\overline{w}_{z^3})\end{aligned}\tag{4.6}$$

于$D$内的解，此处$w(z)=W(z)+f(z)$，又

$$\Pi\rho=-\frac{1}{\pi}\iint_D \frac{\rho(\zeta)}{(\zeta-z)^2}d\sigma_\zeta,\tilde{\Pi}\rho=\frac{2}{\pi}\iint_D \frac{\zeta-\bar{z}}{(\zeta-z)^2}\rho(\zeta)d\sigma_\zeta.$$

**证** 记 $\rho(z)=w_{z^2\bar{z}^2}$，由定理的条件，可知 $\rho(z)\in L_{p_0}(\bar{D})(2<p_0\leqslant p)$. 设 $f(z)$是(4.4)中所示的函数，由于 $f_{z^2\bar{z}^2}=\rho(z)$，$z\in D$，因此$[w(z)-f(z)]_{z^2\bar{z}^2}=0,z\in D$，即 $W(z)=w(z)-f(z)$是复方程(4.5)于$D$内的解. 故$w(z)$可表示成(4.4)的形式，其中$\rho(z)$是积分方程(4.6)的解.

### 2. 一般的四阶非线性椭圆型复方程解的存在定理

为了证明复方程(4.1)存在着形如(4.4)的解，我们先叙述和验证一个引理.

**引理4.2** 如果函数$G(z,w,\cdots,\bar{w}_{z^3})$满足条件$C^*$中所述的条件，那么由该函数所确定的非线性映射$G:C^3(\bar{D})\to L_p(\bar{D})$是连续的，并且有界，即

$$L_p[G(z,w,\cdots,\bar{w}_{z^3}),\bar{D}]\leqslant\sum_{j+k=0}^{3}L_p[B_{jk},\bar{D}][C(w_{z^j\bar{z}^k},\bar{D})]^{\sigma_{jk}},\tag{4.7}$$

此处 $p(>2)$是一正常数.

**证** 先证明映射$G:C^3(\bar{D})\to L_p(\bar{D})$的连续性. 为此，我们任取一函数序列$\{w_n(z)\}$，$w_n(z)\in C^3(\bar{D})$，$n=0,1,2,\cdots$，使得$C^3[w_n-w_0,\bar{D}]\to 0$，当$n\to\infty$. 现在要证$c_n=G(z,w_n,\cdots,\bar{w}_{nz^3})-G(z,w_0,\cdots,\bar{w}_{0z^3})$具有性质：

$$L_p[c_n,\bar{D}]\to 0,\ 当\ n\to\infty.\tag{4.8}$$

事实上，由条件$C^*$，可知$c_n(z)$在$D$内几乎处处收敛于0，因此对于两个任意小的正数$\varepsilon_1,\varepsilon_2$，必存在$D$内的子集$D_*$与一正整数$N$，使得meas$D_*<\varepsilon_1$与$|c_n|<\varepsilon_2$，$z\in\bar{D}/D_*$，当$n>N$. 由Hölder不等式与Minkowski不等式，我们有

$$\begin{aligned}L_p[c_n,\bar{D}]&\leqslant L_p[c_n,D_*]+L_p[c_n,\bar{D}/D_*]\\&\leqslant L_p[G(z,w_n,\cdots,\bar{w}_{nz^3})-G(z,w_0,\cdots,\bar{w}_{0z^3}),\bar{D}]\\&\quad+\varepsilon_2(\text{meas }D)^{1/p}\leqslant\sum_{j+k=0}^{3}L_p[B_{jk},\bar{D}]\cdot\end{aligned}$$

$$C[|w_{nz^j\bar{z}^k}|^{\sigma_{jk}} + |w_{0z^j\bar{z}^k}|^{\sigma_{jk}}, \bar{D}] + \varepsilon_2 \pi^{1/p}$$
$$\leqslant 2M_0 \varepsilon_1^{1/p_2} \sup_{0\leqslant j+k\leqslant 3} L_{p_1}[B_{jk}, \bar{D}] + \varepsilon_2 \pi^{1/p} = \varepsilon, \qquad (4.9)$$

这里 $M_0 = \sup_{0\leqslant n\leqslant\infty} \max_{0\leqslant j+k\leqslant 3} [C(w_{nz^j\bar{z}^k}, \bar{D})]^{\sigma_{jk}}$，$p_1(2<p<p_1)$ 与 $p_2 = p\,p_1/(p_1-p)$ 是两个正常数. 因此(4.8)成立，而(4.7)式也显然成立.

**定理4.3** 设复方程(4.1)满足条件 $C^*$，又其中的常数 $q_j(j=1,2,3,4)$，$k_1$ 适当小，且函数 $W(z)\in B=W_{p_0}^4(D)$，$p_0(>2)$ 是一正常数.

(1)如果 $0<\sigma^* = \max_{0\leqslant j+k\leqslant 3}\{\sigma_{jk}\}<1$，那么(4.1)存在形如(4.4)的解 $w(z)=W(z)+f(z)=W(z)+J\rho\in B$.

(2)如果 $\sigma_* = \min_{0\leqslant j+k\leqslant 3}\{\sigma_{jk}\}>1$，又常数

$$M_1 = L_p[A_0, \bar{D}] \qquad (4.10)$$

适当小，那么(4.1)具有形如(4.4)的解 $w(z)$.

**证** (1)不难看出：函数 $w(z)=W(z)+J\rho(\in W_{p_0}^4(D))$ 是复方程(4.1)的解，当且仅当 $\rho(z)\in L_{p_0}(D)(2<p_0<p)$ 是积分方程

$$\rho(z) = F(z,w,w_z,\cdots,\bar{w}_{z^4}) + G(z,w,w_z,\cdots,\bar{w}_{z^3}) \qquad (4.11)$$

的解，这里 $w(z)=W(z)+J\rho$. 因此，我们只要求解积分方程(4.11). 为此，我们考虑 $t$ 的代数方程

$$\Big[M_3 + \sum_{j+k=0}^{3} L_p(B_{jk}, \bar{D}) t^{\sigma_{jk}}\Big]/(1-M_2) = t, \qquad (4.12)$$

此处

$$M_2 = (q_2+q_3)\Lambda_{p_0} + (q_1+q_4)\tilde{\Lambda}_{p_0} + k_1 \sum_{j+k=0}^{3} M_{jk},$$
$$M_3 = q_1 L_{p_0}[W_{z^4}, \bar{D}] + q_2 L_{p_0}[W_{z^3 z}, \bar{D}] + q_3 L_{p_0}[\bar{W}_{z^3\bar{z}}, \bar{D}]$$
$$+ q_4 L_{p_0}[\bar{W}_{z^4}, \bar{D}] + k_1 \sum_{j+k=0}^{3} C[W_{z^j\bar{z}^k}, \bar{D}]$$

都是非负常数. 因为 $0<\sigma^*<1$，代数方程(4.12)存在唯一解 $t=M_4\geqslant 0$. 引入 Banach 空间 $L_{p_0}(\bar{D})$ 中一有界闭凸集 $B^*$，其中元素是满足条件

$$L_{p_0}[\rho(z),\overline{D}] \leqslant M_4 \tag{4.13}$$

的可测函数全体. 任选一函数 $\tilde{\rho}(z)\in B^*$，记 $\tilde{w}(z)=W(z)+J\tilde{\rho}$，将 $\tilde{w}(z)$代入复方程(4.1)中的适当位置，并考虑复方程

$$w_{z^2\bar{z}^2}=\widetilde{F}(z,w,\tilde{w},\cdots,\overline{w}_{z^3},\overline{\tilde{w}}_{z^3},w_{z^4},w_{z^3z},\overline{w}_{z^3z},\overline{w}_{z^4})+G(z,\tilde{w},\cdots,\overline{\tilde{w}}_{z^3}), \tag{4.14}$$

其中

$$\begin{aligned}
&\widetilde{F}(z,w,\tilde{w},\cdots,\overline{w}_{z^3},\overline{\tilde{w}}_{z^3},w_{z^4},w_{z^3\bar{z}},\overline{w}_{z^3\bar{z}},\overline{w}_{z^4})\\
&=\widetilde{Q}_1w_{z^4}+\widetilde{Q}_2w_{z^3\bar{z}}+\widetilde{Q}_3\overline{w}_{z^3\bar{z}}+\widetilde{Q}_4\overline{w}_{z^4}+\sum_{j+k=0}^{3}\widetilde{A}_{jk}w_{z^j\bar{z}^k}+A_0,\\
&\widetilde{Q}_j=Q_j(z,\tilde{w},\cdots,\overline{\tilde{w}}_{z^3},w_{z^4},w_{z^3\bar{z}},\overline{w}_{z^3\bar{z}},\overline{w}_{z^4}),\ j=1,2,3,4,\\
&\widetilde{A}_{jk}=A_{jk}(z,\tilde{w},\cdots,\overline{\tilde{w}}_{z^3}),\ 0\leqslant j+k\leqslant 3,\ \widetilde{A}_0=A_0(z).
\end{aligned}$$

根据压缩映射原理，从复方程(4.14)可求得唯一解 $w(z)=W(z)+f(z)$. 设 $\rho(z)=w_{z^2\bar{z}^2}$，用 $\rho=S[\tilde{\rho}]$表示从 $\tilde{\rho}(z)\in L_{p_0}(\overline{D})$到 $\rho(z)$ 的映射. 仿照定理2.2的证法，可得

$$\begin{aligned}
L_{p_0}[\rho,\overline{D}]&\leqslant[M_3+L_{p_0}(G,\overline{D})]/(1-M_2)\\
&\leqslant\Big[M_3+\sum_{j+k=0}^{3}L_{p_0}(B_{jk},\overline{D})[C(\tilde{w}_{z^jz^k},\overline{D})]^{\sigma_{jk}}\Big]/(1-M_2)\\
&\leqslant\Big[M_3+\sum_{j+k=0}^{3}L_{p_0}(B_{jk},\overline{D})M_4^{\sigma_{jk}}\Big]/(1-M_2)=M_4.
\end{aligned}\tag{4.15}$$

这表明 $\rho=S[\tilde{\rho}]$映射 $B^*$到自身的一子集. 现在我们验证 $S$ 是 $B^*$ 中的一连续算子. 任选 $B^*$ 中的一函数序列$\{\tilde{\rho}_n(z)\}$，使得 $L_{p_0}[\tilde{\rho}_n-\tilde{\rho}_0,\overline{D}]\to 0$，当 $n\to\infty$. 由引理4.2，我们有

$$\begin{aligned}
&L_{p_0}[A_{jk}(z,\tilde{w}_n,\cdots,\overline{\tilde{w}}_{nz^3})-A_{jk}(z,\tilde{w}_0,\cdots,\overline{\tilde{w}}_{0z^3}),\overline{D}]\to 0,\\
&L_{p_0}[G(z,\tilde{w}_n,\cdots,\overline{\tilde{w}}_{nz^3})-G(z,\tilde{w}_0,\cdots,\overline{\tilde{w}}_{0z^3}),\overline{D}]\to 0,
\end{aligned}$$

这里 $\tilde{w}_n=W(z)+J\tilde{\rho}_n(n=0,1,2,\cdots)$，$0\leqslant j+k\leqslant 3$. 将 $\rho_n=S[\tilde{\rho}_n]$与 $\rho_0=S[\tilde{\rho}_0]$相减，可得 $w_n-w_0=J(\rho_n-\rho_0)$是复方程

$$\begin{aligned}
(w_n-w_0)_{z^2\bar{z}^2}&=\widetilde{F}(z,w_n,\tilde{w}_n,\cdots,\overline{w}_{nz^3},\overline{\tilde{w}}_{nz^3},w_{nz^4},w_{nz^3\bar{z}},\overline{w}_{nz^3\bar{z}},\overline{w}_{nz^4})\\
&\quad-\widetilde{F}(z,w_0,\tilde{w}_0,\cdots,w_{0z^3},\overline{\tilde{w}}_{0z^3},w_{0z^4},w_{0z^3\bar{z}},\overline{w}_{0z^3\bar{z}},\overline{w}_{0z^4})\\
&\quad+G(z,\tilde{w}_n,\cdots,\overline{\tilde{w}}_{nz^3})-G(z,\tilde{w}_0,\cdots,\overline{\tilde{w}}_{0z^3}),\ z\in D
\end{aligned}\tag{4.16}$$

的解. 由于 $\rho_n-\rho_0=(w_n-w_0)_{z^2\bar{z}^2}$，类似于(4.15)的导出，可得

$$
\begin{aligned}
&L_{p_0}[\rho_n-\rho_0,\overline{D}]\\
&\leqslant\{L_{p_0}[\tilde{F}(z,w_0,\tilde{w}_n,\cdots,\overline{w}_{0z^3},\overline{\tilde{w}}_{nz^3},w_{0z^4},w_{0z^3\bar{z}},\overline{w}_{0z^3\bar{z}},\overline{w}_{0z^4})\\
&\quad-\tilde{F}(z,w_0,\tilde{w}_0,\cdots,\overline{w}_{0z^3},\overline{\tilde{w}}_{0z^3},w_{0z^4},w_{0z^3\bar{z}},\overline{w}_{0z^3z},\overline{w}_{0z^4}),\overline{D}]\\
&\quad+L_{p_0}[G(z,\tilde{w}_n,\cdots,\overline{\tilde{w}}_{nz^3})\\
&\quad-G(z,\tilde{w}_0,\cdots,\overline{\tilde{w}}_{0z^3}),\overline{D}]\}/(1-M_2). \qquad (4.17)
\end{aligned}
$$

因此有 $L_{p_0}[\rho_n-\rho_0,\overline{D}]\to 0$，当 $n\to\infty$. 进而如前，还可证 $\rho=S[\tilde{\rho}]$ 映射 $B^*$ 到自身的紧集. 根据 Schauder 不动点定理，则知存在函数 $\rho(z)\in B^*$，使得 $\rho(z)=S[\rho(z)]$，而 $w(z)=W(z)+J\rho\in W^3_{p_0}(D)$ 便是复方程(4.1)($0<\sigma^*<1$)的一个解.

(2)对于 $\sigma_*>1$的情形，当(4.10)中的常数 $M_1$适当小，代数方程(4.12)存在一个解 $t=M_4\geqslant 0$. 引入 Banach 空间 $L_{p_0}(\overline{D})$中一有界闭凸集

$$
B_*=\{\rho(z)\,|\,L_{p_0}[\rho(z),\overline{D}]\leqslant M_4\}, \qquad (4.18)
$$

使用(1)中相仿的方法，可证积分方程(4.11)具有解 $\rho(z)\in B_*$，而 $w(z)=W(z)+J\rho$ 便是复方程(4.1)($\sigma_*>1$)的一个解.

### 3. 一般的四阶非线性椭圆型复方程的 Riemann-Hilbert 问题

现在，我们考虑 $D$ 是如 §2中所述的 $N+1$连通圆界区域，并讨论复方程(4.1)在 $D$ 上的 Riemann-Hilbert 边值问题及其适定提法.

**问题 $A^*$** 求复方程(4.1)在 $\overline{D}$ 上具有三阶连续偏微商的解 $w(z)$，使它适合边界条件

$$
\mathrm{Re}[\overline{\lambda_j(z)}s_j(z)]=r_j(z),\ j=1,2,3,4,\ z\in\Gamma, \qquad (4.19)
$$

这里 $s_1(z)=\overline{w(z)}$，$s_2(z)=w_z$，$s_3(z)=\overline{w}_{zz}$，$s_4(z)=w_{z^2z}$，而 $\lambda_j(z)$，$r_j(z)(j=1,2,3,4)$满足条件

$$
C^{4-j}_\alpha[\lambda_j(z),\Gamma]\leqslant k_0,C^{4-j}_\alpha[r_j(z),\Gamma]\leqslant k_2,\ j=1,2,3,4, \qquad (4.20)
$$

其中 $\alpha(\frac{1}{2}<\alpha<1)$，$k_0,k_2$都是非负常数.

我们引入问题 $A^*$ 的变态适定提法如下：

**问题 $B^*$** 求复方程(4.1)在 $\overline{D}$ 上具有三阶连续偏微商的解 $w(z)$，使它适合变态的边界条件

$$\mathrm{Re}[\overline{\lambda_j(z)}s_j(z)] = r_j(z) + h_j(z),\ j = 1,2,3,4,\ z \in \Gamma, \tag{4.21}$$

其中

$$h_j(z)=\begin{cases}0, z\in\Gamma, \text{当 } K_j\geqslant N,\ j=1,2,3,4,\\ \left.\begin{array}{l}h_{jk}, z\in\Gamma_k, k=1,\cdots,N-K_j,\\ 0, z\in\Gamma_k, k=N-K_j+1,\cdots,N+1\end{array}\right\}\text{当}0\leqslant K_j<N,\\ \left.\begin{array}{l}h_{jk}, z\in\Gamma_k, k=1,\cdots,N,\\ h_{j0}+\mathrm{Re}\displaystyle\sum_{m=1}^{-K_j-1}(h_{jm}^{+}+ih_{jm}^{-})z^m, z\in\Gamma_0\end{array}\right\}\text{当 } K_j<0,\end{cases}$$

这里 $h_{jk}(k=0,1,\cdots,N)$，$h_{jm}^{\pm}(m=1,\cdots,-K_j-1,K_j<0,\ j=1,2,3,4)$都是待定的实常数. 当 $K_j\geqslant0, j=1,2,3,4$，我们还设复方程(4.1)的解 $w(z)$适合如下的积分条件

$$L_k(\bar{\lambda}_j s_j)=\begin{cases}\mathrm{Im}\displaystyle\int_{\Gamma_k}\overline{\lambda_j(z)}s_j(z)ds=B_{jk},\ k=N-K_j+1,\cdots,N+1,\\ \qquad\qquad \text{当}0\leqslant K_j<N,\ j=1,2,3,4,\\ \mathrm{Im}\displaystyle\int_{\Gamma_k}\overline{\lambda_j(z)}s_j(z)ds=B_{jk},\ k=1,\cdots,N+1,\\ \mathrm{Re}\displaystyle\int_{\Gamma_0}z^{k-N-1}\overline{\lambda_j(z)}s_j(z)ds=B_{jk}, k=N+2,\cdots,K_j+1,\\ \mathrm{Im}\displaystyle\int_{\Gamma_0}z^{k-K_j-1}\overline{\lambda_j(z)}s_j(z)ds=B_{jk}, k=K_j+2,\cdots,\\ 2K_j-N+1,\ \text{当 } K_j\geqslant N,\ j=1,2,3,4,\end{cases} \tag{4.22}$$

其中 $B_{jk}(k\in J_j,\ j=1,2,3,4)$都是实常数，满足条件

$$|B_{jk}|\leqslant k_3,\ k\in J_j=\begin{cases}N-K_j+1,\cdots,N+1, \text{当}0\leqslant K_j<N,\\ 1,\cdots,2K_j-N+1, \text{当 } K_j\geqslant N,\\ j=1,2,3,4,\end{cases} \tag{4.23}$$

这里 $k_3$是一非负常数.

设 $w(z)$ 是复方程(4.1)之问题 $B^*$ 的一个解，且 $\rho(z)=w_{z^2z^2}\in L_{p_0}(\overline{D})$ ($2<p_0\leqslant\min(p,1/(1-\alpha))$)，仿照[140]第五章定理4.1，$w_{z\bar z}$，$\overline{w_{\bar z}}$ 可表示成

$$w_{z^2\bar z}=\Phi_4(z)+\hat T_4\rho,\ \overline{w_{z\bar z}}=\Phi_3(z)+\hat T_3\overline{\Phi}_4+\hat T_3\overline{\hat T_4\rho},$$

此处 $\Phi_3(z)$，$\Phi_4(z)$ 都是 $D$ 内的解析函数，而 $\Phi_3(z)+\hat T_3\overline{w_{z\bar z}}$，$\Phi_4(z)+\hat T_4\rho$ 分别适合(4.21)，(4.22)中的第三、第四个边界条件与积分条件，而 $\hat T_jw_j(j=1,2,3,4)$ 是如[139]13)第二章公式(2.73)中所示的重积分．类似于(2.22)，问题 $B^*$ 的解 $w(z)$ 可表示成

$$w(z)=W_1(z)+g(z)=W_1(z)+W(z)+f(z),\tag{4.24}$$

其中

$$\begin{cases}W_1(z)=\Phi_1(z)+\hat T_1\overline{\Phi}_2+\hat T_1\overline{\hat T_2\Phi_3}+\hat T_1\overline{\hat T_2\hat T_3\overline{\Phi}_4},\\ f(z)=\dfrac{1}{\pi}\displaystyle\iint_D Y(z,\zeta)\rho(\zeta)d\sigma_\zeta,\end{cases}\tag{4.25}$$

此处 $\Phi_j(z)(j=1,2,3,4)$ 都是解析函数，满足边界条件(4.21)与积分条件(4.22)，而 $W_1(z)$ 是复方程(4.5)于 $D$ 内的解，又 $W(z)=g(z)-f(z)$ 也是(4.5)的一个解．任取一函数 $\rho(z)\in L_{p_0}(\overline{D})$，$2<p_0\leqslant p$，并构造如(4.25)式中所示的重积分 $f(z)$，进而求出复方程(4.5)的一个解 $W(z)$，适合齐次边界条件

$$\mathrm{Re}[\overline{\lambda_j(z)}S_j(z)]=h_j(z),\ z\in\Gamma,\ j=1,2,3,4\tag{4.26}$$

与积分条件

$$L_j(\bar\lambda_jS_j)=0,\ k\in J_j,\ j=1,2,3,4,\tag{4.27}$$

这里 $S_1(z)=\overline{W(z)}+\overline{f(z)}$，$S_2(z)=(W+f)_{\bar z}$，$S_3(z)=(\overline{W}+\overline{f})_{z\bar z}$，$S_4(z)=(W+f)_{z^2\bar z}$．并可知上述解 $W(z)$ 是唯一的．使用[140]第五章引理4.2中的方法，可证 $W(z)+f(z)$ 满足

$$\begin{cases}C^3_\beta[W+f,\overline{D}]\leqslant M_5L_{p_0}[\rho,\overline{D}],\\ L_{p_0}[(W+f)_{z^3\bar z},\overline{D}],\ L_{p_0}[(\overline{W}+\overline{f})_{z^3z},\overline{D}]\leqslant M_6L_{p_0}[\rho,\overline{D}],\\ L_{p_0}[(W+f)_{z^4},\overline{D}],\ L_{p_0}[(\overline{W}+\overline{f})_{z^4},\overline{D}]\leqslant M_7L_{p_0}[\rho,\overline{D}],\end{cases}\tag{4.28}$$

此处 $\beta=\min(\alpha,1-2/p_0)$，$2<p_0\leqslant\min(p,1/(1-\alpha))$，$M_j=M_j(p_0)$，$j=5,6,7$.

**定理4.4** 设非线性椭圆型复方程(4.1)满足条件 $C^*$，又其中的常数 $q_j(j=1,2,3,4)$，$k_1$适当小，使得

$$M_8=(q_2+q_3)M_6+(q_1+q_4)M_7+k_1\sum_{j+k=0}^{3}M_{jk}<1, \tag{4.29}$$

这里 $M_6,M_7$是(4.28)中所示的常数，$M_{jk}$是满足不等式

$$C[(W+f)_{z^j\bar{z}^k},\bar{D}]\leqslant M_{jk}L_{p_0}[\rho,\bar{D}] \tag{4.30}$$

的最小非负常数，此处 $j,k\geqslant0,j+k\leqslant3,\rho(z)\in L_{p_0}(\bar{D})$.

(1)当$0<\sigma^*=\max\limits_{0\leqslant j+k\leqslant3}\{\sigma_{jk}\}<1$，(4.1)的问题 $B^*$ 具有形如(4.24)的解 $w(z)\in B=W^4_{p_0}(D)$，常数 $p_0(2<p_0<p)$如前所述.

(2)当 $\sigma_*=\min\limits_{0\leqslant j+k\leqslant3}\{\sigma_{jk}\}>1$，只要常数

$$M_9=L_p[A_0,\bar{D}]+\sum_{j=1}^{4}C_\alpha[r^{j-4},\Gamma]+\sum_{k\leqslant J_j,j=1,2,3,4}|b_{jk}| \tag{4.31}$$

适当小，则(4.1)之问题 $B^*$ 具有解 $w(z)\in B$.

**证** (1)考虑 $t$ 的代数方程

$$\Big[M_3+\sum_{j+k=0}^{3}L_p(B_{jk},\bar{D})t^{\sigma_{jk}}\Big]/(1-M_8)=t, \tag{4.32}$$

其中 $M_3$是(4.12)中所示的常数，但 $W(z)$代以(4.24)中 $W_1(z)$. 因$0<\sigma^*<1$，方程(4.32)存在唯一解 $t=M_{10}\geqslant0$. 引入 Banach 空间 $L_{p_0}(\bar{D})$中的一有界闭凸集

$$B^*=\{\rho(z)\,|\,L_{p_0}[\rho,\bar{D}]\leqslant M_{10}\}. \tag{4.33}$$

任选一函数 $\tilde{\rho}(z)\in B^*$，记

$$\tilde{w}(z)=W_1(z)+\tilde{W}(z)+\tilde{J}(z),\ \tilde{J}(z)=\frac{1}{\pi}\iint_D Y(z,\zeta)\tilde{\rho}(\zeta)d\sigma_\zeta, \tag{4.34}$$

将 $\tilde{w}(z)$代入到复方程(4.1)中适当的位置，并考虑复方程

$$w_{z^2\bar{z}^2}=\widetilde{F}(z,w,\widetilde{w},\cdots,\overline{w}_{z^3},\overline{\widetilde{w}}_{z^3},\ w_{z^4},w_{z^3\bar{z}},\overline{w}_{z^3\bar{z}},\overline{w}_{z^4})$$
$$+G(z,\widetilde{w},\cdots,\overline{\widetilde{w}}_{z^3}),\ z\in D, \tag{4.35}$$
此处
$$\widetilde{F}(z,w,\widetilde{w},\cdots,\overline{w}_{z^3},\overline{\widetilde{w}}_{z^3},w_{z^4},w_{z^3z},\overline{w}_{z^3z},\overline{w}_{z^4})$$
$$=\widetilde{Q}_1w_{z^4}+\widetilde{Q}_2w_{z^3\bar{z}}+\widetilde{Q}_3\overline{w}_{z^3\bar{z}}+\widetilde{Q}_4\overline{w}_{z^4}+\sum_{j+k=0}^{3}\widetilde{A}_{jk}w_{z^j\bar{z}^k}+\widetilde{A}_0,$$
$$\widetilde{Q}_j=Q_j(z,\widetilde{w},\cdots,\overline{\widetilde{w}}_{z^3},w_{z^4},w_{z^3z},\overline{w}_{z^3z},\overline{w}_{z^4}),\ j=1,2,3,4,$$
$$\widetilde{A}_{jk}=A_{jk}(z,\widetilde{w},\cdots,\overline{\widetilde{w}}_{z^3}),\ 0\leqslant j+k\leqslant 3,\ \widetilde{A}_0=A_0(z).$$
仿照定理2.2,可求得复方程(4.35)的唯一解 $w(z)=W(z)+g(z)$, 而 $\rho(z)=w_{z^2\bar{z}^2}\in L_{p_0}(\overline{D})$. 用 $\rho=S[\tilde{\rho}]$表示从 $\tilde{\rho}(z)\in B^*$ 到 $\rho(z)$的映射. 类似于定理2.2(2)的证法,可证 $\rho=S[\tilde{\rho}]$把 $B^*$ 连续映射到自身的一紧集. 由 Schauder 不动点定理,可知存在一函数 $\rho(z)\in B^*$, 使得 $\rho=S[\rho]$. 于是有形如(4.24)的函数 $w(z)=W_1(z)+g(z)\in W^4_{p_0}(D)$, 它就是(4.1)之问题 $B^*$的一个解.

(2)当 $\sigma_*>1$, 又(4.31)中的常数 $M_9$适当小,则代数方程(4.32)存在唯一解 $t=M_{10}\geqslant 0$. 引入 Banach 空间 $L_{p_0}(\overline{D})$中的一有界闭凸集
$$B_*=\{\rho(z)\,|\,L_{p_0}[\rho(z),\overline{D}]\leqslant M_{10}\}, \tag{4.36}$$
我们可如(1)中那样,证明(4.1)之问题 $B^*$ 存在形如(4.24)的解 $w(z)$, 且 $w(z)\in W^4_{p_0}(D)$.

从以上定理,可导出复方程(4.1)之问题 $A^*$ 的可解条件个数.

### 4. 四阶非线性椭圆型复方程的斜微商边值问题

这里,我们设 $D$ 是单位圆,并讨论复方程(4.1)如下的斜微商边值问题.

**问题 $P$** 求复方程(4.1)在 $\overline{D}$ 上具有三阶连续偏微商的解 $w(z)$,使它适合边界条件
$$\mathrm{Re}[\bar{z}^{K_j}s_j(z)]=r_j(z),\ z\in\Gamma=\partial D,\ j=1,2,3,4, \tag{4.37}$$

这里 $s_1(z)=w_{z^2\bar{z}}, s_2(z)=\overline{w}_{z^2\bar{z}}, s_3(z)=w_z, s_4(z)=\overline{w}_z$，$K_j(j=1,2,3,4)$都是整数，而 $r_j(z)(j=1,2,3,4)$满足条件

$$C_\alpha[r_j(z),\Gamma]\leqslant k_0,\ j=1,2,\ C_\alpha^2[r_j(z),\Gamma]\leqslant k_0,\ j=3,4, \tag{4.38}$$

此处 $\alpha(\frac{1}{2}<\alpha<1)$，$k_0$都是非负常数. 当 $K_j\geqslant 0$，我们设 $s_j(z)$满足条件

$$\int_\Gamma [s_j(z)-\Phi_j(z)]e^{-im\theta}d\theta=0,\ m=1,\cdots,2K_j,\ 0\leqslant j\leqslant 4, \tag{4.39}$$

其中 $\Phi_j(z)(j=1,2,3,4)$都是 $D$ 内的解析函数，具有如下形式

$$\Phi_j(z)=\begin{cases}\dfrac{z^{K_j}}{2\pi i}\displaystyle\int_\Gamma r_j(t)\frac{t+z}{t-z}\frac{dt}{t}+\sum_{m=0}^{2K_j}c_m^{(j)}z^m,\ \text{当}\ K_j\geqslant 0,\\ \dfrac{1}{\pi i}\displaystyle\int_\Gamma\frac{r_j(t)}{t^{-K_j}(t-z)}dt,\ \text{当}\ K_j<0, j=1,2,3,4,\end{cases} \tag{4.40}$$

这里 $c_{2K_j-m}^{(j)}=-\overline{c_m^{(j)}}$，$m=0,1,\cdots,K_j, K_j\geqslant 0, j=1,2,3,4$都是任意复常数.

**问题 $Q$**　求复方程(4.1)在 $\overline{D}$ 上具有三阶连续偏微商的解 $w(z)$，使它适合变态的边界条件

$$\operatorname{Re}[\bar{z}^{K_j}s_j(z)]=r_j(z)+h_j(z), z\in\Gamma,\ j=1,2,3,4, \tag{4.41}$$

其中

$$h_j(z)=\begin{cases}h_0^{(j)}+\operatorname{Re}\displaystyle\sum_{m=1}^{-K_j-1}(h_m^{(j)}+ih_{-m}^{(j)})z^m,\text{当}\ K_j<0,\\ 0,\text{当}\ K_j\geqslant 0,\ z\in\Gamma, 1\leqslant j\leqslant 4,\end{cases} \tag{4.42}$$

这里 $h_0^{(j)}, h_m^{(j)}, h_{-m}^{(j)}(m=1,\cdots,-K_j-1, j=1,2,3,4)$都是待定实常数，当 $K_j\geqslant 0, 1\leqslant j\leqslant 4$，我们仍设解 $w(z)$满足条件(4.39).

**定理4.5**　设 $w(z)$是复方程(4.1)之问题 $Q$ 的解，又 $w_{z^2\bar{z}^2}=\rho(z)\in L_{p_0}(\overline{D})(2<p_0\leqslant\min(p,1/(1-\alpha)))$，那么 $w(z)$可表示成

$$w(z)=W(z)+S\rho=W(z)+g(z),$$
$$g(z)=S\rho=\hat{H}_3\,\hat{H}_1\rho, \tag{4.43}$$
其中
$$W(z)=\int_0^z\Phi_3(z)dz+\overline{\int_0^z\Phi_4(z)dz}+\hat{H}_3W_1,$$
$$W_1(z)=\int_0^z\Phi_1(z)dz+\overline{\int_0^z\Phi_2(z)dz}=\overline{W_2(z)}, \tag{4.44}$$
而 $\Phi_j(z)(j=1,2,3,4)$ 都是 $D$ 内的解析函数,又
$$\hat{H}_{2+(-1)^j}\rho=\frac{2}{\pi}\iint_D\Big[\ln\Big|1-\frac{z}{\zeta}\Big|\cdot\rho(\zeta)$$
$$+\frac{1}{2}(g_{2j-1}(z,\zeta)+\overline{g_{2j}(z,\zeta)})\rho(\zeta)\Big]d\sigma_\zeta,$$
$$g_j(z,\zeta)=\begin{cases}\bar{\zeta}^{2K_j-2}\Big[\ln(1-\bar{\zeta}z)+\sum\limits_{m=1}^{2K_j+1}\dfrac{(\bar{\zeta}z)^m}{m}\Big],\text{当 } K_j\geqslant 0,\\ \bar{\zeta}^{-2K_j-2}\ln(1-\bar{\zeta}z),\ \text{当 } K_j<0,\end{cases}$$
$$\hat{T}_j\rho=\begin{cases}-\dfrac{1}{\pi}\iint_D\Big[\dfrac{\rho(\zeta)}{\zeta-z}+\dfrac{z^{2K_j+1}\,\overline{\rho(\zeta)}}{1-\bar{\zeta}z}\Big]d\sigma_\zeta,\text{当 } K_j\geqslant 0,\\ -\dfrac{1}{\pi}\iint_D\Big[\dfrac{\rho(\zeta)}{\zeta-z}+\dfrac{\bar{\zeta}^{-2K_j-1}\,\overline{\rho(\zeta)}}{1-\bar{\zeta}z}\Big]d\sigma_\zeta,\text{当 } K_j<0,\end{cases}$$
$j=1,2,3,4$, $(\hat{H}_1\rho)_z=\hat{T}_1\rho$, $(\overline{\hat{H}_1\rho})_z=\hat{T}_2\bar{\rho}$,
$$(\hat{H}_3\hat{H}_1\rho)_z=\hat{T}_3\hat{H}_1\rho,\ (\overline{\hat{H}_3H_1\rho})_z=\hat{T}_4\,\overline{\hat{H}_1\rho}. \tag{4.45}$$

**证** 依照[140]第五章定理4.1及(3.6),$w_{z\bar{z}}$,$\overline{w}_{z\bar{z}}$可表示成
$$w_{z\bar{z}}=W_1(z)+\hat{H}_1\rho,\ \overline{w}_{zz}=W_2(z)+\overline{\hat{H}_1\rho}, \tag{4.46}$$
其中 $\rho(z)=w_{z^2\bar{z}^2}$,$W_1(z)$,$W_2(z)$,$\hat{H}_1\rho$ 如(4.44),(4.45)中所示. 又 $w_z$,$\overline{w}_z$ 可表示成
$$w_z=\Phi_3(z)+\hat{T}_3(W_1(z)+\hat{H}_1\rho),$$
$$\overline{w}_z=\Phi_4(z)+\hat{T}_4(W_2(z)+\overline{\hat{H}_1\rho}), \tag{4.47}$$
因此 $w(z)$可表示成(4.43).

容易看出:(4.44)中的函数 $W(z)$是复方程(4.5)于 $D$ 内的解,而 $g(z)=S\rho=w(z)-W(z)$是复方程 $w_{z^2\bar{z}^2}=\rho(z)$的一个解. 我们任给一函数 $\rho(z)\in L_{p_0}(\overline{D})$, $2<p_0\leqslant p$,并构造如(4.43)中所

示的积分 $g(z)=S\rho$，它适合齐次边界条件

$$\begin{cases}\mathrm{Re}[\bar{z}^{K_1}g_{z^2\bar{z}}]=h_1(z),\\ \mathrm{Re}[\bar{z}^{K_2}g_{z^2_z}]=h_2(z),\\ \mathrm{Re}[\bar{z}^{K_3}g_z]=h_3(z),\\ \mathrm{Re}[\bar{z}^{K_4}\bar{g}_z]=h_4(z),\end{cases}\quad z\in\Gamma. \tag{4.48}$$

应用[140]第五章引理4.2的方法，可证 $g(z)$满足估计式

$$\begin{cases}C^3_\beta[g,\overline{D}]\leqslant M_{11}L_{p_0}[\rho,\overline{D}],\\ L_{p_0}[g_{z^3z},\overline{D}],L_{p_0}[\bar{g}_{z^3\bar{z}},\overline{D}]\leqslant M_{12}L_{p_0}[\rho,\overline{D}],\\ L_{p_0}[g_{z^4},\overline{D}],L_{p_0}[\bar{g}_{z^4},\overline{D}]\leqslant M_{13}L_{p_0}[\rho,\overline{D}],\end{cases} \tag{4.49}$$

这里 $\beta=\min(\alpha,1-2/p_0)$，$M_j=M_j(p_0)$，$j=11,12,13$都是非负常数.

**定理4.6** 设复方程(4.1)满足条件 $C^*$，又其中的常数 $q_j(j=1,2,3,4)$，$k_1$适当小，使得

$$M_{14}=(q_2+q_3)M_{12}+(q_1+q_4)M_{13}+k_1M_{11}<1. \tag{4.50}$$

(1)当$0<\sigma^*=\max\limits_{0\leqslant j+k\leqslant 3}\{\sigma_{jk}\}<1$，复方程(4.1)之问题 $Q$ 具有解 $w(z)\in B=W^4_{p_0}(D)$，$2<p_0\leqslant p$.

(2)当 $\sigma_*=\min\limits_{0\leqslant j+k\leqslant 3}\{\sigma_{jk}\}>1$，只要常数

$$M_{15}=L_p[A_0,\overline{D}]+\sum_{j=1}^{2}[C_\alpha(r_j,\Gamma)+C^2_\alpha(r_{j+2},\Gamma)] \tag{4.51}$$

适当小，那么(4.1)之问题 $Q$ 是可解的.

**证** (1)考虑 $t$ 的代数方程

$$\Big[M_{16}+\sum_{j+k=0}^{3}L_p(B_{jk},\overline{D})t^{\sigma_{jk}}\Big]/(1-M_{14})=t, \tag{4.52}$$

这里

$$M_{16}=k_0+k_1\sum_{j+k=0}^{3}C[W_{z^j\bar{z}^k},\overline{D}], \tag{4.53}$$

此处 $W(z)$是(4.44)中所示的函数. 因$0<\sigma^*<1$，方程(4.52)存在唯一解 $t=M_{17}\geqslant 0$. 引入 Banach 空间 $L_{p_0}(\overline{D})(2<p_0\leqslant p)$中一有界

闭凸集

$$B^{*} = \{\rho(z) \mid L_{p_0}[\rho(z),\overline{D}] \leqslant M_{17}\}. \tag{4.54}$$

任选一函数 $\tilde{\rho}(z) \in B^{*}$，并构造形如(4.43)中的函数 $\tilde{w}(z)=W(z)+\tilde{g}(z)$，将 $\tilde{w}(z)$代入复方程(4.1)中适当的位置，我们考虑复方程

$$w_{z^2\bar{z}^2} = \tilde{F}(z,w,\tilde{w},\cdots,\overline{\tilde{w}}_{z^3},\overline{\tilde{w}}_{z^3},w_{z^4},w_{z^3\bar{z}},\overline{w}_{z^3\bar{z}},\overline{w}_{z^4}) + G(z,\tilde{w},\cdots,\overline{\tilde{w}}_{z^3}),\ z \in D, \tag{4.55}$$

其中

$$\tilde{F} = \tilde{Q}_1 w_{z^4} + \tilde{Q}_2 w_{z^3\bar{z}} + \tilde{Q}_3 \overline{w}_{z^3\bar{z}} + \tilde{Q}_4 \overline{w}_{z^4} + \sum_{j+k=0}^{3} \tilde{A}_{jk} w_{z^j\bar{z}^k} + \tilde{A}_0,$$

$$\tilde{Q}_j = Q_j(z,\tilde{w},\cdots,\overline{\tilde{w}}_{z^3},w_{z^4},w_{z^3\bar{z}},\overline{w}_{z^3\bar{z}},\overline{w}_{z^4}),\ j=1,2,3,4,$$

$$\tilde{A}_{jk} = A_{jk}(z,\tilde{w},\cdots,\overline{\tilde{w}}_{z^3}),\ 0 \leqslant j+k \leqslant 3,\ \tilde{A}_0 = A_0(z).$$

类似于定理4.4的证法，可求得复方程(4.56)之问题 $Q$ 的解 $w(z)=W(z)+g(z)$. 设 $\rho(z)=w_{z^2\bar{z}^2}$，并用 $\rho=S[\tilde{\rho}]$从 $\tilde{\rho}(z)\in B^{*}$ 到 $\rho(z)$的映射，并可证 $\rho=S[\tilde{\rho}]$把 $B^{*}$ 连续映射到自身的紧集. 由 Schauder 不动点定理，可知存在一函数 $\rho(z)\in B^{*}$，使得 $\rho=S[\rho]$. 而形如(4.43)的函数 $w(z)=W(z)+g(z)$正是复方程(4.1)($0<\sigma^{*}<1$)之问题 $Q$ 的解.

(2)当 $\sigma_{*}>1$时，只要(4.51)中的常数 $M_{15}$适当小，则从代数方程(4.52)求得一个解 $t=M_{17}\geqslant 0$. 引入 Banach 空间 $L_{p_0}(\overline{D})$中的一有界闭凸集

$$B_{*} = \{\rho(z) \mid L_{p_0}[\rho(z),\overline{D}] \leqslant M_{17}\},$$

使用(1)中的证法，可求得复方程(4.1)的问题 $Q$ 的解 $w(z)=W(z)+g(z)\in W^4_{p_0}(D)$，$2<p_0\leqslant p$.

此外，我们还可得到四阶线性椭圆型复方程(4.1)斜微商边值问题 $Q$ 与问题 $P$ 的可解性结果，并把前述一些结果推广到多连通圆界区域上去.

## §5. $n$ 阶非线性椭圆型复方程

与§1中类似，我们可把一定条件下的两个实自变量、两个实

未知函数的任意阶非线性椭圆型方程组化为复形式. 因此，后面我们只讨论$2n$阶与$2n+1$阶非线性椭圆型复方程，这里$n$是正整数.

### 1. $2n$阶非线性椭圆型复方程

我们设$D$是复平面上的单位圆，并考虑形如下的$2n$阶非线性椭圆型复方程

$$\begin{cases} w_{z^n\bar{z}^n} = F(z,w,\cdots,w_{z^{2n}},\cdots,w_{z^{n+1}\bar{z}^{n-1}},w_{z^{n-1}\bar{z}^{n+1}},w_{\bar{z}^{2n}}), \\ F = \sum\limits_{(j,k)\neq(n,n)}^{j+k=2n} Q_{jk}w_{z^j\bar{z}^k} + \sum\limits_{j+k=0}^{2n-1} A_{jk}w_{z^j\bar{z}^k} + A_0, \end{cases} \tag{5.1}$$

其中$Q_{jk}(j+k=2n)$都是$z(\in D),w,\cdots,w_{z^{2n}},\cdots,w_{z^{n+1}\bar{z}^{n-1}}$, $w_{z^{n-1}\bar{z}^{n+1}},\cdots,w_{\bar{z}^{2n}}$的函数，$A_{jk}(0\leqslant j+k\leqslant 2n-1)$, $A_0$都是$z(\in D)$, $w,\cdots,w_{z^{2n-1}}$的函数. 假定复方程(5.1)满足条件$C'$，其中主要条件如下：对于几乎所有的$z\in D,w,\cdots,V_1^{(j)},V_2^{(j)}\in\mathbb{C}(j=1,\cdots,2n)$，不等式

$$\begin{aligned} &|F(z,w,\cdots,V_1^{(1)},\cdots,V_1^{(2n)}) - F(z,w,\cdots,V_2^{(1)},\cdots,V_2^{(2n)})| \\ &\qquad \leqslant \sum_{j=1}^{2n} q_j|V_1^{(j)} - V_2^{(j)}|, q_0 = \sum_{j=1}^{2n} q_j < 1 \end{aligned} \tag{5.2}$$

在$D$内几乎处处成立. 又对任意的函数$w(z)\in C_\beta^3(\overline{D})$, $A_{jk}(z,w,\cdots,w_{\bar{z}^{2n-1}}(0\leqslant j+k\leqslant 2n-1)$, $A_0(z,w,\cdots,w_{\bar{z}^{2n-1}})$满足

$$\begin{aligned} L_p[A_{jk},\overline{D}] \leqslant k_1,\ j,k\geqslant 0,\ 0\leqslant j+k\leqslant 2n-1, \\ L_p[A_0,\overline{D}] \leqslant k_0, \end{aligned} \tag{5.3}$$

这里$p(>2)$, $k_0,k_1,\beta(0<\beta<1)$都是非负常数.

为了给出复方程(5.1)解的表示式与存在定理，我们引入$n$调和函数(除了$z\neq\zeta\in D$)：

$$Y(z,\zeta) = \frac{2}{[(n-1)!]^2}|z-\zeta|^{2(n-1)}\ln|z-\zeta|, \tag{5.4}$$

它也是$n$调和复方程

$$\Delta^n w = 0,\ 即\ w_{z^n\bar{z}^n} = 0,\ z\in D \tag{5.5}$$

的解，$z\neq\zeta\in D$，进而构造重积分

$$f(z)=\frac{1}{\pi}\iint_D Y(z,\zeta)\rho(\zeta)d\sigma_\zeta, \tag{5.6}$$

这里 $\rho(z)\in L_p(\overline{D})$，$p>1$，以上积分具有引理2.1中的一些性质，如

$$\begin{cases} f_{z^{2n}}=\dfrac{n(-1)^n}{\pi}\displaystyle\iint_D \frac{(\bar{z}-\bar{\zeta})^{n-1}}{(z-\zeta)^{n+1}}\rho(\zeta)d\sigma_\zeta=\tilde{\Pi}\rho, \\ f_{z^{n+1}\bar{z}^{n-1}}=-\dfrac{1}{\pi}\displaystyle\iint_D \frac{\rho(\zeta)}{(\zeta-z)^2}d\sigma_\zeta=\Pi\rho, \\ \bar{f}_{z^{n+1}\bar{z}^{n-1}}=-\dfrac{1}{\pi}\displaystyle\iint_D \frac{\overline{\rho(\zeta)}}{(\zeta-z)^2}d\sigma_\zeta=\Pi\bar{\rho}, \\ \bar{f}_{z^{2n}}=\dfrac{n(-1)^n}{\pi}\displaystyle\iint_D \frac{(\bar{z}-\bar{\zeta})^{n-1}}{(z-\zeta)^{n+1}}\overline{\rho(\zeta)}d\sigma_\zeta=\tilde{\Pi}\bar{\rho}, \\ f_{z^n\bar{z}^n}=\rho(z),\cdots. \end{cases} \tag{5.7}$$

设 $w(z)$是复方程(5.1)于 $D$ 内的解，且 $w(z)\in W^{2n}_{p_0}(D)(2<p_0\leqslant 2)$，那么 $w(z)$可表示成

$$w(z)=W(z)+f(z)=W(z)+\frac{1}{\pi}\iint_D Y(z,\zeta)\rho(\zeta)d\sigma_\zeta, \tag{5.8}$$

其中 $\rho(z)=w_{z^n\bar{z}^n}$，$W(z)$是一个 $n$ 调和复变函数.

如果复方程(5.1)满足条件 $C'$，且其中的常数 $q_j(j=1,\cdots,2n)$，$k_1$适当小，又函数 $W(z)\in W^{2n}_{p_0}(D)$，那么使用定理2.2，定理4.3相类似的方法，可证(5.1)具有形如(5.8)的解.

现在我们要讨论复方程(5.1)在单位圆 $D$ 上的 Riemann-Hilbert 边值问题.

**问题 $A'$** 求复方程(5.1)于 $\overline{D}$ 上具有$2n-1$阶连续偏微商的解 $w(z)$，使它适合边界条件

$$\operatorname{Re}[\bar{z}^{K_j}s_j(z)]=r_j(z),\ j=1,\cdots,2n,\ z\in\Gamma=\partial D, \tag{5.9}$$

此处 $s_1(z)=\overline{w(z)}$，$s_2(z)=w_z,\cdots,s_{2n-1}(z)=\overline{w}_{z^{n-1}\bar{z}^{n-1}}$，$s_{2n}(z)=w_{z^n\bar{z}^{n-1}}$，$r_j(z)\in C^{2n-j}_\alpha(\Gamma)$，$K_j(j=1,\cdots,2n)$都是整数，$1/2<\alpha<1$. 当 $K_j\geqslant 0$，我们假设

$$\int_\Gamma [s_j(z)-\Phi_j(z)]e^{-im\theta}d\theta=0,\ m=1,\cdots,2K_j,\ 1\leqslant j\leqslant 2n, \tag{5.10}$$

这里 $\Phi_j(z)(j=1,\cdots,2n)$都是 $D$ 内的解析函数，具有形式

$$\Phi_j(z)=\begin{cases}\dfrac{z^{K_j}}{2\pi i}\displaystyle\int_\Gamma r_j(t)\frac{t+z}{t-z}\frac{dt}{t}+\sum_{m=0}^{2K_j}c_m^{(j)}z^m,\ \text{当}\ K_j\geqslant 0,\\ \dfrac{1}{\pi i}\displaystyle\int_\Gamma\frac{r_j(t)}{t^{-K_j}(t-z)}dt,\ \text{当}\ K_j<0,\ j=1,\cdots,2n,\end{cases}$$

其中 $c_{2K_j-m}^{(j)}=-\overline{c_m^{(j)}}(m=0,1,\cdots,K_j,K_j\geqslant 0,\ j=1,\cdots,2n)$都是任意实常数(见[139]13)第二章).

**问题 $B'$** 当 $K_j(j=1,\cdots,2n)$之一为负整数，问题 $A'$ 可以没有解. 因此我们引入变态的 Riemann-Hilbert 边值问题如下：求复方程(5.1)在 $\overline{D}$ 上具有$2n-1$阶连续偏微商的解 $w(z)$，使它适合变态的边界条件

$$\mathrm{Re}[\bar{z}^{K_j}s_j(z)]=r_j(z)+h_j(z),\ j=1,\cdots,2n,\ z\in\Gamma,\tag{5.11}$$

其中

$$h_j(z)=\begin{cases}h_0^{(j)}+\mathrm{Re}\displaystyle\sum_{m=1}^{-K_j-1}(h_m^{(j)}+ih_{-m}^{(j)})z^m,\ K_j<0,\\ 0,\ K_j\geqslant 0,\ z\in\Gamma,\ 1\leqslant j\leqslant 2n,\end{cases}\tag{5.12}$$

这里 $h_0^{(j)},h_m^{(j)},h_{-m}^{(j)}(m=1,\cdots,-K_j-1,\ j=1,\cdots,2n)$都是待定实常数，$r_j(z)(j=1,\cdots,2n)$如(5.9)式中所示. 当 $K_j\geqslant 0$，我们仍设解 $w(z)$满足条件(5.10).

**定理5.1** 设 $w(z)$是复方程(5.1)之问题 $B'$ 的解，且 $w_{z^n\bar{z}^n}=\rho(z)\in L_{p_0}(\overline{D})(2<p_0\leqslant p)$，那么 $w(z)$可表示成

$$w(z)=W_1(z)+g(z)=W_1(z)+W(z)+f(z),\tag{5.13}$$

此处

$$\begin{cases}W_1(z)=\overline{\Phi_1(z)}+\overline{P}_1\Phi_2+H_2(\overline{\Phi}_3+\overline{P}_3\Phi_4)\\ +\overline{R}_1H_2(\overline{\Phi}_3+\overline{P}_3\Phi_4)+\cdots+H_2H_4(\overline{\Phi}_5+\overline{P}_5\Phi_6\\ +H_6(\overline{\Phi}_7+\overline{P}_7\Phi_8)+\cdots\\ +H_{2n}(\overline{\Phi_{2n-1}}+\overline{P_{2n-1}}\Phi_{2n}))+\overline{R}_1H_2H_4(\overline{\Phi}_5+\overline{P}_5\Phi_6\end{cases}$$

$$\begin{cases} + H_6(\bar{\Phi}_7 + \bar{P}_7\Phi_8) + \cdots + H_{2n}(\overline{\Phi_{2n-1}} + \overline{P_{2n-1}}\Phi_{2n})), \\ g(z) = H_{2n-2}(H_{2n}\rho + \overline{R_{2n-1}}H_{2n}\rho) + \overline{R_{2n-1}}H_{2n-2} \\ \cdot(H_{2n}\rho + \overline{R_{2n-1}}H_{2n}\rho) + \cdots + (H_2 + \bar{R}_1H_2)(H_4 + \bar{R}_3H_4) \\ + \cdots + (H_{2n-2} + \overline{R_{2n-3}}H_{2n-2})(H_{2n}\rho + \overline{R_{2n-1}}H_{2n}\rho), \\ f(z) = \dfrac{1}{\pi}\displaystyle\iint_D Y(z,\zeta)\rho(\zeta)d\sigma_\zeta, \end{cases} \tag{5.14}$$

其中 $\Phi_j(z)(j=1,\cdots,2n)$ 都是 $D$ 内的解析函数，如前面所示，而

$$H_j\rho = \frac{2}{\pi}\iint_D\left[\ln\left|1-\frac{z}{\zeta}\right|\cdot\rho(\zeta) + g_j(z,\zeta)\overline{\rho(\zeta)}\right]d\sigma_\zeta,$$

$$P_j\rho = (H_j\rho)_z,$$

$$g_j(z,\zeta) = \begin{cases} \mathrm{Re}\bar{\zeta}^{-2K_j-2}\left[\ln(1-\bar{\zeta}z) + \displaystyle\sum_{m=1}^{2K_j+1}(\bar{\zeta}z)^m/m\right], \text{ 当 } K_j \geqslant 0, \\ \mathrm{Re}\bar{\zeta}^{-2K_j-2}\ln(1-\bar{\zeta}z), \text{当 } K_j < 0, j = 1,\cdots,2n, \end{cases}$$

$$R_j\bar{\omega} = \begin{cases} \dfrac{-1}{2\pi i}\displaystyle\int_\Gamma \frac{\overline{\omega(t)} + \bar{t}z^{2K_j+1}\omega(t)}{t-z}dt, \text{ 当 } K_j \geqslant 0, \\ \dfrac{-1}{2\pi i}\displaystyle\int_\Gamma \frac{\overline{\omega(t)} + \bar{t}^{2|K_j|}\omega(t)}{t-z}dt, \text{ 当 } K_j < 0,\ j = 1,\cdots,2n. \end{cases}$$

**证** 依照[139]13)第五章中的结果，可知 $w_{z^n\bar{z}^{n-1}}, w_{z^{n-1}\bar{z}^{n-1}}$ 可表示成

$$w_{z^n\bar{z}^{n-1}} = \Phi_{2n}(z) + P_{2n}\rho,$$

$$\bar{w}_{z^{n-1}\bar{z}^{n-1}} = \Phi_{2n-1}(z) + P_{2n-1}\overline{\Phi_{2n}(z)} + P_{2n-1}\overline{P_{2n}\rho}.$$

根据 Green 公式与 Pompeiu 公式，我们有

$$\begin{aligned} P_{2n-1}\overline{P_{2n}\rho} &= -\frac{1}{\pi}\iint_D\frac{\overline{P_{2n}\rho}}{t-z}d\sigma_t - \frac{1}{\pi}\iint_D\frac{z^{2K_{2n-1}+1}P_{2n}\rho}{1-\bar{t}z}d\sigma_t \\ &= \overline{H_{2n}\rho} - \frac{1}{2\pi i}\int_\Gamma\left[\frac{\overline{H_{2n}\rho}}{t-z}dt - \frac{z^{2K_{2n-1}+1}H_{2n}\rho}{1-\bar{t}z}d\bar{t}\right] \\ &= \overline{H_{2n}\rho} - \frac{1}{2\pi i}\int_\Gamma\left[\frac{\overline{H_{2n}\rho} + \bar{t}z^{2K_{2n-1}+1}H_{2n}\rho}{t-z}dt\right] \\ &= \overline{H_{2n}\rho} + R_{2n-1}\overline{H_{2n}\rho},\ |z| < 1,\ \text{当 } K_{2n-1} \geqslant 0, \end{aligned}$$

而

$$P_{2n-1}\overline{P_{2n}\rho}=-\frac{1}{2\pi i}\int_{\Gamma}\left[\frac{\overline{H_{2n}\rho}}{t-z}-\frac{z^{-2K_{2n-1}-1}H_{2n}\rho}{1-\bar{t}z}dt\right]+\overline{H_{2n}\rho}$$

$$=\overline{H_{2n}\rho}+R_{2n-1}\overline{H_{2n}\rho},\ |z|<1,\ 当\ K_{2n-1}<0.$$

因此 $w_{z^{n-1}\bar{z}^{n-1}}$ 具有表示式

$$w_{z^{n-1}\bar{z}^{n-1}}=\overline{\Phi_{2n-1}(z)}+\overline{P_{2n-1}}\Phi_{2n}(z)+H_{2n}\rho+\overline{R_{2n-1}}H_{2n}\rho. \tag{5.15}$$

这样可导出问题 $B'$ 的解 $w(z)$ 可表示成(5.13)的形式. 容易看出: $W(z)=g(z)-f(z)$ 与 $W_1(z)$ 都是 $D$ 内的 $n$ 调和复变函数,而 $W(z)+f(z)$ 适合齐次边界条件

$$\operatorname{Re}[\bar{z}^{K_j}s_j(z)]=h_j(z),\ j=1,\cdots,2n,\ z\in\Gamma, \tag{5.16}$$

其中 $s_1(z)=\overline{W}+\bar{f}$, $s_2(z)=W_z+f_z$, $\cdots$, $s_{2n-1}(z)=\overline{W}_{z^{n-1}\bar{z}^{n-1}}+\bar{f}_{z^{n-1}\bar{z}^{n-1}}$, $s_{2n}(z)=W_{z^n\bar{z}^{n-1}}+f_{z^n\bar{z}^{n-1}}$, $h_j(z)$ $(j=1,\cdots,2n)$如(5.12)中所示.

既然 $s_j(z)(j=1,\cdots,2n)$ 适合边界条件(5.16),使用[140]第五章引理4.2中的证法,我们可证 $W(z)+f(z)$ 满足

$$\begin{cases}C_\beta^{2n-1}[W+f,\overline{D}]\leqslant M_1L_{p_0}[\rho,\overline{D}],\\ L_{p_0}[(W+f)_{z^{n+1}\bar{z}^{n-1}},\overline{D}],\ L_{p_0}[(\overline{W}+\bar{f})_{z^{n+1}\bar{z}^{n-1}},\overline{D}]\\ \qquad\leqslant M_2L_{p_0}[\rho,\overline{D}],\\ \cdots,L_{p_0}[(W+f)_{z^{2n}},\overline{D}],\ L_{p_0}[(\overline{W}+\bar{f})_{z^{2n}},\overline{D}]\\ \qquad\leqslant M_2L_{p_0}[\rho,\overline{D}],\end{cases} \tag{5.17}$$

这里 $\beta=\min(\alpha,1-2/p_0)$, $M_j=M_j(p_0)(j=1,2)$.

**定理5.2** 假设复方程(5.1)满足条件 $C'$.

(1)如果在一定条件下,(5.1)之问题 $B'$ 的任一解 $w(z)$ 均满足

$$L_{p_0}[\rho(z),\overline{D}]<M_3,\ \rho(z)=w_{z^n\bar{z}^n}, \tag{5.18}$$

这里 $M_3$ 是一适当的正常数,那么(5.1)之问题 $B'$ 是可解的,且此解 $w(z)$ 具有(5.13)的形式.

(2)如果条件 $C'$ 中的常数 $q_0=\sum_{j=1}^{2n}q_j$, $k_1$ 都适当小,使得

$$q_0 M_2 + k_1 M_1 < 1, \tag{5.19}$$

此处 $M_1, M_2$是(5.17)中的常数,那么(5.1)的问题 $B'$具有形如(5.13)的解.

**证** (1)先假设复方程(5.1)的系数在区域 $D$ 的边界 $\Gamma$ 附近等于0. 用 $B_M$ 表示 Banach 空间 $L_{p_0}(\overline{D})$ $(2<p_0\leqslant p)$中的一有界开集,其中元素为满足不等式(5.18)的可测函数全体. 任选一可测函数 $\rho(z)\in\overline{B_M}$,并构造形如(5.6)的重积分 $f(z)$,再求出如(5.13)中所示的两个 $n$ 调和复变函数 $W_1(z), W(z)$,使得 $W_1(z)$与 $w(z)=W_1(z)+W(z)+f(z)$均适合边界条件(5.11),将 $w(z)$, $W_1(z)+W(z)$代入到复方程(5.1)中的适当位置,并考虑带参数 $t\in[0,1]$的积分方程

$$\begin{aligned}\rho^*(z) = tF[z, w, \cdots, \overline{w}_{\overline{z}^{2n-1}}, (W_1+W)_{z^{2n}} + \tilde{\Pi}\rho^*, \cdots,\\ (\overline{W}_1+W)_{z^{n+1}\overline{z}^{n-1}} + \Pi\rho^*, (\overline{W}_1+\overline{W})_{z^{n+1}\overline{z}^{n-1}}\\ + \Pi\rho^*, \cdots, (\overline{W}_1+\overline{W})_{\overline{z}^{2n}} + \tilde{\Pi}\overline{\rho}^*].\end{aligned} \tag{5.20}$$

由于条件 $C'$,使用压缩映射原理,可从(5.20)求得唯一解 $\rho^*(z)\in L_{p_0}(\overline{D})$. 用 $\rho^*=S[\rho,t]$表示从 $\rho(z)\in\overline{B_M}$到 $\rho^*(z)$的映射,类似于定理2.3的证法,可证 $\rho^*=S[\rho,t]$ $(0\leqslant t\leqslant 1)$满足 Leray-Schauder 定理的三个条件. 因此当 $t=1$,积分方程(5.20)具有解 $\rho^*(z)=\rho(z)\in B_M$. 把此函数 $\rho(z)$代入到(5.13)中,所得的函数 $w(z)=W_1(z)+W(z)+f(z)$正是(5.1)之问题 $B'$的解. 最后,我们还可消去复方程(5.1)的系数在边界 $\Gamma$ 附近等于0的假设.

(2)用类似的方法,我们可证明本定理(2)中的结果.

其次,我们考虑复方程(5.1)在多连通区域 $D$ 上的 Riemann-Hilbert 边值问题,这里 $D$ 是如§1中所述的 $N+1$连通圆界区域.

**问题 $A''$** 求复方程(5.1)在 $N+1$连通区域 $D$ 上的解 $w(z)$,使它在 $\overline{D}$ 上具有直到$2n-1$阶连续偏微商,且适合边界条件

$$\operatorname{Re}[\overline{\lambda_j(z)} s_j(z)] = r_j(z),\ z\in\Gamma=\partial D,\ j=1,\cdots,2n, \tag{5.21}$$

此处 $|\lambda_j(z)|=1$, $j=1,\cdots,n$, $s_1(z)=\overline{w(z)}$, $s_2(z)=w_z$, $\cdots$,

$s_{2n-1}(z)=\overline{w}_{z^{n-1}\bar{z}^{n-1}}$，$s_{2n}(z)=w_{z^n\bar{z}^{n-1}}$，而 $\lambda_j(z)$，$r_j(z)(j=1,\cdots,2n)$ 满足条件

$$C_\alpha^{2n-j}[\lambda_j(z),\Gamma]\leqslant k_0,\ C_\alpha^{2n-j}[r_j(z),\Gamma]\leqslant k_2, j=1,\cdots,2n,$$

这里 $\alpha(\frac{1}{2}<\alpha<1)$，$k_0,k_2$都是非负常数. 整数组

$$K=(K_1,\cdots,K_{2n}),\ K_j=\frac{1}{2\pi}\Delta_\Gamma\arg\lambda_j(z),\ j=1,\cdots,2n$$

叫做问题 $A''$ 的指数.

我们还给出问题 $A''$ 的适定提法如下：

**问题 $B''$** 求复方程(5.1)在 $\overline{D}$ 上具有$2n-1$阶连续偏微商的解 $w(z)$,使它适合变态的边界条件

$$\mathrm{Re}[\overline{\lambda_j(z)}s_j(z)]=r_j(z)+h_j(z),z\in\Gamma,j=1,\cdots,2n,\tag{5.22}$$

其中 $h_j(z)$如(2.19)中所述,但 $j=1,\cdots,2n$. 当 $K_j\geqslant0$,还要求此解 $w(z)$满足点型条件

$$\mathrm{Im}[\overline{\lambda_j(a_k)}s_j(a_k)]=b_{jk},$$
$$k\in J_j=\begin{cases}1,\cdots,2K_j-N+1,\text{当 } K_j\geqslant N,\\ N-K_j+1,\cdots,N+1,\text{当 } 0\leqslant K_j<N,\end{cases}\tag{5.23}$$

这里 $a_k\in\Gamma_k(k=1,\cdots,N)$，$a_k\in\Gamma_0(k=N+1,\cdots,2K_j-N+1,K_j\geqslant N,j=1,\cdots,2n)$都是不同的点,而 $b_{jk}(k\in J_j,j=1,\cdots,2n)$都是实常数,满足条件

$$|b_{jk}|\leqslant k_3,\ k\in J_j,\ j=1,\cdots,2n,$$

此处 $k_3$是非负常数.

设复方程(5.1)在区域 $D$ 上满足条件 $C'$,又 $w(z)\in W_{p_0}^{2n}(D)$ $(2<p_0<p)$是(5.1)之问题 $B''$ 的解,记 $\rho(z)=w_{z^n\bar{z}^n}$，类似于 §4中的问题 $B^*$ ,$w_{z^{n-1}\bar{z}^{n-1}}$可表示成

$$w_{z^{n-1}\bar{z}^{n-1}}=\overline{\Phi_{2n-1}(z)}+\overline{\hat{T}_{2n-1}\Phi_{2n}(z)}+\overline{\hat{T}_{2n-1}\hat{T}_{2n}\rho},$$

此处 $\Phi_{2n-1}(z),\Phi_{2n}(z)$都是 $D$ 内的解析函数,而 $\Phi_{2n-1}(z)+\hat{T}_{2n-1}\rho$, $\Phi_{2n}(z)+\hat{T}_2w_{z^n\bar{z}^{n-1}}$满足边界条件(5.22)($j=2n-1,2n$). 因此

$$w(z)=W_1(z)+g(z)=W_1(z)+W(z)+f(z),\tag{5.24}$$

这里 $f(z)=I\rho$ 如(5.6)所示，而 $W_1(z)$，$W(z)=g(z)-f(z)$ 是区域 $D$ 内的 $n$ 调和复变函数. 任选一函数 $\rho(z)\in L_{p_0}(\overline{D})$，$2<p_0<p$，并构造如(5.24)中所述的函数 $f(z)$，然后求一个 $n$ 调和复变函数 $W(z)$，使 $W(z)+f(z)$ 适合齐次边界条件

$$\operatorname{Re}[\overline{\lambda_j(z)}s_j(z)]=h_j(z),\ z\in\Gamma,\ j=1,\cdots,2n, \tag{5.25}$$

其中 $s_1(z)=\overline{W}+\overline{f}$，$s_2(z)=W_z+f_z$，$\cdots$，$s_{2n-1}(z)=\overline{W}_{z^{n-1}\bar{z}^{n-1}}+\overline{f}_{z^{n-1}\bar{z}^{n-1}}$，$s_n(z)=W_{z^n\bar{z}^{n-1}}+f_{z^n\bar{z}^{n-1}}$. 并可证明 $W(z)+f(z)$ 满足估计式

$$\begin{cases}C_\beta^{2n-1}[W+f,\overline{D}]\leqslant M_4L_{p_0}[\rho,\overline{D}],\\ L_{p_0}[(W+f)_{z^{n+1}\bar{z}^{n-1}},\overline{D}],\ L_{p_0}[(\overline{W}+\overline{f})_{z^{n+1}\bar{z}^{n-1}},\overline{D}],\cdots,\\ L_{p_0}[(W+f)_{z^{2n}},\overline{D}],\ L_{p_0}[(\overline{W}+\overline{f})_{z^{2n}},\overline{D}]\leqslant M_5L_{p_0}[\rho,\overline{D}],\end{cases} \tag{5.26}$$

这里 $\beta=\min(\alpha,1-2/p_0)$，$2<p_0<\min(p,1/(1-\alpha))$，$M_j=M_j(p_0,D)(j=4,5)$ 都是非负常数.

**定理5.3** 设非线性复方程(5.1)满足条件 $C'$，如果其中的 $q_0=\sum_{j=1}^{2n}q_j$ 与 $k_1$ 足够小，使得

$$q_0M_5+k_1M_4<1, \tag{5.27}$$

则其问题 $B''$ 具有形如(5.24)的解 $w(z)$.

**证** 如果复方程(5.1)具有形如(5.24)的解 $w(z)=W_1(z)+W(z)+I\rho$，将它代入(5.1)，则得积分方程

$$\begin{aligned}\rho(z)=F[&z,W_1+W+I\rho,\cdots,(W_1+W)_{z^{2n}}+\widetilde{\Pi}\rho,\cdots,\\&(W_1+W)_{z^{n+1}\bar{z}^{n-1}}+\Pi\rho,(\overline{W}_1+W)_{z^{n+1}\bar{z}^{n-1}}+\Pi\overline{\rho},\cdots,\\&(\overline{W}_1+\overline{W})_{z^{2n}}+\widetilde{\Pi}\overline{\rho}).\end{aligned} \tag{5.28}$$

由条件 $C'$，(5.26)，(5.27)，可得

$$\begin{aligned}&L_{p_0}[\rho(z),\overline{D}]\leqslant M_6/(1-q_0M_5-kM_4)=M_7,\\&M_7=\sum_{\substack{j+k=2n\\(j,k)\neq(n,n)}}Q_{jk}W_{1z^j\bar{z}^k}+\sum_{j+k=0}^{2n-1}A_{jk}W_{1z^j\bar{z}^k}+A_0.\end{aligned} \tag{5.29}$$

用 $B_M$ 表示 Banach 空间 $L_{p_0}(\overline{D})$ 中所有满足(5.29)的可测函数

$\rho(z)$的集合. 任取 $\rho(z)\in B_M$，并构造积分 $I\rho=f(z)$及形如(5.24)的函数 $w(z)=W_1(z)+W(z)+f(z)$，将 $W_1(z)+W(z)$代入复方程(5.1)中适当的位置,并考虑积分方程

$$\rho^*(z)=F[z,w,\cdots,(W_1+W)_{z^{2n}}+\tilde{\Pi}\rho^*,\cdots,$$
$$(W_1+W)_{z^{n+1}\bar{z}^{n-1}}+\Pi\rho^*,(\overline{W}_1+\overline{W})_{z^{n+1}\bar{z}^{n-1}}$$
$$+\Pi\bar{\rho}^*,\cdots,(\overline{W}_1+\overline{W})_{\bar{z}^{2n}}+\tilde{\Pi}\bar{\rho}^*]. \qquad (5.30)$$

由条件 $C'$及压缩映射原理,从积分方程(5.30)可求得唯一解 $\rho^*(z)\in L_{p_0}(\overline{D})$. 用 $\rho^*(z)=S[\rho(z)]$表示从 $\rho(z)\in B_M$ 到 $\rho^*(z)$的映射. 仿照定理2.2(2)中的证法,可证 $\rho^*=S(\rho)$将 $B_M$ 连续映射到自身的一紧集,根据 Schauder 不动点定理,可知积分方程(5.30)存在唯一解 $\rho^*(z)=\rho(z)\in B_M$，即 $\rho(z)=S[\rho(z)]$. 让 $\rho(z)$代入到(5.24)$f(z)=I\rho$ 中 $\rho(z)$的位置,并确定相应的函数 $W(z),W_1(z)$,而 $w(z)=W_1(z)+W(z)+I\rho$ 就是复方程(5.1)之问题 $B''$ 的解.

从以上定理,并使用定理2.4的证法,可以导出复方程(5.1)之问题 $A''$的可解性结果,类似于定理2.4中所述,但要将那里的3改为$2n$.

### 2. $2n+1$阶非线性椭圆型复方程

现在我们考虑$2n+1$阶非线性椭圆型复方程

$$\begin{cases} w_{z^n\bar{z}^{n+1}}=F(z,w,\cdots,w_{z^{2n+1}},\cdots,w_{z^{n+1}\bar{z}^n},w_{z^{n-1}\bar{z}^{n+2}},\cdots,w_{\bar{z}^{2n+1}}), \\ F=\displaystyle\sum_{(j,k)\neq(n,n+1)}^{j+k=2n+1}Q_{jk}w_{z^j\bar{z}^k}+\sum_{j+k=0}^{2n}A_{jk}w_{z^j\bar{z}^k}+A_0, \end{cases} \qquad (5.31)$$

其中 $Q_{jk}(j+k=2n+1)$都是 $z(\in D),w,\cdots,w_{z^{2n+1}},\cdots,w_{z^{n+1}\bar{z}^n}$, $w_{z^{n-1}\bar{z}^{n+2}},\cdots,w_{\bar{z}^{2n+1}}$的函数,$A_{jk}(0\leqslant j+k\leqslant 2n)$, $A_0$都是 $z(\in D),w,\cdots,w_{z^{2n}}$的函数. 假设复方程(5.31)满足条件 $C'$,其中主要条件为:对于任意复数 $w,\cdots,V_1^{(j)},V_2^{(j)}(j=1,\cdots,2n+1)$,不等式

$$|F(z,w,\cdots,V_1^{(1)},\cdots,V_1^{(2n+1)})-F(z,w,\cdots,V_1^{(2)},\cdots,V_1^{(2n+1)})|$$

$$\leqslant \sum_{j=1}^{2n+1} q_j |V_1^{(j)} - V_2^{(j)}|, q_0 = \sum_{j=1}^{2n+1} q_j < 1 \qquad (5.32)$$

在 $D$ 内几乎处处成立，这里 $q_j(j=1,\cdots,2n+1)$都是非负常数，而对任意的复变函数 $w(z)\in C^n(\overline{D})$，$A_{jk}(0\leqslant j+k\leqslant 2n)$，$A_0$满足条件

$$L_p[A_{jk},\overline{D}] \leqslant k_1,\ j,k \geqslant 0,\ j+k \leqslant 2n,\ L_p[A_0,\overline{D}] \leqslant k_0, \qquad (5.33)$$

此处 $p(>2)$，$k_0$，$k_1$都是非负常数.

我们引入重积分

$$f(z) = \frac{1}{\pi}\iint_D Y(z,\zeta)\rho(\zeta)d\sigma_\zeta,\ \rho(z) \in L_p(\overline{D}), \qquad (5.34)$$

其中

$$Y(z,\zeta) = \frac{|z-\zeta|^{2n}}{(n!)^2(z-\zeta)}[2n\ln|z-\zeta|+1].$$

类似于(5.7)，$f(z)$具有如下的性质：

$$\begin{cases} f_{z^{2n+1}} = \dfrac{(n+1)(-1)^{n+1}}{\pi}\displaystyle\iint_D \dfrac{(\bar{z}-\bar{\zeta})^n}{(z-\zeta)^{n+2}}\rho(\zeta)d\sigma_\zeta = \tilde{\Pi}\rho, \\ f_{z^{n+1}\bar{z}^n} = -\dfrac{1}{\pi}\displaystyle\iint_D \dfrac{\rho(\zeta)}{(\zeta-z)^2}d\sigma_\zeta = \Pi\rho, \\ \overline{f}_{z^n\bar{z}^{n+1}} = -\dfrac{1}{\pi}\displaystyle\iint_D \dfrac{\overline{\rho(\zeta)}}{(\zeta-z)^2}d\sigma_\zeta = \Pi\bar{\rho}, \\ \overline{f}_{z^{2n+1}} = \dfrac{(n+1)(-1)^{n+1}}{\pi}\displaystyle\iint_D \dfrac{(\bar{z}-\bar{\zeta})^n}{(z-\zeta)^{n+2}}\overline{\rho(\zeta)}d\sigma_\zeta = \tilde{\Pi}\bar{\rho}, \\ f_{z^n\bar{z}^{n+1}} = \rho(z),\cdots. \end{cases}$$

如果复方程(5.31)满足条件 $C'$，又其中的常数 $q_j(j=1,\cdots,2n+1)$，$k_1$适当小，且函数 $W(z)$是复方程

$$W_{z^n\bar{z}^{n+1}} = 0, \qquad z\in D, \qquad (5.35)$$

的一个解，$W(z)\in W_{p_0}^{2n+1}(D)$，$2<p_0\leqslant p$，那么可证(5.21)具有形如

$$w(z) = W(z) + f(z) = W(z) + \frac{1}{\pi}\iint_D Y(z,\zeta)\rho(\zeta)d\sigma_\zeta. \qquad (5.36)$$

的解，这里 $\rho(z)\in L_{p_0}(\overline{D})$.

**问题 $A'$** 设 $D$ 是单位圆 $|z|<1$，求复方程(5.31)在 $\bar{D}$ 上具有$2n$ 阶连续偏微商的解 $w(z)$，使它适合边界条件

$$\operatorname{Re}[\bar{z}^{K_j}s_j(z)]=r_j(z),\ j=1,\cdots,2n+1,\ z\in\Gamma=\partial D, \tag{5.37}$$

此处 $s_1(z)=w(z)$，$s_2(z)=\overline{w}_z,\cdots,s_n(z)=\overline{w}_{z^n\bar{z}^{n-1}}$，$s_{n+1}(z)=w_{z^n\bar{z}^n}$，$r_j(z)\in C_\alpha^{2n+1-j}(\Gamma)$，$j=1,\cdots,2n+1$，$\dfrac{1}{2}<\alpha<1$，$K_j(j=1,\cdots,2n+1)$都是整数. 当 $K_j\geqslant 0$,我们设 $w(z)$满足条件

$$\int_\Gamma[s_j(z)-\Phi_j(z)]e^{-im\theta}d\theta=0,m=1,\cdots,2k_j,1\leqslant j\leqslant 2n+1, \tag{5.38}$$

其中 $\Phi_j(z)(j=1,\cdots,2n+1)$都是 $D$ 内的解析函数,具有形式

$$\Phi_j(z)=\begin{cases}\dfrac{z^{K_j}}{2\pi i}\displaystyle\int_\Gamma r_j(t)\frac{t+z}{t-z}\frac{dt}{t}+\sum_{m=0}^{2K_j}c_m^{(j)}z^m,K_j\geqslant 0,\\ \dfrac{1}{\pi i}\displaystyle\int_\Gamma\frac{r_j(t)}{t_{-K_j}(t-z)}dt,K_j<0,1\leqslant j\leqslant 2n+1,\end{cases}$$

此处 $c_{2K_j-m}^{(j)}=-\overline{c_m^{(j)}}(m=0,1,\cdots,K_j,K_j\geqslant 0,j=1,\cdots,2n+1)$都是任意复常数 .

以上边值问题也称复方程(5.31)的 Riemann-Hilbert 问题,当 $K_j<0,1\leqslant j\leqslant 2n+1$,上述问题 $A'$ 不一定可解,因此我们引入变态的 Riemann-Hilbert 问题如下:

**问题 $B'$** 求复方程(5.31)于 $\bar{D}$ 上具有$2n$ 阶连续偏微商的解 $w(z)$,使它适合变态的边界条件

$$\operatorname{Re}[\bar{z}^{K_j}s_j(z)]=r_j(z)+h_j(z),,j=1,\cdots,2n+1,z\in\Gamma, \tag{5.39}$$

其中 $h_j(z)$如(5.12)式所示,但 $j=1,\cdots,2n+1$ . 当 $K_j\geqslant 0$,我们仍设解 $w(z)$满足条件(5.38).

设 $w(z)$是复方程(5.31)之问题 $B'$的解,且 $w_{z^n\bar{z}^{n+1}}=\rho(z)\in L_{p_0}(\bar{D})(2<p_0\leqslant p)$ . 类似于定理5.1的证明,$w_{z^n\bar{z}^n}$与 $w_{z^{n-1}\bar{z}^n}$可表示成

$$w_{z^n z^n} = \Phi_{2n+1}(z) + P_{2n+1}\rho,$$

$$\overline{w}_{z^{n-1}z^n} = \Phi_{2n}(z) + P_{2n}\overline{\Phi_{2n+1}} + P_{2n}\overline{P_{2n+1}\rho}.$$

根据 Green 公式与 Pompeiu 公式，我们有

$$\begin{aligned}P_{2n}\overline{P_{2n+1}\rho} &= -\frac{1}{\pi}\iint_D \frac{\overline{P_{2n+1}\rho}}{t-z}d\sigma_t - \frac{1}{\pi}\iint_D \frac{z^{2K_{2n}+1}P_{2n+1}\rho}{1-\bar{t}z}d\sigma_t \\ &= \overline{H_{2n+1}\rho} - \frac{1}{2\pi i}\int_\Gamma\left[\frac{\overline{H_{2n+1}\rho}}{t-z}dt - \frac{z^{2K_{2n}+1}H_{2n+1}\rho}{1-\bar{t}z}d\bar{t}\right] \\ &= \overline{H_{2n+1}\rho} - \frac{1}{2\pi i}\int_\Gamma\left[\frac{\overline{H_{2n+1}\rho} + tz^{2K_{2n}+1}H_{2n+1}\rho}{t-z}d\bar{t}\right] \\ &= \overline{H_{2n+1}\rho} + R_{2n}\overline{H_{2n+1}\rho},\ |z|<1,\text{当 } K_{2n}\geqslant 0\end{aligned}$$

$$\begin{aligned}P_{2n}\overline{P_{2n+1}\rho} &= -\frac{1}{2\pi i}\int_\Gamma\left[\frac{\overline{H_{2n+1}\rho}}{t-z}dt - \frac{z^{-2K_{2n}-1}H_{2n+1}\rho}{1-tz}d\bar{t}\right] + \overline{H_{2n+1}\rho} \\ &= \overline{H_{2n+1}\rho} + R_{2n}\overline{H_{2n+1}\rho},\ |z|<1,\text{当 } K_{2n}<0\ .\end{aligned}$$

因此 $w_{z^{n-1}z^n}$ 可表示成

$$w_{z^{n-1}z^n} = \overline{\Phi_{2n}(z)} + \bar{P}_{2n}\Phi_{2n+1} + H_{2n+1}\rho + \bar{R}_{2n}H_{2n+1}\rho\ . \tag{5.40}$$

于是

$$w(z) = W_1(z) + g(z) = W_1(z) + W(z) + f(z), \tag{5.41}$$

其中

$$\begin{cases}W_1(z) = \Phi_1(z) + P_1\{\bar{\Phi}_2 + \bar{P}_2\Phi_3 + H_3(\bar{\Phi}_4 + \bar{P}_4\Phi_5) \\ \qquad + \bar{R}_2H_3(\bar{\Phi}_4 + \bar{P}_4\Phi_5) + \cdots + H_3H_5[\bar{\Phi}_6 + \bar{P}_6\Phi_7 \\ \qquad + H_7(\bar{\Phi}_8 + \bar{P}_8\Phi_9) + \cdots + H_{2n-1}(\overline{\Phi_{2n}} + \overline{P_{2n}}\Phi_{2n+1})]\}, \\ g(z) = H_{2n-1}(H_{2n+1}\rho + \overline{R_{2n}}H_{2n+1}\rho) + \overline{R_{2n-2}}H_{2n-1}(H_{2n+1}\rho \\ \qquad + \overline{R_{2n}}H_{2n+1}\rho) + \cdots + \bar{P}_1(H_3 + \bar{R}_2H_3)(H_5 + \bar{R}_4H_5) \\ \qquad \cdots(H_{2n-1} + \overline{R_{2n-2}}H_{2n-1})(H_{2n+1}\rho + \overline{R_{2n}}H_{2n+1}\rho), \\ f(z) = \dfrac{1}{\pi}\iint_D Y(z,\zeta)\rho(\zeta)d\sigma_\zeta,\end{cases} \tag{5.42}$$

此处 $\Phi_j(z), H_j\rho, P_j\rho, R_j\omega(j=1,\cdots,2n+1)$ 如前所述．

使用[140]第五章引理4.2与定理4.3的证法，我们可证 $W(z)$

$+f(z)$满足

$$\begin{cases} C_\beta^{2n}[W+f,\overline{D}]\leqslant M_8L_{p_0}[\rho,\overline{D}], \\ L_{p_0}[(W+f)_{z^{n+1}\bar{z}^n},\overline{D}],L_{p_0}[(\overline{W}+\bar{f})_{z^{n+1}\bar{z}^n},\overline{D}]\leqslant M_9L_{p_0}[\rho,\overline{D}], \\ L_{p_0}[(W+f)_{z^{2n+1}},\overline{D}],L_{p_0}[(\overline{W}+\bar{f})_{z^{2n+1}},\overline{D}]\leqslant M_9L_{p_0}[\rho,\overline{D}], \end{cases} \tag{5.43}$$

这里 $\beta=\min(\alpha,1-2/p_0)$，$2<p_0\leqslant\min(p,1/(1-\alpha))$，$M_j=M_j(p_0)$，$j=8,9$ .

仿照定理5.2的证法，我们可证

**定理5.4** 设$2n+1$阶非线性椭圆型复方程(5.31)满足条件 $C'$ .

(1)如果在一定条件下，复方程(5.31)之问题 $B'$的任意解 $w(z)$均满足估计式

$$L_{p_0}[\rho(z),\overline{D}]<M_{10},\rho(z)=w_{z^n\bar{z}^{n+1}}, \tag{5.44}$$

此处 $M_{10}$是一正常数，那么(5.31)之问题 $B'$是可解的，其解 $w(z)$具有(5.41)的形式 .

(2) 如果条件 $C'$ 中的常数 $q_0=\sum_{j=1}^{2n+1}q_j$，$k_1$ 适当小，使得

$$q_0M_9+k_1M_8<1, \tag{5.45}$$

这里 $M_8$，$M_9$是(5.43)中的常数，那么(5.31)之问题 $B'$具有形如(5.41)的解.

最后，我们还要讨论复方程(5.31)在 $N+1$连通圆界区域 $D$ 上的 Riemann-Hilbert 边值问题 .

**问题 $A''$** 求复方程(5.31)在区域 $D$ 上的解 $w(z)$，使它在 $\overline{D}$ 上具有$2n$ 阶连续偏微商，且适合边界条件

$$\mathrm{Re}[\overline{\lambda_j(z)}s_j(z)]=r_j(z),z\in\Gamma,j=1,\cdots,2n+1,$$

这里$|\lambda_j(z)|=1(j=1,\cdots,2n+1)$，$s_1(z)=w(z)$，$s_2(z)=\overline{w}_z$，$\cdots$，$s_{2n-1}(z)=\overline{w}_{z^n\bar{z}^{n-1}}$，$s_{2n}(z)=w_{z^n\bar{z}^n}$，而 $\lambda_j(z)$，$r_j(z)(j=1,\cdots,2n+1)$满足条件

$$C_\alpha^{2n-j}[\lambda_j(z),\Gamma]\leqslant k_0,C_\alpha^{2n-j}[r_j(z),\Gamma]\leqslant k_2,j=1,\cdots,2n+1,$$

此处 $\alpha(\frac{1}{2}<\alpha<1)$，$k_0$，$k_2$都是非负常数. 整数组

$$K=(K_1,\cdots,K_{2n+1}),K_j=\frac{1}{2\pi}\Delta_\Gamma\arg\lambda_j(z),j=1,\cdots,2n+1$$

称为问题 $A''$ 的指数. 问题 $A''$ 的变态适定提法可叙述如下：

**问题 $B''$** 求复方程(5.31)在 $\overline{D}$ 上具有$2n$ 阶连续偏微商的解 $w(z)$，使它适合变态的边界条件

$$\mathrm{Re}[\overline{\lambda(z)}s_j(z)]=r_j(z)+h_j(z),z\in\Gamma,j=1,\cdots,2n+1,$$

其中 $h_j(z)(j=1,\cdots,2n+1)$类似于(5.22)中所述，当 $K_j\geqslant0$时，可要求解 $w(z)$满足如下的点型条件

$$\mathrm{Im}[\overline{\lambda_j(a_k)}s_j(a_k)]=b_{jk},$$

$$k\in J_j=\begin{cases}1,\cdots,2K_j-N+1,K_j\geqslant N,\\N-K_j+1,\cdots,N+1,0\leqslant K_j<N,\end{cases}$$

这 $a_k(k\in J_j,j=1,\cdots,2n+1)$类似于(5.23)中所设，而实常数 $b_{jk}(k\in J_j,k=1,\cdots,2n+1)$满足条件

$$|b_{jk}|\leqslant k_3,k\in J_j,j=1,\cdots,2n+1,$$

此处 $k_3$是非负常数.

**定理 5.5** 设非线性复方程(5.31) 满足条件$C'$，如果其中的常数 $q_0=\sum_{j=1}^{2n+1}q_j$ 与 $k_1$ 适当小，那么其问题 $B''$ 存在一个解 $w(z)$ .

类似于定理5.3的证法，可以证明本定理. 从以上定理，可以导出复方程(5.31)之问题 $A''$ 的可解性结果，类似于定理2.4中所述，但要将那里的3代以$2n+1$ .

# 第三章　可测系数的二阶非线性非散度型抛物型方程

本章中,我们主要讨论可测系数的二阶非线性非散度型抛物型方程在多连通区域上的一些初-边值问题,其中包括第一边值问题(Dirichlet 问题),初-正则斜微商问题,初-混合边值问题以及初-非正则斜微商问题. 我们首先给出可测系数的二阶抛物型方程解的极值原理,解序列的列紧性原理以及初-非正则斜微商问题解的唯一性定理,进而证明一些积分算子的若干性质,并得出一些边值问题解的先验估计式,然后导出这些边值问题的可解性结果. 本章中的内容是文献[4]中相应定理的进一步发展,不仅把方程推进到较一般的非线性情形,而且把边界条件拓广到较一般的斜微商情形.

## § 1. 初-边值问题的提出与抛物型方程解的一些性质

### 1. 非线性抛物型方程初-边值问题的提出

设 $D$ 是复平面 $\mathbb{C}$ 中的一 $(N+1)$ 连通的有界区域,其边界 $\Gamma=\sum_{j=0}^{N}\Gamma_j\in C_\mu^2(0<\mu<1)$. 不失一般性,可以认为 $D$ 是单位圆 $|z|<1$ 内以 $\Gamma=\sum_{j=0}^{N}\Gamma_j$ 为边界的圆界区域,其中 $\Gamma_j=\{|z-z_j|=\gamma_j\}$ $(j=0,1,\cdots,N)$ 都是圆周,且 $\Gamma_0=\Gamma_{N+1}=\{|z|=1\}$,又 $z=0\in D$. 记 $G=D\times I$,这里 $I=\{0<t\leqslant T\}$, $T$ 是一正数,而 $G=\partial G_1\cup\partial G_2$ 是 $G$ 的抛物边界,此处 $\partial G_1=\{z\in D,\ t=0\}$ 为 $G$ 的底边,$\partial G_2=\{z\in\Gamma,t\in\bar{I}\}$ 为 $G$ 的侧边.

我们考虑二阶非线性非散度型抛物型方程

$$\Phi(x,y,t,u,u_x,u_y,u_{xx},u_{xy},u_{yy}) - Hu_t = 0,\ (x,y,t) \in G, \tag{1.1}$$

其中 $\Phi$ 是 $x,y,t(\in G),u,u_x,u_y,u_{xx},u_{xy},u_{yy}(\in \mathbb{R})$ 的实变函数，而 $H(0<H<\infty)$ 是正常数. 在一定条件下，方程(1.1)可转化为复形式的方程

$$A_0u_{z\bar{z}} - \mathrm{Re}[Qu_{zz} + A_1u_z] - A_2u - Hu_t = A_3,\ z \in G, \tag{1.2}$$

此处 $z=x+iy,\Phi=F(z,t,u,u_z,u_{zz},u_{z\bar{z}})$，以及

$$A_0 = \int_0^1 F_{\tau u_{z\bar{z}}}(z,t,u,u_z,\tau u_{zz},\tau u_{z\bar{z}})d\tau = A_0(z,t,u,u_z,u_{zz},u_{z\bar{z}}),$$

$$Q = -2\int_0^1 F_{\tau u_{zz}}(z,t,u,u_z,\tau u_{zz},\tau u_{z\bar{z}})d\tau = Q(z,t,u,u_z,u_{zz},u_{z\bar{z}}),$$

$$A_1 = -2\int_0^1 F_{\tau u_z}(z,t,u,\tau u_z,0,0)d\tau = A_1(z,t,u,u_z),$$

$$A_2 = -\int_0^1 F_{\tau u}(z,t,\tau u,0,0,0)d\tau = A_2(z,t,u),$$

$$A_3 = -F(z,t,0,0,0,0) = A_3(z,t).$$

假设方程(1.2)满足条件 $C$，即

1) $A_0(z,t,u,u_z,u_{zz},u_{z\bar{z}}),Q(z,t,u,u_z,u_{zz},u_{zz}),A_1(z,t,u,u_z)$, $A_2(z,t,u),A_3(z,t)$ 对任意连续可微函数 $u(z,t)\in C^{1,0}(\bar{G})$ 与可测函数 $u_{zz},u_{z\bar{z}}\in L_2(G^*)$，均在 $G$ 上可测，且满足条件

$$0 < \delta \leqslant A_0 \leqslant \delta^{-1}, \tag{1.3}$$

$$\sup_G(A_0^2 + |Q|^2)/\inf_G A_0^2 \leqslant q < 4/3, \tag{1.4}$$

$$|A_j| \leqslant k_0, j = 1,2,\ L_p[A_3,\bar{G}] \leqslant k_1,\ p > 4, \tag{1.5}$$

此处 $G^*$ 是 $G$ 内的任一闭子集.

2)上述函数对于几乎所有的 $(z,t)\in G$ 及 $u\in \mathbb{R},u_{zz}\in \mathbb{C},u_{z\bar{z}}\in \mathbb{R}$ 关于 $u\in \mathbb{R},u_z\in \mathbb{C}$ 连续.

3)对于任意的 $u\in \mathbb{R},u_z,U^j\in \mathbb{C},V^j\in \mathbb{R}(j=1,2)$，在 $G$ 上几乎处处有

$$F(z,t,u,u_z,U^1,V^1)-F(z,t,u,u_z,U^2,V^2)$$

$$=\widetilde{A}_0(V^1-V^2)-\mathrm{Re}[\widetilde{Q}(U^1-U^2)], \tag{1.6}$$

$$0<\delta\leqslant A_0\leqslant\delta^{-1},\sup_G(\widetilde{A}_0^2+|\widetilde{Q}|^2)/\inf_G\widetilde{A}_0^2\leqslant q<4/3, \tag{1.7}$$

在(1.3)−(1.5)与(1.7)中，$\delta(>0),q(\geqslant 1),k_0,k_1,p(>4)$都是非负常数，其中(1.4)，(1.7)的第二式相当于椭圆型方程中的一致椭圆型条件.

若方程(1.2)满足条件 $C$，则它在 $G$ 上的解 $u(z,t)\in C^{1,0}(\overline{G})\cap\widetilde{W}_2^{2,1}(G^*)$是指 $u,u_z\in C(\overline{G}),u_{z\bar z},u_{zz},u_t\in L_2(G^*)$，且 $u(z,t)$在 $G$ 上几乎处处满足方程(1.2)(有时将简称在 $G$ 上满足(1.2))，这里 $\widetilde{W}_2^{2,1}(G^*)=W_2^{2,0}(G^*)\cap W_2^{0,1}(G^*)$，$C^{0,0}(\overline{G})=C(\overline{G})$，$G^*$是 $G$ 内的任一闭子集. 因此方程(1.2)的这种解称为广义解，简称为解.

**问题 $P$** 所谓复方程(1.2)在 $G$ 上的初-非正则斜微商边值问题，即求(1.2)的一个解 $u(z,t)\in C^{1,0}(\overline{G})$，使它适合初-边界条件：

$$u(z,0)=g(z),\ z\in D, \tag{1.8}$$

$$\frac{\partial u}{\partial\nu}+\sigma(z,t)u=\tau(z,t),\text{即 }2\mathrm{Re}(\bar\lambda u_z)+\sigma u=\tau,(z,t)\in\partial G_2, \tag{1.9}$$

此处 $\nu$ 是边界 $\partial G_2$上每一点$(z,t)$上的向量，且平行于平面 $t=0$，$\lambda(z,t)=\cos(\nu,x)-i\cos(\nu,y)$，又在 $\Gamma\times\{t=0\}$上有 $\partial g/\partial\nu+\sigma g=\tau$，我们假设 $g(z),\lambda(z,t),\sigma(z,t),\tau(z,t)$满足条件

$$C_\alpha^2[g,\overline{D}]\leqslant k_2,\sigma(z,t)\cos(\nu,n)\geqslant 0,(z,t)\in\partial G_2, \tag{1.10}$$

$$\begin{aligned}&C^{1,0}_{\alpha,\alpha/2}[\eta,\partial G_2]=C_{\alpha,\alpha/2}[\eta,\partial G_2]\\&+C_{\alpha,\alpha/2}[\eta_z,\partial G_2]+C_{\alpha,\alpha/2}[\eta_{\bar z},\partial G_2]\leqslant k_0,\\&\eta=\lambda,\sigma,\ C^{1,0}_{\alpha,\alpha/2}[\tau,\partial G_2]\leqslant k_2,\end{aligned} \tag{1.11}$$

其中 $n$ 为边界点$(z,t)\in\partial G_2$上的外法向量，$\alpha\left(\frac{1}{2}<\alpha<1\right)$，$k_0,k_2$都是非负常数. 边界 $\partial G_2$ 可分成两部分，即 $E^+\subset\{(z,t)\in\partial G_2,\cos(\nu,n)\geqslant 0,\sigma\geqslant 0\}$ 与 $E^-\subset\{(z,t)\in\partial G_2,\cos(\nu,n)\leqslant 0,\sigma\leqslant 0\}$，且 $E^+\cap E^-=\varnothing,E^+\cup E^-=\partial G_2,\overline{E^+}\cap\overline{E^-}=E^0$. 对于 $\partial G_2\cap\{t=t_0=\text{常数},0\leqslant t_0\leqslant T\}$ 的任一分支 $L_t$，有可能出现三种情况之一：1. $L_t\subset E^+$. 2. $L_t\subset E^-$. 3. 在 $L_t^+=E^+\cap L_t,L_t^-=E^-\cap L_t$

中的每一个分支上，至少存在一点，使得 $\cos(\nu,n)\neq 0$；又 $E^0\cap L_t=\{a_1,\cdots,a_m,a_1',\cdots,a_{m'}'\}$，$0<m,m'<\infty$；且规定 $L_t^+$，$L_t^-$ 的每一个分支包含它的起点而不含它的终点；当在 $a_j$，$a_j'$ 上向量 $\nu$ 的方向与 $L_t$ 的方向相同时，则 $a_j\in L_t^+$，$a_j'\in L_t^-$；而当在 $a_j$，$a_j'$ 上向量与 $L_t$ 的方向相反时，则 $a_j\in L_t^-$，$a_j'\in L_t^+$；又当 $(z,t_0)$ 通过以 $a_j$ 或 $a_j'$ 为端点的两个分支时，$\cos(\nu,n)$ 要改变一次符号．我们可设

$$u(a_j)=b_j(t),t\in I_j'=\bigcup t|_{(z,t)=a_j},\ j=1,\cdots,m,\quad(1.12)$$

这里 $b_j(t)$ 是已知的连续函数，满足条件

$$C^1[b_j(t),I_j']\leqslant k_2<\infty,\ j=1,\cdots,m.\quad(1.13)$$

此外，当在 $\partial G_2\times\{t=t_0\}$ 的任一分支 $L_t'$，若有 $\cos(\nu,n)=0$，$\sigma=0$，那么(1.9)应代以一适当的条件

$$u(z,t)=r(z,t),(z,t)\in\partial G'=\bigcup L_t',\quad(1.14)$$

其中 $r(z,t)$ 满足条件

$$C^{2,1}_{\alpha,\alpha/2}[r(z,t),\partial G']\leqslant k_2.$$

上述初-边值问题简称为问题 $P$．带有条件 $\partial G'=\partial G_2$ 的问题 $P$ 就是第一边值问题(问题 $D$)．带有条件 $\cos(\nu,n)=1$，$\sigma=0$，$(z,t)\in\partial G_2$ 的问题 $P$ 称为初-Neumann 边值问题(问题 $N$)．而带有条件：$\cos(\nu,n)>0$，$(z,t)\in\partial G_2$ 的问题 $P$ 称为初-正则斜微商边值问题(问题 $O$)．

下面，我们介绍二阶抛物型复方程解的若干性质，这些性质包括抛物型复方程解的极值原理与列紧性原理等．使用解的极值原理，可以证明前述初-正则斜微商边值问题与初-非正则斜微商边值问题解的唯一性．抛物型复方程这些解的性质将在以后各节中使用到．

### 2. 二阶抛物型复方程解的极值原理

设 $D$ 是复平面$\mathbb{C}$上的有界区域，以 $\Gamma\in C_\mu^2(0<\mu<1)$ 为边界，又 $I=\{0<t\leqslant T\}$，$T$ 是一正常数，则 $G=D\times I$ 是一柱形区域，而 $\partial G=\partial G_1\cup\partial G_2$ 是 $G$ 的抛物边界，这里 $\partial G_1$ 是区域 $G$ 的底部，$\partial G_2$ 为 $G$ 的侧边．

我们考虑二阶抛物型复方程(1.2)的线性情形，即

$$A_0u_{z\bar{z}} - \mathrm{Re}[Qu_{zz} + A_1u_z] - A_2u - u_t = A_3,(z,t) \in G, \tag{1.15}$$

如果系数 $A_j = A_j(z,t)(j=0,1,2,3)$，$Q=Q(z,t)$ 满足条件 $C$ 及

$$C^{1,0}_{\alpha,\alpha/2}[\eta,\bar{G}] \leqslant k_0, \eta = A_j(j=0,1,2), Q, C^{1,0}_{\alpha,\alpha/2}[A_3,\bar{G}] \leqslant k_1,$$

这里 $\alpha(0<\alpha<1)$，$k_0$，$k_1$ 都是非负常数，那么我们称复方程(1.15)满足条件 $C_0$. 在此条件下，(1.15)在 $G$ 内的解 $u(z,t)$ 都是古典解，即 $u(z,t) \in C^{2,1}(G)$，也就是 $u, u_z, u_{zz}, u_{z\bar{z}}, u_t \in C^{0,0}(G)$，且 $u(z,t)$ 在 $G$ 内均满足方程(1.15). 如果线性方程(1.15)满足条件 $C_0$，又 $A_2(z,t) \geqslant 0$，$A_3(z,t) \geqslant 0$，和 $A_2(z,t) \geqslant 0$，$A_3(z,t) \leqslant 0$，$(z,t) \in G$，那么我们分别称(1.15)满足条件 $C_0^+$ 和条件 $C_0^-$. 至于具有条件 $C$ 的非线性抛物型复方程(1.2)，当我们将其解 $u(z,t)$ 代入(1.2)的系数之中，那么可把非线性方程(1.2)看成是形如(1.15)的线性方程. 我们还把条件 $C$ 与条件：$A_2(z,t) \geqslant 0$，$A_3(z,t) \geqslant 0$ 在 $G$ 内几乎处处成立记为条件 $C^+$，而把条件 $C$ 与条件：$A_2(z,t) \geqslant 0$，$A_3(z,t) \leqslant 0$ 在 $G$ 内几乎处处成立记作条件 $C^-$.

**定理1.1** 设线性抛物型复方程(1.15)满足条件 $C^+$，又 $u(z,t)$ 是(1.15)在 $\bar{G}$ 上的连续解，那么 $u(z,t)$ 在 $\bar{G}$ 上正的最大值于边界 $\partial G$ 上达到.

为了证明此定理，我们先给出一个引理.

**引理1.2** 在定理1.1相同的条件下，方程(1.15)(当 $A_2(z,t) = 0$，$(z,t) \in G$)在 $\bar{G}$ 上的连续解在边界 $\partial G$ 上达到它的最大值.

**证** 我们只要证明引理1.2对柱体区域 $S$ 成立即可，并不妨假设 $S = \{(z,t) \mid |z| \leqslant 1, 0 \leqslant t \leqslant 1\}$. 选取一复方程序列

$$A_0^n u_{z\bar{z}} - \mathrm{Re}[Q^n u_{zz} + A_1^n u_z] - A_2^n u - u_t = A_3^n, n = 1,2,\cdots, \tag{1.16}$$

其中系数 $A_j^n = A_j^n(z,t)(j=0,1,2,3)$，$Q^n = Q^n(z,t)$ 在 $S$ 上是连续可微的，且满足条件 $C_0^+$，又 $A_j^n(j=0,1,2,3)$，$Q^n$ 按 $L_p(\bar{G})(p>4)$ 范数分别收敛于 $A_j(j=0,1,2,3)$，$Q$. 关于系数 $A_j^n(z,t)(j=0,1,2,3)$，$Q^n(z,t)$ 的存在性可参看书[121]. 现在，我们求复方程(1.16)带有边界条件

$$u_n(z,t)=u(z,t),\ (z,t)\in\partial S=\partial S_1\cup\partial S_2 \qquad (1.17)$$

之 Dirichlet 问题的一个解 $u_n(z,t)$，这里 $\partial S_1=\{(z,t)\mid |z|\leqslant 1,t=0\}$，$\partial S_2=\{(z,t)\mid |z|=1,0\leqslant t\leqslant 1\}$，由于 $u_n(z,t)$ 满足如后面 § 3定理3.2中所示的估计式，因此可从 $\{u_n(z,t)\}$ 选取一子序列，使得它在 $S$ 上一致收敛到函数 $u(z,t)$. 因为线性抛物型复方程(1.16)满足条件 $C_0^+$，其解 $u_n(z,t)$ 在 $S$ 上的最大值在边界 $\partial S$ 上达到. 因此 $u(z,t)$ 具有同样的性质. 于是引理1.2得证.

**定理1.1的证明** 假如(1.15)的解 $u(z,t)$ 在区域 $G$ 的一内点取到正的最大值 $M$，但在 $G$ 的边界 $\partial G$ 上取不到它的最大值 $M$. 记 $E=\{(z,t)\mid u(z,t)=M,(z,t)\in G\}$，我们可找到一开集 $F\supset E$，使得在 $F$ 上，$u(z,t)\geqslant M/2$，且使 $F$ 的边界由一些光滑曲面所组成. 我们考虑 $F$ 上的复方程

$$A_0u_{z\bar{z}}-\operatorname{Re}[Qu_{zz}+A_1u_z]-u_t=A, \qquad (1.18)$$

其中 $A=A(z,t)=A_2(z,t)u(z,t)+A_3(z,t)\geqslant 0,(z,t)\in F$. 根据引理1.2，$u(z,t)$ 在 $F$ 的边界 $\partial F$ 上达到它的最大值. 此矛盾证明定理1.1中结论的正确性.

类似地，我们可证以下的最小值原理.

**定理1.3** 设抛物型复方程(1.15)满足条件 $C^-$，又 $u(z,t)$ 是(1.15)在 $\bar{G}$ 上的连续解，如果 $u(z,t)$ 在 $\bar{G}$ 上具有负的最小值，那么此最小值在边界 $\partial G$ 上达到.

**证** 设 $v(z,t)=-u(z,t)$，并对 $v(z,t)$ 使用定理1.1，便知定理1.3中结论的正确性.

**定理1.4** 设复方程(1.15)满足条件 $C^+$ 或条件 $C^-$，又 $u(z,t)$ 是(1.15)于 $\bar{G}$ 上的连续解. 如果 $u(z,t)$ 在 $\partial G_2$ 上的一点 $P_0=(z_0,t_0)$ 取到它的非负最大值或非正的最小值，那么有不等式

$$\varliminf_{P\to P_0}\frac{u(P_0)-u(P)}{r(P_0,P)}>0, \qquad (1.19)$$

或

$$\varlimsup_{P\to P_0}\frac{u(P_0)-u(P)}{r(P_0,P)}<0, \qquad (1.20)$$

其中点 $P=(z,t)\in G$ 沿着方向 $l$ 趋向于 $P_0$，$\cos(l,n)>0$，$n$ 为边界 $\partial G_2$ 上点 $P_0$ 的外法向，$r(P_0,P)$ 为点 $P_0$ 与 $P$ 间的距离.

**证** 我们在 $G$ 内作一个以点 $P_0$ 为切点的内切球 $S$，其球心在点 $P_1=(z_1,t_0)$，而以 $R>0$ 为半径. 用 $\partial S$ 表示 $G$ 的边界球面. 引入辅助函数

$$V(P)=e^{-b[r^2+(t-t_0)^2]}-e^{-bR^2}, \tag{1.21}$$

此处 $r^2=|z-z_1|^2$，$b$ 是一待定正常数. 容易看出：在 $S$ 的内点 $P$ 上，有 $V(P)>0$，而在 $S$ 的边界 $\partial S$ 上，$V(P)=0$ . 经过直接的计算，我们有

$$\begin{aligned}LV &= A_0V_{z\bar z}-\mathrm{Re}[QV_{zz}+A_1V_z]-A_2V-V_t\\ &= e^{-b[r^2+(t-t_0)^2]}\{A_0(-b+b^2r^2)-b^2\mathrm{Re}[Q(\bar z-\bar z_1)^2]\\ &\quad +b\mathrm{Re}[A_1(\bar z-\bar z_1)]+2b(t-t_0)\}-A_2V\ .\end{aligned}$$

设 $S_1=\{|z-z_1|^2+|t-t_0|^2\leqslant R^2,|z-z_1|\geqslant R/2\}$，选取正数 $b$ 足够大，使得在 $S_1$ 上有 $LV>0$ . 作辅助函数

$$W(P)=\varepsilon V(P)+u(P)-u(P_0), \tag{1.22}$$

并选取足够小的正数 $\varepsilon$，使得在 $S\cap\{|z-z_1|=R/2\}$ 上有 $W(P)<0$，而在 $\partial S$ 上有 $W(P)\leqslant 0$ . 注意到

$$LW=\varepsilon LV+Lu+A_2(P_0)u(P_0)>0,\ P\in S_1,$$

依照定理1.1，我们看出：在 $S_1$ 上有 $W(P)\leqslant 0$，由于 $V(P_0)=0$，这可导出

$$u(P_0)-u(P)\geqslant -\varepsilon[V(P_0)-V(P)],\ P\in S_1,$$

让 $P\in S_1$ 沿着 $S_1$ 在 $P_0$ 的外法线方向趋于 $P_0$，有

$$\lim_{P\to P_0}\frac{u(P_0)-u(P)}{r(P_0,P)}\geqslant -\varepsilon\frac{\partial V}{\partial n}=2\varepsilon b\mathrm{Re}^{-bR^2}>0\ . \tag{1.23}$$

注意到条件

$$\cos(l,n)>0,\ \cos(l,S)>0,\ \lim_{P(\in S)\to P_0}\frac{u(P_0)-u(P)}{r(P_0,P)}\geqslant 0,$$

这里 $S$ 是在 $\partial G_2$ 上点 $P_0$ 的切向量. 这样从(1.23)，可得不等式

$$\lim_{P(\in l)\to P_0}\frac{u(P_0)-u(P)}{r(P_0,P)}\geqslant\cos(l,n)\lim_{P(\in n)\to P_0}\frac{u(P_0)-u(P)}{r(P_0,P)}$$

$$+\cos(l,S)\lim_{P(\in S)\to P_0}\frac{u(P_0)-u(P)}{r(P_0,P)}>0\ . \tag{1.24}$$

这证明了(1.19)式成立.

设 $v(P)=-u(P)$,并使用以上不等式,可证在相应的条件下,不等式(1.20)成立.

### 3. 可测系数的抛物型方程问题 *P* 的唯一性定理

为了讨论方程(1.2)之问题 $P$ 解的唯一性,我们还要假设(1.2)满足条件

4)对任意的函数 $u^j(z,t)\in C^{1,0}(\bar{G}),j=1,2,U(z,t),V(z,t)\in L_2(\bar{G})$,在 $G$ 上有

$$\begin{aligned}&F(z,t,u^1,u_z^1,U,V)-F(z,t,u^2,u_z^2,U,V)\\&=\mathrm{Re}[\widetilde{A}_1(u^1-u^2)_z+\widetilde{A}_2(u^1-u^2)],\end{aligned} \tag{1.25}$$

其中 $\widetilde{A}_j(j=1,2)$满足条件:

$$L_\infty[\widetilde{A}_j,G]<\infty,\ j=1,2\ .$$

我们把条件1)—4)简称为条件 $C'$ . 如果方程(1.2)是线性方程,那么条件 $C'$ 与条件 $C$ 是相同的.

**定理1.5** 在条件 $C'$ 下,方程(1.2)的问题 $P$ 至多有一个解.

**证** 设 $u_j(z,t)(j=1,2)$是方程(1.2)之问题 $P$ 的两个解,容易看出:$u=u(z,t)=u_1(z,t)-u_2(z,t)$是以下初-边值问题的一个解

$$\widetilde{A}_0u_{z\bar{z}}-\mathrm{Re}[\widetilde{Q}u_{zz}+\widetilde{A}_1u_z]-\widetilde{A}_2u-Hu_t=0,(z,t)\in G, \tag{1.26}$$

$$u(z,0)=0,\ z\in D, \tag{1.27}$$

$$\frac{\partial u}{\partial\nu}+\sigma u=0,(z,t)\in\partial G_2, \tag{1.28}$$

此处

$$\widetilde{A}_0=\int_0^1F_S(z,t,v,p,q,s)d\tau,\ s=u_{z\bar{z}}^2+\tau(u^1-u^2)_{z\bar{z}},$$

$$\widetilde{Q}=-2\int_0^1F_q(z,t,v,p,q,s)d\tau,\ q=u_{zz}^2+\tau(u^1-u^2)_{zz},$$

$$\widetilde{A}_1 = -2\int_0^1 F_q(z,t,v,p,q,s)d\tau,\ p = u_z^2 + \tau(u^1 - u^2)_z,$$

$$\widetilde{A}_2 = -\int_0^1 F_v(z,t,v,p,q,s)d\tau,\ v = u^2 + \tau(u^1 - u^2).$$

引入函数的一个变换 $U = ue^{-Bt}$，这里 $B$ 是一个待定实常数，于是复方程(1.26)转化为

$$\widetilde{A}_0 U_{z\bar{z}} - \mathrm{Re}[\overline{Q}U_{zz} + A_1 U_z] - (\widetilde{A}_2 + HB)U = HU_t, \tag{1.29}$$

而函数 $U(z,t)$ 满足初-边界条件

$$U(z,t) = 0,\ z \in D, \tag{1.30}$$

$$\frac{\partial U}{\partial \nu} + \sigma(z,t)U(z,t) = 0,\ (z,t) \in \partial G_2 \tag{1.31}$$

$$U(a_j) = 0,\ t \in I'_j,\ j = 1,\cdots,m, \tag{1.32}$$

$$U(z,t) = 0, (z,t) \in \partial G'. \tag{1.33}$$

选取适当的常数 $B$，使得 $HB + \inf_G \widetilde{A}_2 > 0$，如果 $U(z,t)$ 在 $\overline{G}$ 上的一点 $P_0$ 上取到正的最大值，那么由定理1.1，可知点 $P_0 \in \partial G \backslash \{I' \cup \partial G'\}$，这里 $I' = \bigcup_{j=1}^m I'_j$．如前所述，对于 $\partial G_2 \cap \{t = t_0 = 常数, 0 \leq t_0 \leq T\}$ 的任一分支 $L_t$，可能出现三种情形：1. $L_t \subset E^+$．2. $L_t \subset E^-$．3. 在 $L_t^+ = E^+ \cap L_t$，$L_t^- = E^- \cap L_t$ 的每一个分支上，都至少存在一点，使得 $\cos(\nu,n) \neq 0$．如果对情形1或情形2，$P_0 \in L_t$，于是在点 $P_0$ 上，有

$$\frac{\partial U}{\partial \nu} + \sigma(z,t)U(z,t) > 0\ 或 < 0. \tag{1.34}$$

这与(1.31)相矛盾，因此不可能出现情形1与情形2．这样，点 $P_0$ 在 $L_t^+, L_t^-$ 的一个分支上，可知 $P_0 \notin \{I' \cup \partial G'\}$，根据前面同样的证法，可以得出：在点 $P_0$，有 $\cos(\nu,n) = 0, \sigma = 0$，因为否则，由(1.19)得到在 $P_0$ 点，$\dfrac{\partial u}{\partial \nu} > 0$，这样也要导出矛盾的不等式(1.34)．用 $\widetilde{L}_t$ 表示 $L_t^+$ 或 $L_t^-$ 上包含点 $P_0$ 且使 $\cos(\nu,n) = 0, \sigma = 0$ 的最长曲线．易知 $a_j (1 \leq j \leq m)$ 不是 $\widetilde{L}_t$ 的端点．如果 $\widetilde{L}_t$ 不包含 $a'_j$ $(1 \leq j \leq m')$，那么必存在一点 $P' \in L_t \backslash \widetilde{L}_t$，使得在此点 $P'$，可能出现三

种情形之一：1)$\cos(\nu,n) > 0, \partial U/\partial n > 0, \cos(\nu,s) > 0(< 0), \partial U/\partial s \geqslant 0(\leqslant 0), \sigma(P') \geqslant 0$，于是在点 $P'$ 上有

$$\frac{\partial U}{\partial \nu} + \sigma U = \frac{\partial U}{\partial n}\cos(\nu,n) + \frac{\partial U}{\partial s}\cos(\nu,s) + \sigma U > 0, \tag{1.35}$$

这里 $s$ 是在 $L_t$ 上点 $P'$ 处的切向量. 2)$\cos(\nu,n)<0, \partial U/\partial n>0, \cos(\nu,s)>0(<0), \partial U/\partial s\leqslant 0(\geqslant 0), \sigma(P')\leqslant 0$，于是在点 $P'$ 上，有

$$\frac{\partial U}{\partial \nu} + \sigma U = \frac{\partial U}{\partial n}\cos(\nu,n) + \frac{\partial U}{\partial s}\cos(\nu,s) + \sigma U < 0, \tag{1.36}$$

3)$\cos(\nu,n)=0, \sigma\neq 0$，于是在点 $P'$，有

$$\frac{\partial U}{\partial \nu} + \sigma U \neq 0 \quad . \tag{1.37}$$

这些不等式都与边界条件(1.31)相矛盾. 如果 $\overline{\tilde{L}_t}$ 包含一点 $a'_j$ $(1\leqslant j\leqslant m')$，那么在此点 $a'_j$ 的邻域内，有两种可能出现的情形：1)在点 $a'_j$ 处 $\nu$ 的方向与 $L_t$ 的方向相同，那么存在一点 $\tilde{P}$，属于以 $a'_j$ 为起点的一曲线，而此曲线位于 $L_t^-$ 中，使得在 $\tilde{P}$ 上有 $\cos(\nu,n)\leqslant 0$，$\sigma < 0$，因此在点 $\tilde{P}$，有

$$\frac{\partial U}{\partial \nu} + \sigma U < 0, \tag{1.38}$$

或者在点 $\tilde{P}$ 上，有 $\cos(\nu,n)<0, \partial U/\partial n>0, \cos(\nu,s)>0, \partial U/\partial s\leqslant 0, \sigma=0$，这样也有不等式(1.38). 这与边界条件(1.31)相矛盾. 2)在点 $a'_j$ 处 $\nu$ 的方向与 $L_t$ 的方向相反，那么存在一点 $\tilde{P}$，属于以 $a'_j$ 为起点的一条曲线上，而此曲线位于 $L_t^+$ 中，使得在点 $\tilde{P}$，有 $\cos(\nu,n)\geqslant 0, \sigma > 0$，因此在点 $\tilde{P}$ 上，有

$$\frac{\partial U}{\partial \nu} + \sigma U > 0 \ , \tag{1.39}$$

或者在点 $\tilde{P}$ 上，$\cos(\nu,n)>0, \sigma=0$，这样也有(1.39). 而(1.39)与(1.31)是矛盾的. 于是必在闭区域 $\overline{G}$ 上，均有 $U(z,t)\leqslant 0$，即 $u_1(z,t)-u_2(z,t)\leqslant 0$ . 类似地，我们也可证明 $U(z,t)$ 不能在 $\overline{G}$ 上取负的最小值，即在 $\overline{G}$ 上有 $U(z,t)\geqslant 0$，也就有 $u_1(z,t)-u_2(z,t)\geqslant 0$ . 故在 $\overline{G}$ 上，有 $u_1(z,t)=u_2(z,t)$. 定理1.5证毕.

**4. 二阶抛物型方程序列解的列紧性原理**

我们要证明形如(1.2)的抛物型方程序列解的两种列紧性原理. 考虑二阶抛物型方程序列

$$A_0^n u_{z\bar{z}} - \mathrm{Re}[Q^n u_{zz} + A_1^n u_z] - A_2^n u - u_t = A_3^n, n = 0,1,2,\cdots, \tag{1.40}$$

其中系数 $A_j^n = A_j^n(z,t), j=0,1,2,3, Q^n = Q^n(z,t)(n=1,2,\cdots)$满足条件 $C$,且 $A_j^n(j=0,1,2,3), Q^n$ 分别按 $L_p(\bar{G})(p>4)$范数收敛于 $A_j^0(j=0,1,2,3), Q^0$ .

**定理1.6** 设复方程(1.40)满足条件 $C$ 及如前所述的其它条件. 如果 $u_n(z,t)$是(1.40)在 $G$ 内的解 $u_n(z,t)\in C^{1,0}(G)(n=1,2,\cdots)$,又$\{u_n(z,t)\}$,$\{[u_n(z,t)]_z\}$在 $G$ 的内部即在其任意闭子集上均一致有界,那么可从$\{u_n(z,t)\}$选取一子序列,它在 $G$ 的内部一致收敛到(1.40)当 $n=0$的解 $u_0(z,t)$.

**证** 我们构造一个在 $G$ 上具有连续偏微商的函数 $g_m(z,t)\in C^{2,1}(G)$如下:

$$g_m(z,t) = \begin{cases} 1, (z,t) \in G_m, \\ 0, (z,t) \notin G_{2m}, \end{cases} 0 \leqslant g(z,t) \leqslant 1, (z,t) \in G_{2m} \backslash G_m, \tag{1.41}$$

这里 $G_m = \{(z,t)\in G \mid \mathrm{dist}((z,t),\partial G) \geqslant 1/m\}$, $m$ 是一正整数. 不难看出:$u_n^m(z,t) = g_m(z,t)u_n(z,t)$是以下 Dirichlet 边值问题的一个解.

$$A_0^n u_{nz\bar{z}}^m - \mathrm{Re}[Q^n u_{nzz}^m] - u_{nt}^m = C_n^m, \ (z,t) \in G, \tag{1.42}$$

$$u_n^m(z,t) = 0, \ (z,t) \in \partial G, \tag{1.43}$$

其中

$$C_n^m = g_m[\mathrm{Re}(A_1^n u_{nz}) + A_2^n u_n - A_3^n] + u_n[A_0^n g_{mz\bar{z}} - \mathrm{Re}(Q^n g_{mzz})] + 2\mathrm{Re}[A_0^n g_{mz} u_{n\bar{z}} - Q^n g_{mz} u_{nz}].$$

依照后面的定理3.2,我们可证 $u_n^m(z,t) = g_m(z,t)u_n(z,t)$在 $G_m$ 上的估计式

$$C^{1,0}_{\beta,\beta/2}[u_n^m,G_m]\leqslant M_1,\ \|u_n^m\|_{\tilde{W}_2^{2,1}(G_m)}\leqslant M_2,\qquad(1.44)$$

这里 $\beta(0<\beta\leqslant\alpha)$，$M_j=M_j(\delta,q,p,\alpha,k_0,k_1,M'_{2m},\ g_m,G_m)(j=1,2)$ 都是非负常数，而 $M'_{2m}=\max\limits_{1\leqslant n<\infty}C^{1,0}[u_n,G_{2m}]$. 因此从 $\{u_n^m(z,t)\}$，我们可选取一子序列 $\{u_{nm}(z,t)\}$，使得 $\{u_{nm}(z,t)\}$，$\{u_{nmz}(z,t)\}$ 在 $G_m$ 上分别一致收敛到 $u_0(z,t)$，$u_{0z}(z,t)$，而 $\{u_{nmzz}(z,t)\}$，$\{u_{nmz\bar{z}}(z,t)\}$，$\{u_{nmt}(z,t)\}$ 在 $G_m$ 上弱收敛到 $u_{0zz}(z,t)$，$u_{0z\bar{z}}(z,t)$，$u_{0t}(z,t)$. 具体地说，若取 $m=2$，易知在 $G_2$ 上，有 $u_n^2(z,t)=u_n(z,t)$，而 $\{u_n^2(z,t)\}$ 在 $G$ 上存在一子序列 $\{u_{n2}(z,t)\}$. 再取 $m=3$，从 $\{u_{n2}(z,t)\}$ 中可选取在 $G$ 上的一子序列 $\{u_{n3}(z,t)\}$. 当 $n\to\infty$ 时，它在 $G_3$ 上的极限函数为 $u_0(z,t)$. 类似地，从 $\{u_{nm-1}(z,t)\}(m>3\}$ 中可选取一子序列 $\{u_{nm}(z,t)\}$，它在 $G_m$ 上的极限函数为 $u_0(z,t)$. 最后，从 $G$ 上的序列 $\{u_{nm}(z,t)\}$，选取对角线序列 $\{u_{mm}(z,t)\}(m=2,3,4,\cdots)$，则 $\{u_{mm}(z,t)\}$，$\{u_{mmz}(z,t)\}$ 在 $G$ 的内部分别一致收敛到 $u_0(z,t)$，$u_{0z}(z,t)$，而 $\{u_{mmzz}(z,t)\}$，$\{u_{mmz\bar{z}}(z,t)\}$，$\{u_{mmt}(z,t)\}$ 在 $G$ 的内部分别弱收敛到 $u_{0zz}(z,t)$，$u_{0z\bar{z}}(z,t)$，$u_{0t}(z,t)$. 而极限函数 $u_0(z,t)$ 正是复方程(1.40)$(n=0)$在 $G$ 内的解.

为了后面的使用，我们给出一个引理.

**引理1.7** 如果 $c_n(z,t)$ 满足 $L_p[c_n,\bar{G}]\leqslant k_1<\infty$，$p>4$，且在 $G$ 上几乎处处收敛到0，那么有

$$L_{p_0}[c_n,\bar{G}]\to 0,\ 当\ n\to\infty,\qquad(1.45)$$

这里 $p_0(2\leqslant p_0\leqslant p)$ 是一个常数.

**证** 由引理1.7中所述的条件，可知：对于任给两个足够小的正数 $\varepsilon_1,\varepsilon_2$，必存在 $G$ 的一个子集 $G_*$ 及一个足够大的正整数，使得 $\mathrm{meas}G_*<\varepsilon_1$ 及 $|c_n(z,t)|<\varepsilon_2$，$(z,t)\in\bar{G}\backslash G_*$，当 $n>N$. 根据 Hölder 不等式与 Minkowski 不等式，我们有

$$\begin{aligned}L_{p_0}[c_n,\bar{G}]&\leqslant L_{p_0}[c_n,G_*]+L_{p_0}[c_n,\bar{G}\backslash G_*]\\&\leqslant\varepsilon_3+\varepsilon_2(\pi T)^{1/p_0}=\varepsilon,\end{aligned}$$

这里 $\varepsilon_3=\sup_{1\leqslant n<\infty}L_{p_0}[c_n,G_*]$. 如果 $M_0=L_\infty[c_n,G]<\infty$，那么

$$L_{p_0}[c_n,\bar{G}]\leqslant M_0\varepsilon_1^{1/p_2}L_{p_1}[1,G_*]+\varepsilon_2(\pi T)^{1/p_0}=\varepsilon,\qquad(1.46)$$

此处 $p_1$ 是一常数，满足 $2\leqslant p_0<p_1<\infty$，而 $p_2=p_0p_1/(p_1-p_0)$. 因此有(1.45)式.

最后，我们考虑非线性抛物型方程序列

$$A_{0n}u_{z\bar{z}}-\mathrm{Re}[Q_nu_{zz}+A_{1n}u_z]-A_{2n}u-Hu_t$$
$$=A_{3n},(z,t)\in G\ ,\tag{1.47}$$

其中 $n=1,2,\cdots,G_n=\left\{(z,t)\in G,\mathrm{dist}((z,t),\partial G)\geqslant\dfrac{1}{n}\right\}$，又系数

$$A_{0n}=\begin{cases}A_0,\\1,\end{cases}Q_n=\begin{cases}Q,\\0,\end{cases}A_{jn}=\begin{cases}A_j,\\0,\end{cases}j=1,2,3,\begin{matrix}(z,t)\in G_n\\(z,t)\in\bar{G}\backslash G_n.\end{matrix}$$

**定理1.8** 设(1.47)中的方程均满足条件 $C$. 如果 $u_n(z,t)$ $(n=1,2,\cdots)$ 是(1.47)于 $G$ 内的解，且 $\{u_n(z,t)\}$，$\{u_{nz}(z,t)\}$ 在 $G$ 的内部一致有界，那么从 $\{u_n(z,t)\}$ 可选取子序列，使它在 $G$ 的内部一致收敛到 $u_0(z,t)$，而此函数是方程(1.2)于 $G$ 内的一个解.

**证** 类似于定理1.6的证明，我们可构造一个二次连续可微的函数 $g_m(z,t)$，如(1.41)式中所示，不难看出：函数 $u_n^m(z,t)=g_m(z,t)u_n(z,t)$ 是以下第一边值问题的一个解：

$$A_{0n}u_{nz\bar{z}}^m-\mathrm{Re}[Q_nu_{nzz}^m]-Hu_{nt}^m=C_n^m,(z,t)\in G\ ,\tag{1.48}$$

$$u_n^m(z,t)=0,\ (z,t)\in\partial G\ ,\tag{1.49}$$

其中

$$C_n^m=g_m\mathrm{Re}[A_{1n}u_{nz}^m+A_{2n}u_n^m+A_{3n}]+u_n^m[A_{0n}g_{mz\bar{z}}$$
$$-\mathrm{Re}(Q_ng_{mzz})]+2\mathrm{Re}[A_{0n}g_{mz}u_{n\bar{z}}^m-Q_ng_{mz}u_{nz}^m].$$

使用定理3.2，可得到 $u_n^m(z,t)=u_n(z,t)$ 在 $G_m$ 上的估计式，如(1.44)中所示. 因此从 $\{u_n^m(z,t)\}$ 可选取一子序列 $\{u_{nm}(z,t)\}$，使得 $\{u_{nm}(z,t)\}$，$\{u_{nmz}(z,t)\}$ 在 $G$ 的内部分别一致收敛到 $u_0(z,t)$，$u_{0z}(z,t)$. 然后我们考虑关于 $\tilde{u}_{nm}=u_{nm}(z,t)-u_0(z,t)$ 的方程

$$\tilde{A}_{0n}\tilde{u}_{nmz\bar{z}}-\mathrm{Re}[\tilde{Q}_n\tilde{u}_{nmzz}]-H\tilde{u}_{nmt}=\tilde{C}_n^m,\ (z,t)\in G\ ,\tag{1.50}$$

$$\tilde{u}_{nm}(z,t)=0,\ (z,t)\in\partial G\ ,\tag{1.51}$$

此处

$$\tilde{C}_n^m=g_m\mathrm{Re}[\tilde{A}_{m}\tilde{u}_{nmz}+\tilde{A}_{2n}\tilde{u}_{nm}+\tilde{A}_{3n}]+\tilde{u}_{nm}[\tilde{A}_{0n}g_{mz\bar{z}}$$
$$-\mathrm{Re}(\tilde{Q}_ng_{mzz})]+2\mathrm{Re}[\tilde{A}_{0n}g_{mz}\tilde{u}_{nmz}-\tilde{Q}_ng_{mz}\tilde{u}_{nmz}],$$

这里 $\widetilde{A}_{jn}(j=0,1,2,3)$,$\widetilde{Q}_n$ 类似于(1.48)式中的 $A_{jn}(n=0,1,2,3)$ 与 $Q_n$. 注意到条件 $C$,并使用引理1.7,可得

$$L_{p_0}[\widetilde{C}_n^m,\overline{G}] \to 0,\text{当 } n \to \infty .$$

再使用定理1.6中的同样方法,可以证明定理1.8中的结论.

## §2. 初-边值问题解的内部估计

在本节中,我们不仅给出某些二阶抛物型方程齐次 Dirichlet 问题解在 $C^{1,0}(G^*)$($G^*$是 $G$ 内任一闭集)中的估计,而且还给出这种解在空间 $\widetilde{W}_2^{2,1}(G^*)=W_2^{2,0}(G^*)\cap W_2^{0,1}(G^*)$中的估计,这些估计将在证明二阶非线性抛物型方程一些初-边值问题解的存在性时使用到.

### 1. 一些积分及其性质

首先,考虑简单的抛物型复方程

$$Lu = u_{z\bar{z}} - Hu_t = A_3,\ (z,t) \in G, \tag{2.1}$$

其中 $A_3=A_3(z,t)$满足条件

$$L_p[A_3,\overline{G}] \leqslant k_1,\ p > 4,$$

而 $p(>4)$,$H(>0)$,$k_1$都是非负常数. 我们把求方程(2.1)的解 $u(z,t)\in C^{1,0}(\overline{G})$,并使其适合齐次边界条件

$$u(z,0) = 0,\ z \in D , \tag{2.2}$$

$$u(z,t) = 0,\ (z,t) \in \partial G_2, \tag{2.3}$$

简记为问题 $D_0$ .

**引理2.1** 设 $u(z,t)$是方程(2.1)问题 $D_0$的解,且 $u(z,t)\in \widetilde{W}_2^{2,1}(G)$,那么有以下不等式:

$$L_2[u_{z\bar{z}},\overline{G}] \leqslant L_2[Lu,\overline{G}],\ HL_2[u_t,\overline{G}] \leqslant L_2[Lu,\overline{G}], \tag{2.4}$$

$$L_2[u_{zz},\overline{G}] \leqslant L_2[u_{z\bar{z}},\overline{G}] \leqslant L_2[Lu,\overline{G}], \tag{2.5}$$

此处当 $D$ 是单位圆,则(2.5)成立,而当 $D$ 是 $N+1$连通圆界区域,要使问题 $D_0$的解 $u(z,t)$在 $\partial G_2$附近等于0,则(2.5)也成立.

**证** 我们先设问题 $D_0$ 的解 $u(z,t)$ 在 $\bar{G}$ 上无穷次可微，即 $u(z,t)\in C_0^\infty(\bar{G})$. 容易看出：

$$\iiint_G |Lu|^2 dxdydt = \iiint_G |u_{z\bar{z}} - Hu_t|^2 dxdydt$$

$$= \iiint_G (|u_{z\bar{z}}|^2 + |Hu_t|^2) dxdydt$$

$$- 2\mathrm{Re}\iiint_G Hu_{z\bar{z}}u_t dxdydt \ . \tag{2.6}$$

由 Green 公式，有

$$2\mathrm{Re}\iiint_G u_{z\bar{z}}u_t dxdydt = 2\mathrm{Re}\iiint_G [(u_z u_t)_{\bar{z}} - u_z u_{t\bar{z}}] dxdydt$$

$$= \mathrm{Re}\left[\frac{1}{i}\int_\Gamma\int_0^T u_z dz du - \iiint_G (u_z u_{\bar{z}})_t dxdydt\right]$$

$$= - \mathrm{Re}\iint_D |u_z(z,T)|^2 dxdy \leqslant 0 \ . \tag{2.7}$$

于是对于 $u(z,t)\in C_0^\infty(\bar{G})$，从(2.6)，(2.7)，便知

$$L_2[u_{z\bar{z}},\bar{G}] \leqslant L_2[Lu,\bar{G}],\ HL_2[u_t,\bar{G}] \leqslant L_2[Lu,\bar{G}].$$

由于 $C_0^\infty(\bar{G})$ 在 $\widetilde{W}_2^{2,1}(G)$ 空间中的稠密性，因而有(2.4). 其次，注意到当 $u(z,t)\in C_0^\infty(\bar{G})$，有

$$|u_{zz}|^2 = u_{zz}u_{\bar{z}\bar{z}} = (u_z u_{\bar{z}})_{z\bar{z}} - |u_{z\bar{z}}|^2 - 2\mathrm{Re}[u_{zz\bar{z}}u_{\bar{z}}]$$

$$= (|u_z|^2)_{z\bar{z}} - |u_{z\bar{z}}|^2 - 2\mathrm{Re}[(u_{zz}u_{\bar{z}})_{\bar{z}} - |u_{z\bar{z}}|^2],$$

即

$$|u_{zz}|^2 = |u_{z\bar{z}}|^2 - (|u_z|^2)_{z\bar{z}} + 2\mathrm{Re}(u_{zz}u_{\bar{z}})_{\bar{z}}$$

$$= |u_{z\bar{z}}|^2 + \mathrm{Re}[(u_{zz}u_{\bar{z}})_{\bar{z}} - (u_z u_{z\bar{z}})_{\bar{z}}], \tag{2.8}$$

因此当 $D=\{|z|<1\}$，从 $u(z,t)=0$ 可推出 $\mathrm{Re}[izu_z]=0$，当 $|z|=1$，我们有

$$\iiint_G |u_{zz}|^2 dxdydt = \iiint_G |u_{z\bar{z}}|^2 dxdydt$$

$$- \mathrm{Re}\,\frac{1}{2i}\int_0^T\int_\Gamma [(|u_z|^2)_z - 2u_{zz}u_{\bar{z}}] dzdt$$

$$= \iiint_G (u_{z\bar{z}})^2 dxdydt + \frac{1}{2}\mathrm{Im}\int_0^T\int_\Gamma u_z du_z dt$$

$$= \iiint_G |u_{zz}|^2 dxdydt + \frac{1}{2}\int_0^T\int_\Gamma \mathrm{Im}[(-i\bar{z}u_{\bar{z}})(dizu_z - u_z diz)]dt$$

$$\leqslant \iiint_G |u_{zz}|^2 dxdydt - \frac{1}{2}\int_0^T\int_0^{2\pi} |u_z|^2 d\theta dt \leqslant \iiint_G |u_{z\bar{z}}|^2 dxdydt \ . \tag{2.9}$$

这也可从[140]第一章公式(4.35)导出．而当 $D$ 是 $N+1$连通圆界区域时，又 $u(z,t)$在 $\partial G_2$的附近等于0，那么从(2.9)，易知有

$$\iiint_G |u_{zz}|^2 dxdydt = \iiint_G (u_{z\bar{z}})^2 dxdydt \ .$$

由此便可得到不等式(2.5)．

记

$$\Lambda_p = \sup_{Lu\in L_p(\bar{G})} L_p[u_{zz},\bar{G}]/L_p[Lu,\bar{G}],\ p > 1\ ,$$

这里 $L_p[Lu,\bar{G}]\neq 0$ ．从(2.5)式，可知 $\Lambda_2\leqslant 1$ ．根据 Riesz-Thorin 定理，必存在一正数 $\varepsilon$，使得对 $q_0(0\leqslant q_0<1)$，当$2<p_0<2+\varepsilon$，有 $q_0\Lambda_{p_0}<1$，因此对于 $Lu\in L_{p_0}(\bar{G})$，且 $L_p[Lu,\bar{G}]\neq 0$，可得不等式

$$q_0 L_{p_0}[u_{zz},\bar{G}] \leqslant q_0\Lambda_{p_0}[Lu,\bar{G}] < L_{p_0}[Lu,\bar{G}]. \tag{2.10}$$

现在，我们考虑二阶线性抛物型复方程

$$A_0 u_{z\bar{z}} - \mathrm{Re}[Qu_{zz}] - Hu_t = A_3,(z,t)\in G, \tag{2.11}$$

并证明以下定理．

**定理2.2** 设方程(2.11)满足条件 $C$，又 $u(z,t)\in\widetilde{W}_2^{2,1}(G)$是(2.11)之问题 $D_0$的任意解，那么 $u(z,t)$满足估计式

$$L_2[|u_{zz}| + |u_{zz}| + |Hu_t|,\bar{G}] \leqslant M_1 = M_1(\delta,q,k_1,p,G), \tag{2.12}$$

当 $D$ 是单位圆．如果 $D$ 是 $N+1$连通圆界区域，则要设 $u(z,t)$在 $\partial G_2$附近等于0，也有估计式(2.12)．在(2.12)中，$M_1$是仅依赖于 $\delta,q,k_1,p,G$ 的非负常数．

**证** 记 $\Lambda=\inf_G A_0$，并用 $\Lambda$ 除(2.11)，易知 $u(z,t)$是以下初-边值问题的一个解

$$\tilde{L}u = \tilde{A}_0 u_{z\bar{z}} - \mathrm{Re}[\tilde{Q}u_{zz}] - \tilde{H}u_t = \tilde{A}_3,(z,t)\in G, \tag{2.13}$$

$$u(z,t) = 0,\ (z,t)\in\partial G, \tag{2.14}$$

其中 $\tilde{A}_j=A_j/\Lambda,j=0,3,\tilde{Q}=Q/\Lambda,\tilde{H}=H/\Lambda$ ．我们把方程(2.13)改写成形式

$$\tilde{L}u = Lu + (\tilde{A}_0 - 1)u_{z\bar{z}} - \operatorname{Re}[\tilde{Q}u_{zz}] = \tilde{A}_3, (z,t) \in G, \tag{2.15}$$

此处 $Lu = u_{z\bar{z}} - \tilde{H}u_t$. 从(2.15),易得

$$|Lu| \leqslant |\tilde{L}u| + |(\tilde{A}_0 - 1)u_{z\bar{z}} - \operatorname{Re}[\tilde{Q}u_{zz}]|, \tag{2.16}$$

这样必存在一个足够小的正数 $\varepsilon_0$,使得

$$\begin{aligned} |Lu|^2 &\leqslant (1+\varepsilon_0^{-1})|\tilde{L}u|^2 + (1+\varepsilon_0)|(\tilde{A}_0-1)u_{z\bar{z}} - \operatorname{Re}[\tilde{Q}u_{zz}]|^2 \\ &\leqslant (1+\varepsilon_0^{-1})|\tilde{A}_3|^2 + (1+\varepsilon_0)\cdot\sup_G[((\tilde{A}_0-1)^2 \\ &\quad + |\tilde{Q}|^2)(|u_{z\bar{z}}|^2 + |u_{zz}|^2)], 2(1+\varepsilon_0)\eta < 1, \end{aligned} \tag{2.17}$$

这里我们设

$$\eta = \sup_G[(\tilde{A}_0 - 1)^2 + |\tilde{Q}|^2] < \frac{1}{2}, \tag{2.18}$$

以上不等式可由条件(1.4)导出. 根据引理2.1,有

$$\begin{aligned} &\max\left[\iiint_G |u_{zz}|^2 dxdydt, \iiint_G |\tilde{H}u_t|^2 dxdydt,\right. \\ &\left.\iiint_G |u_{z\bar{z}}|^2 dxdydt\right] \leqslant \iiint_G |Lu|^2 dxdydt, \end{aligned} \tag{2.19}$$

(见[4],[139]13),21)),于是由(2.17),可得

$$\begin{aligned} \iiint_G |Lu|^2 dxdydt &\leqslant (1+\varepsilon_0^{-1})\iiint_G |\tilde{A}_3|^2 dxdydt \\ &\quad + 2(1+\varepsilon_0)\eta\iiint_G |Lu|^2 dxdydt, \end{aligned} \tag{2.20}$$

因而有

$$\iiint_G |Lu|^2 dxdydt \leqslant \frac{1+\varepsilon_0^{-1}}{1-2(1+\varepsilon_0)\eta}\iiint_G |\tilde{A}_3|^2 dxdydt. \tag{2.21}$$

注意到条件 $C$ 中的条件(1.5),联合(2.19),(2.21),即知估计式(2.12)成立.

**注** 如果用方程(1.2)代替方程(2.11),只要(1.2)之问题 $D_0$ 的解 $u(z,t)$ 满足估计式

$$C^{1,0}[u,\bar{G}] = C^{0,0}[u,\bar{G}] + C^{0,0}[u_z,\bar{G}] \leqslant M_0, \tag{2.22}$$

这里 $M_0$ 是一非负常数,那么此解 $u(z,t)$ 仍满足估计式(2.12),但

其中的常数 $M_1=M_1(\delta,q,k_0,p,G,M_0)$

**2. 初-边值问题解的 $C^{1,0}_{\beta,\beta/2}$ 内部估计**

我们先证明几个引理. 为此,引入函数

$$E(z,t)=\begin{cases}t^{-1}e^{-|z|^2/4t}, 当\ t>0,\\ 0, 当\ t\leqslant 0, 除了\ t=|z|=0\ 外,\end{cases} \tag{2.23}$$

并记 $B_r^{(z^0,t^0)}=\{(z,t)\,|\,E(z^0-z,t^0-t)>r^{-1}\}$,这里 $z^0,z$ 都是复数, $t^0,t$ 都是实数,又 $r$ 是正常数.

**引理2.3** 如果存在正常数 $\beta,r_0$,使得对 $r<r_0$ 与 $(z_0,t_0)\in G_d=\{(z,t)\in G,\operatorname{dist}((z,t),\partial G)\geqslant d>0\}$,一致地有不等式

$$\iiint_{B_r^{(z^0,t^0)}}[u(z,t)-u(z^0,t^0)-2\operatorname{Re}(z-z^0)u_z(z^0,t^0)]$$
$$\times E[z^0-z,t^0-t](t^0-t)^{-2-\beta}dxdydt\leqslant k_3, \tag{2.24}$$

这里 $k_3$ 是一非负常数,那么对 $G_d$ 内的任意两点 $(z^1,t^1),(z^2,t^2)$,有

$$|u_z(z^1,t^1)-u_z(z^2,t^2)|\leqslant M_2[|z^1-z^2|^\beta+|t^1-t^2|^{\beta/2}],$$

即

$$C^{0,0}_{\beta,\beta/2}[u_z,G_d]\leqslant M_2=M_2(r_0,\beta,k_3,G_d). \tag{2.25}$$

**证** 不妨设 $t^1>t^2$,又 $t^1-t^2+|z^1-z^2|<r_0/3e$. 我们先讨论 $z^1=z^2$ 的情形,记 $v(z,t)=u_z(z,t)$,易知有

$$\begin{aligned}J^2&=\{u(z^1,t^2)-u(z^1,t^1)-2\operatorname{Re}(z-t^1)[v(z^1,t^1)-v(z^1,t^2)]\}^2\\&\leqslant 2\{[u(z,t)-u(z^1,t^1)-2\operatorname{Re}(z-z^1)v(z^1,t^1)]^2\\&\quad+[u(z,t)-u(z^1,t^2)-2\operatorname{Re}(z-z^1)v(z^1,t^2)]^2\}\\&=J_1^2+J_2^2,\end{aligned} \tag{2.26}$$

此处 $J_j^2=2[u(z,t)-u(z^1,t^j)-2\operatorname{Re}(z-z^1)v(z^1,t^j)]^2(j=1,2)$. 设

$$a=u(z^1,t^1)-u(z^1,t^2),\ c=v(z^1,t^1)-v(z^1,t^2),$$
$$b=2a[(z-z^1)c+\overline{(z-z^1)c}]-(z-z^1)^2c^2-\overline{(z-z^1)^2c^2},$$

我们有

$$J^2\geqslant|a|^2+2|z-z^1|^2|c|^2-b. \tag{2.27}$$

用 $E(z-z^1,t^1-t)$ 乘(2.26),再沿 $B^1=B_r^{(z^1,t^2)}$ 积分,注意到 $B^1\subset B^2$

$=B_{3er}^{(z^1,t^1)}$，这里 $r=(t^1-t^2)/2$，又因

$$E(z^1-z,t^2-t)=\frac{1}{|t^2-t|}e^{\frac{|z^1-z|^2}{4(t^2-t)}}\geqslant\frac{1}{r},$$

即

$$\frac{r}{|t^2-t|}\geqslant e^{\frac{|z^1-z|^2}{4(t^2-t)}}>1,\ (z,t)\in B^1,$$

$$\left|\frac{r}{t^2-t}\right|^{\beta+2}>\left(\frac{1}{3e}\right)^{\beta+2},\ (z,t)\in B^2,$$

$$\iiint_{B^1}bE(z^1-z,t^1-t)(t^1-t)^{-\beta-2}dxdydt=0\ ,$$

因此

$$\begin{aligned}|cr|^2&\leqslant k_4|c|^2r\iiint_{B^1}E(z^1-z,t^1-t)\ \frac{|z^1-z|^2}{t^1-t}dxdydt\\&\leqslant k_5r^{2+\beta}\Big[\iiint_{B^1}J_1^2E(z^1-z,t^1-t)|t^1-t|^{-\beta-2}dxdydt\\&\quad+\iiint_{B^2}J_2^2E(z^1-z,t^2-t)|t^2-t|^{-\beta-2}dxdydt\Big]\\&\leqslant 2k_5r^{\beta+2}k_3,\end{aligned}\tag{2.28}$$

此处 $\text{meas}B^1=O(r^2)$，$k_4,k_5$都是非负常数. 注意到 $r=|t^1-t^2|/2$，可得

$$\begin{aligned}|c|&=|v(z^1,t^1)-v(z^1,t^2)|=|u_z(z^1,t^1)-u_z(z^2,t^2)|\\&\leqslant(2^{1-\beta}k_3k_5)^{1/2}|t^1-t^2|^{\beta/2}=k_6|t^1-t^2|^{\beta/2}.\end{aligned}\tag{2.29}$$

其次，从(2.29)，可知对 $G_d$ 内的任意两点$(z^1,t^1)$，$(z^2,t^2)$，有

$$\begin{aligned}&|v(z^1,t^1)-v(z^2,t^2)|\\&\leqslant|v(z^1,t^1)-v(z^1,t^2)|+|v(z^1,t^2)-v(z^2,t^2)|\\&\leqslant k_6|t^1-t^2|^{\beta/2}+|v(z^1,t^2)-v(z^2,t^2)|.\end{aligned}\tag{2.30}$$

如果我们能给出估计式

$$|v(z^1,t^2)-v(z^2,t^2)|\leqslant k_7|z^1-z^2|^\beta,\tag{2.31}$$

这里 $k_7$是非负常数，又记 $r=|z^1-z^2|^2/2$，与

$$\begin{aligned}a&=u(z^1,t^2)-u(z^2,t^2)+2\text{Re}(z^0-z^1)v(z^1,t^2)\\&\quad-2\text{Re}(z^0-z^2)v(z^2,t^2),\ c=v(z^1,t^2)-v(z^2,t^2),\end{aligned}$$

$$J^2 = |u(z^1,t^2) - u(z^2,t^2) + 2\mathrm{Re}(z - z^1)v(z^1,t^2) - 2\mathrm{Re}(z - z^2)v(z^2,t^2)|^2,$$

那么可得

$$|a|^2 + 2|z - z^0|^2|c|^2 - b \leqslant 2\{[u(z,t) - u(z^1,t^2) - 2\mathrm{Re}(z - z^1)v(z^1,t^2)]^2 + [u(z,t) - u(z^2,t^2) - 2\mathrm{Re}(z - z^2)v(z^2,t^2)]^2\} = J_3^2 + J_4^2. \tag{2.32}$$

此处 $b$ 是类似于(2.27)中所示的函数，而 $J_j = 2[u(z,t) - u(z^{j-2}, t^2) - 2\mathrm{Re}(z - z^{j-2})v(z^{j-2},t^2)]^2 (j=3,4)$. 将(2.32)沿 $B^3 = B_r^{(z^2,t^2)}$ 积分，可导出

$$\begin{aligned}|cr|^2 &\leqslant k_8|c|^2 r\iiint_{B^3} E(z^1 - z, t^2 - t)\frac{|z^1 - z|^2}{t^2 - t}dxdydt \\ &\leqslant k_9 r^{\beta+2}\Big[\iiint_{B^3} J_3^2 E(z^1 - z, t^2 - t)|t^2 - t|^{-\beta-2}dxdydt \\ &\quad + \iiint_{B^4} J_4^2 E(z^2 - z, t^2 - t)|t^2 - t|^{-\beta-2}dxdydt\Big] \\ &\leqslant 2k_9k_3 r^{\beta+2},\end{aligned} \tag{2.33}$$

这里 $B^4 = B_{2cr}^{(z^1,t^2)}$，$k_8, k_9$ 都是非负常数. 由此公式，易得

$$|c| = |u_z(z^1,t^2) - u_z(z^2,t^2)| \leqslant 2^{1-\beta}k_3k_9|z^1 - z^2|^{\beta}. \tag{2.34}$$

联合(2.29)，(2.34)，便可导出不等式(2.25).

为了后面的使用，我们记

$$\mathrm{Cyl}_{z^0,R}^{t^1,t^2} = \{(z,t)\,|\,|z - z^0| < R, t^1 < t < t^2\},\ \mathrm{Cyl}_r = \mathrm{Cyl}_{0,2r^{1/2}}^{-r,0}.$$

**引理2.4** 设 $r = |z|^2/4$，又函数 $u(z,t) \in C^{2,1}(\mathrm{Cyl}_r)$，$u(0,0) = u_z(0,0) = u(z,-r) = u(2r^{\frac{1}{2}}e^{i\theta},t) = 0$，那么对于常数 $\beta(0<\beta<3/4)$，以下不等式成立：

$$\begin{aligned}&\iiint_{\mathrm{Cyl}_r}|u(z,t)|^2E(-z,-t)(-t)^{-2-\beta}dxdydt \\ &\quad\leqslant M_3\iiint_{\mathrm{Cyl}_r}(Lu)^2E(-t)^{-\beta}dxdydt, \\ &\iiint_{\mathrm{Cyl}_r}|u_z|^2E(-z,-t)(-t)^{-1-\beta}dxdydt \\ &\quad\leqslant M_4\iiint_{\mathrm{Cyl}_r}(Lu)^2E(-t)^{-\beta}dxdydt,\end{aligned} \tag{2.35}$$

其中 $Lu=u_{zz}-u_t/4$，$M_j=M_j(\beta)(j=3,4)$.

根据(2.23)中 $E(z,t)$ 的选取，在本章和下章中，我们通常选取 $H=1/4$. 否则作变换 $\tau=t/4H$，使得 $Hu_t=u_\tau/4$. 特别当 $H=1$，则 $u_t=u_\tau/4$，此时也可将(2.23)中的$4t$ 改为 $t$.

**证** 注意到

$$\Delta u = 4u_{z\bar{z}} = r^{-1}(ru_r)_r + r^{-2}u_{\theta\theta},$$

我们有

$$Lu = u_{z\bar{z}} - Hu_t = \frac{1}{4}\Delta u - Hu_t$$

$$= \frac{1}{4}[r^{-1}(ru_r)_r + r^{-2}u_{\theta\theta}] - Hu_t.$$

作变换

$$\rho = -r/2\sqrt{-t},\ \eta = -t\ ,$$

用 $\Pi_r$ 表示 $\mathrm{Cyl}_r$ 在以上变换下的像，不难看出，

$$u_r = -\frac{u\rho}{2\sqrt{\eta}},(ru_r)_r = (u_\rho\rho)_r = -\frac{(\rho u_\rho)_\rho}{2\sqrt{\eta}},$$

$$\frac{(ru_r)_r}{r} = \frac{(\rho u_\rho)_\rho}{4\rho\eta},\ \frac{u_{\theta\theta}}{r^2} = \frac{u_{\theta\theta}}{4\eta\rho^2},$$

$$u_t = -\frac{2\eta u_\eta - \rho u_\rho}{2\eta},Lu = \frac{1}{4\eta}\Big[\frac{1}{\rho}e^{\rho^2}(\rho e^{-\rho^2}u_\rho)_\rho$$

$$+\frac{1}{\rho^2}u_{\theta\theta} + 4\eta u_\eta\Big] = \frac{1}{4\eta}\Big[\widetilde{\nabla}_\rho u + \frac{u_{\theta\theta}}{\rho^2} + 4\eta u_\eta\Big].$$

设 $v=u\eta^{-(\beta+1)/2}$，$\gamma=(\beta+1)/2$，则有

$$u = v\eta^\gamma,u_\eta = v_\eta\eta^\gamma + \gamma v\eta^{\gamma-1} = \eta^{\gamma-1}[\eta v_\eta + \gamma v],$$

$$Lu = \frac{1}{4}\eta^{\gamma-1}\Big[\widetilde{\nabla}_\rho v + \frac{1}{\rho^2}v_{\theta\theta} + 4\eta v_\eta + 4\gamma v\Big],$$

于是

$$I_0 = \iiint_{\mathrm{Cyl}_r}(Lu)^2E(-z,-t)(-t)^{-\beta}dxdydt$$

$$= \frac{1}{4}\iiint_{\Pi_r}\frac{e^{-\rho^2}}{\eta}\Big[\widetilde{\nabla}_\rho v + \frac{1}{\rho^2}v_{\theta\theta} + 4\eta v_\eta + 4\gamma v\Big]^2\rho d\rho d\theta d\eta$$

$$= \frac{1}{4}\iiint_{\Pi_r} \frac{e^{-\rho^2}}{\eta}[|\hat{\nabla}_\rho v|^2 + 16|\eta v_\eta|^2 + 16|\gamma v|^2$$

$$+ 8\gamma v \hat{\nabla}_\rho v + 32\gamma\eta v v_\eta + 8\eta v_\eta \hat{\nabla}_\rho v]\rho d\rho d\theta d\eta ,$$

其中

$$\hat{\nabla} v = \widetilde{\nabla}_\rho v + \frac{v_{\theta\theta}}{\rho^2} .$$

由于

$$I_1 = 8\iiint_{\Pi_r} \gamma v v_\eta e^{-\rho^2} \rho d\rho d\theta d\eta = 4\gamma\iiint_{\Pi_r} e^{-\rho^2} \rho d\rho d\theta dv^2 = 0 ,$$

$$I_2 = 2\iiint_{\Pi_r} v_\eta \hat{\nabla} v e^{-\rho^2} \rho d\rho d\theta d\eta = 2\iiint_{\Pi_r} d\rho e^{-\rho^2} u\rho d\theta dv$$

$$+ 2\iiint_{\Pi_r} e^{\rho^2} d\ln\rho d v_\theta dv = 0,$$

于是

$$I_0 \geqslant \frac{1}{4}\iiint_{\Pi_r} \frac{e^{-\rho^2}}{\eta}[\hat{\nabla}_\rho v + 4\gamma v]^2 \rho d\rho d\theta d\eta$$

$$= \frac{1}{4}\iiint_{\Pi_r} \frac{e^{-\rho^2}}{\eta^{\beta+2}}[\hat{\nabla}_\rho u + 2(1+\beta)u]^2 \rho d\rho d\theta d\eta$$

$$\geqslant k_* \iiint_{\Pi_r} \frac{e^{-\rho^2}}{\eta^{\beta+2}} u^2 \rho d\rho d\theta d\eta$$

$$= \frac{k_*}{4}\iiint_{\mathrm{Cyl}_r} u^2 E(-z, -t)(-t)^{-\beta-2} dx dy dt,$$

其中函数 $v(\zeta,\eta)$ 以 $\exp[-\rho^2]$ 为权在 $\Pi_r$ 上平方可积（$v \in L_2, \exp[-\rho^2](\Pi_r)$），它可以由形如

$$u^{(m)}(\zeta,\eta) = \sum_{|l|\leqslant m} f_l(\eta) P_l(\zeta) = \sum_{|l|\leqslant m} W_l(\zeta,\eta)$$

的函数按空间 $L_2, \exp[-\rho^2](\Pi_r)$ 的范数来逼近，这里，$\zeta = \rho e^{i\theta}$，$P_l(\zeta)$ 是关于复数 $\zeta$ 的 $l$ 阶 Tchebycheff-Hermite 多项式，$\hat{\nabla}_\rho P_l(\zeta) = 2|l| P_l(\zeta)$，而

$$\frac{k_*}{4}\iiint_{\mathrm{Cyl}_r} [u^{(m)}]^2 E(-z, -t)(-t)^{-2-\beta} dx dy dt$$

$$= k_* \sum_{|l|\leqslant m} \iiint_{\Pi_r} \frac{e^{-\rho^2}}{\eta^{2+\beta}} W_l^2 \rho d\rho d\theta d\eta$$

$$\leqslant \sum_{|l|\leqslant m} \iiint_{\Pi_r} \frac{e^{-\rho^2}}{\eta^{2+\beta}} [\beta + 1 - |l|]^2 W_l^2 \rho d\rho d\theta d\eta$$

$$\leqslant 16 I_0(u^{(m)}),$$

这里 $k_* = \inf_{j=0,1,2,\cdots}[\beta + (-j)]^2$（见[4]）. 这样就得到(2.35)的第一个不等式. 类似地还可证明(2.35)的第二个不等式.

**引理2.5** 设方程(1.2)满足条件 $C$，又在引理2.4相同的条件下，那么存在足够小的正数 $\beta_0$，使得对 $0<\beta<\beta_0$，有

$$\iiint_{\mathrm{Cyl}_r} |Lu|^2 E(-z, -t)(-t)^{-\beta} dx dy dt$$

$$\leqslant M_5 \iiint_{\mathrm{Cyl}_r} |\mathscr{L}u|^2 E(-t)^{-\beta} dx dy dt, \tag{2.36}$$

这里 $Lu = u_{z\bar{z}} - u_t/4$，$\mathscr{L}u = \widetilde{A}_0 u_{z\bar{z}} - \mathrm{Re}[\widetilde{Q} u_{zz}] - u_t/4$，$\widetilde{A}_0 = 3A_0/4\inf_G A_0$，$\widetilde{Q} = 3Q/4\inf_G A_0$，$M_5 = M_5(\delta, q, k, \beta, G)$，$k = (k_0, k_1)$.

**证** 我们先证明不等式

$$\iiint_{\mathrm{Cyl}_r} (|u_{zz}|^2 + |u_{z\bar{z}}|^2) E(-z, -t)(-t)^{-\beta} dx dy dt$$

$$\leqslant (2 + M_6 \beta) \iiint_{\mathrm{Cyl}_r} (Lu)^2 E(-t)^{-\beta} dx dy dt, \tag{2.37}$$

此处 $M_6$ 是一非负常数. 由(2.8)及

$$\begin{aligned}
\mathrm{Re}[(u_{zz}u_{\bar{z}})_z - (u_z u_{z\bar{z}})_z]E &= \mathrm{Re}[u_{zz}u_{\bar{z}}E - u_z u_{z\bar{z}}E]_z - \mathrm{Re}[(|u_z|^2)_z \\
&\quad - 2u_z u_{z\bar{z}}]E \frac{z}{4t} = \mathrm{Re}[u_{zz}u_{\bar{z}}E - u_z u_{z\bar{z}}E]_{\bar{z}} - \mathrm{Re}\left[(|u_z|^2)E \frac{z}{4t}\right]_z \\
&\quad + |u_z|^2 \left(\frac{|z|^2}{16t^2} + \frac{1}{4t}\right) E + \mathrm{Re}\left[(u_z)^2 E \frac{z}{4t}\right]_{\bar{z}} - \mathrm{Re}\left[(u_z)^2 E \frac{z^2}{16t^2}\right],
\end{aligned}$$

$$2|Lu|^2 = 2|u_{z\bar{z}}|^2 + \frac{|u_t|^2}{8} - \mathrm{Re}[u_{z\bar{z}}u_t],$$

$$\begin{aligned}
u_{z\bar{z}}u_t E(-t)^{-\beta} &= [u_z u_t E(-t)^{-\beta}]_{\bar{z}} \\
&\quad - u_z u_{zt} E(-t)^{-\beta} - u_z u_t E(-t)^{-\beta} \frac{z}{4t},
\end{aligned}$$

$$\begin{aligned}
-\mathrm{Re}[u_z u_{\bar{z}t} E(-t)^{-\beta}] &= -\frac{1}{2}\Big\{[u_z u_{\bar{z}} E(-t)^{-\beta}]_t \\
&\quad + |u_z|^2 \left[(\beta + 1)\frac{1}{t} + \frac{|z|^2}{4t^2}\right] E(-t)^{-\beta}\Big\}.
\end{aligned}$$

我们有

$$\iiint_{\mathrm{Cyl}_r}[|u_{zz}|^2-|u_{z\bar{z}}|^2]E(-z,-t)(-t)^{-\beta}dxdydt$$

$$=\iiint_{\mathrm{Cyl}_r}\left[|u_z|^2\left(\frac{|z|^2}{16t^2}+\frac{1}{4t}\right)-\mathrm{Re}(u_z)^2\frac{z^2}{16t^2}\right]E(-t)^{-\beta}dxdydt,$$

$$\iiint_{\mathrm{Cyl}_r}u_{z\bar{z}}u_tE(-t)^{-\beta}E(-z,-t)(-t)^{-\beta}dxdydt$$

$$\leqslant-\frac{1}{2}\mathrm{Re}\iiint_{\mathrm{Cyl}_r}\left\{|u_z|^2\left[\frac{|z|^2}{4t^2}+(\beta+1)\frac{1}{t}\right]\right.$$

$$\left.+2u_zu_t\frac{z}{4t}\right\}E(-t)^{-\beta}dxdydt, \tag{2.38}$$

其中我们使用了 Green 公式，并仿照(2.9)，可得

$$\iiint_{\mathrm{Cyl}_r}\mathrm{Re}\left\{(u_{zz}u_zE)_{\bar{z}}-(u_zu_{z\bar{z}}E)_z+\left[(u_z)^2E\frac{z}{4t}\right]_{\bar{z}}\right\}(-t)^{-\beta}dxdydt$$

$$=\mathrm{Re}\,\frac{1}{2i}\int_{-r}^{0}\int_{|z|=2r^{1/2}}\left\{\left[\dot{u}_{zz}u_{\bar{z}}-u_zu_{zz}+(u_z)^2\frac{z}{4t}\right]E\right\}(-t)^{-\beta}dzdt$$

$$\leqslant 0,$$

$$\iiint_{\mathrm{Cyl}_r}\mathrm{Re}\left\{2[u_z,u_tE(-t)^{-\beta}]_{\bar{z}}-2\left[|u_z|^2E\frac{z}{4t}\right]_z-[u_zu_zE(-t)^{-\beta}]_t\right\}$$

$$\cdot dxdydt\leqslant 0\,.$$

于是有

$$\iiint_{\mathrm{Cyl}_r}[|u_{z\bar{z}}|^2+|u_{zz}|^2]E(-z,-t)(-t)^{-\beta}dxdydt$$

$$=\iiint_{\mathrm{Cyl}_r}\left[2|Lu|^2+\mathrm{Re}[(u_{zz}u_z-u_zu_{z\bar{z}})_z]+\mathrm{Re}u_{z\bar{z}}\bar{u}_t-\frac{1}{8}|u_t|^2\right]$$

$$\cdot E(-t)^{-\beta}dxdydt$$

$$\leqslant\iiint_{\mathrm{Cyl}_r}\left[2|Lu|^2+|u_z|^2\frac{|z|^2}{16t^2}-\mathrm{Re}(u_z)^2\frac{z^2}{16t^2}-|u_z|^2\frac{1}{4t}\right]$$

$$\cdot E(-t)^{-\beta}dxdydt$$

$$-\frac{1}{2}\mathrm{Re}\iiint_{\mathrm{Cyl}_r}\left\{|u_z|^2\left[\frac{|z|^2}{4t^2}+\frac{\beta}{t}\right]+2u_zu_t\frac{z}{4t}+\frac{u_t^2}{4}\right\}$$

$$\cdot E(-t)^{-\beta}dxdydt$$

$$\leqslant\iiint_{\mathrm{Cyl}_r}\left[2|Lu|^2-|u_z|^2\frac{|z|^2}{16t^2}+\mathrm{Re}(u_z)^2\frac{z^2}{16t^2}\right]E(-t)^{-\beta}dxdydt$$

$$+\iiint_{\mathrm{Cyl}_r}\left(\frac{1}{4}+\frac{\beta}{2}\right)|u_z|^2E(-t)^{-1-\beta}dxdydt$$

$$-2\mathrm{Re}\iiint_{\mathrm{Cyl}_r}\left(u_z\frac{z}{4t}+\frac{u_t}{4}\right)^2E(-t)^{-\beta}dxdydt$$

$$\leqslant 2\iiint_{\mathrm{Cyl}_r}|Lu|^2E(-t)^{-\beta}dxdydt$$

$$+\frac{\beta}{2}\iiint_{\mathrm{Cyl}_r}|u_z|^2E(-t)^{-1-\beta}\cdot dxdydt+I\,. \tag{2.39}$$

进而,我们可验证

$$I=\frac{1}{4}\iiint_{\mathrm{Cyl}_r}|u_z|^2E(-t)^{-1-\beta}dxdydt$$

$$-2\mathrm{Re}\iiint_{\mathrm{Cyl}_r}\left(u_t\frac{z}{4t}+\frac{u_t}{4}\right)^2E(-t)^{-\beta}dxdydt$$

$$\leqslant\frac{1}{16}\iiint_{\Pi_r}\frac{e^{-\rho^2}}{\eta^{2+\beta}}[u_\rho^2-2(\beta+1)u^2]\rho d\rho d\theta d\eta$$

$$-\frac{1}{8}\mathrm{Re}\iiint_{\Pi_r}\frac{e^{-\rho^2}}{\eta^{2+\beta}}\left[\eta^2u_\eta^2-\frac{\beta+1}{4}u^2\right]\rho d\rho d\theta d\eta=\frac{1}{2}I_1-4I_2$$

$$\leqslant\frac{2}{1-\beta}\iiint_{\mathrm{Cyl}_r}|Lu|^2E(-t)^{-\beta}dxdydt=\frac{2}{1-\beta}I_0, \tag{2.40}$$

其中我们作变换 $\rho=-r/2\sqrt{-t}$,$\eta=-t$,$\gamma=(\beta+1)/2$,$v=u\eta^{-\gamma}$,并用带有权 $\exp[-\rho^2]$ 的 Tchebycheff-Hermite 多项式来逼近函数 $v$;注意到

$$\frac{1}{4}\left[\frac{u^2}{\eta^{\beta+1}}\right]_\eta=\frac{1}{4\eta^{\beta+2}}[2\eta uu_\eta-(\beta+1)u^2],$$

$$-\iiint_{\Pi_r}\frac{uu_\eta}{\eta^{\beta+1}}\rho d\rho d\theta d\eta\leqslant 0,\ -\iiint_{\Pi_r}\frac{e^{-\rho^2}}{\eta^{\beta+2}}[\eta u_\eta]^2\rho d\rho d\theta d\eta\leqslant 0,$$

因此有 $I_2\geqslant 0$. 此外,类似于引理 2.4 的证明,有

$$\frac{1}{4}\iiint_{\Pi_r}\frac{e^{-\rho^2}}{\eta^{2+\beta}}\sum_{|l|\leqslant m}[-2|l|W_l+2(\beta+1)W_l^2]\rho d\rho d\theta d\eta\leqslant 16I_0(u^{(m)}),$$

$$\inf_{k=2,3,\cdots}(k-1-\beta)\iiint_{\Pi_r}\frac{e^{-\rho^2}}{\eta^{2+\beta}}\sum_{|l|\leqslant m}[|l|-\beta-1]W_l^2\rho d\rho d\theta d\eta$$

$$\leqslant 16I_0(u^{(m)}),$$

故

$$\frac{1}{2}I_1(u^{(m)}) = \frac{1}{2}\iiint_{\Pi_r}\frac{e^{-\rho^2}}{\eta^{2+\beta}}[(u_\rho^{(m)})^2 - 2(\beta+1)(u^{(m)})^2\rho d\rho d\theta d\eta$$

$$\leqslant \frac{16}{1-\beta}I_0(u^{(m)}),$$

进而可导出以上不等式对引理 2.5 中所述的函数也成立. 从(2.39) 与(2.40) 及 $2 + 2/(1-\beta) = 4 + 2\beta/(1-\beta)$,可得

$$\iiint_{\mathrm{Cyl}_r}(|u_{zz}|^2 + |u_{zz}|^2)E(-z, -t)(-t)^{-\beta}dxdydt$$

$$= \frac{\beta}{2}\iiint_{\mathrm{Cyl}_r}|u_z|^2E(-t)^{-1-\beta}dxdydt$$

$$+ 2\left(2 + \frac{\beta}{1-\beta}\right)\iiint_{\mathrm{Cyl}_r}|Lu|^2E(-t)^{-\beta}dxdydt\ .$$

使用(2.35) 的第二式,我们有

$$\iiint_{\mathrm{Cyl}_r}(|u_{zz}|^2 + |u_{z\bar{z}}|^2)E(-t)^{-\beta}dxdydt$$

$$\leqslant \left[4 + \beta\left(\frac{M_4}{2} + \frac{2}{1-\beta}\right)\right]\iiint_{\mathrm{Cyl}_r}(Lu)^2E(-t)^{-1-\beta}dxdydt,$$

这就是不等式(2.37),其中 $M_6 = M_4/2 + 2/(1-\beta)$. 注意到

$$\mathscr{L}u = Lu + (\widetilde{A}_0 - 1)u_{z\bar{z}} - \mathrm{Re}[\widetilde{Q}u_{zz}],$$

$$Lu = \mathscr{L}u - (\widetilde{A}_0 - 1)u_{z\bar{z}} + \mathrm{Re}[\widetilde{Q}u_{zz}],$$

而当 $\tau = 4\inf_G A_0 t/3$,有 $u_\tau = 3u_t/4\inf_G A_0$. 类似于(2.16),(2.17),可得

$$\iiint_{\mathrm{Cyl}_r}(Lu)^2E(-t)^{-\beta}dxdydt \leqslant \left(1 + \frac{1}{\varepsilon_0}\right)\iiint_{\mathrm{Cyl}_r}|\mathscr{L}u|^2$$

$$\cdot E(-t)^{-\beta}dxdydt$$

$$+ (1+\varepsilon_0)\sup_G[(\widetilde{A}_0 - 1)^2 + |\widetilde{Q}|^2]\iiint_{\mathrm{Cyl}_r}(|u_{zz}|^2 + |u_{zz}|^2)$$

$$\cdot E(-t)^{-\beta}dxdydt$$

$$\leqslant \left(1 + \frac{1}{\varepsilon_0}\right)\iiint_{\mathrm{Cyl}_r}|\mathscr{L}u|^2E(-t)^{-\beta}dxdydt$$

$$+ (1+\varepsilon_0)\eta(4 + M_6\beta)\iiint_{\mathrm{Cyl}_r}(Lu)^2E(-t)^{-\beta}dxdydt. \quad (2.41)$$

当(1.4) 式成立,则 $\eta = \sup_G[(\widetilde{A}_0 - 1)^2 + |\widetilde{Q}|^2] = \sup_G[|\widetilde{A}_0|^2 -$

$2\mathrm{Re}\widetilde{A}_0 + 1 + |\widetilde{Q}|^2] \leqslant \dfrac{\rho \sup_G[|\widetilde{A}_0|^2 + |\widetilde{Q}|^2]}{16\inf_G|A_0|^2} - \dfrac{3}{2} + 1 < \dfrac{1}{4}$. 只要选取正数 $\varepsilon_0$ 与 $\beta$ 适当小就可使 $(1+\varepsilon_0)\eta(4+M_6\beta) < 1$，于是有

$$\iiint_{\mathrm{Cyl}_r}(Lu)^2E(-t)^{-\beta}dxdydt$$

$$\leqslant \frac{1+1/\varepsilon_0}{1-(1+\varepsilon_0)\eta(4+M_6\beta)}\iiint_{\mathrm{Cyl}_r}|\mathscr{L}u|^2E(-t)^{-\beta}dxdydt .$$

引理2.5证毕.

**定理2.6** 设条件 $C$ 与(2.22)式成立，那么方程组(1.2)之问题 $D$ 的任一解 $u(z,t)$ 都满足估计式

$$C^{1,0}_{\beta,\beta/2}[u,G'_d] \leqslant M_7 = M_7(\delta,q,k,p,M_0,G'_d), \qquad (2.42)$$

此处 $G'_d = \{(z,t)\in G, \mathrm{dist}(z,\Gamma)\geqslant d, t\in \bar{I}\}$，这里 $d$ 是适当小的正整数，$\beta(0<\beta\leqslant\alpha)$，$M_7$ 都是非负常数，$k=(k_0,k_1)$.

**证** 因为可用有限个形如 $\mathrm{Cyl}^{t^1,t^1+r}_{z^0,2r^{1/2}} = \{|z-z^0|<2r^{1/2}, t^1<t<t^1+r\}$ 的区域来覆盖 $G'_d$，又由变换 $\zeta = z - z^0, \tau = t - t^1 - r$，可将区域 $\mathrm{Cyl}^{t^1,t^1+r}_{z^0,2r^{1/2}}$ 变换为区域 $\mathrm{Cyl}_r = \mathrm{Cyl}^{-r,0}_{0,2r^{1/2}}$，这里选取 $r$ 足够小，使得 $4r^{1/2}<d$，及 $t^1>d$，故只要对 $\mathrm{Cyl}_r$ 证明(2.42)式成立. 我们构造一个二次连续可微的函数 $g(z,t)$ 如下：

$$g(z,t) = \begin{cases} 1, (z,t)\in \mathrm{Cyl}_r, \\ 0, (z,t)\in\{\mathbb{C}\times I\}\backslash \mathrm{Cyl}_r, \end{cases} 0\leqslant g(z,t)\leqslant 1,$$

$$(z,t)\in \mathrm{Cyl}_{2r}\backslash\mathrm{Cyl}_r,$$

对函数

$$v(z,t) = g(z,t)[u(z,t)-u(0,0)-2\mathrm{Re}zu_z(0,0)]$$

使用引理 2.4，有

$$\iiint_{\mathrm{Cyl}_r}[u(z,t)-u(0,0)-2\mathrm{Re}zu_z(0,0)]^2$$

$$\cdot E(-z,-t)(-t)^{-2-\beta}dxdydt$$

$$\leqslant \iiint_{\mathrm{Cyl}_{2r}}[v(z,t)]^2E(-z,-t)(-t)^{-2-\beta}dxdydt$$

$$\leqslant \iiint_{\mathrm{Cyl}_{2r}}(Lu)^2E(-z,t)(-t)^{-\beta}dxdydt$$

$$+ M_8\left\{\iiint_{\mathrm{Cyl}_{2r}}[u(z,t)-u(0,0)-2\mathrm{Re}zu_z(0,0)]^2\right.$$

$$\cdot E(-t)^{-\beta}dxdydt$$

$$\left.+\iiint_{\mathrm{Cyl}_{2r}}[2\mathrm{Re}(u_z(z,t)-u_z(0,0))]^2E(-t)^{-\beta}dxdydt\right\}$$

$$\leqslant M_9\left[\iiint_{\mathrm{Cyl}_r}(\mathscr{L}u)^2E(-t)^{-\beta}dxdydt+M_{10}\right]\leqslant M_{11}.$$

此处我们使用了(2.22)式与引理 2.5,并选取正数$\beta$足够小,使得

$$\iiint_{\mathrm{Cyl}_{2r}}(\mathscr{L}u)^2E(-t)^{-\beta}dxdydt=\iiint_{\mathrm{Cyl}_{2r}}|A_3|^2E(-t)^{-\beta}dxdydt$$

$$\leqslant\left[\iiint_{\mathrm{Cyl}_{2r}}|A_3|^pdxdydt\right]^{2/p}\left[\iiint_{\mathrm{Cyl}_{2r}}E^q(-t)^{-\beta q}dxdydt\right]^{1/q}$$

$$\leqslant k_1M_{12},$$

这里$q=p/(p-2)$,$M_j=M_j(\delta,q,k,p,\beta,M_0,G'_d)(j=8,\cdots,12)$都是非负常数. 再应用引理 2.3,便得估计式(2.42).

本节中所使用的方法类似于[4],但这里采用了复数的形式.

## § 3. Dirichlet 问题解的先验估计与可解性

本节中,我们先给出抛物型方程(1.2)的 Dirichlet 问题解的先验估计式,然后使用 Leray-Schauder 定理证明(1.2)的 Dirichlet 问题的可解性,最后还给方程(1.2)解的一种表示定理.

### 1. Dirichlet 问题解的先验估计

**定理3.1** 设方程(1.2)满足条件$C$,又若(1.2)之问题$D$的解$u(z,t)$满足估计式

$$C^{1,0}[u,\bar{G}]\leqslant M_0, \tag{3.1}$$

这里$M_0$是一非负常数,那么$u(z,t)$满足估计式

$$C^{1,0}_{\beta,\beta/2}[u,\bar{G}]\leqslant M_1,\ \|u\|_{\widetilde{W}^{2,1}_2(G)}\leqslant M_2, \tag{3.2}$$

此处$\widetilde{W}^{2,1}_2(G)=W^{2,0}_2(G)\cap W^{0,1}_2(G)$,$\beta(0<\beta\leqslant\alpha)$,$M_j=M_j(\delta,q,\alpha,k,p,M_0,G)(j=1,2)$都是非负常数,$k=(k_0,k_1,k_2)$.

**证** 首先,我们求出 Cauchy 问题

$$Lu = u_{z\bar{z}} - Hu_t = 0,\ (z,t) \in G\ , \tag{3.3}$$

$$u(z,0) = g(z),\ z \in D\ , \tag{3.4}$$

的一个解 $\tilde{u}(z,t)$(见[81]),并可知它满足估计式

$$C^{2,1}_{\beta,\beta/2}[\tilde{u},\bar{G}] \leqslant M_3 = M_3(\alpha,k,G). \tag{3.5}$$

于是函数

$$U(z,t) = u(z,t) - \tilde{u}(z,t) \tag{3.6}$$

是以下初-边值问题的一个解

$$\begin{aligned}\mathscr{L}U &= A_0U_{z\bar{z}} - \mathrm{Re}[QU_{zz} + A_1U_z] - A_2U - HU_t \\ &= A,(z,t),(z,t) \in G,\end{aligned} \tag{3.7}$$

$$U(z,0) = 0,\ z \in D, \tag{3.8}$$

$$U(z,t) = b(z,t),\ (z,t) \in \partial G_2, \tag{3.9}$$

这里

$$A = A_3 - \mathscr{L}\tilde{u},\ b = r(z,t) - \tilde{u}(z,t).$$

任取一个足够小的正数 $\varepsilon$,记 $G_\varepsilon = \{(z,t) \in \bar{G}, \mathrm{dist}(z,\Gamma) \geqslant \varepsilon\}$,再构造一个在 $\bar{G}$ 上具有二次连续可微的函数 $h(z,t)$ 如下:

$$h(z,t) = \begin{cases} 1,(z,t) \in G_\varepsilon, \\ 0,(z,t) \in G_{\varepsilon/2}, \end{cases} 0 \leqslant h(z,t) \leqslant 1,(z,t) \in G_{\varepsilon/2} \backslash G_\varepsilon, \tag{3.10}$$

记

$$W(z,t) = h(z,t)U(z,t),\ (z,t) \in \bar{G}\ , \tag{3.11}$$

不难看出:$W(z,t)$ 是以下初-边值问题的一个解

$$A_0W_{z\bar{z}} - \mathrm{Re}[QW_{zz}] - HW_t = B,(z,t) \in G\ , \tag{3.12}$$

$$W(z,t) = 0\ ,(z,t) \in \partial G\ , \tag{3.13}$$

其中

$$\begin{aligned}B = {} & h\mathrm{Re}[A_1U_z + A_2U] + U[A_0h_{z\bar{z}} - \mathrm{Re}(Qh_{zz})] \\ & + 2\mathrm{Re}[A_0h_zU_{\bar{z}} - Qh_zU_z].\end{aligned}$$

使用[4],[139]21)中的方法与定理2.6,我们可获得 $W(z,t)$ 的估计式,因而也得到 $u(z,t)$ 的估计式

$$C^{1,0}_{\beta,\beta/2}[u,G_\varepsilon] \leqslant M_4,\|u\|_{\widetilde{W}^{2,1}_2(G_\varepsilon)} \leqslant M_5, \tag{3.14}$$

此处 $M_j = M_j(\delta,q,\alpha,k,p,M_0,G)(j=4,5)$.

其次,我们要给出解 $u(z,t)$ 在 $G$ 的边界 $\partial G_2$ 附近的估计式.

任取 $\partial G_2$ 上的一点 $P^*=(z^*,t^*)$，记 $G_*=\{(z,t)\in\bar{G},|z-z^*|^2+|t-t^*|<\varepsilon^*\}$，$\partial G_*=\partial G_2\cap G_*$，这里 $\varepsilon^*(<\varepsilon)$ 是一个适当小的正数. 不妨假定 $|z^*|=1$，因为否则，通过一个分式线性变换，可以达到上述要求. 现在我们求出方程(3.3)适合边界条件

$$u_1(z,t)=r(z,t)\ ,(z,t)\in\partial G_* \tag{3.15}$$

的解 $u_1(z,t)$，并可使它满足形如(3.5)的估计式. 而函数

$$U(z,t)=u(z,t)-u_1(z,t) \tag{3.16}$$

满足下面的方程与边界条件

$$\mathscr{L}U=A_0U_{z\bar{z}}-\mathrm{Re}[QU_{zz}+A_1U_z]-A_2U-HU_t=C,(z,t)\in G, \tag{3.17}$$

$$U(z,t)=0\ ,\ (z,t)\in\partial G_*, \tag{3.18}$$

此处 $C=A_3-\mathscr{L}u_1$. 在此情形下，可将解 $U(z,t)$ 沿 $\partial G_*$ 从 $G$ 连续开拓到 $G$ 的对称区域 $\tilde{G}$. 事实上，只要作函数

$$\tilde{U}(z,t)=\begin{cases}U(z,t),(z,t)\in G\cup\partial G_*,\\-U(1/\bar{z},t),(z,t)\in\tilde{G}.\end{cases} \tag{3.19}$$

由于 $\tilde{U}(z,t)=0,(z,t)\in\partial G_*$，可知有

$$\mathrm{Re}[iz\tilde{U}_z]=0,\ \text{即}\ zU_z=\bar{z}U_{\bar{z}},(z,t)\in\partial G_*,$$

而当 $z=1/\bar{\zeta}\in\tilde{G}\cup\partial G_*$，$\tilde{U}_z=-U_{\bar{\zeta}}(-1/z^2)$，因此 $z\tilde{U}_z=\bar{z}U_{\bar{z}},(z,t)\in\partial G_*$，这表明 $\tilde{U}$ 与 $\tilde{U}_z$ 在 $G\cup\partial G_*\cup\tilde{G}$ 内是连续的. 注意到

$$\tilde{U}_{z\bar{z}}=-|z|^{-4}U_{\zeta\bar{\zeta}},\tilde{U}_{\bar{z}\bar{z}}=-\bar{z}^{-4}U_{\zeta\zeta}-2\bar{z}^{-3}U_{\zeta},(z,t)\in\tilde{G}\cup\partial G_*,$$

可知 $\tilde{U}(z,t)$ 是以下方程的一个解

$$\begin{aligned}&\tilde{A}_0\tilde{U}_{z\bar{z}}-\mathrm{Re}[\tilde{Q}\tilde{U}_{zz}+\tilde{A}_1\tilde{U}_z]-\tilde{A}_2\tilde{U}-H\tilde{U}_t\\&\quad=\tilde{A},(z,t)\in G\cup\partial G_*\cup\tilde{G},\end{aligned} \tag{3.20}$$

其中

$$\tilde{A}_0=\begin{cases}A_0(z,t),\\\overline{A_0(1/\bar{z},t)}|z|^4,\end{cases}\quad\tilde{A}_1=\begin{cases}A_1(z,t),\\-\overline{A_1(1/\bar{z},t)}z^2+2\overline{Q(1/\bar{z},t)}z^3,\end{cases}$$

$$\tilde{Q}=\begin{cases}Q(z,t),\\\overline{Q(1/\bar{z},t)}z^4,\end{cases}\quad\tilde{A}_j=\begin{cases}A_j(z,t),&(z,t)\in G,\\(-1)^jA_j(1/\bar{z},t),&(z,t)\in\tilde{G},\end{cases}j=2,3.$$

不难看出：方程(3.20)满足类似于条件 $C$ 中的条件. 因此仿照估计式(3.14)的导出，我们可得 $\tilde{U}(z,t)$ 的相应估计式，这样也就得

到 $u(z,t)$在点 $P^*=(z^*,t^*)$的一邻域 $G^*=\{(z,t)\in G\cup\partial G_*,\text{dist}((z,t),\partial G_2\backslash\partial G_*)\geqslant\varepsilon^*>0\}$内的估计式,即

$$C^{1,0}_{\beta,\beta/2}[u,G^*]\leqslant M_6,\ \|u\|_{\tilde{W}^{2,1}_2(G^*)}\leqslant M_7, \tag{3.21}$$

这里 $M_j=M_j(\delta,q_0,\alpha,k,p,\varepsilon,\varepsilon^*,G),j=6,7$ .

联合(3.5),(3.14)和(3.21),便得估计式(3.2) .

**定理3.2** 设方程(1.2)满足条件 $C$,则(1.2)之问题 $D$ 的任一解 $u(z,t)$满足估计式

$$C^{1,0}_{\beta,\beta/2}[u,\bar{G}]\leqslant M_8,\ \|u\|_{\tilde{W}^{2,1}_2(G)}\leqslant M_9, \tag{3.22}$$

此处 $\beta(0<\beta\leqslant\alpha),M_j=M_j(\delta,q,\alpha,k,p,G)(j=8,9)$都是非负常数.

**证** 我们先要证明 $u(z,t)$满足估计式

$$C^{1,0}[u,\bar{G}]\leqslant M_{10}=M_{10}(\delta,q,\alpha,k,p,G). \tag{3.23}$$

假如(3.22)不成立,那么必存在满足条件 $C$ 的抛物型方程序列:

$$A_0^m u_{z\bar{z}}-\text{Re}[Q^m u_{zz}+A_1^m u_z]-A_2^m u-Hu_t=A_3^m,(z,t)\in G, \tag{3.24}$$

与初-边界条件序列

$$u(z,0)=g^m(z),z\in D, \tag{3.25}$$

$$u(z,t)=r^m(z,t),(z,t)\in\partial G_2, \tag{3.26}$$

其中 $g^m(z),r^m(z,t)$满足(1.10),(1.14). 不妨设$\{A_0^m\},\{Q^m\},\{A_1^m\},\{A_2^m\},\{A_3^m\}$在 $G$ 上分别弱收敛到 $A_0^0,Q^0,A_1^0,A_2^0,A_3^0$,而$\{g^m(z)\},\{r^m(z,t)\}$分别在 $D,\partial G_2$上一致收敛到 $g^0(z),r^0(z,t)$,又初-边值问题(3.24)-(3.26)具有解 $u^m(z,t)\in C^{1,0}(\bar{G})(m=1,2,\cdots)$,使得 $C^{1,0}[u^m,\bar{G}]=h_m\to\infty$,当 $m\to\infty$. 设 $U^m=u^m(z,t)/h_m$,这里可设 $h_m\geqslant1$ . 容易看出:$U^m$ 满足以下抛物型方程与初-边界条件

$$A_0^m U^m_{z\bar{z}}-\text{Re}[Q^m U^m_{zz}+A_1^m U^m_z]-A_2^m U^m-HU^m_t=A_3^m/h_m,$$
$$(z,t)\in G, \tag{3.27}$$

$$U^m(z,0)=g^m(z)/h_m,\ z\in D, \tag{3.28}$$

$$U^m(z,t)=r^m(z,t)/h_m,\ (z,t)\in\partial G_2. \tag{3.29}$$

根据定理3.1,可得 $U^m$ 所满足的估计式

$$C^{1,0}_{\beta,\beta/2}[U^m,\bar{G}] \leqslant M_{11}, \|U^m\|_{\tilde{W}^{2,1}_2(G)} \leqslant M_{12}, \tag{3.30}$$

这里 $\beta(0<\beta\leqslant\alpha)$, $M_j=M_j(\delta,q,\alpha,k,p,G)(j=11,12)$都是非负常数. 这样一来,可从$\{U^m\}$,$\{U^m_z\}$选取子序列$\{U^{m_k}\}$,$\{U^{m_k}_z\}$,使得它们在$\bar{G}$上分别一致收敛到$U^0$,$U^0_z$,而$\{U^{m_k}_{z\bar{z}}\}$,$\{U^{m_k}_{zz}\}$,$\{U^{m_k}_t\}$在$G$上分别弱收敛到$U^0_{z\bar{z}}$,$U^0_{zz}$,$U^0_t$,而$U^0$是以下初-边值问题的一个解

$$A^0_0U^0_{z\bar{z}} - \mathrm{Re}[Q^0U^0_{zz} + A^0_1U^0_z] - A^0_2U^0 - HU^0_t = 0,$$
$$(z,t) \in G, \tag{3.31}$$

$$U^0(z,0) = 0,\ z \in D, \tag{3.32}$$

$$U^0(z,t) = 0, (z,t) \in \partial G_2. \tag{3.33}$$

依照定理1.5中关于以上初-边值问题解的唯一性,可知$U^0=0$, $(z,t)\in G$. 然后从$C^{1,0}[U^m,\bar{G}]=1$,可以导出:在$\bar{G}$上必存在一点$(z^*,t^*)$,使得$|U^0(z^*,t^0)|+|U^0_z(z^*,t^*)|>0$,此矛盾证明了(3.23)式成立. 再由定理3.1,即得估计式(3.22). 如果使用文献[4]中的方法,可直接证明估计式(3.22)成立.

现在,我们要给出抛物型方程

$$Lu = u_{z\bar{z}} - u_t = f_m(z,t), f_m = \begin{cases} f(z,t),(z,t) \in G_m, \\ 0,(z,t) \notin G_m \end{cases} \tag{3.34}$$

之问题$D$的解$u(z,t)$的一种表示式,在上式中,$G_m=\{(z,t)\in G$, $\mathrm{dist}((z,t),\partial G)\geqslant 1/m\}$,$m$为一正整数,又$L_p[f(z,t),\bar{G}]\leqslant k_1$,这里$p(>4)$,$k_1$都是非负常数.

**推论3.3** 设$u(z,t)$是方程(3.34)之问题$D$的解,又$u(z,t)\in C^{1,0}_{\beta,\beta/2}(\bar{G})\cap\tilde{W}^{2,1}_2(G)$,则此解$u(z,t)$可表示成

$$u(z,t) = U(z,t) + V(z,t) = U(z,t) + v_0(z,t) + v(z,t), \tag{3.35}$$

此处$V(z,t)=v_0(z,t)+v(z,t)$是(3.34)适合齐次边界条件

$$V(z,t) = 0,\ (z,t) \in \partial G_0,\ G_0 = \{|z| < 1\} \times I, \tag{3.36}$$

于区域$G_0$的解,其中$v(z,t)$可表示成

$$v(z,t) = Jf_m = \int_0^t\iint_D E(z,t,\zeta,\tau)f_m(\zeta,\tau)d\xi d\eta d\tau,$$

$$E(z,t,\zeta,\tau)=\begin{cases}(t-\tau)^{-1}e^{-|z-\zeta|^2/4(t-\tau)}, \text{当 } t>\tau,\\ 0, \text{当 } t\leqslant\tau, \text{且}(z,t)\neq(\zeta,\tau),\end{cases} \tag{3.37}$$

而 $U(z,t)$ 是方程 $Lu=0$ 之问题 $D$ 于 $G$ 上的解，它们满足估计式

$$\begin{aligned}&C^{1,0}_{\beta,\beta/2}[U,\bar{G}]+\|U\|_{\widetilde{W}^{2,1}_2(G)}\leqslant M_{13},\\ &C^{1,0}_{\beta,\beta/2}[V,\bar{G}]+\|V\|_{\widetilde{W}^{2,1}_2(G)}\leqslant M_{14},\end{aligned} \tag{3.38}$$

这里 $\beta(0<\beta\leqslant\alpha)$，$M_j=M_j(k_1,\alpha,p,G_m)(j=13,14)$ 都是非负常数.

**证** 不难看出：方程(3.34)之问题 $D$ 的解 $u(z,t)$ 可表示成(3.35)的形式. 仿照定理3.2，可知 $U(z,t)$ 满足(3.38)的第二个估计式，进而可导出 $V(z,t)$ 满足(3.38)的第一个估计式.

现在，我们要说明积分(3.37)的两个性质，即若 $\rho(z,t)\in L_p(\bar{G})$，$p>2$，则 $J\rho$ 在 $\bar{G}$ 上连续，又若 $\rho(z,t)\in L_p(\bar{G})$，$p>4$，则 $[J\rho]_z$ 在 $\bar{G}$ 上连续.

事实上，令 $\rho(z,t)=0$，当 $(z,t)\notin G$，则

$$\begin{aligned}v(z,t)&=\iiint_G E(z,t,\zeta,\tau)\rho(\zeta,t)d\xi d\eta d\tau\\ &=\iiint_{G_R}E(z,t,\zeta+z,\tau+t)\rho(\zeta+z,\tau+t)d\xi d\eta d\tau,\end{aligned}$$

$$E(z,t,\zeta+z,\tau+t)=\frac{1}{-\tau}e^{-|\zeta|^2/4(-\tau)}=E(\zeta,-\tau),\ -\tau>0\ .$$

而 $$v(z_1,t_1)-v(z_2,t_2)=\iiint_{G_R}E(\zeta,-\tau)[\rho(\zeta+z_1,\tau+t_1)-\rho(\zeta+z_2,\tau+t_2)]d\xi d\eta d\tau,$$

$$\begin{aligned}|v(z_1,t_1)-v(z_2,t_2)|&\leqslant\Big[\iiint_{G_R}|\rho(\zeta+z_1,\tau+t_1)\\ &\quad-\rho(\zeta+z_2,\tau+t_2)|^p d\xi d\eta d\tau\Big]^{1/p}\Big[\iiint_{G_R}|E(\zeta,-\tau)|^q d\xi d\eta d\tau\Big]^{1/q}\\ &\leqslant M\iiint_{G_R}|\rho(\zeta+z_1,\tau+t_1)-\rho(\zeta+z_2,\tau+t_2)|^p d\xi d\eta d\tau]^{1/p},\end{aligned}$$

其中 $G_R=\{|z|^2+|t|^2\leqslant R\}\supset\bar{G}$，$R$ 为足够大的正数，$q=p/(p-1)<2$，$M=M(q,G_R)$ 是一非负常数. 根据[121]中关于 $\rho(z,t)$ 在 $L_p(G_R)$ 意义下的连续性，可从上式推知 $v(z,t)$ 在 $\bar{G}$ 上是连续

的. 又因

$$v_z(z,t) = \iiint_G E(z,t,\zeta,\tau) \frac{-\bar{z}+\bar{\zeta}}{2(t-\tau)}\rho(\zeta,\tau)d\xi d\eta d\tau$$
$$= \iiint_{G_R} E(\zeta,-\tau) \frac{\bar{\zeta}}{2(-\tau)}\rho(\zeta+z,\tau+t)d\xi d\eta d\tau,$$

当 $p>4$,则 $q=p/(p-1)<4/3$,

$$\iiint_{G_R}\left|E(\zeta,-\tau)\frac{\bar{\zeta}}{2(-\tau)}\right|^q d\xi d\eta d\tau = M' = M'(q,G_R) < \infty,$$

这样也可类似地证明 $v_z(z,t)$ 在 $\bar{G}$ 上的连续性.

### 2. Dirichlet 边值问题的可解性

我们先考虑形如下的二阶非线性抛物型方程

$$u_{z\bar{z}} - u_t = f_m(z,t,u,u_z,u_{zz},u_{z\bar{z}}),$$
$$f_m = (1-A_0m)u_{zz} + \{\mathrm{Re}[Q_m u_{zz} + A_{1m}u_z] + A_{2m}u + A_{3m}\},$$
$$(z,t)\in G, \tag{3.39}$$

其中系数

$$A_{0m} = \begin{cases} A_0/H, \\ 1, \end{cases} \quad Q_m = \begin{cases} Q/H, \\ 0, \end{cases}$$
$$A_{jm} = \begin{cases} A_j/H, \\ 0, \end{cases} j=1,2,3, \quad \begin{matrix} (z,t)\in G_m, \\ (z,t)\notin G_m, \end{matrix}$$

又 $G_m$ 如(3.34)中所述.

**定理3.4** 如果方程(1.2)满足条件 $C$,那么方程(3.39)的问题 $D$ 具有解 $u(z,t)$.

**证** 为了使用 Leray-Schauder 定理证明方程(3.39)问题 $D$ 的可解性,我们引进带参数 $h\in[0,1]$的二阶抛物型方程

$$u_{z\bar{z}} - u_t = hf_m(z,t,u,u_z,u_{zz},u_{z\bar{z}}),(z,t)\in G, \tag{3.40}$$

由定理3.2,可知方程(3.40)之问题 $D$ 的解 $u(z,t)$ 满足估计式(3.22). 任取一函数 $\tilde{u}(z,t)$,使它满足估计式(3.22),记 $\rho(z,t)=\tilde{u}_{z\bar{z}}-\tilde{u}_t$,然后构造一个三重积分

$$v(z,t) = J\rho = \int_0^t\iint_{D_0} E(z,t,\zeta,\tau)\rho(\zeta,t)d\xi d\eta d\tau, \tag{3.41}$$

这里 $D_0=\{|z|<1\}$，并设 $\rho(z,t)=0$，当 $(z,t)\notin G_m$，而 $E(z,t,\zeta,\tau)$ 如(3.37)中所示. 其次求出如下初-边值问题的一个解 $v_0(z,t)$.

$$v_{0z\bar{z}}-v_{0t}=0,\ (z,t)\in G_0=D_0\times I, \tag{3.42}$$

$$v_0(z,t)=-v(z,t),(z,t)\in\partial G_0, \tag{3.43}$$

记 $V(z,t)=v(z,t)+v_0(z,t)$. 进而还要求出以下初-边值问题的唯一解 $U(z,t)$:

$$U_{z\bar{z}}-U_t=0,\ (z,t)\in G\ , \tag{3.44}$$

$$U(z,0)=g(z),z\in D,$$

$$U(z,t)=r(z,t)-V(z,t),(z,t)\in\partial G_2, \tag{3.45}$$

记 $u=U(z,t)+V(z,t)$. 不难看出:上述函数 $V(z,t),U(z,t)$ 满足估计式

$$\|V\|_{\hat{W}_2^{2,1}(G_0)}=C^{1,0}_{\beta,\beta/2}[V,\bar{G}_0]+\|V\|_{\tilde{W}_2^{2,1}(G_0)}<M_{15}+1,$$

$$\|U\|_{\hat{W}_2^{2,1}(G)}\leqslant M_{16}, \tag{3.46}$$

这里 $M_j=M_j(M_8,M_9,G_m)(j=15,16)$ 都是非负常数，并把满足(3.46)第一个不等式的函数全体记作 $B_M$，它是 Banach 空间 $B=\hat{W}_2^{2,1}(G_0)=C^{1,0}_{\beta,\beta/2}(\bar{G})\cap\tilde{W}_2^{2,1}(G)$ 中的一有界开集. 现在我们考虑抛物型方程

$$\tilde{V}_{z\bar{z}}-\tilde{V}_t=hf_m(z,t,u,u_z,U_{zz}+\tilde{V}_{zz},U_{z\bar{z}}+\tilde{V}_{zz}),0\leqslant h\leqslant 1, \tag{3.47}$$

由于条件 $C$，并使用压缩映射原理与 §2中的结果，可知方程(3.47)适合初-边界条件

$$\tilde{V}(z,t)=0,\ (z,t)\in\partial G_0 \tag{3.48}$$

之问题 $D_0$存在唯一解 $\tilde{V}(z,t)$. 用 $\tilde{V}=S(V,h)(0\leqslant h\leqslant 1)$表示从 $V\in\overline{B_M}$到 $\tilde{V}$ 的映射. 此外，从定理3.2，可知方程(3.40)之问题 $D_0$的解 $\tilde{V}(z,t)$满足(3.46)的第一式，因而 $\tilde{V}(z,t)\in B_M$. 记 $B_*=B_M\times[0,1]$. 下面，我们要证明映射 $\tilde{V}=S[V,h](0\leqslant h\leqslant 1)$满足 Leray-Schauder 定理的三个条件:

1. 对每一个 $h\in[0,1]$，$\tilde{V}=S[V,h]$将 Banach 空间连续映射到自身，且在 $B_M$ 上是完全连续的. 此外，对每一个函数 $V(z,t)\in$

$\overline{B_M}$，$S(V,h)$关于$h\in[0,1]$一致连续.

事实上，任取函数序列$V_n(z,t)\in\overline{B_M}(n=1,2,\cdots)$，我们可从$\{V_n(z,t)\}$选取子序列$\{V_{n_k}(z,t)\}$，使得$\{V_{n_k}(z,t)\}$，$\{V_{n_kz}(z,t)\}$以及与其相应的函数$\{u_{n_k}(z,t)\}$，$\{u_{n_kz}(z,t)\}$在$\bar{G}$上分别一致收敛到$V_0(z,t)$，$V_{0z}(z,t)$，$u_0(z,t)$，$u_{0z}(z,t)$. 然后，求出方程

$$\tilde{V}_{0z\bar{z}}-\tilde{V}_{0t}=hf_m(z,t,u_0,u_{0z},U_{0zz}+\tilde{V}_{0zz},U_{0z\bar{z}}+\tilde{V}_{0zz}),\quad 0\leqslant h\leqslant 1, \tag{3.49}$$

之问题$D_0$的一个解$\tilde{V}_0(z,t)$. 将$\tilde{V}_{n_k}=S(V_{n_k},h)$与$\tilde{V}_0=S(V_0,h)$相减，我们得

$$(\tilde{V}_{n_k}-\tilde{V}_0)_{zz}-(\tilde{V}_{n_k}-\tilde{V}_0)_t=h[f_m(z,t,u_{n_k},u_{n_kz},u_{n_kzz}+\tilde{V}_{n_kzz},U_{n_kz\bar{z}}+\tilde{V}_{n_kz\bar{z}})-f_m(z,t,u_{n_k},u_{n_kz},U_{n_kzz}+\tilde{V}_{0zz},U_{n_kz\bar{z}}+\tilde{V}_{0zz})+C_{n_k}(z,t)],$$
$$0\leqslant h\leqslant 1,$$

此处

$$C_{n_k}=f_m(z,t,u_{n_k},u_{n_kz},U_{n_kzz}+\tilde{V}_{0zz},U_{n_kzz}+\tilde{V}_{0zz})-f_m(z,t,u_0,u_{0z},U_{0zz}+\tilde{V}_{0zz},U_{0z\bar{z}}+\tilde{V}_{0z\bar{z}}),(z,t)\in G_0,$$

由引理1.7，可得

$$L_2[C_{n_k},\bar{G}]\to 0,\ 当\ k\to 0\ .$$

类似于(2.18)－(2.21)，可以导出：

$$L_2[|(\tilde{V}_{n_k}-\tilde{V}_0)_{z\bar{z}}|+|(\tilde{V}_{n_k}-\tilde{V}_0)_t|,\bar{G}_0]\leqslant 2L_2[C_{n_k},\bar{G}_0]/[1-q_2],$$

这里$q_2=2(1+\varepsilon_0)\eta<1$，因而有$\|\tilde{V}_k-\tilde{V}_0\|_{\tilde{W}_2^{2,1}(G)}\to 0$，当$k\to\infty$. 再从定理3.2，可知从$\{\tilde{V}_{n_k}(z,t)-\tilde{V}_0(z,t)\}$，能选取子序列，为了方便仍用原序列表示，使得：$C^{1,0}_{\beta,\beta/2}[\tilde{V}_{n_k}-\tilde{V}_0,\bar{G}_0]\to 0$，当$k\to\infty$ . 这表明映射$\tilde{V}=S[V,h](0\leqslant h\leqslant 1)$在$\overline{B_M}$上的完全连续性. 使用类似的方法，可证$\tilde{V}=S[V,h](0\leqslant h\leqslant 1)$连续映射$\overline{B_M}$到$B$，以及$\tilde{V}=S[V,h]$对$V\in\overline{B_M}$关于$h\in[0,1]$是一致连续的.

2. 当$h=0$，从(3.47)与(3.46)，易知$\tilde{V}=S[V,0]=\tilde{V}(z,t)\in B_M$.

3. 从定理3.2与(3.47)，可以看出：泛函方程$\tilde{V}=S[V,h]$ $(0\leqslant h\leqslant 1)$在边界$\partial B_M=\overline{B_M}\setminus B_M$上不具有解.

因此，由 Leray-Schauder 定理，可知方程(3.47)(当 $h=1$)之问题 $D_0$具有解 $V(z)$，因而方程(3.39)之问题 $D$ 具有解 $u(z,t)=U(z,t)+V(z,t)=U(z,t)+v(z,t)+v_0(z,t)\in B_M$.

**定理3.5** 在定理3.4相同的条件下，方程(1.2)的问题 $D$ 是可解的.

**证** 由定理3.2与定理3.4，方程(3.39)的问题 $D$ 具有解 $u_m(z,t)$，且此解满足估计式(3.22)，$m=1,2,\cdots$. 这样，可从 $\{u_m(z,t)\}$选取一子序列$\{u_{m_k}(z,t)\}$，使得$\{u_{m_k}(z,t)\}$，$\{u_{m_kz}(z,t)\}$在 $\bar{G}$ 上分别一致收敛到 $u_0(z,t)$，$u_{0z}(z,t)$. 由定理1.8，可知 $u_0(z,t)$ 是方程(1.2)之问题 $D$ 的一个解.

### 3. 方程(1.2)解的一种表示定理

为了给出方程(1.2)解的一种表示定理，我们先证明一个引理.

**引理3.6** 设(1.2)的线性齐次方程，即

$$\mathscr{L}u = A_0u_{z\bar{z}} - \mathrm{Re}[Qu_{zz} + A_1u_z] - A_2u - Hu_t = 0,(z,t) \in G, \tag{3.50}$$

满足条件 $C$，那么以上方程存在唯一解 $\Psi(z,t)$，使得适合边界条件

$$\Psi(z,t) = 1,\ (z,t) \in \partial G\ , \tag{3.51}$$

而此解 $\Psi(z,t)$满足估计式

$$C^{1,0}_{\beta,\beta/2}[\Psi,\bar{G}] \leqslant M_{17},\ \|\Psi\|_{\tilde{W}^{2,1}_2(G)} \leqslant M_{18}, \tag{3.52}$$

$$\Psi(z,t) \geqslant M_{19} > 0\ ,\ (z,t) \in \bar{G}, \tag{3.53}$$

这里 $\beta(0<\beta\leqslant\alpha)$，$M_j=M_j(\delta,q,p,k_0,\alpha,G)(j=17,18,19)$都是非负常数.

**证** 依照定理1.5与定理3.5，可知方程(3.50)具有适合边界条件(3.51)的唯一解 $\Psi(z,t)$. 再由定理3.2，则知此解 $\Psi(z,t)$满足估计式(3.52). 为了证明(3.53)式，我们求出方程

$$A_0u_{z\bar{z}} - \mathrm{Re}[Qu_{zz} + A_1u_z] - u_t = A_2,(z,t) \in G$$

的一个解 $v(z,t)$，使它适合边界条件：$v(z,t)=0,(z,t)\in\partial G$，而此解 $v(z,t)$ 也满足估计式(3.52). 作函数

$$W(z,t)=e^{v(z,t)}-\Psi(z,t),$$

我们有

$$\mathscr{L}W=\mathscr{L}e^v-\mathscr{L}\Psi=e^v\{A_0[v_{z\bar z}+|v_z|^2]-\operatorname{Re}[Q(v_{zz}+v_z^2)-A_1v_z]-v_t-A_2\}=e^v\{A_0|v_z|^2-\operatorname{Re}[Qv_z^2]\}\geqslant 0,\ (z,t)\in G,$$

及

$$W(z,t)=e^{v(z,t)}-\Psi(z,t)\leqslant 0\ ,\ (z,t)\in\partial G\ .$$

由定理1.1，可以导出：在 $\bar G$ 上有

$$W(z,t)\leqslant 0,\text{即 }\Psi(z,t)\geqslant e^{v(z,t)}\geqslant e^{-M_{17}}=M_{19}>0\ .$$

**定理3.7** 设方程(1.2)满足条件 $C$，又 $u(z,t)$ 是(1.2)的一个解，那么 $u(z,t)$ 可表示成

$$u(z,t)=U(z,t)\Psi(z,t)+\psi(z,t),\tag{3.54}$$

其中 $\psi(z,t),\Psi(z,t)$ 分别是方程(1.2)(将 $u(z,t)$ 代入其系数)及其齐次方程于 $\bar G$ 上的解，满足边界条件 $\psi(z,t)=0,\Psi(z,t)=1$，$(z,t)\in\partial G$，且 $\psi(z,t)$ 满足估计式

$$C^{1,0}_{\beta,\beta/2}[\psi,\bar G]\leqslant M_{20},\ \|\psi\|_{\tilde W_2^{2,1}(G)}\leqslant M_{21},\tag{3.55}$$

这里 $\beta(0<\beta\leqslant\alpha)$，$M_j=M_j(\delta,q,\alpha,k,p,G)$，$j=20,21$，又 $\Psi(z,t)$ 满足估计式(3.52)，(3.53)，而 $U(z,t)$ 是方程

$$A_0U_{z\bar z}-\operatorname{Re}[QU_{zz}+AU_z]-HU_t=0,\ (z,t)\in G\tag{3.56}$$

的解，其中

$$A=-2(\ln\Psi)_{\bar z}+2Q(\ln\Psi)_z+A_1\ .$$

**证** 将(1.2)的解 $u(z,t)$ 代入其系数中，依照定理3.5，引理3.6，可知这样的方程(1.2)及其齐次方程具有适合边界条件：$\psi(z,t)=0,\Psi(z,t)=1,(z,t)\in\partial G$ 的唯一解 $\psi(z,t),\Psi(z,t)$，且它们分别满足估计式(3.55)，(3.52)与(3.53). 记

$$U(z,t)=[u(z,t)-\psi(z,t)]/\Psi(z,t),(z,t)\in\bar G\ ,$$

不难验证：$U(z,t)$ 是方程(3.56)于 $G$ 内的解.

## §4. 初-斜微商边值问题解的先验估计与可解性

本节中，我们先给出方程(1.2)之初-斜微商边值问题解的先验估计式，然后由上述估计式与参数开拓法及 Schauder 不动点定理，证明这种初-斜微商问题解的存在性.

### 1. 初-斜微商边值问题解的先验估计

**定理4.1** 如果方程(1.2)满足条件 $C$，又若(1.2)之问题 $O$ 的 $u(z,t)$满足

$$C^{1,0}[u,\bar{G}] \leqslant M_0 < \infty \ , \tag{4.1}$$

这里 $M_0$是一非负常数，那么 $u(z,t)$满足估计式

$$C^{1,0}_{\beta,\beta/2}[u,\bar{G}] \leqslant M_1,\ \|u\|_{\widetilde{W}_2^{2,1}(G)} \leqslant M_2, \tag{4.2}$$

此处 $\beta(0<\beta\leqslant\alpha)$，$M_j=M_j(\delta,q,\alpha,k,p,M_0,G)(j=1,2)$都是非负常数，$k=(k_0,k_1,k_2)$.

**证** 使用定理2.6，我们可得到方程(1.2)之问题 $O$ 的解 $u(z,t)$满足估计式

$$C^{1,0}_{\beta,\beta/2}[u,G'_d] \leqslant M_3,\ \|u\|_{\widetilde{W}_2^{2,1}(G'_d)} \leqslant M_4, \tag{4.3}$$

其中 $M_j = M_j(\delta,q,\alpha,k,p,M_0,G,G'_d)$，$j = 3,4$，又 $G'_d$ 如(2.42)中所示.

其次，如果存在一曲面 $\partial G_3=\{(z,t)\in\partial G_2,\nu=n\}\subset\partial G_2$，我们可求得 $G$ 内关于 $z$ 的一个调和函数 $f(z,t)$，使得它适合边界条件

$$\frac{\partial f}{\partial n} = \sigma(z,t),\ (z,t) \in \partial G_3\ . \tag{4.4}$$

于是函数

$$U(z,t) = u(z,t)e^{f(z,t)},(z,t) \in G \tag{4.5}$$

适合边界条件

$$\frac{\partial U}{\partial n} = \tau(z,t)e^{f(z,t)},\text{即}\frac{\partial u}{\partial n} + \sigma u = \tau,(z,t) \in \partial G_3, \tag{4.6}$$

而且它还是方程

$$A_0U_{z\bar{z}} - \mathrm{Re}[QU_{zz}] - HU_t = \tilde{C}\ ,\ (z,t) \in G \qquad (4.7)$$

的一个解，以上方程满足类似于条件 $C$ 的一些条件. 现在，我们求出 $G$ 内关于 $z$ 的调和函数 $U_0(z,t)$，使它适合边界条件(4.6)，且 $U_0(z,t)$满足估计式

$$C^{1,0}_{\beta,\beta/2}[U_0,\bar{G}] + \|U\|_{\tilde{W}^{2,1}_2(G)} \leqslant M_5 = M_5(\alpha,k,G) \qquad (4.8)$$

(见[4],[139]17))，于是函数

$$\tilde{U}(z,t) = \begin{cases} U(z,t) - U_0(z,t), (z,t) \in G \cup \partial G_3, \\ U(1/\bar{z},t) - U_0(1/\bar{z},t), (z,t) \in \tilde{G} \end{cases} \qquad (4.9)$$

是以下方程于 $G\cup\partial G_3\cup\tilde{G}$($\tilde{G}$ 是 $G$ 关于 $\partial G_3$的对称区域)内的解.

$$\tilde{A}_0\tilde{U}_{zz} - \mathrm{Re}[\tilde{Q}\tilde{U}_{zz}] - H\tilde{U}_t = \tilde{C}, (z,t) \in G \cup \partial G_3 \cup \tilde{G}\ , \qquad (4.10)$$

以上方程满足条件 $C$ 中相类似的条件. 因此如(4.3)那样，可得 $\tilde{U}(z,t)$所满足的相应估计式，因而便得 $u(z,t)$所满足的估计式

$$C^{1,0}_{\beta,\beta/2}[u,\hat{G}_3] \leqslant M_6, \|u\|_{\tilde{W}^{2,1}_2(\hat{G}_3)} \leqslant M_7, \qquad (4.11)$$

此处 $\hat{G}_3=\{(z,t)\in G\cup\partial G_3, \mathrm{dist}((z,t),\partial G_2\backslash\partial G_3)\geqslant\varepsilon>0\}$，$\varepsilon$ 是一适当小的正数，$M_j=M_j(\delta,q,\alpha,k,p,M_0,G)(j=6,7)$.

最后，我们考虑曲面 $\partial G_4=\{(z,t)\in\partial G_2,\nu\neq n\}$. 使用和前面相类似的方法，可将边界条件(1.9)转化为函数 $V(z,t)$所适合的齐次边界条件

$$\frac{\partial V}{\partial \nu} = 0,\ (z,t) \in \partial G_4, \qquad (4.12)$$

而 $V(z,t)$是以下方程于 $G$ 内的解.

$$A_0V_{z\bar{z}} - \mathrm{Re}[QV_{zz}] - HV_t = C,\ (z,t) \in G\ . \qquad (4.13)$$

不失一般性，可以假设 $G$ 在半空间：$\mathrm{Im}z<0$内，且$(0,t)\in\partial G_4$，因为通过一个 $z$ 的共形映射，上述要求能够实现. 设 $b_1=\cos(\nu,x)$，$b_2=\cos(\nu,y)$，作变换

$$z = \frac{1}{2}(1 + b_1 + ib_2)\zeta + \frac{1}{2}(-1 + b_1 + ib_2)\bar{\zeta}, \zeta = \xi + i\eta, \qquad (4.14)$$

显然，(4.14)中所示的变换是 $\zeta=0$的一邻域内的同胚，用 $\zeta=$

$\zeta(z,t)$表示 $z=z(\zeta,t)$的反函数，它将$(z,t)$空间中的曲面 $\partial G_4$映射到$(\zeta,t)$空间中平面 $\xi=0$的一部分 $\partial H_4$，于是函数 $\tilde{V}(\zeta,t)=V[z(\zeta,t),t]$满足方程与边界条件

$$\tilde{A}_0\tilde{V}_{\zeta\bar{\zeta}}-\mathrm{Re}[\tilde{Q}\tilde{V}_{\zeta\zeta}]-H\tilde{V}_t=\tilde{C},\ (\zeta,t)\in\zeta(G),\tag{4.15}$$

$$\frac{\partial\tilde{V}}{\partial n}=0\ ,\ (\zeta,t)\in\partial H_4.\tag{4.16}$$

这样，我们可得 $\tilde{V}(\zeta,t)$在$(0,t)$的一邻域内的估计式，因而便得$u(z,t)$在 $\hat{G}_4=\{(z,t)\in G\cup\partial G_4,\mathrm{dist}((z,t),\partial G_2\backslash\partial G_4)\geqslant\varepsilon>0\}$的估计式

$$C^{1,0}_{\beta,\beta/2}[u,\hat{G}_4]\leqslant M_8,\ \|u\|_{\tilde{W}^{2,1}_2(\hat{G}_4)}\leqslant M_9,\tag{4.17}$$

这里 $M_j=M_j(\delta,q,\alpha,k,p,M_0,G),j=8,9$ . 联合(4.3)，(4.8)，(4.11)与(4.17)，即得估计式(4.2).

**定理4.2** 假设条件 $C$ 成立，则方程(1.2)之问题 $O$ 的任一解 $u(z,t)$满足估计式

$$C^{1,0}_{\beta,\beta/2}[u,\bar{G}]\leqslant M_{10},\ \|u\|_{\tilde{W}^{2,1}_2(G)}\leqslant M_{11},\tag{4.18}$$

此处 $\beta(0<\beta\leqslant\alpha),M_j=M_j(\delta,q,\alpha,k,p,G)(j=10,11)$都是非负常数.

**证** 我们先证 $u(z,t)$满足估计式

$$C^{1,0}[u,\bar{G}]\leqslant M_{12}=M_{12}(\delta,q,\alpha,k,p,G).\tag{4.19}$$

假如(4.19)不成立，那么存在一抛物型方程序列与初-边界条件序列

$$A_0^m u_{z\bar{z}}-\mathrm{Re}[Q^m u_{zz}+A_1^m u_z]-A_2^m u-Hu_t=A_3^m,$$
$$(z,t)\in G,\tag{4.20}$$

$$u(z,0)=g^m(z),\ z\in D\ ,\tag{4.21}$$

$$\frac{\partial u}{\partial\nu}+\sigma^m u=\tau^m,\ (z,t)\in\partial G_2,\ m=0,1,2,\cdots,\tag{4.22}$$

而(4.20)中方程均满足条件 $C$，(4.21)与(4.22)中的 $g^m(z)$，$\sigma^m(z,t)$，$\tau^m(z,t)$均满足(1.10)，(1.11)，不妨假设$\{A_j^m\}(j=0,1,2,3)$，$\{Q^m\}$在 $G$ 上分别弱收敛到 $A_j^0(j=0,1,2,3)$，$Q^0$，又$\{g^m(z)\}$，$\{\sigma^m(z,t)\}$，$\{\tau^m(z,t)\}$分别在 $\bar{D}$，$\partial G_2$上一致收敛到 $g^0(z)$，$\sigma^0(z,t)$，

$\tau^0(z,t)$，而初-边值问题(4.20)—(4.22)具有解 $u^m(z,t)\in C^{1,0}(\bar{G})$ $(m=1,2,\cdots)$，使得 $C^{1,0}[u^m,\bar{G}]=H_m\to\infty$，当 $m\to\infty$．记 $U^m=u^m/H_m$，这里不妨设 $H_m\geqslant1(m=1,2,\cdots)$．易知 $U^m$ 是以下初-边值问题的解.

$$A_0^mU_{zz}^m-\text{Re}[Q^mU_{zz}^m+A_1^mU_z^m]-A_2^mU^m-HU_t^m=A_3^m/H_m,\quad (z,t)\in G,\tag{4.23}$$

$$U^m(z,0)=g^m(z)/H_m,z\in D,\tag{4.24}$$

$$\frac{\partial U^m}{\partial\nu}+\sigma^mU^m=\tau^m/H_m,(z,t)\in\partial G_2,\ m=1,2,\cdots.\tag{4.25}$$

根据定理4.1的结果，便可得 $U^m(z,t)$ 所满足的估计式

$$C_{\beta,\beta/2}^{1,0}[U^m,\bar{G}]\leqslant M_{13},\ \|U^m\|_{\widetilde{W}_2^{2,1}(G)}\leqslant M_{14},\tag{4.26}$$

这里 $\beta(0<\beta\leqslant\alpha)$，$M_j=M_j(\delta,q,\alpha,k,p,G)(j=13,14)$都是非负常数．于是从$\{U^m\}$，$\{U_z^m\}$，可选取子序列$\{U^{m_k}\}$，$\{U_z^{m_k}\}$，使得它们在 $\bar{G}$ 上分别收敛到 $U^0$，$U_z^0$，而$\{U_{z\bar{z}}^{m_k}\}$，$\{U_{zz}^{m_k}\}$，$\{U_t^{m_k}\}$在 $G$ 上分别弱收敛到 $U_{z\bar{z}}^0$，$U_{zz}^0$，$U_t^0$，而 $U^0=U^0(z,t)$是以下初-边值问题的解.

$$A_0^0U_{zz}^0-\text{Re}[Q^0U_{zz}^0+A_1^0U_z^0]-A_2^0U^0-HU_t^0=0,(z,t)\in G,\tag{4.27}$$

$$U^0(z,0)=0,\ z\in D,\tag{4.28}$$

$$\frac{\partial U^0}{\partial\nu}+\sigma^0U^0=0,\ (z,t)\in\partial G_2.\tag{4.29}$$

从定理1.5，可知 $U^0=0,(z,t)\in G$．然而从 $C^{1,0}[U^m,\bar{G}]=1$，可导出：在 $\bar{G}$ 上存在一点$(z^*,t^*)$，使得$|U^0(z^*,t^*)|+|U_z^0(z^*,t^*)|>0$，此矛盾证明了估计式(4.19)成立．再使用定理4.1，便得(4.18).

**2. 初-斜微商边值问题的可解性**

我们先考虑特殊的非线性抛物型方程

$$A_0u_{zz}-\text{Re}[Qu_{zz}]-Hu_t=f(z,t,u),$$
$$f=\text{Re}[A_1u_z]+A_2u+A_3,(z,t)\in G,\tag{4.30}$$

其中 $A_0=A_0(z,t,u_{zz},u_{z\bar{z}})$，$Q=Q(z,t,u_{zz},u_{zz})$，$A_j=A_j(z,t)(j=1,2,3)$.

**定理4.3** 设方程(4.29)满足条件 $C$，则其问题 $O$ 是可解的.

**证** 我们讨论带有参数 $h\in[0,1]$ 的以下初-边值问题，简记为问题 $O^h$：

$$A_0u_{z\bar z}-\mathrm{Re}[Qu_{zz}]-Hu_t-hf(z,t,u)=A(z,t),(z,t)\in G,\tag{4.31}$$

$$u(z,0)=g(z),\ z\in D,\tag{4.32}$$

$$\frac{\partial u}{\partial n}+h\left[b_0(z,t)\frac{\partial u}{\partial s}+b_1(z,t)u\right]=b(z,t),(z,t)\in\partial G_2.\tag{4.33}$$

此处 $A(z,t)$ 是 $G$ 上任意的可测函数，满足条件：$A(z,t)\in L_p(\bar G)$，$p>4$，而 $b_0=\cos(\nu,s)/\cos(\nu,n)$，$b_1=\sigma(z,t)/\cos(\nu,n)$，$b(z,t)$ 是 $\partial G_2$ 上任意的连续函数，满足条件：$b(z,t)\in C^{1,0}_{\beta,\beta/2}(\partial G_2)$，这里 $s$ 是边界 $\partial G_2$ 上每点的切向量. 当 $h=0$，依照 § 3中的方法，可证问题 $O^0$ 具有解 $u_0(z,t)\in B=C^{1,0}_{\beta,\beta/2}(\bar G)\cap\tilde W^{2,1}_2(G)$. 假设问题 $O^{h_0}(0\leqslant h_0<1)$ 可解，我们将证明存在不依赖于 $h_0(0\leqslant h_0<1)$ 的正数 $\varepsilon(<1)$，使得对任意的 $h\in E=\{|h-h_0|\leqslant\varepsilon,0\leqslant h\leqslant 1\}$，方程(4.30)的问题 $O^h$ 具有解 $u(z,t)\in B$ . 我们把初-边值问题(4.31)—(4.33)改写成

$$\begin{aligned}&A_0u_{z\bar z}-\mathrm{Re}[Qu_{zz}]-Hu_t-h_0f(z,t,u)\\&=(h-h_0)f(z,t,u)+A(z,t),(z,t)\in G,\end{aligned}\tag{4.34}$$

$$u(z,0)=g(z),z\in D,\tag{4.35}$$

$$\begin{gathered}\frac{\partial u}{\partial n}+h_0\left[b_0\frac{\partial u}{\partial s}+b_1u\right]=(h_0-h)\left[\frac{\partial u}{\partial s}+b_1u\right]+b,\\(z,t)\in\partial G_2.\end{gathered}\tag{4.36}$$

任选一函数 $u^0(z,t)\in B$，并代入(4.34)，(4.36)右边 $u$ 的位置，容易看出

$$(h-h_0)f(z,t,u^0)+A(z,t)\in L_p(\bar G),p>4,$$

$$(h-h_0)\left[b_0\frac{\partial u^0}{\partial s}+b_1u^0\right]+b\in C^{0,0}_{\beta,\beta/2}(\bar G).$$

根据 $h_0$ 的假定，初-边值问题

$$\begin{aligned}&A_0u_{z\bar z}-\mathrm{Re}[Qu_{zz}]-Hu_t-h_0f(z,t,u)\\&=(h-h_0)f(z,t,u^0)+A(z,t),(z,t)\in G,\end{aligned}\tag{4.37}$$

$$u(z,0)=g(z),z\in D,$$

$$\frac{\partial u}{\partial n}+h_0\left[b_0\frac{\partial u}{\partial s}+b_1u\right]=(h_0-h)\left[\frac{\partial u^0}{\partial s}+b_1u^0\right]+b,(z,t)\in\partial G_2 \tag{4.38}$$

具有解 $u^1(z,t)\in B$ . 由逐次迭代法,我们可得函数序列 $u^m(z,t)\in B(m=1,2,\cdots)$,它们是如下初-边值问题的解.

$$A_0u^{m+1}_{z\bar{z}}-\operatorname{Re}[Qu^{m+1}_{zz}]-Hu^{m+1}_t-h_0f(z,t,u^{m+1})$$
$$=(h-h_0)f(z,t,u^m)+A(z,t),(z,t)\in G, \tag{4.39}$$
$$u^{m+1}(z,0)=g(z),z\in D, \tag{4.40}$$
$$\frac{\partial u^{m+1}}{\partial n}+h_0\left[b_0\frac{\partial u^{m+1}}{\partial s}+b_1u^{m+1}\right]=(h_0-h)\left[b_0\frac{\partial u^m}{\partial s}+b_1u^m\right]+b,$$
$$(z,t)\in\partial G_2,\quad m=1,2,\cdots. \tag{4.41}$$

仿照定理4.2中的证法,可得

$$C^{1,0}[u^{m+1},\bar{G}]\leqslant|h-h_0|MC^{1,0}[u^m,\bar{G}], \tag{4.42}$$

此处 $M=M(\delta,q,\alpha,k,p,G)\geqslant 0$ . 选取 $\varepsilon=1/2(M+1)$,对 $h\in E$,有

$$\|u^{m+1}\|=C^{1,0}[u^{m+1},\bar{G}]\leqslant\frac{1}{2}\|u^m\|,$$

因此当 $n\geqslant m>N+2(>2)$,又有

$$\|u^{m+1}-u^m\|\leqslant 2^{-N}\|u^1-u^0\|,$$
$$\|u^n-u^m\|\leqslant 2^{-N}\sum_{j=1}^{\infty}2^{-j}\|u^1-u^0\|=2^{-N+1}\|u^1-u^0\|.$$

这表明:$\|u^n-u^m\|\to 0$,当 $n,m\to\infty$. 由 Banach 空间 $B$ 的完备性,则知存在 $u^*\in B$,使得 $\|u^n-u^*\|\to 0$,当 $n\to\infty$,而此函数 $u^*$ 就是问题 $O^h(h\in E)$的解. 这样,可从(4.31)之问题 $O^0$的可解性能依次导出问题 $O^\varepsilon$,问题 $O^{2\varepsilon}$,…,问题 $O^1$的可解性,特别带有 $A(z,t)=0,(z,t)\in G,b(z,t)=\tau(z,t)/\cos(\nu,n),(z,t)\in\partial G_2$的问题 $O^1$即方程(4.30)的问题 $O$ 是可解的. 定理4.3证毕.

**定理4.4** 如果方程(1.2)满足条件$C$,那么(1.2)的问题 $O$ 是可解的.

**证** 引入 Banach 空间 $C^{1,0}(\bar{G})$中的一有界、闭凸集 $B_M$,其中元素是满足条件

$$C^{1,0}[u,\bar{G}] \leqslant M_{12} \tag{4.43}$$

的全体可测函数 $u(z,t)$，上式中的 $M_{12}$ 是(4.19)中所示的常数. 任选一函数 $U(z,t)\in B_M$，将 $U,U_z$ 代入到方程(1.2)系数中 $u,u_z$ 的位置，我们把所得的方程写成

$$A_0 u_{z\bar{z}} - \operatorname{Re}[Qu_{zz} + A_1 u_z] - A_2 u - Hu_t = A_3, (z,t)\in G, \tag{4.44}$$

而此方程满足(4.30)的同样条件，因此由定理4.3，可知(4.44)之问题 $O$ 具有解 $u(z,t)\in B=C^{1,0}(\bar{G})\cap \widetilde{W}_2^{2,1}(G)$. 用 $u=S(U)$ 表示从 $U\in B_M$ 到 $u\in B$ 的映射. 依照定理4.2，可知 $u=S(U)$ 映射 $B_M$ 到自身的一紧集. 任选一函数序列 $U^m(z,t)\in B_M(m=0,1,2,\cdots)$，使得 $C^{1,0}[U^m-U^0,\bar{G}]\to 0$，当 $m\to\infty$ . 将 $u^m=S(U^m)$ 与 $u^0=S(U^0)$ 相减，可获得关于 $\tilde{u}^m=u^m-u^0$ 的方程

$$\widetilde{A}_0^m \tilde{u}_{z\bar{z}}^m - \operatorname{Re}[\widetilde{Q}^m\tilde{u}_{zz}^m + \widetilde{A}_1^m\tilde{u}_z^m] - \widetilde{A}_2^m\tilde{u}^m - H\tilde{u}_t^m = \widetilde{A}_3^m, \tag{4.45}$$

其中

$$\widetilde{A}_0^m = \widetilde{A}_0(z,t,U^m,U_z^m,\tilde{u}_{zz}^m,\tilde{u}_{z\bar{z}}^m),\cdots,\widetilde{A}_2^m = \widetilde{A}_2(z,t,U^m),$$

$$\widetilde{A}^m = F(z,t,U^m,U_z^m,u_{zz}^0,u_{z\bar{z}}^0) - F(z,t,U^0,U_z^0,u_{zz}^0,u_{z\bar{z}}^0).$$

使用引理1.7，可知 $\|\widetilde{A}^m\|_{L_2(\bar{G})}\to 0$，当 $m\to\infty$，因此 $\|\tilde{u}^m\|_{\widetilde{W}_2^{2,1}(G)}\to 0$，当 $m\to\infty$ . 由于 $u^m(z,t)$ 满足估计式(4.18)以及映射 $u^0=S(U^0)$ 的唯一性，故 $u^m,u_z^m$ 在 $\bar{G}$ 上分别一致收敛到 $u^0,u_z^0$，即 $C^{1,0}[u^m-u^0,\bar{G}]\to 0$，当 $m\to\infty$ . 这表明 $u=S(U)$ 是 $B_M$ 中的一连续映射. 根据 Schauder 不动点定理，可知存在一函数 $u(z,t)\in B_M$，使 $u=S(u)$，而此函数 $u(z,t)$ 正是方程(1.2)之问题 $O$ 的解.

## §5. 抛物型复方程的初-混合边值问题

这里，我们先叙述抛物型方程(1.2)的初-混合边值问题，然后给出在一定条件下的初-混合边值问题解的先验估计式，最后使用上述解的估计式与方程(1.2)解的列紧性原理，证明(1.2)之初-混合边值问题解的存在性.

**1. 初-混合边值问题的提法**

**问题 $M$** 所谓方程(1.2)的初-混合边值问题是求(1.2)在 $\bar{G}$ 上的连续解 $u(z,t)\in C^{1,0}(\bar{G})$，使它适合初-边界条件

$$u(z,0)=g(z),\ z\in D, \tag{5.1}$$

$$\begin{cases}a_1(z,t)\dfrac{\partial u}{\partial\nu}+a_2(z,t)u=a_3(z,t),(z,t)\in\partial G_2,\text{即}\\ 2\mathrm{Re}[a_1(z,t)\overline{\lambda(z,t)}u_z]+a_2(z,t)u=a_3(z,t),(z,t)\in\partial G_2,\end{cases} \tag{5.2}$$

其中 $\nu$ 是边界 $\partial G_2$ 上点的单位向量，不妨设 $\nu$ 是在平行于 $t=0$ 的平面上，而 $g(z),a_j(z,t)(j=1,2,3)$ 与 $\lambda(z,t)=\cos(\nu,x)-i\cos(\nu,y)$ 都是已知函数，满足条件

$$\begin{cases}C_\alpha^2[g,D]\leqslant k_2,a_1(z,0)\dfrac{\partial g}{\partial\nu}+a_2(z,0)g=a_3(z,0),z\in\Gamma,\\ C^{1,1}_{\alpha,\alpha/2}[\eta,\partial G_2]\leqslant k_0,\eta=a_1,a_2,C^{2,1}_{\alpha,\alpha/2}[a_3,\partial G_2]\leqslant k_2,\\ a_j(z,t)\geqslant 0,j=1,2,a_1+a_2\geqslant 1,\cos(\nu,n)>0,(z,t)\in\partial G_2,\end{cases} \tag{5.3}$$

这里 $n$ 是在 $\partial G_2$ 点 $(z,t)$ 处的外法向，$\alpha\left(\dfrac{1}{2}<\alpha<1\right)$，$k_0,k_2$ 都是非负常数. 以上初-边值问题简记为问题 $M$. 特别，当 $a_1(z,t)=0$，$a_1(z,t)=1$，$(z,t)\in\partial G_2$，问题 $M$ 就成为第一边值问题，当 $a_1(z,t)=1$，$(z,t)\in\partial G_2$，问题 $M$ 就是初-正则斜微商边值问题(问题 $O$).

**定理5.1** 设方程(1.2)满足条件 $C'$，则其问题 $M$ 的解是唯一的.

**证** 设 $u_1(z,t),u_2(z,t)$ 是方程(1.2)之问题 $M$ 的两个解，容易看出 $u=u_1(z,t)-u_2(z,t)$ 是以下初-边值问题的一个解.

$$\tilde{A}_0u_{z\bar{z}}-\mathrm{Re}[\tilde{Q}u_{zz}+\tilde{A}_2u_z]-\tilde{A}_3u-Hu_t=0,\ (z,t)\in G, \tag{5.4}$$

$$u(z,0)=0,\ z\in D, \tag{5.5}$$

$$a_1(z,t)\frac{\partial u}{\partial\nu}+a_2(z,t)u=0,\ (z,t)\in\partial G_2, \tag{5.6}$$

此处 $\widetilde{A}_j(j=0,1,2)$，$\widetilde{Q}$ 如(1.26)式中所示．引入函数的一个变换

$$v = u(z,t)e^{-Bt},\ (z,t) \in \overline{G},$$

这里 $B$ 是一个待定的实常数，那么初-边值问题(5.4)－(5.6)可转化为关于 $v$ 的如下初-边值问题：

$$\widetilde{A}_0 v_{z\bar{z}} - \mathrm{Re}[\widetilde{Q}v_{zz} + \widetilde{A}_1 v_z] - (\widetilde{A}_2 + HB)v - Hv_t = 0,(z,t) \in G, \tag{5.7}$$

$$v(z,0) = 0,\ z \in D, \tag{5.8}$$

$$a_1(z,t)\frac{\partial v}{\partial \nu} + a_2(z,t)v = 0,\ (z,t) \in \partial G_2, \tag{5.9}$$

用 $v$ 乘方程(5.7)，可得关于 $v^2$ 的方程：

$$\begin{aligned}&\widetilde{A}_0(v^2)_{z\bar{z}} - \mathrm{Re}[\widetilde{Q}(v^2)_{zz}] - H(v^2)_t\\ = {}& 2[\widetilde{A}_0|v_z|^2 - \mathrm{Re}\widetilde{Q}(v_z)^2] + \widetilde{A}_1\mathrm{Re}(v^2)_z + 2(\widetilde{A}_2 + HB)v^2.\end{aligned} \tag{5.10}$$

如果 $v^2$ 在 $G$ 的一内点 $P^*=(z^*,t^*)$ 达到它在 $\overline{G}$ 上的最大值，且 $|v(P^*)| \neq 0$，那么在 $P^*$ 的一邻域内，方程(5.10)的左边 $\geqslant[2HB-3k_0]v^2$．我们可选取常数 $B$，使得 $2HB>3k_0$，于是根据方程(5.10)的解的最大值原理(见定理1.1)，可知 $v^2$ 不能在 $P^*$ 的邻域内达到它在 $\overline{G}$ 上的最大值．因此 $v^2$ 在 $\overline{G}$ 上的最大值在 $\partial G_2$ 上的一点 $P^*$ 达到，根据定理1.4，我们有

$$\left[\frac{a_1(z,t)}{2}\frac{\partial v^2}{\partial \nu} + a_2(z,t)v^2\right]\bigg|_{P=P^*} > 0\,.$$

这与(5.9)式相矛盾．因此 $v^2=0$，即 $u=0$，$u_1(z,t)=u_2(z,t)$，$(z,t) \in \overline{G}$．

## 2. 初-混合边值问题解的先验估计

现在，我们先给出(1.2)之问题 $B$ 解的有界性估计．

**定理5.2** 设方程(1.2)满足条件 $C$，那么(1.2)之问题 $M$ 的任一解 $u(z,t)$ 满足估计式

$$C[u,\overline{G}] \leqslant M_1 = M_1(\delta,q,\alpha,k,p,G), \tag{5.11}$$

这里 $k=(k_0,k_1,k_2)$，$M_1$ 是一非负常数．

**证** 设 $u(z,t)$ 是方程(1.2)之问题 $M$ 的任一解，将它代入(1.2)的系数之中，这样的(1.2)可看成是线性方程. 我们先求出此线性方程(1.2)适合初-边界条件

$$\psi(z,t)=0,\ (z,t)\in\partial G \tag{5.12}$$

的一个解 $\psi(z,t)$. 根据定理3.2，可知 $\psi(z,t)$ 满足估计式

$$C^{1,0}_{\beta,\beta/2}[\psi,\overline{G}]\leqslant M_2,\ \|\psi\|_{\widetilde{W}_2^{2,1}(G)}\leqslant M_3, \tag{5.13}$$

此处 $\beta(0<\beta\leqslant\alpha)$，$M_j=M_j(\delta,q,\alpha,k,p,G)(j=2,3)$ 都是非负常数. 其次，我们求出齐次线性方程

$$\mathscr{L}u=A_0u_{z\bar{z}}-\mathrm{Re}[Qu_{zz}+A_1u]-A_2u-Hu_t=0,(z,t)\in G \tag{5.14}$$

适合初-边界条件

$$\Psi(z,t)=1,\ (z,t)\in\partial G \tag{5.15}$$

的解 $\Psi(z,t)$. 由引理3.6，可知 $\Psi(z,t)$ 满足估计式

$$C^{1,0}_{\beta,\beta/2}[\Psi,\overline{G}]\leqslant M_4,\ \|\Psi\|_{\widetilde{W}_2^{2,1}(G)}\leqslant M_5,$$
$$\Psi(z,t)\geqslant M_6>0,(z,t)\in\overline{G}, \tag{5.16}$$

这里 $M_j=M_j(\delta,q,\alpha,k,p,G)\geqslant 0(j=4,5,6)$. 使用方程(1.2)解的表示定理(见定理3.7)，可知函数

$$U(z,t)=[u(z,t)-\psi(z,t)]/\Psi(z,t) \tag{5.17}$$

是以下初-边值问题的一个解

$$\begin{cases}A_0U_{z\bar{z}}-\mathrm{Re}[QU_{zz}+AU_z]-HU_t=0,\\A=A_1-2A_0(\ln\Psi)_{\bar{z}}+2Q(\ln\Psi)_z,\ (z,t)\in G,\end{cases} \tag{5.18}$$

$$U(z,0)=[u(z,0)-\psi(z,0)]/\Psi(z,0)=U_0(z),z\in D, \tag{5.19}$$

$$\begin{cases}a_1\dfrac{\partial U}{\partial\nu}+a_4U=a_5,a_4=a_2+a_1\dfrac{\partial\ln\Psi}{\partial\nu},\\a_5=\left[a_3-a_1\dfrac{\partial\psi}{\partial\nu}-a_2\psi\right]/\Psi,(z,t)\in\partial G_2,\end{cases} \tag{5.20}$$

其中 $a_4>0,(z,t)\in\partial G_2$. 根据方程(5.18)解的最大值原理，可知 $U(z,t)$ 在 $\partial G_2$ 上的点 $P^*=(z^*,t^*)$，$P_*=(z_*,t_*)$ 分别达到它在 $\overline{G}$ 上的最大值和最小值，这样便可导出 $U(z,t)$ 在 $\overline{G}$ 上的有界性估

计式

$$\begin{cases}C[U,\bar{G}]=\max[U(z^*,t^*),|U(z_*,t_*)|]\\ \leqslant\max[\max\limits_{z\in D}|U_0(z)|,\ \max\limits_{(z,t)\in\partial G_2}|a_5|/\min\limits_{(z,t)\in\partial G_2}a_4].\end{cases}\tag{5.21}$$

联合(5.13),(5.16)与(5.21),即可导出估计式(5.11).

其次,我们给出方程(1.2)问题 $M$ 的解的一般估计式.

**定理5.3** 在定理5.1相同的条件下,方程(1.2)之问题 $M$ 的解 $u(z,t)$ 满足估计式

$$C^{1,0}_{\beta,\beta/2}[u,G^*]\leqslant M_7,\ \|u\|_{\widetilde{W}^{2,1}_2(G^*)}\leqslant M_8,\tag{5.22}$$

此处 $G^*=\bar{G}\cap\{\bigcap_{(z^*,t^*)\in\partial G_2^*}[|z-z^*|^2+|t-t^*|]\geqslant\varepsilon>0\}$,$\varepsilon$ 是一个足够小的正数,而 $G_2^*=\{(z,t)\in\partial G_2,a_1(z,t)=0,0\leqslant t\leqslant T\}$,$\partial G_2^*$ 表示 $G_2^*\cap\{t=常数\}$的全部端点的集合,$\beta(0<\beta\leqslant\alpha)$,$M_j=M_j(\delta,q,\alpha,k,p,G)(j=7,8)$都是非负常数,$k=(k_0,k_1,k_2)$.

**证** 如定理2.6的证明方法,可证方程(1.2)之问题 $M$ 的解 $u(z,t)$满足估计式

$$C^{1,0}_{\beta,\beta/2}[u,G_m]\leqslant M_9,\|u\|_{\widetilde{W}^{2,1}_2(G_m)}\leqslant M_{10},\tag{5.23}$$

其中 $G_m=\{(z,t)\in\bar{G},\mathrm{dist}(z,\Gamma)\geqslant1/m\}$,$m$ 是一个正整数,$\beta(0<\beta\leqslant\alpha)$,$M_j=M_j(\delta,q,\alpha,k,p,\varepsilon,m,G)(j=9,10)$都是非负常数. 其次,我们要给出 $u(z,t)$在侧边 $\partial G_2$附近的估计式. 任取 $G_2^*$ 的一内点 $P^*=(z^*,t^*)$,记 $\widetilde{G}_2=\{(z,t)\in G_2^*,|z-z^*|^2+|t-t^*|<\varepsilon^*\}$,这里 $\varepsilon^*(<\varepsilon)$是一适当小的正数,使得 $\widetilde{G}_2\cap\partial G_2\subset G_2^*\backslash\partial G_2^*$. 不妨设$|z^*|=1$,因为否则通过一个分式线性映射,这个要求能够实现. 使用定理3.2的证法,可得 $u(z,t)$在 $\widetilde{G}_2$的邻域 $\hat{G}_2=\{(z,t)\in G\cup\widetilde{G}_2,\mathrm{dist}((z,t),\partial G_2\backslash\widetilde{G}_2)\geqslant\varepsilon^*>0\}$的估计式,即

$$C^{1,0}_{\beta,\beta/2}[u,\hat{G}_2]\leqslant M_{11},\|u\|_{\widetilde{W}^{2,1}_2(\hat{G})}\leqslant M_{12}.\tag{5.24}$$

这里 $M_j=M_j(\delta,q,\alpha,k,p,\varepsilon,\varepsilon^*,G)(j=11,12)$. 进而,我们讨论曲面 $\partial G_3=\{(z,t)\in\partial G_2,a_1(z,t)>0,\cos(\nu,n)\neq0\}$. 仿照定理4.2的证明,可导出 $u(z,t)$所满足的如下估计式

$$C^{1,0}_{\beta,\beta/2}[u,\widetilde{G}_3]\leqslant M_{13},\|u\|_{\widetilde{W}^{2,1}_2(\widetilde{G}_3)}\leqslant M_{14},\tag{5.25}$$

此处 $\widetilde{G}_3=\{(z,t)\in G\cup\partial G_3,\mathrm{dist}((z,t),\partial G_2\backslash\partial G_3)\geqslant\varepsilon^*>0\}$,$M_j=$

$M_j(\delta,q,\alpha,k,p,\varepsilon,\varepsilon^*,G)$, $j=13,14$. 联合(5.23),(5.24)与(5.25),便可得到估计式(5.22).

### 3. 初-混合边值问题的可解性

现在,我们由方程(1.2)问题 $O$ 的可解性结果,定理5.2及方程(1.2)解的列紧性原理,证明(1.2)问题 $M$ 是可解的.

**定理5.4** 如果方程(1.2)满足条件 $C$,那么(1.2)的问题 $M$ 存在一个连续解 $u(z,t)$.

**证** 选取任意的正整数 $n$,并考虑方程(1.2)适合初-边界条件

$$u(z,0)=g(z)+g_n(z,0),z\in D, \tag{5.26}$$

$$\left[a_1(z,t)+\frac{1}{n}\right]\frac{\partial u}{\partial\nu}+a_2(z,t)u=a_3(z,t),(z,t)\in\partial G_2 \tag{5.27}$$

的问题 $O_n$,其中 $g_n(z,t)$ 是齐次方程(5.14)适合边界条件

$$\left[a_1+\frac{1}{n}\right]\frac{\partial g_n}{\partial\nu}+a_2g_n=-\frac{1}{n}\frac{\partial g}{\partial\nu},(z,t)\in\partial G_2, \tag{5.28}$$

的一个解,使它满足类似于(5.22)的估计式,且在 $\bar{G}$ 上 $g_n(z,t)\to 0$,当 $n\to\infty$. 由定理4.4,可知 $g_n(z,t)$ 的存在性,以及上述问题 $O_n$ 具有解 $u_n(z,t)(n=1,2,\cdots)$. 它们都满足形如(5.22)的估计式. 因此从 $\{u_n(z,t)\}$,我们可选取一子序列 $\{u_{n_k}(z,t)\}$,使得它在 $\bar{G}\backslash\partial G_2^*$ 内的任一闭子集 $G_*$ 上一致收敛到(1.2)的一个解 $u_0(z,t)$,且 $u_0(z,t)$ 适合初-边界条件(1.8)与

$$a_1(z,t)\frac{\partial u_0}{\partial\nu}+a_2(z,t)u_0=a_3(z,t),(z,t)\in\partial G_2\backslash\partial G_2^*. \tag{5.29}$$

余下还要证明 $u_0(z,t)$ 在 $\bar{G}$ 上连续,且满足边界条件(1.9). 选取 $\partial G_2^*$ 上的任一点 $P^*=(z^*,t^*)$,这也可由 $G_2^*$ 上任一曲面来代替,记 $G_\beta=\{[|z-z^*|^2+|t-t^*|<\beta]\cap\partial G_2\}$,这里 $\beta$ 是一个足够小的正数. 我们构造一个实值连续函数如下:

$$f(z,t)=\begin{cases}M_{15}+1,(z,t)\in\partial G_2\backslash G_{\beta/2},\\ \eta>0,(z,t)\in G_{\beta/4},\end{cases}\tag{5.30}$$

$$\eta\leqslant f(z,t)\leqslant M_{15}+1,(z,t)\in G_{\beta/2}\backslash G_{\beta/4},$$

此处 $M_{15}$是一个待定的正数. 函数 $f(z,t)$满足估计式

$$C^{1,0}_{\mu-\varepsilon}[f,\partial G_2]\leqslant\frac{M_{16}}{\beta^{1+\mu-\varepsilon}},\frac{1}{2}<\mu-\varepsilon<1,\tag{5.31}$$

这里 $\varepsilon$ 是一个足够小的正数,$M_{16}=M_{16}(M_{15},\partial G_2)$. 设 $\hat{u}_n(z,t)$是齐次方程(5.14)适合边界条件

$$\hat{u}_n(z,t)=f(z,t),(z,t)\in\partial G_2\tag{5.32}$$

的一个解. 不难看出:$\hat{u}_n(z,t)$满足估计式

$$C^{1,0}_{\mu-\varepsilon,(\mu-\varepsilon)/2}[\hat{u}_n(z,t),\bar{G}]\leqslant\frac{M_{17}}{\beta^{1+\mu-\varepsilon}},\tag{5.33}$$

此处 $M_{17}=M_{17}(\delta,q_0,\alpha,k,G)$. 现在,我们将 $a_2(z,t)$从 $G_2^*$ 开拓到 $\partial G_2$,使得开拓后的函数 $a_2^*(z,t)\in C^{1,0}_{\alpha,\alpha/2}(\partial G_2)$,$a_2^*(z,t)>0$,$(z,t)\in\partial G_2$. 此外,我们可求得方程(1.2)适合边界条件

$$u_n^*(z,t)=a_3(z,t)/a_2^*(z,t),(z,t)\in\partial G_2\tag{5.34}$$

的一个解 $u_n^*(z,t)$. 设

$$\tilde{u}_\pm(z,t)=\pm\hat{u}_n(z,t)-u_n(z,t)+u_n^*(z,t),\tag{5.35}$$

易知 $\tilde{u}_\pm(z,t)$是齐次方程(5.14)的解. 下面,我们要验证

$$\tilde{u}_+(z,t)\geqslant 0,\ \tilde{u}_-(z,t)\leqslant 0,\ (z,t)\in\bar{G}.\tag{5.36}$$

事实上,易知 $\tilde{u}_+(z,t)\geqslant M_{15}+1-M_{15}>0$,$(z,t)\in\partial G_2\backslash G_{\beta/2}$,这里

$$M_{15}=M+\max_{\partial G_2}\frac{a_3(z,t)}{a_2^*(z,t)}>0,\ M=\max_{\bar{G}}|u_n(z,t)|,\tag{5.37}$$

此处 $M$ 是类似(5.11)中 $M_1$那样的常数. 如果 $\tilde{u}_+(z,t)$在 $\bar{G}$ 上取负的最小值,那么在 $G_{\beta/2}$内存在一点 $P'=(z',t')$,使得 $\tilde{u}_+(z',t')\leqslant\min\limits_{\bar{G}}\tilde{u}_+(z,t)$. 然而,我们有

$$\begin{cases}\left[a_1(z,t)+\dfrac{1}{n}\right]\dfrac{\partial\tilde{u}_+}{\partial\nu}+a_2(z,t)\tilde{u}_+(z,t)=\left[a_1(z,t)+\dfrac{1}{n}\right]\dfrac{\partial\hat{u}_n}{\partial\nu}\\ +a_2(z,t)\hat{u}_n(z,t)+\left[a_1(z,t)+\dfrac{1}{n}\right]\dfrac{\partial u_n^*}{\partial\nu}>M_{18}\eta-\dfrac{M_{19}}{n\beta^{1+\mu-\varepsilon}}\\ -\max\limits_{G_{\beta/2}}a_1(z,t)\dfrac{M_{19}}{\beta^{1+\mu-\varepsilon}}+\left[a_1(z,t)+\dfrac{1}{n}\right]\dfrac{\partial u_n^*}{\partial\nu},(z,t)\in G_{\beta/2},\end{cases}\tag{5.38}$$

其中 $M_{18}=\min\limits_{G_{\beta/2}} a_2(z,t)$，$M_{19}=M_{19}(M_{17},\partial G_2)$. 由于 $a_1(z,t)\leqslant M_{20}\cdot\beta^{1+\mu}$，$(z,t)\in G_{\beta/2}$，这里 $M_{20}$ 是正常数. 我们先选取 $\beta$ 足够小，再选取 $n$ 足够大，使得 $\beta^{\varepsilon}M_{19}M_{20}$，$M_{19}/n\beta^{1+\mu-\varepsilon}$，$|a_1(z,t)\partial u_n^*/\partial\nu|$ 及 $|\partial u_n^*/n\partial\nu|$ 在 $G_{\beta/2}$ 上都小于 $M_{18}\eta/4$，因此有

$$\left[a_1(z,t)+\frac{1}{n}\right]\frac{\partial\tilde{u}_+}{\partial\nu}+a_2(z,t)\tilde{u}_+>0,(z,t)\in G_{\beta/2}. \tag{5.39}$$

这表明 $\tilde{u}_+(z,t)$ 在 $G_{\beta/2}$ 上不能取到负的最小值. 根据方程 $\mathscr{L}u_n=0$ 解的最大值原理，可得

$$\begin{cases}\tilde{u}_+(z,t)=\hat{u}_n(z,t)-u_n(z,t)+u_n^*(z,t)\geqslant 0, \text{即}\\ u_n(z,t)-u_n^*(z,t)\leqslant\hat{u}_n(z,t),(z,t)\in\bar{G}.\end{cases} \tag{5.40}$$

使用类似的方法，我们还可得到

$$\tilde{u}_-(z,t)\leqslant 0,\ \text{即}\ u_n(z,t)-u_n^*(z,t)\geqslant-\hat{u}_n(z,t),(z,t)\in\bar{G}. \tag{5.41}$$

从 $|\hat{u}_n(z,t)|\leqslant\eta$，$(z,t)\in G_{\beta/4}$，易得

$$|u_n(z,t)-u_n^*(z,t)|\leqslant\eta,(z,t)\in G_{\beta/4}. \tag{5.42}$$

由于 $\{\hat{u}_n(z,t)\}$ 在 $\bar{G}$ 上的同等连续性，可知

$$|u_n(z,t)-u_n^*(z,t)|\leqslant|\hat{u}_n(z,t)|\leqslant 2\eta$$

在 $P^*=(z^*,t^*)(\in\bar{G})$ 的一邻域内成立. 用 $\tilde{u}_0(z,t)$ 表示 $\{u_n(z,t)-u_n^*(z,t)\}$ 在 $G$ 内的极限函数，因此，$|\tilde{u}_0(z,t)|\leqslant 2\eta$，$(z,t)\in G$. 注意到 $\eta$ 是任意选取的正数，故 $\tilde{u}_0(z,t)$ 在点 $P^*$ 连续，且 $\tilde{u}_0(z^*,t^*)=0$. 因此 $u_0(z,t)=\tilde{u}_0(z,t)+u_0^*(z,t)$ 在点 $P^*$ 也是连续的，其中 $u_0^*(z,t)$ 是 $\{u_n^*(z,t)\}$ 的一子序列的极限函数. 这完成了证明.

至于二阶非线性抛物型复方程(1.2)的初-非正则斜微商问题(问题 $P$)的可解性，将在下一章§4中一并证明.

# 第四章 可测系数的二阶非线性非散度型抛物型方程组

本章主要讨论可测系数的二阶非线性与非散度型的抛物型方程组在多连通区域上的初-边值问题. 我们先给出一定条件下上述初-边值问题解的先验估计式,然后使用解的这种估计式,参数开拓法,Schauder 不动点定理与 Leray-Schauder 定理,证明上述初-边值问题解的存在性.

## §1. 二阶非线性抛物型方程组初-一般边值问题的提出

设 $G=D\times I$ 是空间$\mathbb{C}\times\{0<t\leqslant T\}$中的$(N+1)$连通区域,它以 $\partial G=\partial G_1\cup\partial G_2$为抛物边界,这里 $\partial G_1$是 $G$ 的底部,$\partial G_2$为 $G$ 的侧边,可参看第三章§1.

我们考虑二阶非线性抛物型方程组

$$\Phi_j(x,y,t,u_1,\cdots,u_n,u_{1x},u_{1y},\cdots,u_{nx},u_{ny},u_{1xx},u_{1xy},$$
$$u_{1yy},\cdots,u_{nxx},u_{nxy},u_{nyy})-u_{jt}=0,(x,y,t)\in G,$$
$$j=1,\cdots,n. \tag{1.1}$$

在一定的条件下,方程组(1.1)可转化为如下的复形式

$$\sum_{k=1}^{n}\{P_{jk}u_{kz\bar{z}}-\mathrm{Re}[Q_{jk}u_{kzz}+A_{jk}u_{kz}]-B_{jk}u_k\}-u_{jt}=C_j,$$
$$j=1,\cdots,n. \tag{1.2}$$

其中

$$z=x+iy,\ u=[u_1,\cdots,u_n],$$
$$u_{jz}=\frac{1}{2}[u_{jx}-u_{jy}],u_{jz\bar{z}}=\frac{1}{4}[u_{jxx}+u_{jyy}],$$

$$u_{jzz}=\frac{1}{4}[u_{jxx}-u_{jyy}-2iu_{jxy}],\ \Phi_j=F_j(z,t,u,u_z,u_{zz},u_{z\bar{z}}),$$
$$j=1,\cdots,n.$$

以及

$$P_{jk}=\int_0^1 F_{j\tau u_{kz\bar{z}}}(z,t,u,u_z,\tau u_{zz},\tau u_{z\bar{z}})d\tau=P_{jk}(z,t,u,u_z,u_{zz},u_{z\bar{z}}),$$
$$Q_{jk}=-2\int_0^1 F_{j\tau u_{kzz}}(z,t,u,u_z,\tau u_{zz},\tau u_{z\bar{z}})d\tau=Q_{jk}(z,t,u,u_z,u_{zz},u_{z\bar{z}}),$$
$$A_{jk}=-2\int_0^1 F_{j\tau u_{kz}}(z,t,u,\tau u_z,0,0)d\tau=A_{jk}(z,t,u,u_z),$$
$$B_{jk}=-\int_0^1 F_{j\tau u_k}(z,t,\tau u,0,0,0)d\tau=B_{jk}(z,t,u),$$
$$C_j=F_j(z,t,0,0,0,0)=C_j(z,t),\ j,k=1,\cdots,n.$$

假设方程组(1.2)满足条件 $C$,即

1) $P_{jk}(z,t,u,u_z,U,V)$, $Q_{jk}(z,t,u,u_z,U,V)$, $A_{jk}(z,t,u,u_z)$, $B_{jk}(z,t,u)$, $C_j(z,t)$ $(j,k=1,\cdots,n)$对任意的连续函数 $u_j(z,t)$ $(\in C^{1,0}(\bar{G}),j=1,\cdots,n)$与可测函数 $U_j(z,t),V_j(z,t)(\in L_2(\bar{G}),j=1,\cdots,n)$在 $G$ 内可测,且满足条件

$$0<\delta\leqslant|P_{jj}|\leqslant\delta^{-1},\ (z,t)\in G,\ j=1,\cdots,n,$$
$$\sup_G(|P_{jj}|^2+|Q_{jj}|^2)/\inf_G|P_{jj}|^2\leqslant q_1<4/3,$$
$$j=1,\cdots,n, \tag{1.3}$$
$$|P_{jk}|,|Q_{jk}|,|A_{jk}|,|B_{jk}|\leqslant q_{jk},\ (z,t)\in G,\ L_p[C_j,\bar{G}]\leqslant k_1,$$
$$p>4,\ j,k=1,\cdots,n. \tag{1.4}$$

2)上述函数对于几乎所有的$(z,t)\in G$, $U\in\mathbb{C},V\in\mathbb{R}$ 关于 $u_j\in\mathbb{R},u_{jz}\in\mathbb{C}$ $(j=1,\cdots,n)$连续.

3)对于几乎所有的$(z,t)\in G$ 及 $u_j\in\mathbb{R}$, $u_{jz}\in\mathbb{C}$, $U_j^k\in\mathbb{C},V_j^k\in\mathbb{R},k=1,2$, $j=1,\cdots,n$, $F_j(j=1,\cdots,n)$满足条件

$$F_j(z,t,u,u_z,U^1,V^1)-F_j(z,t,u,u_z,U^2,V^2)$$
$$=\sum_{k=1}^n\{\tilde{P}_{jk}(V_j^1-V_j^2)-\operatorname{Re}[\tilde{Q}_{jk}(U_j^1-U_j^2)]\},$$
$$j=1,\cdots,n, \tag{1.5}$$
$$0<\delta\leqslant|\tilde{P}_{jj}|\leqslant\delta^{-1},\ |\tilde{P}_{jk}|,|\tilde{Q}_{jk}|\leqslant q_{jk}\leqslant q_0,\ (z,t)\in G,$$
$$\sup_G(|\tilde{P}_{jj}|^2+|\tilde{Q}_{jj}|^2)/\inf_G|\tilde{P}_{jj}|^2\leqslant q_1,\ j,k=1,\cdots,n, \tag{1.6}$$

在(1.3),(1.4)与(1.6)式中,$\delta(0<\delta<1)$, $q_0,q_1(\geqslant 1)$, $q_{jk}(j,k=1,\cdots,n)$,$k_0,k_1$都是非负常数.

所谓方程组(1.2)在 $G$ 上的初-一般边值问题,即初-非正则斜微商边值问题是指求(1.2)在 $\bar{G}$ 上的连续解 $u(z,t)=[u_1(z,t),\cdots,u_n(z,t)](u_j(z,t)\in C^{1,0}(\bar{G}),j=1,\cdots,n)$,使它适合初-边界条件:

$$u_j(z,0)=g_j(z),\ z\in D,\ j=1,\cdots,n, \tag{1.7}$$

$$\frac{\partial u_j}{\partial\nu_j}+\sigma_j(z,t)u_j=r_j(z,t),\text{即 }2\mathrm{Re}[\bar{\lambda}_j u_{jz}]+\sigma_j u_j=\tau_j,\quad (z,t)\in\partial G_2,\ j=1,\cdots,n, \tag{1.8}$$

此处 $\nu$ 是点$(z,t)\in\partial G_2$上的给定向量,不妨设在平行于 $t=0$的平面内,$\lambda_j=\cos(\nu_j,x)-i\cos(\nu_j,y)$, $\partial g_j/\partial\nu_j+\sigma_j g_j=\tau_j(j=1,\cdots,n)$, $(z,t)\in\Gamma\times\{t=0\}$,并设 $g(z)$,$\lambda(z,t)$, $\sigma(z,t)$,$\tau(z,t)$满足条件

$$C_\alpha^2[g_j,D]\leqslant k_2,\sigma_j(z,t)\cos(\nu_j,\mu)\geqslant 0,\ (z,t)\in\partial G_2,\quad j=1,\cdots,n, \tag{1.9}$$

$$C^{1,1}_{\alpha,\alpha/2}[\eta,\partial G_2]\leqslant k_0,\eta=\{\lambda_j,\sigma_j\},C^{1,1}_{\alpha,\alpha/2}[\tau_j,\partial G_2]\leqslant k_2,\quad j=1,\cdots,n, \tag{1.10}$$

这里 $\mu$ 是点$(z,t)\in\partial G_2$上的外法向量,而 $\alpha(0<\alpha<1)$,$k_0$,$k_2$都是非负常数. 边界 $\partial G_2$可分成两部分,即 $E_j^+\subset\{(z,t)\in\partial G_2,\ \cos(\nu_j,\mu)\geqslant 0,\sigma_j\geqslant 0\}$与 $E_j^-\subset\{(z,t)\in\partial G_2,\ \cos(\nu_j,\mu)\leqslant 0,\sigma_j\leqslant 0\}$,而 $E_j^+\cap E_j^-=\varnothing$,$E_j^+\cup E_j^-=\partial G_2$, $\overline{E_j^+}\cap\overline{E_j^-}=E_j^0$. 对于 $\partial G_2\cap\{t=t_0=\text{常数},0\leqslant t_0\leqslant T\}$的每一个分支 $L_j^t$,可能有三种情形:1. $L_j^t\subset E_j^+$. 2. $L_j^t\subset E_j^-$. 3. 在 $L_j^{t+}=E_j^+\cap L_j^t$ 与 $L_j^{t-}=E_j\cap L_j^t$ 的每一个分支上,都至少有一个点,使得$\cos(\nu_j,\mu)\neq 0$; 又 $E_j^0\cap L_j^t=\{a_j^1,\cdots,a_j^m,\tilde{a}_j^1,\cdots,\tilde{a}_j^{m'}\}$, $0<m$, $m'<\infty$;且设 $L_j^{t+}$,$L_j^{t-}$ 的每个分支包含起点而不含终点;当 $\nu_j$ 在点 $a_j^k$,$\tilde{a}_j^{k'}$ 的方向等于 $L_j^t$ 的方向时,$a_j^k\in L_j^{t+}$,$\tilde{a}_j^{k'}\in L_j^{t-}$, 而当 $\nu_j$ 在 $a_j^k$, $k_j^{k'}$ 的方向 $L_j^t$ 的方向相反时,$a_j^t\in L_j^{t-}$, $\tilde{a}_j^{k'}\in L_j^{t+}$; 又当点$(z,t)$通过以 $a_j^k$ 或 $\tilde{a}_j^{k'}$ 为端点的两个分支时, $\cos(\nu_j,\mu)$改变一次符号. 我们可设

$$u_j(a_j^k)=b_j^k(t),\ t\in I_j^k,\ k=1,\cdots,m,j=1,\cdots,n, \tag{1.11}$$

这里 $\sum_{j=1}^{n} I_j^k = I^k$，$\sum_{k=1}^{m} I^k = I'$，$I_j^k = \bigcup t|_{(z,t)} = a_j^k$，$\sum_{k=1}^{m} b_j^k(t) = b_j(t)$，$b_j(t)(j = 1,\cdots,n)$ 都是给定的连续函数，满足条件

$$C^1[b(t),I'] = \sum_{j=1}^{n} C^1[b_j(t),I_j] \leqslant k_2 < \infty. \qquad (1.12)$$

此外，如果在 $\partial G_2\times\{t=t_0\}$ 的一个分支 $L_j'$ 上，$\cos(\nu_j,\mu)=0,\sigma_j=0$，那么边界条件(1.8)可代以适当的边界条件

$$u_j(z,t) = r_j(z,t),\ (z,t) \in \partial G'_j,\ j = 1,\cdots,n, \quad (1.13)$$

其中 $r_j(z,t)(j=1,\cdots,n)$ 满足条件

$$C^{1,1}_{\alpha,\alpha/2}[r(z,t),\partial G'] = \sum_{j=1}^{n} C^{1,1}_{\alpha,\alpha/2}[r_j(z,t),\partial G'_j] \leqslant k_2, \quad (1.14)$$

这里 $\partial G'_j = \bigcup L_j'(j=1,\cdots,n)$. 以上初-边值问题简称为问题 $P$. 具有条件 $\partial G'_j = \partial G_2(j=1,\cdots,n)$ 的问题 $P$ 是第一边值问题，即 Dirichlet 边值问题(问题 $D$)，而具有条件 $\cos(\nu_j,\mu)>0(j=1,\cdots,n,(z,t)\in\partial G_2)$ 的问题 $P$ 是初-正则斜微商边值问题(问题 $O$).

为了证明方程组(1.2)问题 $P$ 解的唯一性，我们需要增加一个条件：

4) 对任意的 $u^k\in\mathbb{R}^n$，$u_z^k\in\mathbb{R}^n(k=1,2)$，$U\in\mathbb{C}^n$，$V\in\mathbb{R}^n$，以下等式在 $G$ 内几乎处处成立.

$$F_j(z,t,u^1,u_z^1,U,V) - F_j(z,t,u^2,u_z^2,U,V)$$
$$= -\sum_{k=1}^{n}\mathrm{Re}[\widetilde{A}_{jk}(u_k^1-u_k^2)_z + \widetilde{B}_{jk}(u_k^1-u_k^2)],\ j = 1,\cdots,n, \quad (1.15)$$

此处 $\widetilde{A}_{jk},\widetilde{B}_{jk}$ 满足条件

$$|\widetilde{A}_{jk}| < \infty,\ |\widetilde{B}_{jk}| < \infty,\ (z,t) \in G,\ j,k = 1,\cdots,n.$$

条件1)—4)简称为条件 $C'$. 当(1.2)是线性方程组时，条件1)与条件1)—4)相同.

**定理1.1** 设条件 $C'$ 成立，又正常数 $q_{jk}(j\neq k,\ j,k=1,\cdots,n)$ 都足够小，那么方程(1.2)的问题 $P$ 至多有一个解.

**证** 我们先讨论方程组(1.2)之问题 $P$ 的一种特殊情形，即

$$\widetilde{P} = \widetilde{P}_{jj},\widetilde{Q} = \widetilde{Q}_{jj},q_{jk} = 0,\ j\neq k,$$
$$\nu = \nu_j,\ \sigma = \sigma_j,\ \tau = \tau_j,\ j,k = 1,\cdots,n.$$

设 $u^k=[u_1^k(z,t),\cdots,u_n^k(z,t)](k=1,2)$是(1.2)之问题 $P$ 的两个解,容易看出:$u=[u_1,\cdots,u_n]=[u_1^1-u_1^2,\cdots,u_n^1-u_n^2]$是以下初-边值问题的一个解.

$$\widetilde{P}u_{jz\bar{z}}-\mathrm{Re}[\widetilde{Q}u_{jzz}]+\sum_{k=1}^{n}[\mathrm{Re}(\widetilde{A}_{jk}u_{kz})+\widetilde{B}_{jk}u_k]$$
$$-u_{jt}=0,\ (z,t)\in G, \tag{1.16}$$

$$u_j(z,0)=0,\ z\in D,\ j=1,\cdots,n, \tag{1.17}$$

$$\frac{\partial u_j}{\partial\nu}+\sigma u_j=0,\ (z,t)\in\partial G_2,\ j=1,\cdots,n\ , \tag{1.18}$$

其中

$$\widetilde{P}=\int_0^1 F_{js_j}(z,t,u,p,q,s)d\tau,\ s=u_{z\bar{z}}^2+\tau(u^1-u^2)_{z\bar{z}},$$

$$q=u_{zz}^2+\tau(u^1-u^2)_{zz},$$

$$\widetilde{Q}=-2\int_0^1 F_{jq_j}(z,t,u,p,q,s)d\tau,\ p=u_z^2+\tau(u^1-u^2)_z,$$

$$u=u^2+\tau(u^1-u^2),$$

$$\widetilde{A}_{jk}=-2\int_0^1 F_{jp_k}(z,t,u,p,q,s)d\tau,\ p_k=u_{kz}^2+\tau(u_k^1-u_k^2)_z,$$

$$j=1,\cdots,n,$$

$$\widetilde{B}_{jk}=-\int_0^1 F_{ju_k}(z,t,u,p,q,s)d\tau,\ u_k=u_k^2+\tau(u_k^1-u_k^2),$$

$$k=1,\cdots,n.$$

引入一个函数组的变换 $v=ue^{-Bt}=[u_1,\cdots,u_n]e^{-Bt}$,这里 $B$ 是待定实常数,那么方程组(1.16)可转化为

$$\widetilde{P}v_{jz\bar{z}}-\mathrm{Re}[\widetilde{Q}v_{zz}]-\sum_{k=1}^{n}[\mathrm{Re}(\widetilde{A}_{jk}u_{kz})+\widetilde{B}_{jk}v_k]-Bv_j=v_{jt},$$
$$j=1,\cdots,n. \tag{1.19}$$

用 $v_j$ 乘以上方程组相对应的方程,然后相加,可得关于 $v^2=\sum_{j=1}^{n}v_j^2$ 的抛物型方程

$$\frac{1}{2}\{\widetilde{P}(v^2)_{zz}-\mathrm{Re}[\widetilde{Q}(v^2)_{zz}]-(v^2)_t\}=\sum_{j=1}^{n}[\widetilde{P}|v_{jz}|^2-\mathrm{Re}\widetilde{Q}(v_{jz})^2]$$

$$+\sum_{j,k=1}^{n}\mathrm{Re}\widetilde{A}_{jk}v_j v_{kz}+\sum_{j,k=1}^{n}\widetilde{B}_{jk}v_j v_k+Bv^2. \tag{1.20}$$

注意到

$$\sum_{j=1}^{n}[\widetilde{P}|v_{jz}|^2-\mathrm{Re}\widetilde{Q}(v_{jz})^2]\geqslant\delta(1-q_0)\sum_{j=1}^{n}|v_{jz}|^2,$$

$$2\sum_{j,k=1}^{n}\mathrm{Re}[\widetilde{A}_{jk}v_j v_{kz}]\leqslant\delta(1-q_0)\sum_{j=1}^{n}|v_{jz}|^2+\frac{k_0^2v^2}{\delta(1-q_0)},$$

$$\left|\sum_{j,k=1}^{n}\widetilde{B}_{jk}v_j v_k\right|\leqslant 2k_0v^2,$$

如果$v^2$在$G$的内部一点$P_0$达到它的最大值，且$|v(P_0)|^2\neq0$，那么在点$P_0$的一邻域内，(1.20)的右边$\geqslant[B-4k_0-k_0^2/\delta(1-q_0)]v^2$. 我们可选取常数$B$，使得$B>4k_0+k_0^2/\delta(1-q_0)$，根据第三章定理1.1关于抛物型方程的最大值原理，$v^2$不能在$G$内达到它在$\bar{G}$上的非零最大值. 此矛盾证明了$v^2$在$\bar{G}$的最大值在边界$\partial G$上达到. 由于$v^2$适合如下的齐次初-边界条件

$$v^2(z,0)=0,\ z\in D, \tag{1.21}$$

$$\frac{\partial v^2}{\partial\nu}+2\sigma(z,t)v^2=0,\ (z,t)\in\partial G_2, \tag{1.22}$$

$$v^2(a^k)=0,\ t\in I^k,\ k=1,\cdots,m, \tag{1.23}$$

$$v^2(z,t)=0,\ (z,t)\in\partial G', \tag{1.24}$$

如果$v^2$在$\partial G$取到它的正的最大值，易知最大点$P_0\in\partial G_2\backslash\{I'\cup\partial G'\}$. 如前所述，$\partial G_2\cap\{t=t_0=\text{常数},0\leqslant t_0\leqslant T\}$的任一分支$L^t$，可能有三种情形：1. $L^t\subset E^+$. 2. $L^t\subset E^-$. 3. 在$L^{t+}=E^+\cap L^t$与$L^{t-}=E^-\cap L^t$的每一个点集上，至少有一点，使得$\cos(\nu,\mu)\neq0$. 如果对情形1或2，$P_0\in L^t$，那么在点$P_0$处，有

$$\frac{\partial v^2}{\partial\nu}+2\sigma(z,t)v^2(z,t)>0\text{ 或 }<0, \tag{1.25}$$

这与(1.22)相矛盾. 对于情形3，如果$P_0$属于$L^{t+}$与$L^{t-}$的任一分支上，容易看出：$P_0\overline{\in}\{I'\cup\partial G'\}$，根据前面同样的理由，可导出在点$P_0$，有$\cos(\nu,\mu)=0$，$\sigma=0$，因为否则，根据第三章定理1.4，也可导出(1.25). 用$\widetilde{L}^t$表示$L^{t+}$或$L^{t-}$上包含点$P_0$且使$\cos(\nu,\mu)=$

0，$\sigma=0$成立的最长曲线，可知 $a^k(1\leqslant k\leqslant m)$ 不是 $\tilde{L}^t$ 的一个端点. 如果 $\tilde{L}^t$ 不包含点 $\tilde{a}^{k'}(1\leqslant k'\leqslant m')$，那么必有一点 $P'\in L^t\backslash\tilde{L}^t$，使得在此点，可能出现三种情形之一：1) $\cos(\nu,\mu)>0$，$\partial v^2/\partial\mu>0$，$\cos(\nu,s)>0(<0)$，$\partial v^2/\partial s\geqslant0(\leqslant0)$，$\sigma(P')\geqslant0$，因而在此点 $P'$，有

$$\frac{\partial v^2}{\partial\nu}+2\sigma v^2=\frac{\partial v^2}{\partial\mu}\cos(\nu,\mu)+\frac{\partial v^2}{\partial s}\cos(\nu,s)+2\sigma v^2>0, \tag{1.26}$$

此处 $s$ 是 $L^t$ 在点 $P'$ 的切向量. 2) $\cos(\nu,\mu)<0$，$\partial v^2/\partial\mu>0$，$\cos(\nu,s)>0(<0)$，$\partial v^2/\partial s\leqslant0(\geqslant0)$，$\sigma(P')\leqslant0$，因而在点 $P'$，有

$$\frac{\partial v^2}{\partial\nu}+2\sigma v^2=\frac{\partial v^2}{\partial\mu}\cos(\nu,\mu)+\frac{\partial v^2}{\partial s}\cos(\nu,s)+2\sigma v^2<0. \tag{1.27}$$

3)在点 $P'$ 处，$\cos(\nu,\mu)=0$，$\sigma\neq0$，于是在此点，有

$$\frac{\partial v^2}{\partial\nu}+2\sigma v^2\neq0\,. \tag{1.28}$$

这些不等式都与(1.22)相矛盾. 如果$\overline{\tilde{L}^t}$包含一点 $\tilde{a}^{k'}(1\leqslant k'\leqslant m')$，那么在点 $\tilde{a}^{k'}$ 的一邻域内，可能出现两种情形：1) $\nu$ 在点 $\tilde{a}^{k'}$ 的方向与 $L^t$ 的方向相同，则必有一点 $\tilde{P}$，它属于以 $\tilde{a}^{k'}$ 为起点的一曲线($\subset L^{t-}$)上，使得在此点 $\tilde{P}$ 上，有 $\cos(\nu,\mu)\leqslant0$，$\sigma<0$，因而 $\partial v^2/\partial\nu+2\sigma v^2<0$，或 $\cos(\nu,\mu)<0$，$\partial v^2/\partial\mu>0$，$\cos(\nu,s)>0$，$\partial v^2/\partial s\leqslant0$，$\sigma=0$，于是有 $\partial v^2/\partial\nu+2\sigma v^2<0$. 这些不等式也与(1.22)相矛盾. 2) $\nu$ 在 $\tilde{a}^{k'}$ 的方向与 $L^t$ 的方向相反，则必有一点 $\tilde{P}$，它属于以 $\tilde{a}^{k'}$ 为起点的一曲线($\subset L^{t+}$)上，使得在此点 $\tilde{P}$，有 $\cos(\nu,\mu)\geqslant0$，$\sigma>0$，因而有 $\partial v^2/\partial\nu+2\sigma v^2>0$，或 $\cos(\nu,\mu)>0$，$\sigma=0$，于是有 $\partial v^2/\partial\nu+2\sigma v^2>0$. 这些不等式也与(1.22)是矛盾的. 因此可得 $v^2=0$，$u_j=0$，即 $u_j^1=u_j^2$，$j=1,\cdots,n$，$(z,t)\in\overline{G}$.

其次，我们讨论一般的情形. 设 $u^k=[u_1^k,\cdots,u_n^k](k=1,2)$是方程组(1.2)之问题 $P$ 的两个解，容易看出：$u=[u_1,\cdots,u_n]=[u_1^1-u_1^2,\cdots,u_n^1-u_n^2]$是以下初-边值问题的一个解：

$$\sum_{k=1}^{n}[\tilde{P}_{jk}u_{kz\bar{z}}-\mathrm{Re}(\tilde{Q}_{jk}u_{kzz}+\tilde{A}_{jk}u_{kz})-\tilde{B}_{jk}u_k]$$

$$- u_{jt} = 0,\ (z,t) \in G, \tag{1.29}$$

$$u_j(z,0) = 0,\ z \in D,\ j = 1,\cdots,n, \tag{1.30}$$

$$\frac{\partial u_j}{\partial \nu_j} + \sigma_j u_j = 0,\ (z,t) \in \partial G_2,\ j = 1,\cdots,n\ , \tag{1.31}$$

$$u_j(a_j^k) = 0,\ t \in I_j^k,\ k = 1,\cdots,m,$$

$$u_j(z,t) = 0,\ (z,t) \in \partial G'_j,\ j = 1,\cdots,n, \tag{1.32}$$

其中

$$\tilde{P}_{jk} = \int_0^1 F_{js_k}(z,t,u,p,q,s)d\tau,\ \tilde{Q}_{jk} = -2\int_0^1 F_{jq_k}(z,t,u,p,q,s)d\tau,$$

$$j,k = 1,\cdots,n,$$

而 $\tilde{A}_{jk}, \tilde{B}_{jk}(j,k=1,\cdots,n)$ 与(1.16)中的相同. 由于(1.29)—(1.32)的右边均为0,它们都小于一个任意小的正数 $\varepsilon$,这样根据后面§4中的定理4.3,可得估计式

$$C^{1,0}_{\beta,\beta/2}[u,\bar{G}] \leqslant M_1 k,\ \|u\|_{\tilde{W}_2^{2,1}(G)} \leqslant M_2 k\ , \tag{1.33}$$

这里 $M_j = M_j(\delta,q,p,k_0,\alpha,G)(j=1,2)$ 是两个非负常数,$k=2\varepsilon$. 由于正数 $\varepsilon$ 的任意性,让 $\varepsilon \to 0$,从(1.33)可知有 $C^{1,0}[u,\bar{G}]=0$,因而有 $u=0$,即 $u^1(z,t)=u^2(z,t)$,$(z,t)\in\bar{G}$.

## §2. 二阶非线性抛物型方程组的第一边值问题

我们先介绍与方程组(1.2)之问题 $D$ 相关的齐次问题的一些积分算子及其性质,给出问题 $D$ 解的先验估计式,进而使用参数开拓法与 Schauder 不动点定理,证明(1.2)之问题 $D$ 的可解性.

### 1. 方程组(1.2)之问题 $D$ 解的先验估计式

**引理2.1** 设 $u(z,t)=[u_1(z,t),\cdots,u_n(z,t)]$ 是方程组

$$Lu = u_{z\bar{z}} - H_j u_t = 0,\ 即\ Lu_j = u_{jz\bar{z}} - H_j u_{jt} = 0,$$

$$j = 1,\cdots,n, \tag{2.1}$$

之问题 $D_0$ 的一连续解,它适合齐次边界条件

$$u_j(z,t) = 0,\ (z,t) \in \partial G,\ j = 1,\cdots,n, \tag{2.2}$$

而(2.1)中的 $H_j(j=1,\cdots,n)$都是正常数,那么有以下不等式:

$$\|u_{z\bar{z}}\|_{L_2(\bar{G})} = \sum_{j=1}^{n}\|u_{jz\bar{z}}\|_{L_2(\bar{G})} \leqslant \|Lu\|_{L_2(\bar{G})}, \tag{2.3}$$

$$\|Hu_t\|_{L_2(\bar{G})} \leqslant \|Lu\|_{L_2(\bar{G})} = \sum_{j=1}^{n}\|Lu_j\|_{L_2(\bar{G})}, \tag{2.4}$$

$$\|u_{zz}\|_{L_2(\bar{G})} = \sum_{j=1}^{n}\|u_{jzz}\|_{L_2(\bar{G})} \leqslant \|Lu\|_{L_2(\bar{G})}, \tag{2.5}$$

其中(2.5)对于 $G$ 是单连通区域即 $N=0$时成立. 如果 $u(z,t)$在边界 $\partial G_2$附近均等于0,那么(2.5)对多连通区域 $G$,即 $N>0$时也成立.

**证** 我们先考虑 $u(z,t)\in C_0^\infty(\bar{G})$的情形,容易看出:有

$$\begin{aligned}\iiint_G |Lu|^2dxdydt &= \iiint_G |u_{z\bar{z}} - Hu_t|^2dxdydt \\ &= \iiint_G \sum_{j=1}^{n} |u_{jz\bar{z}} - H_ju_{jt}|^2dxdydt \\ &= \iiint_G \sum_{j=1}^{n} (|u_{jzz}|^2 + |H_ju_{jt}|^2)dxdydt \\ &\quad - 2\mathrm{Re}\sum_{j,k=1}^{n} H_j\iiint_G u_{jzz}u_{kt}dxdydt.\end{aligned} \tag{2.6}$$

使用 Green 公式,可得

$$\begin{aligned}&- \mathrm{Re}\sum_{j,k=1}^{n} H_j\iiint_G u_{jzz}u_{kt}dxdydt \\ &= \frac{1}{2}\mathrm{Re}\sum_{j=1}^{n} H_j\iint_D |u_{jz}(z,T)|^2dxdy \geqslant 0\,.\end{aligned} \tag{2.7}$$

这样一来,对 $u(z,t)\in C_0^\infty(\bar{G})$, 从(2.6),即得

$$\sum_{j=1}^{n}\|u_{jz\bar{z}}\|_{L_2(\bar{G})} \leqslant \|Lu\|_{L_2(\bar{G})},$$

$$\sum_{j=1}^{n}\|H_ju_{jt}\|_{L_2(\bar{G})} \leqslant \|Lu\|_{L_2(\bar{G})}.$$

由于 $C_0^\infty(\bar{G})$在空间 $\widetilde{W}_2^{2,1}(G)=W_2^{2,0}(G)\cap W_2^{0,1}(G)$中的稠密性,可知有(2.3)与(2.4). 进而,当 $u_j\in C_0^\infty(\bar{G})(j=1,\cdots,n)$有

$$|u_{jz\bar{z}}|^2 = |u_{jzz}|^2 - (|u_{jz}|^2)_{z\bar{z}} + 2\mathrm{Re}(u_{jzz}\bar{u}_{jz})_{\bar{z}},\ j = 1,\cdots,n\ , \tag{2.8}$$

依照 Green 公式，当 $D$ 是单位圆，即 $N=0$时，从 $u_j(z,0)=0$，$|z|=1$，可推出$2\mathrm{Re}[iz\bar{u}_{jz}]=0$，$|z|=1$，因此

$$\iiint_G [(|u_{jz}|^2)_{z\bar{z}} - 2\mathrm{Re}[u_{jzz}\bar{u}_{jz})_{\bar{z}}]dxdydt$$

$$=\mathrm{Re}\,\frac{1}{2i}\int_0^T\int_\Gamma[(|u_{jz}|^2 - 2u_{jzz}\bar{u}_{j\bar{z}}]dzdt = -\frac{1}{2}\mathrm{Im}\int_0^T\int_\Gamma u_{j\bar{z}}du_{jz}dt$$

$$= -\frac{1}{2}\int_0^T\int_\Gamma \mathrm{Im}[i\bar{z}\bar{u}_{jz}(dizu_{jz} - u_{jz}diz)] = \frac{1}{2}\int_0^T\int_0^{2\pi}|u_{jz}|^2d\theta dt \geqslant 0,$$

$$j = 1,\cdots,n,$$

因而可得不等式(2.5)．而当 $N>0$，如果设 $u(z,t)$在 $\partial G_2$附近等于0，那么也可导出(2.5)式．

记

$$\Lambda_p = \sup_{Lu_j\in L_p(\bar{G})} L_p[u_{jz\bar{z}},\bar{G}]/L_p[Lu_j,\bar{G}],p > 1,j = 1,\cdots,n, \tag{2.9}$$

此处 $L_p[Lu_j,\bar{G}]\neq 0(j=1,\cdots,n)$．从(2.5)式，易知有 $\Lambda_2\leqslant 1$．使用 Riesz-Thorin 定理，可知存在一足够小的正数 $\varepsilon$，使得：对常数 $q_0<1$，当$2<p_0<2+\varepsilon$，有 $q_0\Lambda p_0<1$，因此对 $Lu_j\in L_{p_0}(\bar{G})$且 $L_{p_0}[Lu_j,\bar{G}]\neq 0$，有

$$q_0L_{p_0}[u_{jz\bar{z}},\bar{G}] \leqslant q_0\Lambda p_0L_{p_0}[Lu_j,\bar{G}] < L_{p_0}[Lu_j,\bar{G}],\ j = 1,\cdots,n. \tag{2.10}$$

现在，我们考虑形如下的线性方程组

$$\sum_{k=1}^n[P_{jk}u_{kz\bar{z}} - \mathrm{Re}(Q_{jk}u_{kzz})] - u_{jt} = C_j,\ (z,t) \in G,j = 1,\cdots,n, \tag{2.11}$$

并证明以下定理．

**定理2.2** 设方程(2.11)满足条件 $C$，又其中的常数 $q_{jk}(j\neq k,j,k=1,\cdots,n)$足够小，而 $u=[u_1(z,t),\cdots,u_n(z,t)](u_j(z,t)\in C^{1,0}(\bar{G})\cap \widetilde{W}_2^{2,1}(G)$，$j=1,\cdots,n)$是(2.11)之问题 $D_0$的任一解，则 $u(z,t)$满足估计式

$$L_2[|u_{z\bar z}|+|u_{zz}|+|u_t|,\bar G]$$

$$=\sum_{j=1}^n L_2[|u_{jz\bar z}|+|u_{jzz}|+|u_{jt}|,\bar G]\leqslant M_1, \qquad (2.12)$$

当 $N=0$；或在边界 $\partial G_2$附近，$u(z,t)=0$，当 $N>0$；在上式中，$M_1=M_1(\delta,q,k_1,p,G)$是非负常数，$q=(q_0,q_1)$.

**证** 记 $\Lambda_j=\inf_G P_{jj}$，并用 $\Lambda_j(j=1,\cdots,n)$除(2.11)，于是 $u=[u_1(z,t),\cdots,u_n(z,t)]$是以下初-边值问题的一个解：

$$\tilde L u_j=\sum_{k=1}^n[\tilde P_{jk}u_{kz\bar z}-\mathrm{Re}(\tilde Q_{jk}u_{kz\bar z})]-H_ju_{jt}=\tilde C_j,$$

$$j=1,\cdots,n, \qquad (2.13)$$

$$u_j(z,t)=0,\ (z,t)\in\partial G,\ j=1,\cdots,n, \qquad (2.14)$$

此处 $\tilde P_{jk}=P_{jk}/\Lambda_j$，$\tilde Q_{jk}=Q_{jk}/\Lambda_j$，$H_j=1/\Lambda_j$，$j=1,\cdots,n$. 我们将(2.13)改写成

$$\tilde L u_j=Lu_j+(\tilde P_{jj}-1)u_{jz\bar z}-\mathrm{Re}[\tilde Q_{jj}u_{jzz}]+D_j=\tilde C_j,$$

$$D_j=\sum_{k=1,j\neq k}^n[\tilde P_{jk}u_{kz\bar z}-\mathrm{Re}(\tilde Q_{jk}u_{kzz})],\ (z,t)\in G,$$

$$j=1,\cdots,n \qquad (2.15)$$

这里 $Lu_j=u_{jz\bar z}-H_ju_{jt}$，从(2.15)，即得

$$|Lu_j|\leqslant|\tilde Lu_j|+|(\tilde P_{jj}-1)u_{jzz}-\mathrm{Re}[\tilde Q_{jj}u_{jzz}]+D_j|,$$

$$j=1,\cdots,n. \qquad (2.16)$$

进而必有一足够小的正数 $\varepsilon_0$，使得

$$|Lu_j|^2\leqslant(1+\varepsilon_0^{-1})|\tilde Lu_j|^2+(1+\varepsilon_0)|(\tilde P_{jj}-1)u_{jz\bar z}-\mathrm{Re}[\tilde Q_{jj}u_{jzz}]$$
$$+D_j|^2\leqslant(1+\varepsilon_0^{-1})|\tilde C_j|^2+(1+\varepsilon_0)[(\tilde P_{jj}-1)^2+|\tilde Q_{jj}|^2+\varepsilon_1]$$
$$\times[|u_{jzz}|^2+|u_{jzz}|^2+\frac{\varepsilon_1}{n}\sum_{j=1}^n(|u_{jz\bar z}|^2+|u_{jzz}|^2)],\ j=1,\cdots,n,$$

$$(Lu)^2=\sum_{j=1}^n|Lu_j|^2\leqslant(1+\varepsilon_0^{-1})|\tilde C|^2+(1+\varepsilon_0)(1+\varepsilon_1)$$

$$\times\max_{1\leqslant j\leqslant n}\sup_G[(\tilde P_{jj}-1)^2+|\tilde Q_{jj}|^2+\varepsilon_1]\sum_{j=1}^n[|u_{jz\bar z}|^2+|u_{jzz}|^2]$$

$$(2.17)$$

其中我们选取常数 $q_{jk}(j\neq k,\ j,k=1,\cdots,n)$，$\varepsilon_1(>0)$足够小，使得

$$|D_j|\leqslant \varepsilon_1\sum_{j=1}^{n}[(|u_{jz\bar z}|^2+|u_{jzz}|^2)/n]^{1/2},\eta=\max_{1\leqslant j\leqslant n}\sup_G[(\tilde P_{jj}-1)^2$$

$$+|\tilde Q_{jj}|^2+\varepsilon_1]<\frac{1}{2},\ q_2=2(1+\varepsilon_0)(1+\varepsilon_1)\eta<1,$$

(2.18)

根据引理2.1，我们有

$$\max\left[\iiint_G|u_{zz}|^2dxdydt,\ \iiint_G|Hu_t|^2dxdydt,\right.$$

$$\left.\iiint_G|u_{z\bar z}|^2dxdydt\right]\leqslant\iiint_G|Lu|^2dxdydt,\qquad (2.19)$$

只要 $q_{jk}(j\neq k,\ j,k=1,\cdots,n)$足够小，从(2.17)，(2.19)，便可得到

$$\iiint_G|Lu|^2dxdydt\leqslant(1+\varepsilon_0^{-1})\iiint_G|\tilde C|^2dxdydt$$

$$+2(1+\varepsilon_0)(1+\varepsilon_1)\eta\iiint_G|Lu|^2dxdydt,\qquad (2.20)$$

于是有

$$\iiint_G|Lu|^2dxdydt\leqslant\frac{1+\varepsilon_0^{-1}}{1-2(1+\varepsilon_0)(1+\varepsilon_1)\eta}\iiint_G|\tilde C|^2dxdydt.$$

(2.21)

使用条件 $C$ 中的(1.3)，(1.4)，联合(2.19)与(2.21)，即可导出估计式(2.12). 最后，我们提及：如果条件(1.3)成立，那么必有(2.18)的最后一式. 事实上，由(1.3)，即

$$\sup_G(|\tilde P_{jj}|^2+|\tilde Q_{jj}|^2)=\frac{\sup_G(|P_{jj}|^2+|Q_{jj}|^2)}{\inf_G|P_{jj}|^2}<\frac{4}{3}$$

我们有

$$\eta=\sup_G[(\tilde P_{jj}-1)^2+|\tilde Q_{jj}|^2]\leqslant\sup_G[|\tilde P_{jj}|^2+|\tilde Q_{jj}|^2]$$

$$+1-2\inf_G\tilde P_{jj}\leqslant\sup_G[|\tilde P_{jj}|^2+|\tilde Q_{jj}|^2]+1-2<\frac{1}{2},$$

这样只要正数 $\varepsilon_0$，$\varepsilon_1$足够小，就可得到(2.18)的最后一个不等式.

**注** 如果用方程(1.2)来代替方程(2.11)，又 $u(z,t)$是(1.2)之问题 $D_0$的解，且此解满足估计式

$$C^{1,0}[u,\bar{G}] = C^{0,0}[u,\bar{G}] + C^{0,0}[u_z,\bar{G}] \leqslant M_0, \qquad (2.22)$$

这里$M_0$是一非负常数，那么$u(z,t)$仍满足估计式(2.12)，但其中常数$M_1$应与$M_0$有关，即$M_1=M_1(\delta,q,k_1,p,G,M_0)$.

**定理2.3** 设条件$C$，(2.22)成立，又常数$q_{jk}(j\neq k, j,k=1,\cdots,n)$均足够小，那么方程(1.2)之问题$D$的任一解$u(z,t)$满足估计式

$$C^{1,0}_{\beta,\beta/2}[u,G_m] \leqslant M_2 = M_2(\delta,q,k,p,M_0,G_m), \qquad (2.23)$$

此处$G_m=\{(z,t)\in G,\ \mathrm{dist}(z,\Gamma)\geqslant 1/m,\ t\in\bar{I}\}$，$m$是足够大的正整数，$\beta(0<\beta\leqslant\alpha)$，$M_2$都是非负常数，而$k=(k_0,k_1)$.

**证** 我们只要证明(2.23)对区域$\mathrm{Cyl}_r=\mathrm{Cyl}^{-r,0}_{0,2r^{1/2}}$成立，因为区域$G_m$可由有限个形如$\mathrm{Cyl}^{t^1,t^1+r}_{z^0,2r^{1/2}}=\{|z-z^0|<2r^{1/2},t^1<t<t^1+r\}$来复盖，又通过变换$\zeta=z-z^0$，$\tau=t-t^1-r$，区域$\mathrm{Cyl}^{t^1,t^1+r}_{z^0,2r^{1/2}}$变换为区域$\mathrm{Cyl}_r$，这里$r$为足够小的正数，使得$4r^{1/2}<\dfrac{1}{m}$，这样便可达到上述要求. 进而，我们构造一个二次连续可微的函数$g(z,t)$如下：

$$g(z,t) = \begin{cases} 1,\ (z,t)\in \mathrm{Cyl}_r, \\ 0,\ (z,t)\in\{\mathbb{C}\times I\}\backslash \mathrm{Cyl}_{2r}, \end{cases}$$

$$0\leqslant g(z,t)\leqslant 1,\ (z,t)\in \mathrm{Cyl}_{2r}\backslash\mathrm{Cyl}_r,$$

对函数

$$v(z,t) = g(z,t)[u(z,t)-u(0,0)-2\mathrm{Re}\,z\,u_z(0,0)]$$

使用第三章引理2.4，可得不等式

$$\iiint_{\mathrm{Cyl}_r}[u(z,t)-u(0,0)-2\mathrm{Re}\,z\,u_z(0,0)]$$
$$\cdot E(-z,-t)(-t)^{-2-\beta}dxdydt$$
$$\leqslant \iiint_{\mathrm{Cyl}_{2r}}[v(z,t)]^2E(-z,-t)(-t)^{-2-\beta}dxdydt$$
$$\leqslant M_3\{\iiint_{\mathrm{Cyl}_{2r}}(Lu)^2E(-z,-t)(-t)^{-\beta}dxdydt$$
$$+\iiint_{\mathrm{Cyl}_{2r}}[u(z,t)-u(0,0)-2\mathrm{Re}\,z\,u_z(0,0)]E(-t)^{-\beta}dxdydt$$

$$+\iiint_{\mathrm{Cyl}_{2r}}[2\mathrm{Re}(u_z(z,t)-u_z(0,0))]^2E(-t)^{-\beta}dxdydt\}$$

$$\leqslant M_4\left[\iiint_{\mathrm{Cyl}_{2r}}(\mathscr{L}u)^2E(-t)^{-\beta}dxdydt+M_5\right]\leqslant M_6,$$

这里我们使用条件(2.22)与第三章引理2.5,并选取正数 $\beta$ 足够小,使得

$$\iiint_{\mathrm{Cyl}_{2r}}(\mathscr{L}u)^2E(-t)^{-\beta}dxdydt=\iiint_{\mathrm{Cyl}_{2r}}|C|E(-t)^{-\beta}dxdydt$$

$$\leqslant\left[\iiint_{\mathrm{Cyl}_{2r}}|C|^pdxdydt\right]^{2/p}\left[\iiint_{\mathrm{Cyl}_{2r}}E^q(-t)^{-\beta q}dxdydt\right]^{1/q}\leqslant k_1M_7,\tag{2.24}$$

此处 $q=p/(p-2)$, $M_j=M_j(\delta,q,k,p,\beta,M_0,G_m)(j=3,\cdots,7)$都是非负常数. 因此使用第三章引理2.3,便可得到估计式(2.23).

**定理2.4** 在定理2.3相同的条件下,方程组(1.2)之问题 $D$ 的解 $u=[u_1(z,t),\cdots,u_n(z,t)]$满足估计式

$$C^{1,0}_{\beta,\beta/2}[u,\bar{G}]\leqslant M_8,\ \|u\|_{\tilde{W}^{2,1}_2(G)}\leqslant M_9,\tag{2.25}$$

这里 $q=(q_0,q_1)$, $k=(k_0,k_1,k_2)$, $\beta(0<\beta\leqslant\alpha)$,$M_j=M_j(\delta,q,k,\alpha,p,M_0,G)$ $(j=8,9)$都是非负常数.

**证** 我们先求齐次 Dirichlet 边值问题

$$Lu_j=u_{jz\bar{z}}-u_{jt}=0,\ (z,t)\in G,\ j=1,\cdots,n,\tag{2.26}$$

$$u_j(z,0)=g_j(z),\ z\in D,\ j=1,\cdots,n,$$

$$u_j(z,t)=r_j(z,t),\ (z,t)\in\partial G_2,\ j=1,\cdots,n\tag{2.27}$$

的一个解 $\tilde{u}=[\tilde{u}_1(z,t),\cdots,\tilde{u}_n(z,t)]$,由[81],可知它满足估计式

$$C^{2,1}_{\beta,\beta/2}[\tilde{u},\bar{G}]\leqslant M_{10}=M_{10}(\alpha,k_1,G).\tag{2.28}$$

容易看出:函数组

$$U(z,t)=u(z,t)-\tilde{u}(z,t),\ (z,t)\in\bar{G}\tag{2.29}$$

是以下初-边值问题的一个解.

$$\mathscr{L}U_j=\sum_{k=1}^n\{P_{jk}U_{kz\bar{z}}-\mathrm{Re}[Q_{jk}U_{kzz}+A_{jk}U_{kz}]$$

$$-B_{jk}U_k\}-U_{jt}=R_j,\ j=1,\cdots,n\tag{2.30}$$

$$U_j(z,0)=0,\ z\in D,\ j=1,\cdots,n,$$

$$U_j(z,0)=0,\ (z,t)\in\partial G_2,\ j=1,\cdots,n \tag{2.31}$$

其中

$$R_j=C_j-\mathscr{L}\tilde{u}_j,\ (z,t)\in G,\ j=1,\cdots,n. \tag{2.32}$$

现在任取边界 $\partial G_2$上一点 $P^*=(z^*,t^*)$，并不妨设 $z^*\in\Gamma_0$，我们可将 $U(z,t)$沿 $\partial G^*=\partial G_2\cap[\{|z|=1\}\times\bar{I}]$从 $G$ 连续开拓到 $G$ 的对称区域 $\tilde{G}$. 事实上，只要引进函数

$$\tilde{U}(z,t)=\begin{cases}U(z,t),\ (z,t)\in G\cup\partial G^*,\\ -U(1/\bar{z},t),\ (z,t)\in\tilde{G},\end{cases} \tag{2.33}$$

由于 $\tilde{U}(z,t)=0,\ (z,t)\in\partial G^*$，易知 $\mathrm{Re}[iz\tilde{U}_z]=0$，即 $zU_z=\bar{z}U_{\bar{z}}$，$(z,t)\in\partial G^*$，而当 $z=1/\zeta\in\tilde{G}\cup\partial G^*$，$\tilde{U}_z=-U_\zeta(-1/z^2)$，因此 $z\tilde{U}_z=\bar{z}U_{\bar{z}}$，$(z,t)\in\partial G^*$，这表明 $\tilde{U},\tilde{U}_z$ 在 $G\cup\tilde{G}\cup\partial G^*$ 内是连续的. 注意到

$$\tilde{U}_{z\bar{z}}=-|z|^{-4}U_{\zeta\bar{\zeta}},\ \tilde{U}_{\bar{z}\bar{z}}=-\bar{z}^{-4}U_{\zeta\zeta}-2\bar{z}^{-3}U_\zeta,\ (z,t)\in\tilde{G}\cup\partial G^*, \tag{2.34}$$

可知 $\tilde{U}(z,t)$是以下方程组于 $G\cup\partial G^*\cup\tilde{G}$ 内的解：

$$\sum_{k=1}^{n}\{\tilde{P}_{jk}\tilde{U}_{kz\bar{z}}-\mathrm{Re}[\tilde{Q}_{jk}\tilde{U}_{kzz}+\tilde{A}_{jk}\tilde{U}_{kz}]-\tilde{B}_{jk}\tilde{U}_k\}-\tilde{U}_{jt}=\tilde{R}_j,$$
$$j=1,\cdots,n. \tag{2.35}$$

其中

$$\tilde{P}_{jk}=\begin{cases}P_{jk}(z,t),\\ P_{jk}(1/\bar{z},t)|z|^4,\end{cases}\qquad \tilde{Q}_{jk}\begin{cases}Q_{jk}(z,t),\\ \overline{Q_{jk}(1/\bar{z},t)}z^4,\end{cases}$$

$$\tilde{A}_{jk}=\begin{cases}A_{jk}(z,t),\\ -\overline{A_{jk}(1/\bar{z},t)}z^2+2\overline{Q_{jk}(1/\bar{z},t)}z^3,\end{cases}$$

$$\tilde{B}_{jk}=\begin{cases}B_{jk}(z,t),\\ B_{jk}(1/\bar{z},t),\end{cases}\ \tilde{R}_j=\begin{cases}R_j(z,t),\quad (z,t)\in G,\\ -R_j(1/\bar{z},t),(z,t)\in\tilde{G}.\end{cases} \tag{2.36}$$

不难看出：方程组(2.35)满足类似于条件 $C$ 中所述的条件. 因此，仿(2.21)与(2.23)，可得到 $\tilde{U}(z,t)$与 $u(z,t)$在 $\partial G^*$ 附近 $G_*=\{(z,t)\in G\cup\partial G^*,\ \mathrm{dist}((z,t),\partial G_2\backslash G^*)\geq\varepsilon^*>0\}$所满足的估计式，即

$$C^{1,0}_{\beta,\beta/2}[u,G_*]\leqslant M_{11},\ \|u\|_{\widetilde{W}_2^{2,1}(G_*)}\leqslant M_{12}, \tag{2.37}$$

这里 $M_j=M_j(\delta,q,k,\alpha,p,\varepsilon,\varepsilon^*,G)\ (j=11,12)$.

联合(2.28)与(2.37),便可得到估计式(2.25).

**定理2.5** 设条件 $C$ 成立,又 $q_{jk}(j\neq k,\ j,k=1,\cdots,n)$都足够小,那么方程组(1.2)之问题 $D$ 的解 $u(z,t)$满足估计式

$$Ru=C^{1,0}_{\beta,\beta/2}[u,\bar{G}]=\sum_{j=1}^{n}C^{1,0}_{\beta,\beta/2}[u_j,\bar{G}]\leqslant M_{13},$$

$$Su=\|u\|_{\widetilde{W}_2^{2,1}(G)}=\sum_{j=1}^{n}\|u_j\|_{\widetilde{W}_2^{2,1}(G)}\leqslant M_{14}, \tag{2.38}$$

这里 $\beta(0<\beta\leqslant\alpha)$,$M_j=M_j(\delta,q,k,\alpha,p,G)\ (j=13,14)$都是非负常数.

**证** 如果定理1.1成立,我们要证明有以下估计式

$$C^{1,0}[u,\bar{G}]\leqslant M_{15}=M_{15}(\delta,q,k,\alpha,p,G). \tag{2.39}$$

假如(2.39)不成立,则存在满足本定理条件的抛物型方程组序列

$$\sum_{k=1}^{n}\{P^m_{jk}u_{kz\bar{z}}-\mathrm{Re}[Q^m_{jk}u_{kzz}+A^m_{jk}u_{kz}]-B^m_{jk}u_k\}-u_{jt}=C^m_j,$$
$$j=1,\cdots,n, \tag{2.40}$$

与初-边界条件序列

$$u_j(z,0)=g^m_j(z),\ z\in D,\ j=1,\cdots,n, \tag{2.41}$$

$$u_j(z,t)=r^m_j(z,t),\ (z,t)\in\partial G_2,\ j=1,\cdots,n,m=1,2,\cdots, \tag{2.42}$$

这里 $g^m_j(z)$, $r^m_j(z,t)(j=1,\cdots,n,m=1,2,\cdots)$满足(1.9)与(1.14). 不妨设$\{P^m_{jk}\}$,$\{Q^m_{jk}\}$,$\{A^m_{jk}\}$,$\{B^m_{jk}\}$,$\{C^m_j\}$在 $G$ 内分别弱收敛于 $P^0_{jk},Q^0_{jk},A^0_{jk},B^0_{jk},C^0_j$, 而$\{g^m_j(z)\}$,$\{r^m_j(z,t)\}$分别在 $D,\partial G_2$上一致收敛到 $g^0_j(z),r^0_j(z,t)\ (j,k=1,\cdots,n)$; 并且初-边值问题(2.40)—(2.42)具有解 $u^m(z,t)\ (u^m_j(z,t)\in C^{1,0}(\bar{G}),j=1,\cdots,n,m=1,2,\cdots)$,使得 $C^{1,0}[u^m,\bar{G}]=H^m\to\infty$, 当 $m\to\infty$. 不妨设 $H^m\geqslant1$, $m=1,2,\cdots$,容易看出:$U^m=u^m/H^m$ 是以下初-边值问题的解:

$$\sum_{k=1}^{n}\{P^m_{jk}U_{kz\bar{z}}-\mathrm{Re}[Q^m_{jk}U_{kzz}+A^m_{jk}U_{kz}]-B^m_{jk}U_k\}$$

$$-U_{jt}=C^m_j/H^m,\ j=1,\cdots,n, \tag{2.43}$$

$$U^m_j(z,0)=g^m_j(z)/H^m,\ z\in D,\ j=1,\cdots,n, \tag{2.44}$$

$$U^m_j(z,t)=r^m_j(z,t)/H^m,\ (z,t)\in\partial G_2,$$

$$j=1,\cdots,n,m=1,2,\cdots. \tag{2.45}$$

由定理2.4中的结论,可知$U^m$满足估计式

$$C^{1,0}_{\beta,\beta/2}[U^m,\bar G]\leqslant M_{16},\ \|U^m\|_{\widetilde W^{2,1}_2(G)}\leqslant M_{16}, \tag{2.46}$$

此处$\beta(0<\beta\leqslant\alpha)$, $M_{16}=M_{16}(\delta,q,k,\alpha,p,G)$是非负常数. 于是从$\{U^m\}$,$\{U^m_z\}$,可选取子序列$\{U^{m_k}\}$,$\{U^{m_k}_z\}$,它们在$\bar G$上分别一致收敛到$U^0$,$U^0_z$,又$\{U^{m_k}_{z\bar z}\}$,$\{U^{m_k}_{zz}\}$,$\{U^{m_k}_t\}$在$G$上分别弱收敛到$U^0_{z\bar z}$,$U^0_{zz}$,$U^0_t$,而$U^0$是以下初-边值问题的一个解.

$$\sum_{k=1}^n\{P^0_{jk}U^0_{kz\bar z}-\mathrm{Re}[Q^0_{jk}U_{kzz}+A^0_{jk}U_{kz}]-B^0_{jk}U_k\}-U_{jt}=0,$$

$$j=1,\cdots,n,$$

$$U^0_j(z,0)=0,\ z\in D,\ j=1,\cdots,n,$$

$$U^0_j(z,t)=0,(z,t)\in\partial G_2,\ j=1,\cdots,n.$$

根据定理1.1,可知$U^0=[U^0_1,\cdots,U^0_m]=0$, $(z,t)\in\bar G$. 然而从$C^{1,0}[U^m,\bar G]=1$,可推出:在$\bar G$上必有一点$(z^*,t^*)$,使得$\sum_{j=1}^n[|U^0_j(z^*,t^*)|+|U^0_{jz}(z^*,t^*)|]>0$. 此矛盾证明了估计式(2.39)成立. 再使用定理2.4,便知有估计式(2.38).

下面,我们不使用定理1.1,而是使用第三章中的定理3.2来导出估计式(2.38). 我们可把方程组(1.2)改写成

$$P_{jj}u_{jz\bar z}-\mathrm{Re}[Q_{jj}u_{jzz}+A_{jj}u_{jz}]-B_{jj}u_j-u_{jt}$$

$$=f_j(z,t,u,u_z,u_{z\bar z},u_{zz})+C_j(z,t),$$

$$f_j=\sum_{k=1,j\neq k}^n\{-P_{jk}u_{kz\bar z}+\mathrm{Re}[Q_{jk}u_{kzz}+A_{jk}u_{kz}]+B_{jk}u_k\},$$

$$(z,t)\in G,\ j=1,\cdots,n. \tag{2.47}$$

注意到条件$C$及$q_{jk}(j\neq k,\ j,k=1,\cdots,n)$足够小,故存在一足够小的正数$\varepsilon$,使得

$$Sf_j = \|f_j\|_{\widetilde{W}_2^{2,1}(G)} \leqslant \frac{\varepsilon}{n}(Ru + Su),\ j = 1,\cdots,n. \quad (2.48)$$

仿照第三章定理3.2的证明方法，可证方程组(2.47)之问题 $D$ 的解 $u=[u_1(z,t),\cdots,u_n(z,t)]$满足估计式

$$Ru = C^{1,0}_{\beta,\beta/2}[u,\bar{G}] = \sum_{j=1}^{n} C^{1,0}_{\beta,\beta/2}[u_j,\bar{G}] \leqslant M_{17}\sum_{j=1}^{n}[k_1 + Rf_j],$$

$$Su = \|u\|_{\widetilde{W}_2^{2,1}(G)} = \sum_{j=1}^{n}\|u_j\|_{\widetilde{W}_2^{2,1}(G)} \leqslant M_{18}\sum_{j=1}^{n}[k_1 + Rf_j], \quad (2.49)$$

这里 $M_j=M_j(\delta,q,k,\alpha,p,G)$，$j=17,18$. 从(2.48)，(2.49)，可得

$$Ru = \sum_{j=1}^{n} Ru_j \leqslant M_{17}[nk_1 + \varepsilon(Ru + Su)],$$

$$Su = \sum_{j=1}^{n} Su_j \leqslant M_{18}[nk_1 + \varepsilon(Ru + Su)].$$

只要选取正数 $\varepsilon$ 足够小，使得 $\varepsilon M_{17}<1$，$\varepsilon M_{18}<1$，$\varepsilon^2 M_{17}M_{18}/[(1-\varepsilon M_{17})(1-\varepsilon M_{18})]<1$，那么有

$$Ru = \frac{M_{17}}{1-\varepsilon M_{17}}[nk_1 + \varepsilon Su], Su = \frac{M_{18}}{1-\varepsilon M_{18}}[nk_1 + \varepsilon Ru],$$

因而

$$\begin{aligned} Ru &= \frac{M_{17}}{1-\varepsilon M_{17}}\left\{nk_1 + \varepsilon\frac{M_{18}}{1-\varepsilon M_{18}}[nk_1 + \varepsilon Ru]\right\} \\ &= \frac{M_{17}}{1-\varepsilon M_{17}}\left[nk_1 + \frac{k_1\varepsilon M_{18}}{1-\varepsilon M_{18}}\right]\Big/ \\ &\quad \left[1 - \frac{M_{17}}{1-\varepsilon M_{17}}\cdot\frac{\varepsilon^2 M_{18}}{1-\varepsilon M_{18}}\right] = M_{13}, \end{aligned}$$

$$Su = \frac{M_{18}}{1-\varepsilon M_{18}}[nk_1 + \varepsilon M_{13}] = M_{14}.$$

这样就完成了证明.

**2. 方程组(1.2)的第一边值问题的可解性**

我们先讨论方程组(1.2)的一种特殊情形，即

$$\begin{cases}\sum_{k=1}^{n}\{P_{jk}u_{kz\bar{z}}-\mathrm{Re}[Q_{jk}u_{kzz}]\}-u_{jt}-f_j(z,t,u)=0,(z,t)\in G,\\ f_j(z,t,u)=\sum_{k=1}^{n}\mathrm{Re}[A_{jk}u_{kz}+B_{jk}u_k]+C_j,\ j=1,\cdots,n,\end{cases}$$

(2.50)

其中

$$\begin{cases}P_{jk}=P_{jk}(z,t,u_{zz},u_{z\bar{z}}),Q_{jk}=Q_{jk}(z,t,u_{zz},u_{zz}),\\ A_{jk}=A_{jk}(z,t),\ B_{jk}=B_{jk}(z,t),\ C_j=C_j(z,t),\ j,k=1,\cdots,n.\end{cases}$$

**定理2.6** 如果方程组(2.50)满足条件 $C$，且 $q_{jk}(j\neq k,\ j,k=1,\cdots,n)$ 足够小，那么，(2.50)之问题 $D$ 是可解的.

**证** 为了使用参数开拓法，我们考虑带参数 $h\in[0,1]$ 的如下初-边值问题(问题 $D^h$)：

$$\sum_{k=1}^{n}\{P_{jk}u_{kz\bar{z}}-\mathrm{Re}[Q_{jk}u_{kzz}]\}-u_{jt}-hf_j(z,t,u)=R_j(z,t),$$

$$j=1,\cdots,n, \tag{2.51}$$

$$u_j(z,0)=g_j(z),\ z\in D,\ j=1,\cdots,n, \tag{2.52}$$

$$u_j(z,t)=r_j(z,t),\ (z,t)\in\partial G_2,\ j=1,\cdots,n, \tag{2.53}$$

此处 $R_j(z,t)(j=1,\cdots,n)$ 都是任意可测函数，满足条件 $R_j(z,t)\in L_p(\bar{G})(p>4,j=1,\cdots,n)$. 当 $h=0$，由后面的定理2.8，可知问题 $D^0$ 具有解 $u^0(z,t)=[u_1^0(z,t),\cdots,u_n^0(z,t)]\in B$，即 $u_j^0(z,t)\in C^{1,0}_{\beta,\beta/2}(\bar{G})\cap\widetilde{W}_2^{2,1}(G)(j=1,\cdots,n)$. 假定当 $h=h_0(0\leqslant h_0<1)$，方程组(2.51)的问题 $D^{h_0}$ 是可解的，下面将证明：存在一个不依赖于 $h_0$ 的正常数 $\varepsilon$，使得对任意的 $h\in E=\{|h-h_0|\leqslant\varepsilon,0\leqslant h\leqslant1\}$，(2.51)的问题 $D^h$ 具有解 $u(z,t)\in B$. 为此，把方程组(2.51)改写成

$$\sum_{k=1}^{n}\{P_{jk}u_{kz\bar{z}}-\mathrm{Re}[Q_{jk}u_{kzz}]\}-u_{jt}-h_0f_j(z,t,u)$$
$$=(h-h_0)f_j(z,t,u)+R_j(z,t),\ (z,t)\in G,\ j=1,\cdots,n, \tag{2.54}$$

任选一函数组 $u^0=[u_1^0,\cdots,u_n^0]\in B$，并将它代入(2.54)等号右边 $u$ 的位置，容易看出：$(h-h_0)f_j(z,t,u^0)+R_j(z,t)\in L_p(\bar{G})$，$p>4$，

$j=1,\cdots,n$. 根据 $h_0$的假定，可知对应于方程组

$$\sum_{k=1}^{n}\{P_{jk}u_{kz\bar{z}}-\mathrm{Re}[Q_{jk}u_{kzz}]\}-u_{jt}-h_0f_j(z,t,u)$$
$$=(h-h_0)\,f_j(z,t,u^0)+R_j(z,t),\ (z,t)\in G,\ j=1,\cdots,n,\tag{2.55}$$

的问题 $D^h$ 具有解 $u^1=[u_1^1,\cdots,u_n^1]\in B$. 使用逐次叠代法，可求得问题 $D^h$ 的解序列 $u^m\in B(m=1,2,\cdots)$，它们适合方程组和初-边界条件：

$$\sum_{k=1}^{n}\{P_{jk}u_{kz\bar{z}}^{m+1}-\mathrm{Re}[Q_{jk}u_{kzz}^{m+1}]\}-h_0f_j(z,t,u^{m+1})$$
$$=(h-h_0)f_j(z,t,u^m)+R_j(z,t),(z,t)\in G,\ j=1,\cdots,n,\tag{2.56}$$

$$u_j^{m+1}(z,0)=g_j(z),\ z\in D,\ j=1,\cdots,n,$$
$$u_j^{m+1}(z,t)=r_j(z,t),\ (z,t)\in\partial G_2,\ j=1,\cdots,n.\tag{2.57}$$

依照定理2.5中的证法，可以导出

$$C^{1,0}[u^{m+1},\bar{G}]=\sum_{j=1}^{n}C^{1,0}[u_j^{m+1},\bar{G}]\leqslant|h-h_0|MC^{1,0}[u^m,\bar{G}],$$

这里 $M=M(\delta,q,k,\alpha,p,G)$是一非负常数. 取 $\varepsilon=1/2(M+1)$，我们有

$$\|u^{m+1}\|=C^{1,0}[u^{m+1},\bar{G}]\leqslant\frac{1}{2}\|u^m\|,\ h\in E.$$

因此当 $n\geqslant m>N+2(>2)$，有

$$\|u^{m+1}-u^m\|\leqslant 2^{-N}\|u^1-u^0\|,$$
$$\|u^n-u^m\|\leqslant 2^{-N}\sum_{j=1}^{\infty}2^{-j}\|u^1-u^0\|=2^{-N+1}\|u^1-u^0\|.$$

这表明$\|u^n-u^m\|\to 0$，当 $n,m\to\infty$. 由 Banach 空间 $B$ 的完备性，则知存在 $u^*=[u_1^*,\cdots,u_n^*]\in B$，使得$\|u^n-u^*\|\to 0$，当 $n\to\infty$. 因此 $u^*$ 是方程组(2.54)之问题 $D^h(h\in E)$的解. 这样一来，从方程组(2.54)之问题 $D^0$的可解性，可依次推出其问题 $D^\varepsilon$,问题 $D^{2\varepsilon}$,…,问题 $D^1$的可解性. 特别当 $R_j(z,t)=0(j=1,\cdots,n)$的方程组(2.54)之问题 $D^1$，即方程组(2.50)的问题 $D$ 是可解的.

**定理2.7** 如果方程组(1.2)满足条件$C$,又$q_{jk}(j\neq k,\ j,k=1,\cdots,n)$都足够小,那么(1.2)的问题$D$是可解的.

**证** 引进Banach空间$C^{1,0}(\overline{G})$中的一有界、闭凸集$B_0$,其中元素是满足条件

$$C^{1,0}[u,\overline{G}]=\sum_{j=1}^{n}C^{1,0}[u_j,\overline{G}]\leqslant M_{13} \tag{2.58}$$

的全部函数组$u=[u^1,\cdots,u^n]$,上式中的$M_{13}$是(2.38)中所示的常数. 任选一函数组$U=[U_1,\cdots,U_2]\in B_0$,代入方程组(1.2)系数中适当的位置,则得

$$\sum_{k=1}^{n}\{P_{jk}u_{kz\bar{z}}-\mathrm{Re}[Q_{jk}u_{kzz}+A_{jk}u_{kz}]-B_{jk}u_k\}-u_{jt}=C_j(z,t),$$
$$j=1,\cdots,n. \tag{2.59}$$

此处$P_{jk}=P_{jk}(z,t,U,U_z,u_{zz},u_{z\bar{z}})$, $Q_{jk}=(z,t,U,U_z,u_{zz},u_{z\bar{z}})$,$A_{jk}=A_{jk}(z,t,U,U_z)$,$B_{jk}=B_{jk}(z,t,U)$, $j,k=1,\cdots,n$. 容易看出:方程组(2.59)满足(2.50)同样的条件,因此由定理2.6,(2.59)的问题$D$具有解$u=[u_1,\cdots,u_n]$;再由定理2.5,知此解$u\in B_0$. 用$u=S(U)$表示从$U\in B_0$到$u$的映射. 根据定理2.5,此映射把$B_0$映射到自身的一紧集. 为了证明$u=S(U)$是$B_0$中的一连续映射,任取函数组序列$U^m(z,t)\in B_0(m=0,1,2,\cdots)$, 使得$C^{1,0}[U^m-U_0,\overline{G}]\to 0$, 当$m\to\infty$. 将$u^m=S(U^m)$与$u^0=S(U^0)$相减,得到关于$\tilde{u}^m=u^m-u^0$的方程组

$$\sum_{k=1}^{n}\{\widetilde{P}_{jk}^m\tilde{u}_{kz\bar{z}}^m-\mathrm{Re}[\widetilde{Q}_{jk}^m\tilde{u}_{kzz}^m+\widetilde{A}_{jk}^m\tilde{u}_{kz}^m]-\widetilde{B}_{jk}^m u_k\}-\tilde{u}_{jt}^m=\widetilde{R}_j^m,$$
$$j=1,\cdots,n, \tag{2.60}$$

其中

$$\widetilde{P}_{jk}^m=P_{jk}(z,t,U^m,U_z^m,\tilde{u}_{zz}^m,\tilde{u}_{z\bar{z}}^m),$$
$$\widetilde{Q}_{jk}^m=\widetilde{Q}_{jk}(z,t,U^m,U_z^m,\tilde{u}_{zz}^m,\tilde{u}_{z\bar{z}}^m),\cdots,$$
$$\widetilde{R}_j^m=\sum_{k=1}^{n}\{[P_{jk}(z,t,U^m,U_z^m,u_{zz}^0,u_{z\bar{z}}^0)-P_{jk}(z,t,U^0,U_z^0,u_{zz}^0,u_{z\bar{z}}^0)]u_{z\bar{z}}^0$$
$$-\mathrm{Re}[Q_{jk}(z,t,U^m,U_z^m,u_{zz}^0,u_{z\bar{z}}^0)-Q_{jk}(z,t,U^0,U_z^0,u_{zz}^0,u_{z\bar{z}}^0)]u_{zz}^0$$
$$-\mathrm{Re}[A_{jk}(z,t,U^m,U_z^m)-A_{jk}(z,t,U^0,U_z^0)]u_{kz}^0$$

$-[B_{jk}(z,t,U^m)-B_{jk}(z,t,U^0)]u_k\}$, $j=1,\cdots,n,m=1,2,\cdots$.
使用第三章引理1.7中的证法,可证:$\|\tilde{R}_j^m\|_{L_2(\bar{G})}\to 0$, $j=1,\cdots,n$, 当 $m\to\infty$. 由定理2.5与定理1.1,可知 $u^m$ 满足估计式(2.38),而且 $u^0=S(U^0)$是唯一的,因此$\{u^m\}$,$\{u_z^m\}$在 $\bar{G}$ 上分别一致收敛到 $u^0,u_z^0$,即 $C^{1,0}[u^m-u^0,\bar{G}]\to 0$,当 $m\to\infty$. 这表明 $u=S(U)$将 $B_0$连续映射到自身的一紧集. 由 Schauder 不动点定理,则知存在 $u\in B_0$,使得 $u=S(u)$,而此函数组 $u$ 就是方程组(1.2)之问题 $D$ 的解.

为了证明方程(2.51)当 $h=0$时问题 $D^0$的可解性,我们先考虑形如下的二阶抛物型方程(2.51)的特殊情形:

$$u_{jz\bar{z}}-u_{jt}=f_j^m(z,t,u),\ f_j^m=-\sum_{k=1}^n\{P_{jk}^m u_{kz\bar{z}}$$
$$-\operatorname{Re}[Q_{jk}^m u_{kzz}]\}+R_j^m(z,t),\ j=1,\cdots,n, \qquad (2.61)$$

这里

$$P_{jk}^m=\begin{cases}P_{jk}-\delta_{jk},\\0,\end{cases}\quad Q_{jk}^m=\begin{cases}Q_{jk},\\0,\end{cases}\quad R_j^m=\begin{cases}R_j,\ z\in G_m,\\0,\ z\notin G_m,\end{cases}$$

此处 $G_m$ 如(2.23)中所设. 正如第三章定理3.4的证明中那样,可将(2.61)之问题 $D^0$的解 $u=[u_1(z,t),\cdots,u_n(z,t)]$表示成

$$u(z,t)=U(z,t)+V(z,t)=U(z,t)+v_0(z,t)+v(z,t), \qquad (2.62)$$

其中 $U=[U_1(z,t),\cdots,U_2(z,t)]$是 Dirichlet 边值问题(2.26)-(2.27)在 $\bar{G}$ 上的解,但要将那里的 $r_j(z,t)$代以 $r_j(z,t)+V_j(z,t)$,而 $V(z,t)$是方程

$$V_{jz\bar{z}}-V_{jt}=f_j^m(z,t,U+V),\ (z,t)\in G_0=D_0\times I,$$
$$j=1,\cdots,n. \qquad (2.63)$$

适合齐次 Dirichlet 边界条件

$$V_j(z,t)=0,\ (z,t)\in\partial G_0,\ j=1,\cdots,n \qquad (2.64)$$

的解 $V=[V_1(z,t),\cdots,V_n(z,t)]$, 在(2.63),(2.64)中, $D_0=\{|z|<1\}$. 如果方程(2.61)满足条件 $C$,又其中的 $q_{jk}(j\neq k,\ j,k=1,\cdots,n)$都适当小,那么由定理2.5中的(2.38),可得 $V(z,t)$,$U(z,t)$所满足的估计式

$$C^{1,0}_{\beta,\beta/2}[V,\bar{G}_0]+\|V\|_{\tilde{W}_2^{2,1}(G_0)}=M_{19}=M_{19}(\delta,q,k,\alpha,p,G_m),$$

(2.65)

$$C^{1,0}_{\beta,\beta/2}[U,\bar{G}]+\|U\|_{\tilde{W}_2^{2,1}(G)}=M_{20}=M_{20}(\delta,q,k,\alpha,p,G_m),$$

(2.66)

现在要求以下边值问题在 $G_0$ 上的解 $\widetilde{V}(z,t)$.

$$\widetilde{V}_{jz\bar{z}}-\widetilde{V}_{jt}=f_j^m(z,t,U+\widetilde{V}),\ (z,t)\in G_0,\ j=1,\cdots,n,$$

(2.67)

$$\widetilde{V}_j(z,t)=0,\ (z,t)\in\partial G_0,\ j=1,\cdots,n. \qquad (2.68)$$

由条件 $C$ 中的(1.3),(1.4)及 $q_{jk}(j\neq k,\ j,k=1,\cdots,n)$ 足够小,类似于(2.20)的导出,从(2.67)可推出 $L\widetilde{V}=\widetilde{V}_{z\bar{z}}-\widetilde{V}_t$ 满足

$$\begin{aligned}L_2[L\widetilde{V},\bar{G}_0]&=\sum_{j=1}^n L_2[L\widetilde{V}_j,\bar{G}_0]\\&\leqslant\left[\frac{1+\varepsilon_0^{-1}}{1-2(1+\varepsilon_0)(1+\varepsilon_1)\eta}\right]^{1/2}\cdot L_2[R+S,G_0],\end{aligned}$$

其中 $R+S=[R_1+S_1,\cdots,R_n+S_n]$, 而

$$\begin{aligned}R_j+S_j=&-\sum_{k=1}^n\{P_{jk}^mU_{kz\bar{z}}-\mathrm{Re}[Q_{jk}^mU_{kzz}]\}\\&+R_j^m(z,t),\ j=1,\cdots,n.\end{aligned}$$

因此由压缩映射原理,可求方程(2.67)适合齐次边界条件(2.68)之问题 $D_0$ 的解 $V(z,t)$, 而 $u(z,t)=U(z,t)+V(z,t)$ 就是方程(2.61)之问题 $D^0$ 的解.再仿照第三章定理3.5的证明方法,可以消去方程(2.61)的系数 $P_{jk}^m,Q_{jk}^m$ 在 $G$ 的边界 $\partial G$ 附近等于0的假设.我们把所得结果写成

**定理2.8** 设方程(2.51)($h=0$)满足条件 $C$,又其中的系数 $q_{jk}$ $(j\neq k,\ j,k=1,\cdots,n)$ 都适当小,则其问题 $D^0$ 是可解的.

## §3. 二阶非线性抛物型方程组的初-正则斜微商边值问题

本节中,我们先给出方程组(1.2)之初-正则斜微商边值问题

解的先验估计式，然后用这种估计式及 Leray-Schauder 定理证明(1.2)此初-边值问题的可解性.

### 1. 初-正则斜微商边值问题解的先验估计

**定理3.1** 设方程组(1.2)满足条件 $C$，又 $q_{jk}(j\neq k,\ j,k=1,\cdots,n)$都适当小，如果(1.2)之问题 $O$ 的任一解 $u(z,t)$满足估计式

$$C^{1,0}[u,\overline{G}]\leqslant M_1<\infty, \tag{3.1}$$

这里 $M_1$是一非负常数，那么此解满足估计式

$$C^{1,0}_{\beta,\beta/2}[u,\overline{G}]\leqslant M_2,\ \|u\|_{\widetilde{W}_2^{2,1}(G)}\leqslant M_3, \tag{3.2}$$

此处 $q=(q_0,q_1)$，$k=(k_0,k_1,k_2)$，$M_j=M_j(\delta,q,k,\alpha,p,M_1,G)$，$(j=2,3)$，$\beta(0<\beta\leqslant\alpha)$都是非负常数.

**证** 使用引理2.2，定理2.3中的方法，可证方程组(1.2)之问题 $O$ 的任一解 $u(z,t)$满足估计式

$$C^{1,0}_{\beta,\beta/2}[u,G_\varepsilon]\leqslant M_4,\ \|u\|_{\widetilde{W}_2^{2,1}(G)}\leqslant M_5, \tag{3.3}$$

此处 $G_\varepsilon=\{(z,t)\in G,\ \mathrm{dist}((z,t),\partial G_2)\geqslant\varepsilon>0\}$，$\varepsilon$ 为一正数，$M_j=M_j(\delta,q,k,\alpha,p,M_1,G)(j=4,5)$都是非负常数.

其次，如果存在一曲面 $\partial G_3=\{(z,t)\in\partial G_2,\nu=\mu\}\subset\partial G_2$，我们可求出 $G$ 内关于 $z$ 的调和函数组 $f(z,t)=[f_1(z,t),\cdots,f_n(z,t)]$，使得 $f_j(z,t)$适合边界条件

$$\frac{\partial f_j}{\partial\mu}=\sigma_j(z,t),\ (z,t)\in\partial G_3,\ j=1,\cdots,n \tag{3.4}$$

这里 $\mu$ 是 $\partial G_3$上任一点的外法线方向，于是

$$U(z,t)=u(z,t)e^{f(z,t)}=[u_1(z,t)e^{f_1(z,t)},\cdots,u_n(z,t)e^{f_n(z,t)}] \tag{3.5}$$

适合边界条件

$$\frac{\partial U_j}{\partial\mu}=\tau_j(z,t)e^{f_j(z,t)},\ \text{即}\ \frac{\partial u_j}{\partial\mu}+\sigma_ju_j=\tau_j,\ (z,t)\in\partial G_3,$$
$$j=1,\cdots,n. \tag{3.6}$$

不难看出：$U=[U_1,\cdots,U_n]$是以下方程组的解：

$$\sum_{k=1}^{n}\{P'_{jk}U_{kz\bar{z}} - \mathrm{Re}[Q'_{jk}U_{kzz} + A'_{jk}U_{kz}] - B'_{jk}U_k\} - U_{jt} = C'_j\ ,$$

$$j = 1,\cdots,n. \tag{3.7}$$

其中系数满足条件 $C$ 中相类似的条件. 现在,我们求出 $G$ 内关于 $z$ 的调和函数组 $U^0(z,t)$, 使它适合边界条件(3.6),于是函数组

$$\tilde{U}(z,t) = \begin{cases} U(z,t) - U^0(z,t),(z,t) \in G \cup \partial G_3, \\ U(1/z,t) - U^0(1/z,t),(z,t) \in \tilde{G}, \end{cases} \tag{3.8}$$

是以下方程组的一个解:

$$\sum_{k=1}^{n}\{\tilde{P}_{jk}\tilde{U}_{kz\bar{z}} - \mathrm{Re}[\tilde{Q}_{jk}\tilde{U}_{kzz} + \tilde{A}_{jk}\tilde{U}_{kz}] - \tilde{U}_{jt}$$

$$= \tilde{C}_j,\ (z,t) \in G \cup \partial G_3 \cup \tilde{G},\ j = 1,\cdots,n, \tag{3.9}$$

这里 $\tilde{G}$ 是区域 $G$ 关于 $\partial G_3$的对称区域,方程组(3.9)的系数满足条件 $C$ 中相类似的条件. 因此,使用前面的方法,可证 $\tilde{U}(z,t)$在 $G\cup\partial G_3\cup\tilde{G}$ 内任一闭集上的估计式,而可导出 $u(z,t)$在 $\hat{G}=\{(z,t)\in G\cup\partial G_3,\mathrm{dist}((z,t),\partial G_2\backslash\partial G_3)\geqslant\varepsilon>0\}$的估计式

$$C^{1,0}_{\beta,\beta/2}[u,\hat{G}] \leqslant M_6,\ \|u\|_{\tilde{W}_2^{2,1}(G)} \leqslant M_7, \tag{3.10}$$

此处 $M_j=M_j(\delta,q,k,\alpha,p,M_1,G)(j=6,7)$都是非负常数.

最后,我们讨论曲面 $\partial G_4=\{(z,t)\in\partial G_2,\nu\neq\mu\}$. 使用与前相类似的方法,边界条件(1.8)可转化为齐次边界条件

$$\frac{\partial V}{\partial \nu} = 0,\ (z,t) \in \partial G_4, \tag{3.11}$$

其中函数组 $V(z,t)$满足形如下的方程组

$$\sum_{k=1}^{n}\{\hat{P}_{jk}V_{kz\bar{z}} - \mathrm{Re}[\hat{Q}_{jk}V_{kzz} + \hat{A}_{jk}V_{kz}] - \hat{B}_{jk}V_k\} - V_{jt} = \hat{C}_j,$$

$$j = 1,\cdots,n. \tag{3.12}$$

不失一般性,可假设区域 $G$ 在半空间 $\mathrm{Im}z<0$内,且$(0,t)\in\partial G_4$,因为通过 $z$ 的一个共形映射,可达到上述要求. 设 $b_1=\cos(\nu,x)$, $b_2=\cos(\nu,y)$,并作变换

$$z = \frac{1}{2}(1 + b_1 + ib_2)\zeta + \frac{1}{2}(-1 + b_1 + jb_2)\zeta,\ \zeta = \xi + i\eta, \tag{3.13}$$

显然(3.13)是$\zeta=0$的一邻域内的一个同胚. 用$\zeta=\zeta(z,t)$表示$z=z(\zeta,t)$的反函数,它将$\partial G_4$映射到曲面$\partial H_4$. 于是函数组$\widetilde{V}(\zeta,t)=V[z(\zeta,t),t]$满足以下方程组与边界条件.

$$\sum_{k=1}^{n}\{\widetilde{P}_{jk}V_{k\zeta\bar{\zeta}}-\mathrm{Re}[\widetilde{Q}_{jk}V_{k\zeta\zeta}+\widetilde{A}_{jk}V_{k\zeta}]-\widetilde{B}_{jk}V_k\}-V_{jt}=\widetilde{C}_j,$$
$$j=1,\cdots,n,\tag{3.14}$$

$$\frac{\partial\widetilde{V}_j}{\partial\mu}=0,\ (\zeta,t)\in\partial H_4,\ j=1,\cdots,n,\tag{3.15}$$

这里$\mu$是曲面$\partial H_4$上任一点的外法向量. 这样,类似于前面的证明,可得$u(z,t)$的如下估计式

$$C^{1,0}_{\beta,\beta/2}[u,\widetilde{G}_4]\leqslant M_8,\ \|u\|_{\widetilde{W}^{2,1}_2(\widetilde{G}_4)}\leqslant M_9,\tag{3.16}$$

此处$\widetilde{G}_4=\{(z,t)\in G\cup\partial G_4,\ \mathrm{dist}((z,t),\partial G_2\backslash\partial G_4)\geqslant\varepsilon\}$,$M_j=M_j(\delta,q,k,\alpha,p,M_1,G)$$(j=8,9)$都是非负常数. 联合(3.3),(3.10)与(3.16),便可导出估计式(3.2).

**定理3.2** 设方程组(1.2)满足定理3.1中相同的条件,那么(1.2)之问题$O$的任一解$u(z,t)$满足估计式

$$Ru=C^{1,0}_{\beta,\beta/2}[u,\overline{G}]\leqslant M_{10},\ Su=\|u\|_{\widetilde{W}^{2,1}_2(G)}\leqslant M_{11},\tag{3.17}$$

此处$\beta(0<\beta\leqslant\alpha)$,$M_j=M_j(\delta,q,k,\alpha,p,G)$$(j=10,11)$都是非负常数.

**证** 我们先证明(1.2)的任一解$u(z,t)$满足估计式(3.1). 假如(3.1)不成立,则存在满足定理3.2所述条件的抛物型方程组序列

$$\sum_{k=1}^{n}\{P^m_{jk}u_{kz\bar{z}}-\mathrm{Re}[Q^m_{jk}u_{kzz}+A^m_{jk}u_{kz}]-B^m_{jk}u_k\}-u_{jt}=C^m_j,$$
$$j=1,\cdots,n,\tag{3.18}$$

及初-边界条件序列

$$u_j(z,0)=g^m_j(z),\ z\in D,\ j=1,\cdots,n,\tag{3.19}$$

$$\frac{\partial u_j}{\partial\nu_j}+\sigma^m_ju_j=\tau^m_j,\ (z,t)\in\partial G_2,\ j=1,\cdots,n,\ m=1,2,\cdots,\tag{3.20}$$

其中 $g_j^m$，$\sigma_j^m$，$\tau_j^m$ 满足条件(1.9)与(1.10)；不妨设$\{P_{jk}^m\}$，$\{Q_{jk}^m\}$，$\{A_{jk}^m\}$，$\{B_{jk}^m\}$，$\{C_j^m\}$在 $G$ 内分别弱收敛到 $P_{jk}^0$，$Q_{jk}^0$，$A_{jk}^0$，$C_j^0$，而$\{g_j^m(z)\}$，$\{\sigma_j^m(z,t)\}$，$\{\tau_j^m(z,t)\}$分别在 $D$，$\partial G_2$上一致收敛到 $g_j^0(z)$，$\sigma_j^0(z,t)$，$\tau_j^0(z,t)$ $(j,k=1,\cdots,n)$；又初-边值问题(3.18)—(3.20)具有解 $u^m(z,t)\in C^{1,0}(\bar{G})(m=1,2,\cdots)$，使得 $C^{1,0}[u^m,\bar{G}]=H_m\to\infty$，当 $m\to\infty$. 不妨设 $H_m\geqslant 1$，容易看出：$U^m=u^m/H_m$ 是以下初-边值问题的解：

$$\sum_{k=1}^{n}\{P_{jk}^m U_{kz\bar{z}}-\operatorname{Re}[Q_{jk}^m U_{kzz}+A_{jk}^m U_{kz}]-B_{jk}^m U_k\}-U_{jt}=C_j^m/H_m,$$

$$j=1,\cdots,n, \tag{3.21}$$

$$U_j^m(z,0)=g_j^m(z)/H_m,\ z\in D,\ j=1,\cdots,n,$$

$$\frac{\partial U_j^m}{\partial \nu_j}+\sigma_j^m U_j^m=\tau_j^m/H_m,\ (z,t)\in\partial G_2,\ j=1,\cdots,n. \tag{3.22}$$

由定理3.1，可得 $U^m$ 所满足的估计式

$$C_{\beta,\beta/2}^{1,0}[U^m,\bar{G}]\leqslant M_{12},\ \|U^m\|_{\tilde{W}_2^{2,1}(G)}\leqslant M_{13}, \tag{3.23}$$

这里 $\beta(0<\beta\leqslant\alpha)$，$M_j=M_j(\delta,q,k,\alpha,p,G)(j=12,13)$都是非负常数. 于是从$\{U^m\}$可选取子序列$\{U^{m_k}\}$，使得$\{U^{m_k}\}$，$\{U_z^{m_k}\}$在 $\bar{G}$ 上分别一致收敛到 $U^0$，$U_z^0$，又$\{U_{z\bar{z}}^{m_k}\}$，$\{U_{zz}^{m_k}\}$，$\{U_t^{m_k}\}$在 $G$ 内分别弱收敛到 $U_{z\bar{z}}^0$，$U_{zz}^0$，$U_t^0$；而 $U^0$是以下初-边值问题的一个解：

$$\sum_{k=1}^{n}\{P_{jk}^0 U_{kz\bar{z}}^0-\operatorname{Re}[Q_{jk}^0 U_{kzz}^0+A_{jk}^0 U_{kz}^0]-B_{jk}^0 U_k\}-U_{jt}^0=0,$$

$$j=1,\cdots,n,$$

$$U_j^0(z,0)=0,\ z\in D,\ j=1,\cdots,n,$$

$$\frac{\partial U_j^0}{\partial \nu_j}+\sigma_j^0 U_j^0=0,\ (z,t)\in\partial G_2,\ j=1,\cdots,n. \tag{3.24}$$

根据定理1.1，可知 $U^0=[U_1^0,\cdots,U_n^0]=0$. 然而从 $C^{1,0}[U^m,\bar{G}]=1$，可推知在 $\bar{G}$ 上有一点$(z^*,t^*)$，使得 $\sum_{j=1}^{n}[|U_j^0(z^*,t^*)|+|U_z^0(z^*,t^*)|]>0$. 此矛盾证明了(3.1)成立. 再由定理3.1，便得估计式(3.17).

其次，我们不使用定理1.1，而使用第三章定理3.2来导出估计式(3.17). 我们将方程组(1.2)改写成

$$P_{jj}u_{jz\bar{z}} - \mathrm{Re}[Q_{jj}u_{jzz} + A_{jj}u_{jz}] - A_{jj}u_j - u_{jt}$$
$$= f_j(z,t,u,u_z,u_{zz},u_{z\bar{z}}) + C_j,$$

$$f_j = \sum_{k=1,j\neq k}^{n}\{-P_{jk}^m u_{kz\bar{z}} + \mathrm{Re}[Q_{jk}^m u_{kzz} + A_{jk}^m u_{kz}] + B_{jk}^m u_k\},$$
$$j = 1,\cdots,n. \tag{3.25}$$

注意到本定理中的条件，则知存在足够小的正数 $\varepsilon$，使得

$$Sf_j = \|f_j\|_{\widetilde{W}_2^{2,1}(G)} \leqslant \frac{\varepsilon}{n}(Ru + Su),\ j = 1,\cdots,n. \tag{3.26}$$

依照第三章定理3.2，可推出方程组(3.25)之问题 $O$ 的解 $u_j(z,t)$ $(j=1,\cdots,n)$满足估计式

$$Ru = \sum_{j=1}^{n} C_{\beta,\beta/2}^{1,0}[u_j,\bar{G}] \leqslant M_{14}[k_1 + \varepsilon(Ru + SR)],$$

$$Su = \sum_{j=1}^{n}\|u_j\|_{\widetilde{W}_2^{2,1}(G)} \leqslant M_{15}[k_1 + \varepsilon(Ru + SR)], \tag{3.27}$$

这里 $M_j = M_j(\delta,q,k,\alpha,p,G)$, $j=14,15$. 只要选取 $\varepsilon$ 足够小，使得

$$\varepsilon M_{14} < 1,\ \varepsilon M_{15} < 1,\ \frac{\varepsilon^2 M_{14}M_{15}}{(1-\varepsilon M_{14})(1-\varepsilon M_{15})} < 1,$$

于是有

$$\begin{aligned} Ru &\leqslant \frac{M_{14}}{1-\varepsilon M_{14}}\left[k_1 + \varepsilon\frac{M_{15}}{1-\varepsilon M_{15}}(k_1 + \varepsilon Ru)\right] \\ &\leqslant \frac{M_{14}}{1-\varepsilon M_{14}}\left[k_1 + \varepsilon\frac{M_{15}k_1}{1-\varepsilon M_{15}}\right] \Big/ \\ &\quad \left[1 - \frac{M_{14}}{1-\varepsilon M_{14}}\cdot\frac{\varepsilon^2 M_{15}}{1-\varepsilon M_{15}}\right] = M_{10}, \end{aligned} \tag{3.28}$$

$$Su \leqslant \frac{M_{15}}{1-\varepsilon M_{15}}(k_1 + \varepsilon M_{10}) = M_{11}.$$

下面，我们讨论二阶抛物型方程组

$$Lu = 0,\ 即\ Lu_j = u_{jz\bar{z}} - u_{jt} = f_j^m(z,t),$$

$$f_j^m=\begin{cases} f_j(z,t),(z,t)\in G_m, \\ 0,(z,t)\in G/G^m, \end{cases} \tag{3.29}$$

这里 $G_m=\{(z,t)\in G,\ \mathrm{dist}((z,t),\partial G)\geq 1/m\}$，$m$ 是一正整数，而 $L_p[f_j,G_m]\leq k_1(j=1,\cdots,n)$，$p(>4)$，$k_1$ 都是非负常数.

**推论3.3** 如果 $u(z,t)=[u_1(z,t),\cdots,u_n(z,t)]$ 是方程组(3.29)之问题 $O$ 的任一解，且 $u_j(z,t)\in C^{1,0}_{\beta,\beta/2}(\bar{G})\cap\widetilde{W}_2^{2,1}(G)(j=1,\cdots,n)$，那么 $u(z,t)$ 可表示成

$$u(z,t)=U(z,t)+V(z,t)=U(z,t)+v_0(z,t)+v(z,t), \tag{3.30}$$

其中 $V(z,t)=(V_1(z,t),\cdots,V_n(z,t))=v_0(z,t)+v(z,t)$ 是(3.29)之齐次 Dirichlet 问题(问题 $D_0$)在 $G_0=D_0\times I(D_0=\{|z|<1\})$ 上的解，此处 $v(z,t)$ 具有如下的形式

$$v(z,t)=Jf^m=\int_0^t\iint_{D_0}E(z,t,\zeta,\tau)f^m(\zeta,\tau)d\xi d\eta d\tau,$$

$$E(z,t,\zeta,\tau)=\begin{cases}(t-\tau)^{-1}e^{-|z-\zeta|^2/4(t-\tau)},\ 当\ t>\tau, \\ 0,\ 当\ t\leq\tau,\ 且(z,t)\neq(\zeta,\tau), \end{cases} \tag{3.31}$$

又 $V(z,t)=0$，$(z,t)\in\partial G_0$，而 $U(z,t)=[U_1(z,t),\cdots,U_n(z,t)]$ 是方程组 $Lu=0$ 之问题 $O$ 的一个解，适合如下的初-边界条件

$$U_j(z,0)=g_j(z),\ z\in D,\ j=1,\cdots,n, \tag{3.32}$$

$$\frac{\partial U_j}{\partial\nu_j}+\sigma_jU_j=-\frac{\partial V_j}{\partial\nu_j}-\sigma_jV_j+\tau_j,\ (z,t)\in\partial G_2,\ j=1,\cdots,n, \tag{3.33}$$

并且 $U(z,t)$，$V(z,t)$ 满足估计式

$$C^{1,0}_{\beta,\beta/2}[U,\bar{G}]+\|U\|_{\widetilde{W}_2^{2,1}(G)}\leq M_{16},$$
$$C^{1,0}_{\beta,\beta/2}[V,\bar{G}]+\|V\|_{\widetilde{W}_2^{2,1}(G)}\leq M_{17}, \tag{3.34}$$

这里 $\beta(0<\beta\leq\alpha)$，$M_j=M_j(k_1,\alpha,p,G_m)(j=16,17)$ 都是非负常数.

**证** 不难看出：(3.29)之问题 $O$ 的解 $u(z,t)$ 可表示成(3.30)，根据定理3.2，可知 $U(z,t)$ 满足(3.34)中所示的估计式，

进而又可导出 $V(z,t)$ 所满足的估计式(3.35).

**2. 初-正则斜微商边值问题的可解性**

我们先考虑二阶非线性抛物型方程组

$$u_{jz\bar{z}} - u_{jt} = f_j^m(z,t,u,u_z,u_{z\bar{z}},u_{zz}), f_j^m = -\sum_{k=1}^{n}\{P_{jk}^m u_{kz\bar{z}} - \mathrm{Re}[Q_{jk}^m u_{kzz} + A_{jk}^m u_{kz}] - B_{jk}^m u_k\} + C_j^m, \ (z,t) \in G,$$
$$j = 1,\cdots,n, \quad (3.35)$$

此处 $m$ 是一正整数,$G_m$ 如(3.29)式中所设,又(3.35)的系数

$$P_{jk}^m = \begin{cases} P_{jk} - \delta_{jk}, \\ 0, \end{cases} \quad Q_{jk}^m = \begin{cases} Q_{jk}, \\ 0, \end{cases} \quad A_{jk}^m = \begin{cases} A_{jk}, \\ 0, \end{cases}$$

$$B_{jk}^m = \begin{cases} B_{jk}, \\ 0, \end{cases} \quad C_j^m = \begin{cases} C_j, & (z,t) \in G_m, \\ 0, & (z,t) \notin G_m. \end{cases}$$

**定理3.4** 设方程组(3.35)满足条件 $C$,又 $q_{jk}(j\neq k,\ j,k=1,\cdots,n)$ 都适当小,那么(3.35)的问题 $O$ 具有解 $u(z,t)$.

**证** 为了应用 Leray-Schauder 定理,我们引进如下带参数 $h\in[0,1]$ 的二阶非线性抛物型方程组:

$$u_{jz\bar{z}} - u_{jt} = hf_j^m(z,t,u,u_z,u_{z\bar{z}},u_{zz}), \ j = 1,\cdots,n. \quad (3.36)$$

类似于(2.62),方程(3.36)之问题 $O$ 的解 $u(z,t)$ 可表示成 $u=U(z,t)+V(z,t)$,其中 $V(z,t)=v_0(z,t)+v(z,t)$ 适合边界条件(2.64),满足以下估计式

$$C_{\beta,\beta/2}^{1,0}[V,\bar{G}_0] + \|V\|_{\widetilde{W}_2^{2,1}(G_0)} < M_{18} + 1, \quad (3.37)$$

这里 $M_{18}=M_{18}(M_{10},M_{11},G_m)$, $M_j(j=10,11)$ 是(3.17)中所示的非负常数,$G_m$ 如(2.23)中所设,并用 $B_M$ 表示满足(3.37)的函数组全体. 事实上,任取一函数 $V(z,t)\in B_M$, 记 $\rho=V_{z\bar{z}}-V_t$, 作三重积分:

$$v(z,t) = J\rho = \int_0^t \iint_{D_0} E(z,t,\zeta,\tau)\rho(\zeta,\tau)d\xi d\eta d\tau, \quad (3.38)$$

此处 $D_0=\{|\zeta|<1\}$, $\zeta=\xi+i\eta$, $G_0=D_0\times I$, 又 $E(z,t,\zeta,\tau)$ 如(3.31)中所示. 其次求出初-边值问题

$$v_{jz\bar{z}}^0 - v_{jt}^0 = 0,\ (z,t) \in G_0, \tag{3.39}$$

$$v_j^0(z,t) = -v(z,t),\ (z,t) \in \partial G_0 \tag{3.40}$$

于 $\bar{G}_0$上的一个解 $v^0(z,t)$. 记 $\hat{V}(z,t)=v(z,t)+v^0(z,t)$. 进而,我们又求出如下初-边值问题的一个解 $U(z,t)$:

$$U_{jz\bar{z}} - U_{jt} = 0,\ (z,t) \in G, \tag{3.41}$$

$$U_j(z,0) = -U_j(z,0) + g_j(z),\ z \in D,\ j = 1,\cdots,n, \tag{3.42}$$

$$\frac{\partial U_j}{\partial \nu_j} + \sigma_j U_j = -\frac{\partial V_j}{\partial \nu_j} - \sigma_j V_j + \tau,\ (z,t) \in \partial G_2, j = 1,\cdots,n. \tag{3.43}$$

记 $u=U(z,t)+\hat{V}(z,t)$,我们考虑非线性抛物型方程

$$\tilde{V}_{jz\bar{z}} - \tilde{V}_{jt} = hf_j^m(z,t,u,u_z,U_{zz} + \tilde{V}_{zz},U_{\bar{z}\bar{z}} + \tilde{V}_{\bar{z}\bar{z}}),$$
$$0 \leqslant h \leqslant 1,(z,t) \in G_0, \tag{3.44}$$

使用§2中的结果与压缩映射原理,可求方程组(3.36)之问题 $D_0$ 存在唯一解 $\tilde{V}(z,t)$,而此解满足初-边界条件:

$$\tilde{V}(z,t) = 0,\ (z,t) \in \partial G_0. \tag{3.45}$$

用 $\tilde{V}=S(V,h)(0\leqslant h\leqslant 1)$表示从 $V\in \overline{B_M}$到 $\tilde{V}$ 的映射,我们要证明 $\tilde{V}=S(V,h)$满足 Leray-Schauder 定理的三个条件:

1. 对每一个 $h\in[0,1]$, $\tilde{V}=S(V,h)$在$\overline{B_M}$上是完全连续的. 事实上,任取 $V^n(z,t)\in \overline{B_M}$, $n=1,2,\cdots$, 易知从$\{V^n(z,t)\}$可选取子序列$\{V^{n_k}(z,t)\}$, 使得$\{V^{n_k}(z,t)\}$,$\{V_z^{n_k}(z,t)\}$及相对应的$\{U^{n_k}(z,t)\}$,$\{U_z^{n_k}(z,t)\}$在 $\bar{G}$ 上分别一致收敛到 $V^0(z,t)$, $V_z^0(z,t)$, $U^0(z,t)$, $U_z^0(z,t)$. 我们可求出方程组

$$\tilde{V}_{z\bar{z}} - \tilde{V}_t = hf^m(z,t,u^0,u_z^0,U_{zz}^0 + \tilde{V}_{zz},U_{\bar{z}\bar{z}}^0 + \tilde{V}_{\bar{z}\bar{z}}),0 \leqslant h \leqslant 1 \tag{3.46}$$

的问题 $D_0$在 $\bar{G}_0$上的一个解 $\tilde{V}^0(z,t)$,把 $\tilde{V}^{n_k}=S(V^{n_k},h)$与 $\tilde{V}^0=S(V^0,h)$相减,可得

$$(\tilde{V}^{n_k} - \tilde{V}^0)_{z\bar{z}} - (\tilde{V}^{n_k} - \tilde{V}^0)_t = h[f^m(z,t,u^{n_k},u_z^{n_k},U_{zz}^{n_k}$$
$$+ \tilde{V}_{zz}^{n_k},U_{\bar{z}\bar{z}}^{n_k} + \tilde{V}_{\bar{z}\bar{z}}^{n_k}) - f^m(z,t,u^{n_k},u_z^{n_k},U_{zz}^{n_k} + \tilde{V}_{zz}^0,U_{\bar{z}\bar{z}}^{n_k} + \tilde{V}_{\bar{z}\bar{z}}^0)$$

$$+D^{n_k}(z,t)],\ 0\leqslant h\leqslant 1,\tag{3.47}$$

这里

$$D^{n_k}=f^m(z,t,u^{n_k},u_z^{n_k},U_{zz}^{n_k}+\tilde{V}_{zz}^0,U_{zz}^{n_k}+\tilde{V}_{zz}^0)$$

$$-f^m(z,t,u^0,u_z^0,U_{zz}^0+\tilde{V}_{zz}^0,U_{zz}^0+\tilde{V}_{zz}^0),(z,t)\in G_0.\tag{3.48}$$

仿照第三章引理1.7,可证

$$L_2[D^{n_k},\ \bar{G}_0]\to 0,\ 当\ k\to\infty.\tag{3.49}$$

类似于(2.18)-(2.21),可导出:

$$L_2[L(\tilde{V}^{n_k}-\tilde{V}^0),\bar{G}_0]\leqslant L_2[D^{n_k},\bar{G}_0]/(1-q_2),\tag{3.50}$$

这里 $q_2=2(1+\varepsilon_0)(1+\varepsilon_1)\eta<1$,因而有

$$\|\tilde{V}^{n_k}-\tilde{V}^0\|_{\tilde{W}_2^{2,1}(G)}\to 0,\ 当\ k\to\infty.$$

进而由定理3.2的方法,可证

$$C^{1,0}_{\beta,\beta/2}[\tilde{V}^{n_k}-\tilde{V}^0,\bar{G}]\to 0,\ 当\ k\to\infty.$$

这表明 $\tilde{V}=S(V,h)(0\leqslant h\leqslant 1)$在$\overline{B_M}$上的完全连续性. 使用类似的方法,还可证 $\tilde{V}=S(V,h)(0\leqslant h\leqslant 1)$连续映射$\overline{B_M}$到 $B$,以及 $\tilde{V}=S(V,h)$对 $V\in\overline{B_M}$关于 $h\in[0,1]$一致连续.

2. 当 $h=0$,从(3.44)与(3.37),可知 $\tilde{V}=S(V,0)=\tilde{V}(z,t)\in B_M$.

3. 如果 $V(z,t)$是方程组

$$V_{jz\bar{z}}-V_{jt}=hf_j^m(z,t,u,u_z,U_{zz}+V_{zz}+U_{zz}+V_{zz}),$$

$$j=1,\cdots,n\tag{3.51}$$

之问题 $D_0(0\leqslant h\leqslant 1)$的解,由定理3.2,可知 $V(z,t)$满足估计式(3.37),由此可推知 $V(z,t)\in B_M$. 因此 $V=S(V,h)(0\leqslant h\leqslant 1)$在 $B_M$ 的边界$\overline{B_M}\backslash B_M$ 上没有解.

根据 Leray-Schauder 定理,可知有 $V(z,t)\in B_M$,使得 $V=S(V,h)$, $0\leqslant h\leqslant 1$. 特别当 $h=1$时,方程组(3.44)之问题 $D_0$具有解,因而便导出(3.35)之问题 $O$ 是可解的,其解 $u(z,t)=U(z,t)+V(z,t)=U(z,t)+v_0(z,t)+v(z,t)\in B_M$.

**定理3.5** 在定理3.4相同的条件下,方程组(1.2)的问题 $O$ 有一个解:

**证** 根据定理3.4与定理3.2，方程组(3.35)的问题 $O$ 具有解 $u^m(z,t)$，且此解满足估计式(3.17)，其中 $m=1,2,\cdots$. 这样，可从 $\{u^m(z,t)\}$ 能选取一子序列 $\{u^{m_k}(z,t)\}$，使得 $\{u^{m_k}(z,t)\}$，$\{u_z^{m_k}(z,t)\}$ 在 $\bar{G}$ 上分别一致收敛到 $u^0(z,t)$，$u_z^0(z,t)$，显然，$u^0(z,t)$ 适合问题 $O$ 的初-边界条件. 再使用第三章定理1.8，可知 $u^0(z,t)$ 是(1.2)于 $G$ 上的解.

## §4. 二阶非线性抛物型方程组的初-非正则斜微商边值问题

本节讨论可测系数的二阶非线性抛物型方程组在多连通区域上的初-非正则斜微商边值问题. 我们先给出一定条件下的上述初-边值问题解的先验估计，然后使解的这种估计与 Schauder 不动点定理证明此初-边值问题的可解性.

### 1. 初-非正则斜微商边值问题解的先验估计

首先，我们先给出(1.2)的一种特殊方程组之问题 $P$ 解的估计式.

**定理4.1** 设方程组(1.2)满足条件 $C$，又 $q_{jk}=0(j\neq k)$，$\nu_j=\nu$，$\sigma_j=\sigma$，$j,k=1,\cdots,n$，则(1.2)之问题 $P$ 的任一解 $u(z,t)$ 满足估计式

$$C^{1,0}_{\beta,\beta/2}[u,\bar{G}]=\sum_{j=1}^{n}C^{1,0}_{\beta,\beta/2}[u_j,\bar{G}]\leqslant M_1, \tag{4.1}$$

这里 $\beta=\beta(\delta,q,k,\alpha,p,G)(0<\beta\leqslant\alpha)$，$M_1=M_1(\delta,q,k,\alpha,p,G)$ 都是非负常数，$q=(q_0,q_1)$，$k=(k_0,k_1,k_2)$.

**证** 我们先证(1.2)之问题 $P$ 的解 $u(z,t)$ 满足估计式

$$C^{1,0}[u,\bar{G}]\leqslant M_2=M_2(\delta,q,k,\alpha,p,G). \tag{4.2}$$

假定估计式(4.2)不成立，那么存在具有如定理4.1所述相同条件的方程组序列

$$P^m_{jj}u_{jz\bar{z}}-\mathrm{Re}[Q^m_{jj}u_{jzz}]-\sum_{k=1}^{n}\{\mathrm{Re}[A^m_{jk}u_{kz}]+B^m_{jk}u_k\}-u_{jt}=C^m_j,$$

$$(z,t) \in G,\ j = 1,\cdots,n,\ m = 1,2,\cdots, \tag{4.3}$$

以及初-边界条件序列

$$u_j(z,0) = g_j^m(z),\ z \in D,\ j = 1,\cdots,n, \tag{4.4}$$

$$\frac{\partial u_j}{\partial \nu} + \sigma^m(z,t)u_j = \tau_j^m(z,t),\ (z,t) \in \partial G_2,\ j = 1,\cdots,n, \tag{4.5}$$

$$u_j(a^k) = b_j^{km}(t),\ t \in I_j^k,\ k = 1,\cdots,m,$$
$$u_j(z,t) = r_j^m(z,t),(z,t) \in \partial G'_j,\ j = 1,\cdots,n,\ m = 1,2,\cdots, \tag{4.6}$$

此处 $g^m,\sigma^m,\tau^m,b^{km},r^m$ 满足条件(1.9),(1.10),(1.12)与(1.14);我们不妨设$\{P_{jj}^m\}$,$\{Q_{jj}^m\}$,$\{A_{jk}^m\}$,$\{B_{jk}^m\}$,$\{C_j^m\}$在 $G$ 内分别弱收敛到 $P_{jj}^0,Q_{jj}^0,A_{jk}^0,B_{jk}^0,C_j^0(j=1,\cdots,n)$,又$\{g^m\}$,$\{\sigma^m\}$,$\{\tau^m\}$,$\{b^{km}\}$,$\{r^m\}$分别在 $D,\partial G_2,I^k,\partial G'$ 上一致收敛到 $g^0,\sigma^0,\tau^0,b^{k0},r^0$;而初-边值问题(4.3)−(4.6)具有解 $u^m(z,t)\in C^{1,0}(\bar{G})(m=1,2,\cdots)$,使得 $C^{1,0}[u^m,\bar{G}]=H_m\to\infty$,当 $m\to\infty$. 设 $U^m=u^m/H_m$,不妨假定 $H_m\geqslant 1$,容易看出:$U^m(z,t)$是以下初-边值问题的解:

$$P_{jj}^m U_{jz\bar{z}} - \mathrm{Re}[Q_{jj}^m U_{jzz}] - \sum_{k=1}^{n}\{\mathrm{Re}[A_{jk}^m U_{kz}] + B_{jk}^m U_k\}$$
$$- U_{jt} = \frac{C_j^m}{H_m},\ (z,t) \in G, \tag{4.7}$$

$$U_j^m(z,0) = \frac{g_j^m(z)}{H_m},\ z \in D,\ j = 1,\cdots,n, \tag{4.8}$$

$$\frac{\partial U_j^m}{\partial \nu_j} + \sigma^m(z,t)u_j^m = \frac{\tau_j(z,t)}{H_m},\ (z,t) \in \partial G_2,\ j = 1,\cdots,n, \tag{4.9}$$

$$U(a^k) = \frac{b^{km}}{H_m},\ t \in I^k,\ k = 1,\cdots,m; U(z,t) = \frac{r^m}{H_m},\ (z,t) \in \partial G'. \tag{4.10}$$

使用§2中的方法,可证 $U^m(z,t)$满足估计式

$$C_{\beta,\beta/2}^{1,0}[U^m,G_\varepsilon] \leqslant M_3 = M_3(\delta,q,k,\alpha,p,G_\varepsilon). \tag{4.11}$$

此处$0<\beta\leqslant\alpha$,$G_\varepsilon=\{(z,t)\in G,\mathrm{dist}((z,t),\partial G)\geqslant\varepsilon\}$,$\varepsilon(<1)$是一正

数.

余下要对 $U^m(z,t)$ 在 $\overline{G}\backslash G_\varepsilon$ 上作出估计. 任取一点 $z_*\in\Gamma$，不妨设 $z_*\in\Gamma_0$，否则，若 $z_*\in\Gamma_j(1\leqslant j\leqslant N)$，只要作变换 $\zeta=\gamma_j/(z-z_j)$，那么可将 $\Gamma_j$ 变换到单位圆周. 进而可设在 $z_*$，有 $|\cos(\nu,\mu)|<\dfrac{1}{2}$；因为若在点 $z_*$，有 $|\cos(\nu,\mu)|\geqslant\dfrac{1}{2}$，则可由§3中使用的方法，获得 $U^m(z,t)$ 在 $z_*$ 的附近的估计式. 任选一小正数 $d$，记 $\tilde{\Gamma}=\Gamma\cap\{|z-z_*|\leqslant d\}$，$\partial\widetilde{G}_2=\tilde{\Gamma}\times I$，并作一曲线 $\hat{\Gamma}$，使得 $\hat{\Gamma}\cap\tilde{\Gamma}=\varnothing$，又 $\hat{\Gamma}\cup\tilde{\Gamma}\in C_\alpha^2$ 是 $\overline{D}$ 上的一闭曲线，它的内部是一单连通区域 $D^*$，显然 $D^*$ 在 $D$ 内. 进而，我们恰当地选取在 $\partial\hat{G}=\hat{\Gamma}\times\bar{I}$ 上的函数 $\hat{\lambda}(z,t)$，$\hat{\tau}(z,t)$，使得

$$\lambda^*=\begin{cases}\lambda^m,\\ \hat{\lambda},\end{cases}\quad \tau_j^*=\begin{cases}\tau_j^m/H_m-\sigma_j^mU_j^m,\ (z,t)\in\partial\widetilde{G}_2,\\ \hat{\tau}_j,\ (z,t)\in\partial\hat{G}_2,\end{cases}$$

满足条件

$$C^{1,1}_{\alpha,\alpha/2}[\lambda^*,\partial G_2^*]\leqslant 2k_0,C^{1,1}_{\alpha,\alpha/2}[\tau_j^*,\partial G_2^*]\leqslant 2k_0+2k_1, \tag{4.12}$$

这里 $\partial G_2^*=\partial\widetilde{G}_2\cup\partial\hat{G}_2$，且使

$$K=\frac{1}{2\pi}\Delta_{\tilde{\Gamma}\cup\hat{\Gamma}}\arg\lambda^*(z,t)=0,\ t\in\bar{I}.$$

然后再找出以下初-边值问题的一个解 $V(z,t)$：

$$V_{z\bar{z}}-V_t=0,\ (z,t)\in G^*=D^*\times I, \tag{4.13}$$

$$V_j(z,0)=g_j^m(z),\ z\in D^*,\ j=1,\cdots,n, \tag{4.14}$$

$$\frac{\partial V_j}{\partial\nu}+\sigma^*(z,t)V_j=\frac{\partial g_j^m}{\partial\nu}+\sigma^*(z,t)g_j^m,$$

$$(z,t)\in\partial G_2^*,\ j=1,\cdots,n, \tag{4.15}$$

此处 $\lambda^*=\cos(\nu^*,x)-i\cos\cos(\nu^*,y)$，$\cos(\nu^*,\mu)\cdot\sigma^*\geqslant0$，$(z,t)\in\partial G_2^*$；而 $V(z,t)$ 满足估计式

$$C^{2,1}[V,\overline{G}^*]\leqslant M_4=M_4(\delta,q,k,\alpha,p,G). \tag{4.16}$$

记 $U=U^m-V$，易知 $U(z,t)$ 是以下初-边值问题的一个解：

$$P_{jj}^mU_{jz\bar{z}}-\mathrm{Re}[Q_{jj}^mU_{jzz}]-U_{jt}=C_j^*,(z,t)\in G^*,\ j=1,\cdots,n, \tag{4.17}$$

$$U_j(z,0)=0,\ z\in D^*,\ j=1,\cdots,n,$$

$$\frac{\partial U_j}{\partial \nu}+\sigma^*(z,t)U_j=0,\ (z,t)\in\partial G_2^*,\ j=1,\cdots,n, \quad (4.18)$$

其中 $C_j^*=C_j^m-P_{jj}^mV_{jz\bar z}+\mathrm{Re}[Q_{jj}^mV_{jzz}]+V_{jt}$. 现在,我们求出以下两边值问题分别在 $D^*$、$G^*$ 上的解 $\varphi(z,t)$,$W(z,t)$:

$$[\psi(z,t)]_{\bar z}=0,z\in D^*,\mathrm{Re}\psi(z,t)=-\arg\lambda^*(z,t),z\in\partial D^*, \quad (4.19)$$

$$W_{\bar z}^*=\overline{W}_{\bar z},(z,t)\in G^*,\ \mathrm{Re}\,W^*(z,t)=0,\ (z,t)\in\partial G^*,$$
$$\mathrm{Im}\,W^*(0,t)=0. \quad (4.20)$$

并可先设(4.17)的系数在 $\overline{G}^*$ 上是无穷次连续可微的,且满足类似的条件 $C$,最后可消去前一假设. 记 $\varphi=e^{i\psi(z,t)}$, $\widetilde{G}^*$ 是 $G^*$ 关于 $\partial G_2^*$ 的对称区域,设

$$V^*(z,t)=\int_0^z W(z,t)dz+\overline{\widetilde{W}(z,t)}d\bar z-V(z_*,t),$$
$$(z,t)\in\hat{G}^*=\overline{G}^*\cup\widetilde{G}^*$$

$$W(z,t)=\begin{cases}\varphi(z,t)U_z(z,t),\\ -\overline{\varphi(1/\bar z,t)U_{1/z}(1/\bar z,t)},\end{cases}$$

$$\widetilde{W}(z,t)=\begin{cases}W^*(z,t),(z,t)\in G^*,\\ -\overline{W^*(1/\bar z,t)},(z,t)\in\widetilde{G}^*.\end{cases} \quad (4.21)$$

而 $V^*(z,t)=[V_1^*(z,t),\cdots,V_n^*(z,t)]$满足形如下的方程组

$$P_{jj}^*V_{jz\bar z}^*-\mathrm{Re}[Q_{jj}^*V_{jzz}^*]-V_{jt}^*=\widetilde{C}_j^*,\ j=1,\cdots,n, \quad (4.22)$$

以上方程组的未知函数 $V^*(z,t)$是复变函数,通过复杂的推算,可证其满足类似的条件 $C$. 并仿照前面的方法,可得 $V^*(z,t)$的估计式

$$C_{\beta,\beta/2}^{1,0}[V^*,G'_d]\leqslant M_5=M_5(\delta,q,k,\alpha,G), \quad (4.23)$$

这里 $G'_d=\{|z-z_*|<d/2]\times\bar I\}\cap\overline{G}$. 这将导出 $U^m(z,t)$满足估计式

$$C_{\beta,\beta/2}^{1,0}[U^m,G'_d]\leqslant M_6=M_6(\delta,q,k,\alpha,G). \quad (4.24)$$

联合(4.11),(4.16)与(4.24),便得 $U^m(z,t)$如下的估计式

$$C_{\beta,\beta/2}^{1,0}[U^m,\overline{G}]\leqslant M_7=M_7(\delta,q,k,\alpha,p,G). \quad (4.25)$$

此外，使用定理3.2的证法或下面的定理4.2，可得 $U^m$ 满足估计式

$$\sum_{j=1}^{n}\{L_2[|U^m_{jzz}| + |U^m_{jz\bar{z}}|,\bar{G}] + L_2[U^m_{jt},\bar{G}]\} \leqslant M_8, \quad (4.26)$$

这里 $M_8=M_8(\delta,q,k,\alpha,p,G)$ 是一非负常数. 因此，我们可从 $\{U^m\}$ 选取一子序列 $\{U^{m_k}\}$，使得 $\{U^{m_k}\}$，$\{U^{m_k}_z\}$ 分别在 $\bar{G}$ 上一致收敛到 $U^0$，$U^0_z$，又 $\{U^{m_k}_{zz}\}$，$\{U^{m_k}_{z\bar{z}}\}$，$\{U^{m_k}_t\}$ 分别在 $G$ 上弱收敛到 $U^0_{zz}$，$U^0_{z\bar{z}}$，$U^0_t$；而 $U^0=[U^0_1(z,t),\cdots,U^0_n(z,t)]$ 是以下初-边值问题的一个解：

$$P^0_{jj}U^0_{jz\bar{z}} - \mathrm{Re}[Q^0_{jj}U^0_{jzz}] - \sum_{k=1}^{n}\{\mathrm{Re}[A^0_{jk}U^0_{kz}] + B^0_{jk}U^0_k\}$$

$$= U^0_{jt},\ (z,t)\in G,\ j=1,\cdots,n, \quad (4.27)$$

$$U^0_j(z,0) = 0,\ z\in D,\ j=1,\cdots,n, \quad (4.28)$$

$$\frac{\partial U^0_j}{\partial \nu} + \sigma U^0_j = 0,\ (z,t)\in \partial G_2,\ j=1,\cdots,n, \quad (4.29)$$

$$U^0(a^k) = 0,\ t\in I^k,\ k=1,\cdots,m;$$

$$U(z,t) = 0,\ (z,t)\in \partial G' \quad (4.30)$$

由定理1.1，则知 $U^0(z,t)=0$. 然而从 $C^{1,0}[U^m,\bar{G}]=1$，可推知存在一点 $P^*=(z^*,t^*)$，使得 $\sum_{j=1}^{n}[|U^0_j(P^*)|+|U^0_{jz}(P^*)|]>0$. 此矛盾证明了估计式(4.2)成立. 再使用从 $C^{1,0}[U^m,\bar{G}]=1$ 导出(4.25)的方法，便可得到估计式(4.1).

**定理4.2** 在定理4.1相同的条件下，方程组(1.2)之问题 $P$ 的任一解 $u(z,t)$ 满足估计式

$$\|u\|_{\widetilde{W}^{2,1}_2(G)} \leqslant M_9 = M_9(\delta,q,k,\alpha,p,G). \quad (4.31)$$

**证** 如(4.11)，(4.24)的证明，我们只要证明 $u(z,t)$ 满足估计式

$$\|u\|_{\widetilde{W}^{2,1}_2(G_\varepsilon)} \leqslant M_{10} = M_{10}(\delta,q,k,\alpha,p,G). \quad (4.32)$$

这里 $G_\varepsilon=\{|z-z_*|\leqslant\varepsilon,0<t\leqslant T\}\cap\bar{G}$，此处 $z_*$ 是 $D$ 内任一点，$\varepsilon$ 是足够小的正数. 我们构造一个具有二阶连续可微的函数 $g(z,t)$ 如下

$$g(z,t)=\begin{cases}1,(z,t)\in G_\varepsilon,\\0,(z,t)\in G\backslash G_{2\varepsilon},\end{cases}\quad 0\leqslant g(z,t)\leqslant 1,\ z\in G_{2\varepsilon}\backslash G_\varepsilon,\tag{4.33}$$

记 $U=g(z,t)u(z,t)$，容易看出：$U(z,t)$ 是以下初-边值问题的一个解：

$$P_{jj}U_{jz\bar z}-\mathrm{Re}[Q_{jj}U_{jzz}]-U_{jt}=D_j,\ (z,t)\in G,\quad j=1,\cdots,n,\tag{4.34}$$

$$U_j(z,0)=0,\ z\in D,\ j=1,\cdots,n,$$

$$\frac{\partial U_j}{\partial\nu}+\sigma(z,t)U_j=0,\ (z,t)\in\partial G_2,\ j=1,\cdots,n,$$

$$U_j(a^k)=0,\ t\in I_j^k,\ k=1,\cdots,m;$$

$$U_j(z,t)=0,(z,t)\in\partial G_j',\ j=1,\cdots,n,$$

这里

$$D_j=g\{P_{jj}U_{jz\bar z}-\mathrm{Re}[Q_{jj}U_{jzz}]-\sum_{k=1}^n[\mathrm{Re}A_{jk}U_{kz}-B_{jk}U_k]+C_j\}$$
$$+U_j[P_{jj}g_{z\bar z}-\mathrm{Re}(Q_{jj}g_{zz}-\sum_{k=1}^n A_{jk}g_z)]$$
$$+2\mathrm{Re}[P_{jj}g_{\bar z}U_{jz}-Q_{jj}g_zU_{jz}].$$

设 $\Lambda_j=\inf_G P_{jj}$，用 $\Lambda_j$ 除(4.34)，可得

$$\mathscr{L}U_j=\widetilde P_{jj}U_{jz\bar z}-\mathrm{Re}[\widetilde Q_{jj}U_{jzz}]-\hat H_jU_{jt}=\widetilde D_j,\ j=1,\cdots,n,\tag{4.35}$$

其中

$$\widetilde P_{jj}=P_{jj}/\Lambda_j,\widetilde Q_{jj}=Q_{jj}/\Lambda_j,\widetilde H_j=1/\Lambda_j,\widetilde D_j=D_j/\Lambda_j,\quad j=1,\cdots,n,$$

又(4.35)可改写成

$$\mathscr{L}U_j=LU_j+(\widetilde P_{jj}-1)U_{jz\bar z}+\mathrm{Re}[\widetilde Q_{jj}U_{jzz}]=\widetilde D_j(z,t),\quad j=1,\cdots,n,\tag{4.36}$$

此处 $LU_j=U_{jz\bar z}-\widetilde H_jU_{jt}$. 类似于定理2.2，可得

$$\iiint_G|LU|^2dxdydt\leqslant(1+\frac{1}{\varepsilon_0})\iiint_G|\widetilde D|^2dxdydt$$

$$+2(1+\varepsilon_0)(1+\varepsilon_1)\eta\iiint_G |LU|^2 dxdydt, \qquad (4.37)$$

这里 $\eta=\sup_G[(\tilde{P}_{jj}-1)^2+|\tilde{Q}_{jj}|^2+\varepsilon_1]<\frac{1}{2}$，由上式即得

$$\iiint_G |LU|^2 dxdydt \leqslant \frac{1+1/\varepsilon_0}{1-2(1+\varepsilon_0)(1+\varepsilon_1)\eta}\iiint_G |\tilde{D}|^2 dxdydt.$$

注意到在 $G_\varepsilon$ 内，有 $U(z,t)=u(z,t)$，从定理2.2及上式，便知有

$$\| |u_{z\bar{z}}| + |u_{zz}| + |u_t| \|_{L_2(G_\varepsilon)} \leqslant M_{11} = M_{11}(\delta,q,k,\alpha,\varepsilon,p,G). \qquad (4.38)$$

因而得到估计式(4.32).

**定理4.3** 如果方程组(1.2)满足条件 $C$，又其中的 $q_{jk}(j\neq k, j,k=1,\cdots,n)$适当小，那么(1.2)之问题 $P$ 的解 $u(z,t)$满足估计式

$$Ru = C^{1,0}_{\beta,\beta/2}[u,\bar{G}] \leqslant M_{12},\ Su = \|u\|_{\tilde{W}_2^{2,1}(G)} \leqslant M_{13}, \qquad (4.39)$$

其中 $\beta(0<\beta\leqslant\alpha)$，$M_j=M_j(\delta,q,k,\alpha,p,G)$ $(j=12,13)$都是非负常数.

**证** 现在我们不使用定理1.1，而使第三章§3中的结果来证明估计式(4.39)，先将方程组(1.2)改写成

$$\begin{aligned}&P_{jj}u_{jz\bar{z}} - \mathrm{Re}[Q_{jj}u_{jzz} + A_{jj}u_{jz}] - B_{jj}u_j - u_{jt}\\&\quad = f_j(z,t,u,u_z,u_{z\bar{z}},u_{zz}) + C_j,\\&f_j = \sum_{k=1,j\neq k}^{n}\{-P_{jk}u_{kz\bar{z}} + \mathrm{Re}[Q_{jk}u_{kzz} + A_{jk}u_{kz}] + B_{jk}u_k\},\\&\qquad\qquad (z,t)\in G,\ j=1,\cdots,n.\end{aligned} \qquad (4.40)$$

注意到条件 $C$ 及 $q_{jk}(j\neq k,\ j,k=1,\cdots,n)$适当小，故存在足够小的正数 $\varepsilon$，使得

$$Sf_j = \|f_j\|_{\tilde{W}_2^{2,1}(G)} \leqslant \frac{\varepsilon}{n}(Ru+Su),\ j=1,\cdots,n, \qquad (4.41)$$

仿照第三章定理3.2，可证方程组(4.40)之问题 $P$ 的解 $u(z,t)$满足估计式

$$\begin{aligned}Ru_j &= C^{1,0}_{\beta,\beta/2}[u_j,\bar{G}] \leqslant M_{14}[k_1 + Sf_j],\\Su_j &= \|u_j\|_{\tilde{W}_2^{2,1}(G)} \leqslant M_{15}[k_1 + Sf_j],\end{aligned}$$

这里 $M_j=M_j(\delta,q,k,\alpha,p,G)$，$j=14,15$. 从上式可得

$$Ru = \sum_{j=1}^{n} Ru_j \leqslant M_{14}[nk_1 + \varepsilon(Ru + Su)],$$

$$Su = \sum_{j=1}^{n} Su_j \leqslant M_{15}[nk_1 + \varepsilon(Ru + Su)],$$

只要选取 $\varepsilon$ 足够小，使得 $\varepsilon M_{14}<1$，$\varepsilon M_{15}<1$，$\varepsilon^2 M_{14}M_{15}/[(1-\varepsilon M_{14})(1-\varepsilon M_{15})]<1$，那么有

$$Ru \leqslant \frac{M_{14}}{1-\varepsilon M_{14}}[nk_1 + \varepsilon Su],$$

$$Su \leqslant \frac{M_{15}}{1-\varepsilon M_{15}}[nk_1 + \varepsilon Ru],$$

因此

$$\begin{aligned} Ru &\leqslant \frac{M_{14}}{1-\varepsilon M_{14}}\left[nk_1 + \varepsilon \frac{M_{15}}{1-\varepsilon M_{15}}(nk_1 + \varepsilon Ru)\right] \\ &\leqslant \frac{M_{14}}{1-\varepsilon M_{14}}\left[nk_1 + \varepsilon \frac{nk_1 M_{15}}{1-\varepsilon M_{15}}\right] \\ &\quad \Big/ \left[1 - \frac{M_{14}}{1-\varepsilon M_{14}} \frac{\varepsilon^2 M_{15}}{1-\varepsilon M_{15}}\right] = M_{12}, \\ Su &\leqslant \frac{M_{15}}{1-\varepsilon M_{15}}[nk_1 + \varepsilon M_{12}] = M_{13}. \end{aligned}$$

### 2. 初-非正则斜微商边值问题的可解性

我们先考虑特殊的非线性抛物型方程组(2.50)，并证明以下定理.

**定理4.4** 如果方程组(2.50)满足定理2.6中相同的条件，那么(2.50)之问题 $P$ 具有解 $u(z,t)$.

**证** 我们考虑带有参数 $h\in[0,1]$的初-边值问题(问题 $P_h$)：

$$\sum_{k=1}^{n}\{P_{jk}u_{kz\bar{z}} - \mathrm{Re}[Q_{jk}u_{kzz}]\} - u_{jt} - hf_j(z,t,u) = D_j(z,t), \tag{4.42}$$

$$u_j(z,0) = g_j(z),\ z\in D,\ j=1,\cdots,n, \tag{4.43}$$

$$\frac{\partial u_j}{\partial \nu_j} + \sigma_j(z,t)u_j = \tau_j(z,t),\ (z,t) \in \partial G_2,\ j = 1,\cdots,n \tag{4.44}$$

$$u(a^k) = b^k(t),\ t \in I^k,\ k = 1,\cdots,m;$$
$$u(z,t) = r(z,t),\ (z,t) \in \partial G', \tag{4.45}$$

此处 $D_j(z,t)$ $(j=1,\cdots,n)$是 $G$ 上的任意可测函数，且 $D_j(z,t)\in L_p(\bar{G})$ $(p>4,\ j=1,\cdots,n)$. 当 $h=0$时，根据定理4.3与[139]22)中的结果，可知上述问题 $P_0$具有解 $u^0(z,t)\in B=C^{1,0}_{\beta,\beta/2}(\bar{G})\cap \widetilde{W}^{2,1}_2(G)$. 假定当 $h=h_0(0\leqslant h_0<1)$时，问题 $P_{h_0}$是可解的，我们将证明存在一个不依赖于 $h_0$的正数 $\varepsilon(<1)$，使得对任一个 $h\in E=\{|h-h_0|\leqslant\varepsilon,0\leqslant h\leqslant 1\}$，方程组(4.42)之问题 $P_h$ 具有解 $u(z,t)\in B$. 为此，将(4.42)改写成

$$\sum_{k=1}^{n}\{P_{jk}u_{kz\bar{z}} - \mathrm{Re}[Q_{jk}u_{kzz}]\} - u_{jt} - h_0 f_j(z,t,u)$$
$$= (h-h_0)f_j(z,t,u) + D_j(z,t),\ (z,t)\in G,\ j=1,\cdots,n. \tag{4.46}$$

任选一函数组 $u^0=[u_1^0,\cdots,u_n^0]\in B$，并代入(4.46)右边 $u$ 的位置，易知$(h-h_0)f_j(z,t,u^0)+D_j(z,t)\in L_p(\bar{G})$, $p>4$. 由 $h_0$的假定，可知对应于方程组

$$\sum_{k=1}^{n}\{P_{jk}u_{kz\bar{z}} - \mathrm{Re}[Q_{jk}u_{kzz}]\} - u_{jt} - h_0 f_j(z,t,u)$$
$$= (h-h_0)f_j(z,t,u^0) + D_j(z,t),\ (z,t)\in G,\ j=1,\cdots,n. \tag{4.47}$$

使用逐次叠代法，可得相应问题 $P_h$ 的解序列 $u^m(z,t)(m=1,2,\cdots)\in B$，它们满足如下的方程组与初-边界条件：

$$\sum_{k=1}^{n}\{P_{jk}u^{m+1}_{kz\bar{z}} - \mathrm{Re}[Q_{jk}u^{m+1}_{kzz}]\} - h_0 f(z,t,u^m)$$
$$= (h-h_0)f_j(z,t,u^m) + D_j(z,t),\ (z,t)\in G,$$
$$j=1,\cdots,n, \tag{4.48}$$

$$u_j^{m+1}(z,0) = g_j(z),\ z\in D,\ j=1,\cdots,n, \tag{4.49}$$

$$\frac{\partial u_j^{m+1}}{\partial \nu_j} + \sigma_j u_j^{m+1} = \tau_j,\ (z,t) \in \partial G_2, j = 1,\cdots,n,$$

(4.50)

$$u^{m+1}(a^k) = b^k(t),\ t \in I^k,\ k = 1,\cdots,m,$$

$$u^{m+1}(z,t) = r(z,t), (z,t) \in \partial G', \tag{4.51}$$

仿照定理4.3的证明方法，可得

$$C^{1,0}[u^{m+1},\bar{G}] = \sum_{j=1}^{n} C^{1,0}[u_j^{m+1},\bar{G}] \leqslant |h - h_0| M C^{1,0}[u^m,\bar{G}],$$

(4.52)

这里 $M = M(\delta,q,k,\alpha,p,G) \geqslant 0$. 记 $\varepsilon = 1/2(M+1)$，我们有

$$\|u^{m+1}\| = C^{1,0}[u^{m+1},\bar{G}] \leqslant \frac{1}{2}\|u^m\|,\ h \in E.$$

因此当 $n \geqslant m > N+2(>2)$，又有

$$\|u^{m+1} - u^m\| \leqslant 2^{-N}\|u^1 - u^0\|,$$

$$\|u^n - u^m\| \leqslant 2^{-N}\sum_{j=1}^{\infty} 2^{-j}\|u^1 - u^0\| = 2^{-N+1}\|u^1 - u^0\|.$$

(4.53)

这表明：$\|u^n - u^m\| \to 0$，当 $n,m \to \infty$. 由 Banach 空间的完备性，可知存在 $u^* = [u_1^*,\cdots,u_n^*] \in B$，使得 $\|u^n - u^*\| \to 0$，当 $n \to \infty$. 因而 $u^*$ 是问题 $P_h(h \in E)$ 的一个解. 于是从问题 $P_0$ 的可解性，依次可导出问题 $P_\varepsilon$，问题 $P_{2\varepsilon}$，…，问题 $P_1$ 的可解性，特别当 $D_j = 0, j = 1,\cdots,n$ 的问题 $P_1$ 即方程组(1.2)的问题 $P$ 具有解 $u(z,t) \in B$. 这完成了证明.

**定理4.5** 在定理4.3相同的条件下，方程组(1.2)的问题 $P$ 是可解的.

**证** 我们引进 Banach 空间 $C^{1,0}(\bar{G})$ 中的一个有界、闭凸集 $B_M$，其中元素是满足以下条件的连续函数组 $u(z,t)$ 的全体：

$$C^{1,0}[u,\bar{G}] = \sum_{j=1}^{n} C^{1,0}[u_j,\bar{G}] \leqslant M_{12}, \tag{4.54}$$

此处 $M_{12}$ 是(4.39)中所示的常数. 任选一函数组 $U = [U_1,\cdots,U_n] \in B_M$，并代入(1.2)的系数中的适当位置，于是有

$$\sum_{k=1}^{n}\{P_{jk}u_{kz\bar{z}} - \mathrm{Re}[Q_{jk}u_{kzz} + A_{jk}u_{kz}] - B_{jk}u_k\} - u_{jt}$$
$$= C_j(z,t),\ (z,t)\in G,\ j = 1,\cdots,n, \tag{4.55}$$
其中 $P_{jk}=P_{jk}(z,t,U,U_z,u_{zz},u_{z\bar{z}})$，$Q_{jk}=Q_{jk}(z,t,U,U_z,u_{zz},u_{z\bar{z}})$，$A_{jk}=A_{jk}(z,t,U,U_z)$，$B_{jk}=B_{jk}(z,t,U)$，$j,k=1,\cdots,n$. 容易看出：方程组(4.55)满足(2.50)相同的条件. 由定理4.4，可知(4.55)的问题 $P$ 具有解 $u(z,t)\in C^{1,0}(\bar{G})$. 用 $u=S[U]$表示从 $U\in B_M$ 到 $u\in B$ 的映射. 根据定理4.3，可知 $u=S[U]$将 $B_M$ 映射到自身的紧集. 进而我们选取任一序列 $U^m\in B_M$ $(m=0,1,2,\cdots)$，使得 $C^{1,0}[U^m-U^0,\bar{G}]\to 0$，当 $m\to\infty$. 将 $u^m=S[U^m]$与 $u^0=S[U^0]$相减，可得关于 $\tilde{u}^m=u^m-u^0$的方程组
$$\sum_{k=1}^{n}\{\tilde{P}_{jk}^m\tilde{u}_{kz\bar{z}}^m - \mathrm{Re}[\tilde{Q}_{jk}^m\tilde{u}_{kzz}^m + \tilde{A}_{jk}^m\tilde{u}_{kz}^m] - \tilde{B}_{jk}^m\tilde{u}_k^m\} - \tilde{u}_{jt}^m = \tilde{D}_j^m,$$
$$(z,t)\in G,\ j = 1,\cdots,n,\ m = 1,2,\cdots,$$
此处
$$\tilde{P}_{jk}^m = \tilde{P}_{jk}(z,t,U^m,U_z^m,\tilde{u}_{zz}^m,\tilde{u}_{z\bar{z}}^m),\ \tilde{Q}_{jk}^m = \tilde{Q}_{jk}(z,t,U^m,U_z^m,\tilde{u}_{zz}^m,\tilde{u}_{z\bar{z}}^m),$$
$$\cdots,\tilde{D}_j^m = \sum_{k=1}^{n}\{(p_{jk}^m - p_{jk}^0)u_{kz\bar{z}}^0 - \mathrm{Re}[(Q_{jk}^m - Q_{jk}^0)u_{kzz}^0$$
$$+ (A_{jk}^m - A_{jk}^0)u_{kz}^0] - (B_{jk}^m - B_{jk}^0)u_k^0\},\ j,k = 1,\cdots,m,$$
$$P_{jk}^m = P_{jk}(z,t,U^m,U_z^m,u_{zz}^0,u_{z\bar{z}}^0),\cdots,$$
$$B_{jk}^m = B_{jk}(z,t,U^m),\ m = 0,1,2,\cdots.$$
使用第三章引理1.7的方法，可证$\|\tilde{D}_j^m\|_{L_2(G)}\to 0$，$j=1,\cdots,n$，当 $m\to\infty$，因而可导出$\|\tilde{u}_j^m\|_{\tilde{W}_2^{2,1}(G)}\to 0$，$j=1,\cdots,n$，当 $m\to\infty$. 再由定理4.3及定理1.1，可知 $u^m(m=0,1,2,\cdots)$均满足类似于(4.39)的估计式，以及映射 $u^0=S[U^0]$的唯一性. 因此 $u^m$，$u_z^m$ 在 $\bar{G}$ 上分别一致收敛到 $u^0$，$u_z^0$，即 $C^{1,0}[u^m-u^0,\bar{G}]\to 0$，当 $m\to\infty$. 这表明 $u=S[U]$在 $B_M$ 上的连续映射. 根据 Schauder 不动点定理，则知存在 $u(z,t)\in B_M$ 使得 $u=S[u]$，而此函数组 $u(z,t)$正是方程组(1.2)之问题 $P$ 的解.

最后，还要提及：如何进一步减弱加于方程组(1.2)系数的条

件，而仍有定理4.5的结论，这个问题值得进一步研究.

## §5. 二阶非线性抛物型方程组的初-混合边值问题

这里，我们先叙述抛物型方程(1.2)的初-混合边值问题，然后给出在一定条件下这种初-边值问题解的先验估计式，最后由解的先验估计式与解序列的列紧性原理，证明以上初-混合边值问题解的存在性.

### 1. 初-混合边值问题的提出及其解的唯一性

所谓方程组(1.2)的初-混合边值问题，即求(1.2)在$\overline{G}$上的连续解$u(z,t)=[u_1(z,t),\cdots,u_n(z,t)]$，且适合初-边界条件：

$$u(z,0)=g(z)=[g_1(z),\cdots,g_n(z)],z\in D,j=1,\cdots,n, \tag{5.1}$$

$$a_1(z,t)\frac{\partial u_j}{\partial \nu}+a_2(z,t)u_j=a_3(z,t),(z,t)\in \partial G_2,\text{即}$$
$$2\mathrm{Re}[a_1\overline{\lambda(z,t)}u_{jz}]+a_2u_j=a_3,(z,t)\in\partial G_2,j=1,\cdots,n, \tag{5.2}$$

其中$\nu$是$\partial G_2$上每一点处给定的向量，不妨设平行于平面$t=0$，$\lambda(z,t)=\cos(\nu,x)-i\cos(\nu,y)$，又$a_1\partial g/\partial\nu+a_2g=a_3,(z,t)\in\Gamma\times\{t=0\}$. 假设$g(z),\lambda(z,t),a_j(z,t)(j=1,2,3)$满足条件

$$C_\alpha^2[g_j(z),\overline{D}]\leqslant k_2,\ j=1,\cdots,n, \tag{5.3}$$

$$\cos(\nu,\mu)>0,a_1(z,t),a_2(z,t)\geqslant 0,a_1(z,t)+a_2(z,t)\geqslant 1,$$
$$(z,t)\in\partial G_2, \tag{5.4}$$

$$C^{1,1}_{\alpha,\alpha/2}[a,\partial G_2]\leqslant k_0,a=\{\lambda,a_1,a_2\},C^{2,1}_{\alpha,\alpha/2}[a_3,\partial G_2]\leqslant k_2, \tag{5.5}$$

此处$\mu$是$\partial G_2$每一点处的外法向量，而$\alpha(0<\alpha<1)$，$k_0$，$k_2$都是非负常数. 上述初-边值问题简称为问题$M$，这种初-边值问题包含第一边值问题(问题$D$)，初-Neumann 边值问题(问题$N$)及初-正则斜微商边值问题(问题$O$)作为特殊情形.

**定理5.1** 设方程组(1.2)满足条件$C$，(1.15)以及$q_{jk}=0$

$(j\neq k, j,k=1,\cdots,n)$，则(1.2)之问题 $M$ 的解是唯一的.

**证** 设 $u^k=[u_1^k,\cdots,u_n^k](k=1,2)$是方程组(1.2)之问题 $M$ 的两个解，易知 $u=[u_1^1-u_1^2,\cdots,u_n^1-u_n^2]$是以下初-边值问题的一个解：

$$\widetilde{P}u_{jz\bar{z}}-\mathrm{Re}\Big[\widetilde{Q}u_{jzz}+\sum_{k=1}^{n}(\widetilde{A}_{jk}u_{kz}+\widetilde{B}_{jk}u_k)\Big]-u_{jt}=0,$$
$$j=1,\cdots,n, \tag{5.6}$$

$$u_j(z,0)=0, z\in D,\ j=1,\cdots,n, \tag{5.7}$$

$$a_1\frac{\partial u_j}{\partial\nu}+a_2u_j=0,(z,t)\in\partial G_2, j=1,\cdots,n, \tag{5.8}$$

其中 $\widetilde{P}=\widetilde{P}_{jj}$，$\widetilde{Q}=\widetilde{Q}_{jj}$，$\widetilde{A}_{jk}$，$\widetilde{B}_{jk}(j,k=1,\cdots,n)$如(1.15)所示. 引进变换

$$v=ue^{-Bt}=[u_1,\cdots,u_n]e^{-Bt}, \tag{5.9}$$

这里 $B$ 是一个待定实常数，那么在变换(5.9)之下，方程组(5.6)转化为

$$\widetilde{P}v_{jz\bar{z}}-\mathrm{Re}\Big[\widetilde{Q}v_{jzz}+\sum_{k=1}^{n}(\widetilde{A}_{jk}v_{kz}+\widetilde{B}_{jk}v_k)\Big]-Bv_j$$
$$=v_{jt},(z,t)\in G, j=1,\cdots,n, \tag{5.10}$$

用 $v_j$ 乘以上方程组，可得关于 $v^2=\sum\limits_{j=1}^{n}v_j^2$ 的抛物型方程

$$\frac{1}{2}\{\widetilde{P}(v^2)_{z\bar{z}}-\mathrm{Re}[\widetilde{Q}(v^2)_{zz}]-(v^2)_t\}=\sum_{j=1}^{n}[\widetilde{P}|v_{jz}|^2-\mathrm{Re}\widetilde{Q}(v_{jz})^2]$$
$$+\sum_{j,k=1}^{n}\mathrm{Re}\widetilde{A}_{jk}v_jv_{kz}+\sum_{j,k=1}^{n}\widetilde{B}_{jk}v_jv_k+Bv^2.$$

仿照定理1.1的证明方法，如果在 $G$ 内 $v^2\not\equiv 0$，那么它在 $\bar{G}$ 上正的最大值不能在 $G\cup\partial G_1$上达到. 因此必在 $\partial G_2$上一点 $P_0$，取到它在 $\bar{G}$ 上的最大值. 注意到在 $\partial G_2$上，$a_1\cos(\nu,\mu)+a_2>0$，故在 $P_0$上，有

$$a_1\frac{\partial v^2}{\partial\nu}+2a_2v^2>0\ .$$

这与(5.8)相矛盾. 因此 $u=[u_1,\cdots,u_n]=0$，即 $u_j^1-u_j^2=0(j=1,\cdots,n)$，$(z,t)\in\bar{G}$. 定理5.1证毕.

**2. 初-混合边值问题解的先验估计**

首先，我们给出问题 $M$ 解的有界性估计.

**定理5.2** 设方程组(1.2)满足条件 $C$，又 $q_{jk}=0, j\neq k, j,k=1,\cdots,n$，那么(1.2)之问题 $M$ 的解 $u(z,t)$ 满足估计式

$$C[u,\bar{G}] = \sum_{j=1}^{n} C[u_j,\bar{G}] \leqslant M_1 = M_1(\delta,q,k,\alpha,p,G), \tag{5.11}$$

这里 $q=(q_0,q_1), k=(k_0,k_1,k_2)$，$M_1$是一非负常数.

**证** 我们先求出方程组

$$u_{z\bar{z}} - u_t = 0,\ (z,t)\in G \tag{5.12}$$

的两个解 $v(z,t)$ 与 $w(z,t)$，它们分别适合初-边界条件(5.1)—(5.2)及(5.1)与

$$\frac{\partial w}{\partial \nu} = a,\ (z,t)\in \partial G_2, \tag{5.13}$$

此处 $a$ 是一恰当的正数. 根据第三章§4中的结果，以上两种初-边值问题在 $\bar{G}$ 上分别具有解 $v(z,t)$ 与正解 $w(z,t)$，它们满足如下的估计式

$$C^{2,1}[v,\bar{G}] \leqslant M_2, C^{2,1}[w,\bar{G}] \leqslant M_2, w(z,t) \geqslant M_3 > 0,$$
$$(z,t)\in \bar{G}, \tag{5.14}$$

其中 $M_j=M_j(\delta,q,k,\alpha,p,G)\ (j=2,3)$ 都是非负常数. 不难看出：$u^*(z,t)=[u(z,t)-v(z,t)]/w(z,t)$ 是以下初-边值问题的一个解：

$$Pu^*_{jz\bar{z}} - \mathrm{Re}\Big[Qu^*_{jzz} + \sum_{k=1}^{n}(A^*_{jk}u^*_{kz} + B^*_{jk}u^*_k)\Big] - u^*_{jt} = C^*_j$$
$$(z,t)\in G, \tag{5.15}$$

$$u^*_j(z,0) = g^*_j(z) = [g_j(z) - v(z,0)]/w(z,0), z\in D,$$
$$j=1,\cdots,n, \tag{5.16}$$

$$a_1\frac{\partial u^*_j}{\partial \nu} + a_3(z,t)u^*_j = a_4(z,t), (z,t)\in \partial G_2, j=1,\cdots,n, \tag{5.17}$$

此处 $A_{jk}^*, B_{jk}^*, C_j^*$ $(j,k=1,\cdots,n)$ 都是 $A_{jk}, B_{jk}, C_j$ $(j,k=1,\cdots,n)$ 与 $v,w$ 的已知函数,而

$$a_3 = a_2 + a_1 \frac{\partial \ln w}{\partial \nu},\ a_4 = \left[a_2 - a_1 \frac{\partial v}{\partial \nu} - a_2 v\right]/w .$$

现在,我们求出方程组(1.2)适合齐次边界条件

$$\psi(z,t) = 0,\ (z,t) \in \partial G \tag{5.18}$$

的一个解,根据定理3.2,$\psi(z,t)$满足估计式

$$C_{\beta,\beta/2}^{1,0}[\psi,\bar{G}] \leqslant M_4, \|\psi\|_{\tilde{W}_2^{2,1}(G)} \leqslant M_5, \tag{5.19}$$

其中 $\beta(0<\beta\leqslant\alpha)$, $M_j=M_j(\delta,q,k,\alpha,p,G)$ $(j=4,5)$ 都是非负常数. 可以看出:函数组

$$U_j(z,t) = u_j^*(z,t) - \psi_j(z,t), j = 1,\cdots,n \tag{5.20}$$

是以下初-边值问题的一个解:

$$PU_{jz\bar{z}} - \mathrm{Re}\Big[QU_{jzz} + \sum_{k=1}^n (A_{jk}^* U_{kz} + B_{jk}^* U_k)\Big] - U_{jt} = 0 , \tag{5.21}$$

$$U_j(z,0) = g_j^*(z) - \psi_j(z,0),\ z \in D, j = 1,\cdots,n, \tag{5.22}$$

$$a_1 \frac{\partial U_j}{\partial \nu} + a_3 U_j = a_{5j}, (z,t) \in \partial G_2, j = 1,\cdots,n, \tag{5.23}$$

这里 $a_3>0$, $a_{5j}=a_4-a_1\partial\psi_j/\partial\nu-a_2\psi_j$, $(z,t)\in\partial G_2$, $j=1,\cdots,n$. 类似于定理5.1的证明,可知函数

$$V^2 = \sum_{j=1}^n V_j^2 e^{-Bt}$$

是以下初-边值问题的一个解:

$$\frac{1}{2}\{P(V^2)_{z\bar{z}} - \mathrm{Re}[Q(V^2)_{zz}] - (V^2)_t\} = \sum_{j=1}^n [P|V_{jz}|^2 - \mathrm{Re}Q(V_{jz})^2]$$

$$+ \sum_{j,k=1}^n \mathrm{Re}A_{jk}^* V_j V_{kz} + \sum_{j,k=1}^n B_{jk}^* V_j V_k + BV^2, \tag{5.24}$$

$$V^2(z,0) = \sum_{j=1}^n U_j^2(z,0), z \in D, \tag{5.25}$$

$$\frac{1}{2} \frac{\partial V^2}{\partial \nu} + a_3 V^2 = \sum_{j=1}^n a_{5j} V_j e^{-Bt}, (z,t) \in \partial G_2. \tag{5.26}$$

根据抛物型方程(5.24)的最大值原理,可知 $V^2(z,t)$在 $D\times\{t=0\}$ 或 $\partial G_2$上一点 $P^*=(z^*,t^*)$取到最大值,这可导出:在点 $P^*$上,有

$$\max_{G} V^2 \leqslant \sum_{j=1}^{n} U_j^2(z,0)\Big|_{p=p^*} = \sum_{j=1}^{n}[g_j^*(z)-\psi_j(z,t)]^2\Big|_{p=p^*},$$

$$-a_3V^2+\sum_{j=1}^{n}a_{5j}V_je^{-Bt}\geqslant 0,\ \text{即}\ \max_{\bar G}|V|\leqslant\sum_{j=1}^{n}\left|\frac{a_{5j}}{a_3}e^{-Bt}\right|. \quad (5.27)$$

联合(5.14),(5.19)与(5.27),便得估计式(5.11).

**定理5.3** 在定理5.2相同的条件下,方程组(1.2)之问题 $M$ 的解 $u(z,t)$满足估计式

$$C^{1,0}_{\beta,\beta/2}[u,G^*]\leqslant M_9,\ \|u\|_{\widetilde{W}_2^{2,1}(G^*)}\leqslant M_{10}, \quad (5.28)$$

此处 $G^*=\bar G\cap\{\bigcap_{(z^*,t^*)\in\partial G_2^*}[|z-z^*|^2+|t-t^*|]\geqslant\varepsilon>0\}$,$\varepsilon$ 是一个足够小的正数,$G_2^*=\{(z,t)\in\partial G_2,a_1(z,t)=0\}$,$q=(q_0,q_1)$,$k=(k_0,k_1,k_2)$,$\partial G_2^*$ 表示 $G_2^*$ 的端点集合,$\beta(0<\beta\leqslant\alpha)$,$M_j=M_j(\delta,q,k,\alpha,p,G,G^*)(j=9,10)$都是非负常数.

**证** 从§2中的结果可知:方程组(1.2)之问题 $M$ 的解$u(z,t)$满足估计式

$$C^{1,0}_{\beta,\beta/2}[u,G_m]\leqslant M_{11},\ \|u\|_{\widetilde{W}_2^{2,1}(G_m)}\leqslant M_{12}, \quad (5.29)$$

这里 $G_m=\{(z,t)\in\bar G,\mathrm{dist}(z,\Gamma)\geqslant 1/m\}$,$m$ 是一正整数,$\beta(0<\beta\leqslant\alpha)$,$M_j=M_j(\delta,q,k,\alpha,p,G_m)(j=11,12)$都是非负常数.下面,我们要给出 $u(z,t)$在侧边 $\partial G_2$附近的估计. 任选 $G_2^*$ 的一内点 $P^*=(z^*,t^*)$,记 $\tilde G_2=\{(z,t)\in G_2^*,|z-z^*|^2+|t-t^*|<\varepsilon^*\}$,这里 $\varepsilon^*(<\varepsilon)$是一适当小的正数,使得 $\tilde G_2\cap\partial G_2\subset G_2^*\setminus\partial G_2^*$. 不妨设 $|z^*|=1$,因为否则通过一个分式线性变换,便可达到要求. 现在我们考虑将问题 $M$ 的解代入系数后的(1.2),并求其适合边界条件

$$u_j^*(z,t)=a_3(z,t)/a_2(z,t),(z,t)\in\tilde G_2,j=1,\cdots,n \quad (5.30)$$

的一个解,而函数组 $U(z,t)=u(z,t)-u^*(z,t)$满足以下方程组与边界条件

$$\mathscr{L}U_j=PU_{jz\bar z}-\mathrm{Re}\Big[QU_{jzz}+\sum_{k=1}^{n}(A_{jk}U_{kz}+B_{jk}U_k)\Big]-U_{jt}=C_j^*,$$

$$(z,t) \in G, \tag{5.31}$$

$$U_j(z,t) = 0,\ (z,t) \in \widetilde{G}_2, j = 1,\cdots,n\ , \tag{5.32}$$

这里 $C_j^* = C_j - \mathscr{L}u_j^*\ (j=1,\cdots,n)$. 在这种情形下，可将 $U(z,t)$ 沿 $\widetilde{G}_2$ 从 $G$ 连续开拓 $G$ 的对称区域 $\widetilde{G}$. 事实上，只要构造函数组

$$\widetilde{U}_j(z,t) = \begin{cases} U_j(z,t),(z,t) \in G \cup \widetilde{G}_2, \\ -U_j(1/\bar{z},t),(z,t) \in \widetilde{G}, \end{cases} j = 1,\cdots,n\ . \tag{5.33}$$

正如(2.33)式那样，可以看出：$\widetilde{U}(z,t)$ 是以下方程组于 $G\cup\widetilde{G}_2\cup\widetilde{G}$ 内的一个解：

$$\widetilde{P}\widetilde{U}_{jz\bar{z}} - \mathrm{Re}\Big[\widetilde{Q}\,\widetilde{U}_{jzz} + \sum_{k=1}^{n}(\widetilde{A}_{jk}\,\widetilde{U}_{kz} + \widetilde{B}_{jk}\,\widetilde{U}_k)\Big] - \widetilde{U}_{jt} = \widetilde{C}_j,$$

$$j = 1,\cdots,n\ . \tag{5.34}$$

且以上方程组满足类似于条件 C 中的条件，因此仿照(5.29)，可得到 $\widetilde{U}(z,t)$ 在 $G\cup\widetilde{G}_2\cup\widetilde{G}$ 内任一闭集上的估计式，这样也就得到 $u(z,t)$ 在 $\hat{G}_2 = \{(z,t)\in G\cup\widetilde{G}_2, \mathrm{dist}((z,t),\partial G_2\backslash\widetilde{G}_2) \geqslant \varepsilon^* > 0\}$ 的估计式，即

$$C^{1,0}_{\beta,\beta/2}[u,\hat{G}_2] \leqslant M_{13}, \|u\|_{\widetilde{W}_2^{2,1}(G)} \leqslant M_{14}, \tag{5.35}$$

此处 $M_j = M_j(\delta,q,k,\alpha,p,G,\varepsilon^*)$, $j=13,14$ .

最后，考虑曲面 $G_3 = \{(z,t)\in\partial G_2, a_1(z,t)>0, \cos(\nu,\mu)\neq 0\}$. 使用§3中类似的方法，我们可将边界条件(5.2)变为 $V_j(z,t)$ $(j=1,\cdots,n)$ 所满足的齐次边界条件

$$\frac{\partial V_j}{\partial \nu} = 0,\ (z,t) \in G_3,\ j = 1,\cdots,n, \tag{5.36}$$

又 $V(z,t) = [V_1(z,t),\cdots,V_n(z,t)]$ 是以下方程组的解

$$PV_{jz\bar{z}} - \mathrm{Re}\Big[QV_{jzz} + \sum_{k=1}^{n}(A_{jk}^*V_{kz} + B_{jk}^*V_k)\Big] - V_{jt} = C_j^*,$$

$$(z,t) \in G,\ j = 1,\cdots,n, \tag{5.37}$$

不失一般性，可设 $G$ 在半空间 $\mathrm{Im}z<0$ 内，且 $(0,t)\in G_3$，因为通过一个共形映射，便可达到要求. 记 $b_1 = \cos(\nu,x)$, $b_2 = \cos(\nu,y)$，作变换

$$z=\frac{1}{2}(1+b_1+ib_2)\zeta+\frac{1}{2}(-1+b_1+ib_2)\bar{\zeta},\ \zeta=\xi+i\eta,$$

(5.38)

很明显，上式中表示的 $z=z(\zeta,t)$ 是 $\zeta=0$ 邻域内的一个同胚. 用 $\zeta=\zeta(z,t)$ 表示 $z=z(\zeta,t)$ 的反函数，它将曲面 $G_3$ 变到 $H_3$，而函数组 $\tilde{V}(\zeta,t)=V[z(\zeta,t),t]$ 满足以下方程组与边界条件

$$\tilde{P}\tilde{V}_{j\zeta\bar{\zeta}}-\mathrm{Re}\Big[\tilde{Q}\tilde{V}_{j\zeta\zeta}+\sum_{k=1}^{n}(\tilde{A}_{jk}\tilde{V}_{k\zeta}+\tilde{B}_{jk}\tilde{V}_k)\Big]-\tilde{V}_{jt}=\tilde{C}_j,$$

$$j=1,\cdots,n, \tag{5.39}$$

$$\frac{\partial\tilde{V}_j}{\partial\mu}=0,\ (\zeta,t)\in H_3,\ j=1,\cdots,n, \tag{5.40}$$

进而，使用导出估计式(5.35)的方法，我们可得到 $\tilde{V}(\zeta,t)$，$V(z,\zeta)$ 及 $u(z,t)$ 相应的估计式，即有

$$C^{1,0}_{\beta,\beta/2}[u,\tilde{G}_3]\leqslant M_{15},\ \|u\|_{\tilde{W}^{2,1}_2(\tilde{G}_3)}\leqslant M_{16}, \tag{5.41}$$

其中 $\tilde{G}_3=\{(z,t)\in G\cup G_3,\mathrm{dist}((z,t),\partial G_2\backslash G_3)\geqslant\varepsilon^*>0\}$，$M_j=M_j(\delta,q,k,\alpha,p,G,\varepsilon^*)$，$j=15,16$ . 联合(5.29)，(5.35)与(5.41)，便得估计式(5.28).

### 3. 初-混合边值问题的可解性

**定理5.4** 如果方程组(1.2)满条件 $C$，又 $q_{jk}=0$，$j\neq k$，$j,k=1,\cdots,n$，那么(1.2)之问题 $M$ 具有连续解 $u(z,t)=[u_1(z,t),\cdots,u_n(z,t)]$.

**证** 任取一正整数 $m$，并考虑方程组(1.2)适合初-边界条件(5.1)与

$$\Big[a_1(z,t)+\frac{1}{m}\Big]\frac{\partial u_j}{\partial\nu}+a_2(z,t)u_j=a_3(z,t),(z,t)\in\partial G_2,j=1,\cdots,n \tag{5.42}$$

的初-边值问题简称问题 $M_m$. 根据定理3.4，可知此问题 $M_m$ 具有解 $u^m(z,t)(m=1,2,\cdots)$，它们均满足估计式(5.28). 因此从 $\{u^m(z,t)\}$ 可选取子序列 $\{u^{m_k}(z,t)\}$，它在 $\bar{G}\backslash\partial G_2^*$ 内的任一闭子集 $G_*$ 上一致收敛到方程组(1.2)的一个解 $u^0(z,t)$，且 $u^0(z,t)$ 适合初

-边界条件

$$u^0(z,t)=0,\ z\in D, \tag{5.43}$$

$$a_1\frac{\partial u_j^0}{\partial\nu}+a_2(z,t)u_j^0=a_3(z,t),(z,t)\in\partial G_2\backslash\partial G_2^*,j=1,\cdots,n. \tag{5.44}$$

余下要证明 $u^0(z,t)$在 $\bar{G}$ 上连续，且适合边界条件(5.2).

任选 $\partial G_2^*$ 上一点 $P^*=(z^*,t^*)$，这也可由 $G_2^*$ 上任一曲面 $S$ 来代替，记 $G_\beta=\{[|z-z^*|^2+|t-t^*|<\beta]\cap\partial G_2\}$，这里 $\beta$ 是一个足够小的正数．现在构造一个实值函数 $f(z,t)$如下：

$$f(z,t)=\begin{cases}M_{17}+1,(z,t)\in\partial G_2\backslash G_{\beta/2},\\ \eta>0,\ (z,t)\in G_{\beta/2},\end{cases} \tag{5.45}$$

$$\eta\leqslant f(z,t)\leqslant M_{17}+1,(z,t)\in G_{\beta/2}\backslash G_{\beta/4},$$

此处 $\eta(<1)$是一正数，$M_{17}$是一待定正常数，$f(z,t)$满足如下的估计式

$$C^{1,0}_{\mu-\varepsilon}[f,\partial G_2]\leqslant\frac{M_{18}}{\beta^{1+\mu-\varepsilon}},\frac{1}{2}<\mu-\varepsilon<1, \tag{5.46}$$

这里 $\varepsilon$ 是一个足够小的正数，$M_{18}=M_{18}(M_{17},\partial G_2)$. 设 $\hat{u}^m(z,t)$是齐次方程组(5.6)，即

$$\mathscr{L}\hat{u}_j^m=0,\ (z,t)\in G,\ j=1,\cdots,n \tag{5.47}$$

适合边界条件

$$\hat{u}_j^m(z,t)=f(z,t),(z,t)\in\partial G_2,\ j=1,\cdots,n \tag{5.48}$$

的一个解，不难看出：$\hat{u}^m(z,t)$满足估计式

$$C^{1,0}[\hat{u}^m(z,t),\bar{G}]\leqslant M_{19}/\beta^{1+\mu-\varepsilon}, \tag{5.49}$$

其中 $M_{19}=M_{19}(\delta,q,k,G)$. 现在我们将 $a_2(z,t)$从 $G_\beta$ 上开拓到 $\partial G_2$，使所得的函数 $a_2^*(z,t)>0$，且 $a_2^*\in C^{1,0}_{\alpha,\alpha/2}(\partial G_2)$，并求(1.2)适合边界条件

$$v_j^m(z,t)=a_3(z,t)/a_2^*(z,t),(z,t)\in\partial G_2,j=1,\cdots,n \tag{5.50}$$

的一个解 $v^m(z,t)=[v_1^m(z,t),\cdots,v_n^m(z,t)]$. 设

$$\begin{cases}U=U(z,t)=V^2-W^2,\\ V^2=[\hat{u}^m(z,t)]^2e^{-2Bt},W^2=[u^m(z,t)-V^m(z,t)]^2e^{-2Bt},\end{cases} \tag{5.51}$$

不难看出：$U(z,t)$是以下抛物型方程的一个解：

$$\frac{1}{2}\{PU_{z\bar{z}}-\mathrm{Re}[QU_{zz}]-U_t\}=\sum_{j=1}^{n}\{P(|V_{jz}|^2-|W_{jz}|^2)$$
$$-\mathrm{Re}Q[(V_{jz})^2-(W_{jz})^2]\}+\mathrm{Re}\Big\{\sum_{j,k=1}^{n}A_{jk}\times(V_jV_{kz}-W_jW_{kz})$$
$$+\sum_{j,k=1}^{n}B_{jk}(V_jV_k-W_jW_k)\Big\}+BU. \qquad (5.52)$$

下面，我们来验证$U\geqslant 0,(z,t)\in\bar{G}$. 我们先证明$U$不能在$G$的一内点$P_0$达到其负的最小值. 因为否则，假如$U$在$G$的内点$P_0$达到负的最小值，类似于定理5.1的证明，可导出在$P_0$的一邻域内，有

$$\frac{1}{2}\{PU_{z\bar{z}}-\mathrm{Re}[QU_{zz}]-U_t\}\leqslant-\Big[B-4k_0-\frac{k_0^2}{\delta(1-q_0)}-2k_3\Big]U<0, \qquad (5.53)$$

只要常数$B$足够大，这里$k_3$是依赖于$k_0,M_{18},\mu,\varepsilon$的正数，因此$U$不能在$G$的内点$P_0$上取到负的最小值. 其次，由于$U\geqslant M_{17}+1-M_{17}>0,(z,t)\in\partial G_2\backslash G_{\beta/2}$，此处

$$M_{17}=[M_1+M_0]^2>0,M_1=\max_{\bar{G}}\sum_{j=1}^{n}|u^m(z,t)|,$$
$$M_0=n\max_{\partial G_2}\left|\frac{a_3(z,t)}{a_2^*(z,t)}\right|.$$

因此，如果$U$在$\bar{G}$上达到负的最小值，那么其最小点$P'=(z',t')\in G_{\beta/2}$. 然而在$G_{\beta/2}$上，我们有

$$\left(a_1+\frac{1}{m}\right)\frac{\partial U}{\partial\nu}+2a_2(z,t)U=\left(a_1+\frac{1}{m}\right)\frac{\partial V^2}{\partial\nu}$$
$$+2a_2(z,t)(V^2-W^2)-\left(a_1+\frac{1}{m}\right)\frac{\partial W^2}{\partial\nu}>M_{20}\eta$$
$$-\left(a_1+\frac{1}{m}\right)\left|\frac{\partial V^2}{\partial\nu}\right|-2\left(a_1+\frac{1}{m}\right)(M_0+M_1)\left|\frac{\partial X}{\partial\nu}\right|,$$

此处

$$\left|\frac{\partial X}{\partial\nu}\right|=\sum_{j=1}^{n}\left|\frac{\partial v_j^m}{\partial\nu}\right|,\ M_{20}=\min_{G_{\beta/2}}2a_2(z,t).$$

我们先选取$\beta$足够小，再选取$m$足够大，使得在$G_{\beta/2}$上，有

$$a_1\left|\frac{\partial V^2}{\partial \nu}\right|, 2a_1(M_0+M_1)\left|\frac{\partial X}{\partial \nu}\right|, \frac{1}{m}\left|\frac{\partial V^2}{\partial \nu}\right|,$$

$$\frac{2(M_0+M_1)}{m}\left|\frac{\partial X}{\partial \nu}\right| < \frac{M_{20}\eta}{4},$$

这里我们需要设系数 $P, Q, A_{jk}, B_{jk}, C_j(j,k=1,\cdots,n)$在 $\partial G_2^*$ 属于 $\bar{G}$ 的邻域内 Hölder 连续,于是有

$$\left(a_1+\frac{1}{m}\right)\frac{\partial U}{\partial \nu}+2a_2U>0,\ (z,t)\in G_{\beta/2},$$

这表明 $U$ 不能在 $G_{\beta/2}$上达到负的最小值. 根据方程(5.52)解的最小值原理,可知

$$U(z,t)\geqslant 0, \text{即 } W^2\leqslant V^2, (z,t)\in \bar{G}.$$

由 $|V^2|\leqslant n\eta, (z,t)\in G_{\beta/2}$,可得

$$W^2=\sum_{j=1}^{n}|u_j^m(z,t)-v_j^m(z,t)|^2<n\eta, (z,t)\in G_{\beta/4}.$$

由于 $\hat{u}^m(z,t)$在 $\bar{G}$ 上的同等连续性,可知在 $P^*$ 的一邻域内,有

$$\sum_{j=1}^{n}|u_j^m(z,t)-v_j^m(z,t)|^2\leqslant\sum_{j=1}^{n}|\hat{u}_j^m(z,t)|^2\leqslant 2n\eta.$$

用 $\tilde{u}^0(z,t)$表示$\{u^m(z,t)-v^m(z,t)\}$在 $\bar{G}$ 上的极限函数,易知 $|\tilde{u}^0(z,t)|\leqslant 2n\eta$. 注意到 $\eta$ 是任意的正数,便可推知 $\tilde{u}^0(z,t)$在点 $P^*=(z^*,t^*)$是连续的,且 $\tilde{u}^0(z^*,t^*)=0$. 因此 $u^0(z,t)=\tilde{u}^0(z,t)+v^0(z,t)$在点 $P^*$ 也是连续的,这里 $v^0(z,t)$是$\{v^m(z,t)\}$的一子序的极限函数. 定理5.4证毕.

至于在一定条件下的二阶非线性抛物型方程组(1.2)的 Cauchy 问题,也可对其可解性进行讨论,限于篇幅,这里不作介绍.

# 第五章　一阶与二阶双曲型复方程

本章中，我们先介绍双曲数，双曲正则函数与双曲准正则函数，其次把一阶线性与非线性双曲型方程组化为复形式，证明一类一阶拟线性双曲型复方程解的存在定理，然后把二阶线性与非线性双曲型方程化为复形式，并讨论二阶双曲型复方程解的一些性质. 最后我们还介绍双曲映射与拟双曲映射.

## §1. 双曲复变函数与双曲准正则函数

### 1. 双曲数与双曲复变函数

首先，我们引进双曲数与双曲复变函数. 所谓双曲数是指 $z=x+jy$，这里 $x,y$ 是两个实数，而 $j$ 是双曲单元，使得 $j^2=1$. 记

$$e_1=(1+j)/2,\ e_2=(1-j)/2, \tag{1.1}$$

容易看出：

$$e_1+e_2=1,\ e_le_k=\begin{cases}e_l,\text{当 } l=k,\\0,\text{当 } l\neq k,\end{cases}\ l,k=1,2, \tag{1.2}$$

而 $(e_1,e_2)$ 称为双曲元素. 进而，$w=f(z)=u(x,y)+jv(x,y)$ 称为双曲复变函数，其中 $u(x,y)$，$v(x,y)$ 都是实变量 $x,y$ 的函数，叫作 $w=f(z)$ 的实部与虚部，记作 $\operatorname{Re}w=u(z)=u(x,y)$，$\operatorname{Im}w=v(z)=v(x,y)$. 显然

$$z=x+jy=\lambda e_1+\mu e_2,w=f(z)=u+jv=\xi e_1+\eta e_2, \tag{1.3}$$

此处

$$\lambda=x+y,\mu=x-y,x=\frac{\lambda+\mu}{2},y=\frac{\lambda-\mu}{2},$$

$$\xi = u + v, \eta = u - v, u = \frac{\xi + \eta}{2}, v = \frac{\xi - \eta}{2}.$$

$\bar{z}=x-jy$ 称作 $z$ 的共轭数. $z$ 的绝对值定义为 $|z|=\sqrt{|x^2-y^2|}$，而 $z$ 的双曲模定义为 $\|z\|=\sqrt{x^2+y^2}$. 两个双曲数的加、减、乘运算与实数的加、减、乘相同，只是 $j^2=1$. 双曲数 $z$ 存在零因子，设它的所有零因子包括零为 $O=\{z|x^2=y^2\}$. 易知双曲数 $z\in O$ 必须且只须 $|z|=0$. 当且仅当 $z=x+jy\notin O$ 时，$z$ 具有逆 $\frac{1}{z}=\frac{\bar{z}}{z\bar{z}}=\frac{1}{x+y}e_1+\frac{1}{x-y}e_2$. 关于 $z$ 的绝对值，有 $|z_1z_2|=|z_1||z_2|$，但三角不等式不一定成立. 而 $z$ 的双曲模，有三角不等式，$\|z_1+z_2\|\leqslant\|z_1\|+\|z_2\|$，且 $\|z_1z_2\|\leqslant\sqrt{2}\|z_1\|\|z_2\|$. 以后双曲数的极限均由双曲模来定义. $w=f(z)$ 关于 $z,\bar{z}$ 的偏微商定义为

$$w_z = \frac{1}{2}(w_x + jw_y),\ w_{\bar{z}} = \frac{1}{2}(w_x - jw_y), \tag{1.4}$$

不难推知

$$\begin{cases} w_z=w_\lambda e_1+w_\mu e_2=(\xi e_1+\eta e_2)_\lambda e_1+(\xi e_1+\eta e_2)_\mu e_2=\xi_\lambda e_1+\eta_\mu e_2, \\ w_{\bar{z}}=w_\mu e_1+w_\lambda e_2=(\xi e_1+\eta e_2)_\mu e_1+(\xi e_1+\eta e_2)_\lambda e_2=\xi_\mu e_1+\eta_\lambda e_2. \end{cases} \tag{1.5}$$

设 $D$ 是 $(x,y)$ 平面的一个区域，如果 $u(x,y),v(x,y)$ 在 $D$ 内是连续可微的，那么我们可以推知函数 $w=f(z)$ 在 $D$ 内是连续可微的，而且可证明以下结果.

**定理1.1** 设双曲复变函数 $w=f(z)$ 在区域 $D$ 内是连续可微的，那么在 $D$ 内，以下三个条件是等价的：

(1) $w_{\bar{z}}=0$; (1.6)

(2) $\xi_\mu=0,\ \eta_\lambda=0$; (1.7)

(3) $u_x=v_y,\ v_x=u_y$. (1.8)

**证** 不难看出：在 $D$ 内有

$$\begin{aligned} w_{\bar{z}} &= (w_x - jw_y)/2 = [(u_x - v_y) + j(v_x - u_y)]/2 \\ &= [(w_x - w_y)e_1 + (w_x + w_y)e_2]/2 = w_\mu e_1 + w_\lambda e_2 \\ &= [\xi_\mu e_1 + \eta_\mu e_2]e_1 + [\xi_\lambda e_1 + \eta_\lambda e_2]e_2 = \xi_\mu e_1 + \eta_\lambda e_2, \end{aligned}$$

因此定理中所述的三个条件是等价的（见[115]）.

方程组(1.8)是最简单的一阶双曲型方程组，它与椭圆型方程理论中的 Cauchy-Riemann 方程组相对应，我们把复方程(1.6)在区域 $D$ 内的连续可微解 $w=f(z)$ 叫做 $D$ 内的双曲正则函数.

**2. 双曲连续函数及其积分**

设 $w=f(z)=u(x,y)+jv(x,y)$ 是区域 $D$ 内的任一双曲函数，又 $u,v$ 在 $D$ 内具有一阶连续偏微商，那么对 $D$ 内任一点 $z_0$，有

$$\Delta w = f'_x(z_0)\Delta x + f'_y(z_0)\Delta y + \varepsilon(\Delta z),$$

其中

$$\Delta w = f(z) - f(z_0),\ f'_x(z_0) = u_x(z_0) + jv_x(z_0),$$

$$f'_y(z_0) = u_y(z_0) + jv_y(z_0),$$

而 $z=z_0+\Delta z$，又 $\varepsilon$ 是 $\Delta z$ 的一个函数，使得

$$\lim_{\Delta z\to 0}\varepsilon(\Delta z) = 0 .$$

对于区域 $D$ 内一连续函数 $w=f(z)=u+jv$，又 $C$ 是 $D$ 内一条分段光滑的曲线，那么 $f(z)$ 沿 $C$ 与 $D$ 的积分定义为

$$\int_C f(z)dz = \int_C udx + vdy + j\left[\int_C vdx + udy\right],$$

$$\iint_D f(z)dxdy = \iint_D udxdy + j\iint_D vdxdy .$$

容易看出，关于双曲连续函数的如下性质：

**定理1.2** (1)设 $f(z)$，$g(z)$ 是区域 $D$ 内的连续函数，又 $C$ 是 $D$ 内的分段光滑曲线，那么

$$\int_C[f(z) + g(z)]dz = \int_C f(z)dz + \int_C g(z)dz,$$

$$\iint_D[f(z) + g(z)]dxdy = \iint_D f(z)dxdy + \iint_D g(z)dxdy .$$

(2)设 $f(z)$ 是 $D$ 内的连续函数，$C$ 是 $D$ 内的分段光滑曲线，记 $M_1=\max\limits_{z\in C}\|f(z)\|$，$M_2=\max\limits_{z\in D}\|f(z)\|$，又 $l$ 为曲线 $C$ 的长度，$S$ 为区域 $D$ 的面积，则

$$\left\|\int_C f(z)dz\right\| \leqslant \sqrt{2}M_1 l$$

$$\left|\iint_D f(z)dxdy\right| \leqslant \sqrt{2}M_2S.$$

(3)设 $C$ 是一条分段光滑的简单闭曲线，$G$ 是由 $C$ 所围的有界区域，$f(z)$ 在 $\bar{G}$ 上是连续可微的，那么有 Green 公式：

$$\iint_G w_{\bar z}dxdy = \frac{j}{2}\int_C wdz,$$

$$\iint_G w_z dxdy = -\frac{j}{2}\int_C wd\bar{z}.$$

(4)在(3)中所述的条件下，又 $w=f(z)$ 是 $\bar{G}$ 上的双曲正则函数，那么

$$\int_C f(z)dz = 0.$$

**3. 双曲准正则函数及其性质**

设 $w(z)$，$F(z)$，$G(z)$ 都是区域 $D$ 内的连续函数，又 $F(z)$，$G(z)$ 满足条件

$$\operatorname{Im}F(z)\overline{G(z)} \neq 0,\ z\in D, \tag{1.9}$$

那么对 $D$ 内每一点 $z_0$，我们能找到两个实数 $\delta_0$ 与 $\gamma_0$，使得

$$w(z_0) = \delta_0F(z_0) + \gamma_0G(z_0). \tag{1.10}$$

设

$$W(z) = w(z) - \delta_0F(z) - \gamma_0G(z), \tag{1.11}$$

易知

$$W(z_0) = 0. \tag{1.12}$$

如果以下极限存在(且有限)：

$$\dot{w}(z_0) = \lim_{z\to z_0}\frac{W(z)-W(z_0)}{z-z_0} = \lim_{z\to z_0}\frac{w(z)-\delta_0F(z)-\gamma_0G(z)}{z-z_0}, \tag{1.13}$$

则称 $\dot{w}(z_0)$ 是 $w(z)$ 在点 $z_0$ 的 $(F,G)$-微商. 为了用偏微分方程表示极限(1.13)的存在性，我们再设在点 $z_0$ 的邻域内，

$$F_z(z),F_{\bar z}(z),G_z(z) \text{ 与 } G_{\bar z}(z) \text{ 存在且连续.} \tag{1.14}$$

依照 $W(z)$ 的定义，可以看出：若 $w_z(z)$，$w_{\bar z}(z)$ 存在则

$$W_z(z) = w_z(z) - \delta_0 F_z(z) - \gamma_0 G_z(z),$$

$$W_{\bar z}(z) = w_{\bar z}(z) - \delta_0 F_{\bar z}(z) - \gamma_0 G_{\bar z}(z) . \tag{1.15}$$

从(1.13)与(1.15),可知:$\dot w(z_0)$存在(且有限),则 $W_z(z_0)$存在,而且

$$W_z(z_0) = \dot w(z_0), \tag{1.16}$$

$$W_{\bar z}(z_0) = 0 . \tag{1.17}$$

又当 $w_z(z)$,$w_{\bar z}(z)$在点 $z_0$的邻域内连续,而且(1.17)式成立,那么有(1.13)式. 由于

$$W(z) = \begin{vmatrix} w(z) & w(z_0) & \overline{w(z_0)} \\ F(z) & F(z_0) & \overline{F(z_0)} \\ G(z) & G(z_0) & \overline{G(z_0)} \end{vmatrix} \Bigg/ \begin{vmatrix} F(z_0) & \overline{F(z_0)} \\ G(z_0) & \overline{G(z_0)} \end{vmatrix}, \tag{1.18}$$

则(1.17)式可写成

$$\begin{vmatrix} w_{\bar z}(z_0) & w(z_0) & \overline{w(z_0)} \\ F_{\bar z}(z_0) & F(z_0) & \overline{F(z_0)} \\ G_{\bar z}(z_0) & G(z_0) & \overline{G(z_0)} \end{vmatrix} = 0 . \tag{1.19}$$

如果(1.13)成立,那么(1.16)可改写成

$$\dot w(z_0) = \begin{vmatrix} w_z(z_0) & w(z_0) & \overline{w(z_0)} \\ F_z(z_0) & F(z_0) & \overline{F(z_0)} \\ G_z(z_0) & G(z_0) & \overline{G(z_0)} \end{vmatrix} \Bigg/ \begin{vmatrix} F(z_0) & \overline{F(z_0)} \\ G(z_0) & \overline{G(z_0)} \end{vmatrix}. \tag{1.20}$$

分别展开(1.19)与(1.20),并加以整理,可得

$$w_{\bar z} = aw + b\overline{w}, \tag{1.21}$$

$$\dot w = w_z - Aw - B\overline{w}, \tag{1.22}$$

其中

$$a = -\frac{\overline{F}G_{\bar z} - F_{\bar z}\overline{G}}{F\overline{G} - \overline{F}G},\ b = \frac{FG_{\bar z} - F_{\bar z}G}{F\overline{G} - \overline{F}G},$$

$$A = -\frac{\overline{F}G_z - F_z\overline{G}}{F\overline{G} - \overline{F}G},\ B = \frac{FG_z - F_zG}{F\overline{G} - \overline{F}G}, \tag{1.23}$$

这里 $a(z)$,$b(z)$,$A(z)$与 $B(z)$叫作生成对$(F,G)$的特征系数. 显然

$$\dot F = 0,\quad \dot G = 0,$$

又

$$F_z = aF + b\overline{F},\quad G_z = aG + b\overline{G}\ ,$$

$$F_{\bar z} = AF + B\overline{F},\quad G_{\bar z} = AG + B\overline{G}$$

唯一地决定 $a,b,A$ 与 $B$,并分别记作 $a_{(F,G)},b_{(F,G)},A_{(F,G)}$与 $B_{(F,G)}$.

由上面的讨论,可以看出:若 $\dot{w}(z_0)$存在,则在 $z_0$,$w_z(z)$存在,而且(1.21),(1.22)成立. 若 $w_z,w_{\bar z}$ 在点 $z_0$的一邻域内存在且连续,且(1.21)式在 $z_0$成立,则 $\dot{w}(z_0)$存在,而且有(1.22)式.

对于区域 $D$ 内的任一函数,如果 $\dot{w}(z)$在 $D$ 内处处成立且连续,那么把 $w(z)$叫作第一类$(F,G)$双曲准正则函数,或简称双曲准正则函数. 并且有

**定理1.3** $w(z)$在区域 $D$ 内的双曲准正则函数,当且仅当 $w_z,w_{\bar z}$ 在 $D$ 内存在与连续,而且(1.21)式在 $D$ 内成立.

由(1.9),可以看出:对任一个在区域 $D$ 内的函数 $w(z)$,都具有唯一的表示式

$$w(z) = \varphi(z)F(z) + \psi(z)G(z), \tag{1.24}$$

其中 $\varphi(z)$,$\psi(z)$是两个实值函数. 设

$$K(z) = \varphi(z) + j\psi(z), \tag{1.25}$$

如果 $w(z)$是 $D$ 内的第一类$(F,G)$双曲准正则函数,那么把 $K(z) = \varphi(z) + j\psi(z)$称为第二类$(F,G)$双曲准正则函数.

**定理1.4** $K(z)=\varphi(z)+j\psi(z)$是区域 $D$ 内的第二类$(F,G)$双曲准正则函数,当且仅当 $\varphi,\psi$ 在 $D$ 内具有连续偏微商,且

$$F\varphi_{\bar z} + G\psi_{\bar z} = 0\ . \tag{1.26}$$

在上述条件下,在 $D$ 内有

$$\dot{w}(z) = F\varphi_z + G\psi_z, \tag{1.27}$$

此处

$$\begin{aligned}
\varphi_z &= e_1\varphi_\lambda + e_2\varphi_\mu = [(\varphi_x + \varphi_y)e_1 + (\varphi_x - \varphi_y)e_2]/2,\\
\varphi_{\bar z} &= e_1\varphi_\mu + e_2\varphi_\lambda = [(\varphi_x - \varphi_y)e_1 + (\varphi_x + \varphi_y)e_2]/2,\\
\psi_z &= e_1\psi_\lambda + e_2\psi_\mu = [(\psi_x + \psi_y)e_1 + (\psi_x - \psi_y)e_2]/2,\\
\psi_{\bar z} &= e_1\psi_\mu + e_2\psi_\lambda = [(\psi_x - \psi_y)e_1 + (\psi_x + \psi_y)e_2]/2.
\end{aligned} \tag{1.28}$$

**证** 从

$$W(z)=[\varphi(z)-\varphi(z_0)]F(z)+[\psi(z)-\psi(z_0)]G(z),$$

可得

$$W_z(z_0)=F(z_0)\varphi_z(z_0)+G(z_0)\psi_z(z_0),$$
$$W_z(z_0)=F(z_0)\varphi_z(z_0)+G(z_0)\psi_z(z_0).$$

这样一来，便可完成本定理的证明.

设

$$\begin{aligned}-G/F&=\sigma+j\tau=(\sigma+\tau)e_1+(\sigma-\tau)e_2,\\-F/G&=\tilde{\sigma}+j\tilde{\tau}=(\tilde{\sigma}+\tilde{\tau})e_1+(\tilde{\sigma}-\tilde{\tau})e_2,\end{aligned}\tag{1.29}$$

此处 $\sigma,\tau,\tilde{\sigma}$ 与 $\tilde{\tau}$ 都是实值函数，而 $\tau\neq0,\tilde{\tau}\neq0$ . 因此(1.26)等价于方程组

$$\varphi_x=\sigma\psi_x-\tau\psi_y,\quad\varphi_y=-\tau\psi_x+\sigma\psi_y.\tag{1.30}$$

如果 $\varphi,\psi$ 对 $x,y$ 具有二阶连续偏微商，我们在(1.30)中对 $x,y$ 求偏微商，可得

$$\begin{aligned}&\varphi_{xx}-\varphi_{yy}+\tilde{\delta}\varphi_x+\tilde{\gamma}\varphi_y=0,\\&\psi_{xx}-\psi_{yy}+\delta\psi_x+\gamma\psi_y=0,\end{aligned}\tag{1.31}$$

这里

$$\begin{aligned}&\tilde{\delta}=\frac{\tilde{\sigma}_y+\tilde{\tau}_x}{\tilde{\tau}},\quad\tilde{\gamma}=-\frac{\tilde{\sigma}_x+\tilde{\tau}_y}{\tilde{\tau}},\\&\delta=\frac{\sigma_y+\tau_x}{\tau},\quad\gamma=-\frac{\sigma_x+\tau_y}{\tau}.\end{aligned}\tag{1.32}$$

根据以下定理，在上述推导中的消去法是合理的.

**定理1.5** 对于如(1.32)式中所示的函数 $\tilde{\delta}$ 与 $\tilde{\gamma}$($\delta$ 与 $\gamma$)，则 $\varphi(\psi)$ 是第二类双曲准正则函数的实部(虚部)，当且仅当它具有二阶连续偏微商，且满足(1.31)的第一(第二)个方程.

**证** 先证充分性. 如由(1.31)的第二式，便知由积分

$$\varphi(z)=\int_{z_0}^{z}(\sigma\psi_x-\tau\psi_y)dx+(-\tau\psi_x+\sigma\psi_y)dy,\ z_0,z\in D$$

确定的函数 $\varphi$ 与 $\psi$ 满足方程组(1.30). 至于必要性可由后面§4中的定理4.3导出.

**4. 生成对$(F,G)$的存在性**

**定理1.6** 设$D=\{\lambda_0\leqslant\lambda\leqslant\lambda_0+R_1,\mu_0\leqslant\mu\leqslant\mu_0+R_2\}$，这里$\lambda_0$，$\mu_0$为两个实数，$R_1,R_2$为两个正数，$z_0=\lambda_0 e_1+\mu_0 e_2$，又$a(z)$，$b(z)$是$D$内的两个连续函数，那么在$D$内存在唯一的双曲准正则函数$w(z)$，满足一阶双曲型复方程与边界条件

$$w_{\bar{z}}=a(z)w(z)+b(z)\overline{w(z)},\tag{1.33}$$

$$\begin{cases}w(z)=c_1(\lambda)e_1+c_2(\mu_0)e_2,\text{当}\ z-z_0=(\lambda-\lambda_0)e_1,\\ w(z)=c_1(\lambda_0)e_1+c_2(\mu)e_2,\text{当}\ z-z_0=(\mu-\mu_0)e_2,\end{cases}\tag{1.34}$$

此处$c_1(\lambda)$，$c_2(\mu)$是分别在边界$L_1=\{\lambda_0\leqslant\lambda\leqslant\lambda_0+R_1,\mu=\mu_0\}$与$L_2=\{\lambda=\lambda_0,\mu_0\leqslant\mu\leqslant\mu_0+R_2\}$上给定的连续函数.

本定理是§3定理3.2与定理3.3的特殊情形.

**定理1.7** 区域$D$如定理1.6中所述，又$a(z)$，$b(z)$是$D$上的两个连续函数，那么在$D$上存在生成对$(F,G)$，使得

$$a=a_{(F,G)},\quad b=b_{(F,G)}.\tag{1.35}$$

**证** 用$F(z)$，$G(z)$表示复方程(1.33)分别适合边界条件

$$w(z)=e_1+e_2=1,\ \text{当}\ z\in L_1\cup L_2$$

与

$$w(z)=e_1-e_2=j,\ \text{当}\ z\in L_1\cup L_2$$

的两个解. 根据定理1.6，$F(z)$，$G(z)$在$D$上具有连续偏微商，且

$$F_{\bar{z}}=aF+b\bar{F},\ G_{\bar{z}}=aG+b\bar{G},\ z\in D,$$
$$F=1,\ G=j,\ z\in L_1\cup L_2\ .$$

因此$a=a_{(F,G)}$，$b=b_{(F,G)}$.

**定理1.8** 在定理1.7相同的条件下，设

$$b=-a,\ \text{或}\ b=a,\ z\in D\ ,\tag{1.36}$$

那么在$D$上存在一生成对$(F,G)$，满足复方程(1.33)，且

$$F(z)=1,\ \text{或}\ G(z)=j,\ z\in D\ .\tag{1.37}$$

**证** 根据定理1.7的假设及(1.36)，可知存在唯一的生成对$(F,G)$，满足复方程与边界条件：

$$F_{\bar{z}}=a(F-\bar{F}),\text{或}\ G_{\bar{z}}=a(G+\bar{G}),z\in D,$$

$$F(z) = 1，\text{或 } G(z) = j，z \in L_1 \cup L_2，$$

因此有(1.37)式.

本节中的部分结果是由罗兆富给出的，但这里作了一些修改.

关于双曲准正则函数是否具有 L. Bers 的书[19]1)中关于准解析函数其它一些相类似的性质，值得进一步研究.

## §2. 一阶双曲型方程组的复形式

在本节中，我们先把某些一阶线性双曲型方程组转化为复形式，然后把某些一阶非线性双曲型方程组化为复形式.

### 1. 一阶线性双曲型方程组的复形式

对于一阶线性双曲型偏微分方程组

$$\begin{cases} a_{11}u_x + a_{12}u_y + b_{11}v_x + b_{12}v_y = a_1u + b_1v + c_1, \\ a_{21}u_x + a_{22}u_y + b_{21}v_x + b_{22}v_y = a_2u + b_2v + c_2, \end{cases} \tag{2.1}$$

其中系数 $a_{kl}, b_{kl}, a_k, b_k, c_k$，$(k, l = 1, 2)$都是有界区域 $D$ 内的已知函数. 如果在 $D$ 内一点$(x, y)$，有不等式

$$I = (K_2 + K_3)^2 - 4K_1K_4 > 0，\tag{2.2}$$

其中

$$K_1 = \begin{vmatrix} a_{11} & b_{11} \\ a_{21} & b_{21} \end{vmatrix}，\quad K_2 = \begin{vmatrix} a_{11} & b_{12} \\ a_{21} & b_{22} \end{vmatrix}，$$

$$K_3 = \begin{vmatrix} a_{12} & b_{11} \\ a_{22} & b_{21} \end{vmatrix}，\quad K_4 = \begin{vmatrix} a_{12} & b_{12} \\ a_{22} & b_{22} \end{vmatrix}.$$

那么称(2.1)在点$(x, y)$是双曲型的. 如果在 $D$ 内每点，(2.2)都成立，那么把(2.1)叫做 $D$ 内的双曲型方程组. 不等式(2.2)也可写成

$$I = (K_2 - K_3)^2 - 4K_5K_6 > 0，\tag{2.3}$$

这里

$$K_5 = \begin{vmatrix} a_{11} & a_{12} \\ a_{21} & a_{22} \end{vmatrix}，\quad K_6 = \begin{vmatrix} b_{11} & b_{12} \\ b_{21} & b_{22} \end{vmatrix}.$$

如果方程组(2.1)的系数 $a_{kl}, b_{kl}(k,l=1,2)$ 在 $D$ 内均有界，且

$$I=(K_2+K_3)^2-4K_1K_4=(K_2-K_3)^2-4K_5K_6 \geqslant I_0>0, \tag{2.4}$$

这里 $I_0$ 是一正常数，那么称(2.1)在 $D$ 内是一致双曲型方程组. 下面，我们分几种情形把双曲型方程组(2.1)化为复形式.

1)如果在区域 $D$ 内一点 $(x,y)$，$K_2, K_3$ 同号，且 $K_6 \neq 0$，那么从(2.1)，可解出 $v_y, -v_x$，而得一阶方程组

$$\begin{cases} v_y=au_x+bu_y+a_0u+b_0v+f_0, \\ -v_x=du_x+cu_y+c_0u+d_0v+g_0, \end{cases} \tag{2.5}$$

其中 $a,b,c,d$ 都是 $a_{kl}, b_{kl}(k,l=1,2)$ 的已知函数，而 $a_0, b_0, c_0, d_0$, $f_0, g_0$ 都是 $b_{kl}, a_k, b_k, c_k(k,l=1,2)$ 的已知函数，且

$$a=K_1/K_6,\ b=K_3/K_6,\ c=K_4/K_6,\ d=K_2/K_6 .$$

双曲型条件(2.2)转化为

$$\Delta=I/4K_6^2=(b+d)^2/4-ac>0, \tag{2.6}$$

不妨设 $a-c \geqslant 0$，因为否则，用 $-y$ 代替 $y$，则此要求能实现. 如果 $a,c$ 不同号或它们中之一等于0，那么有 $-ac \geqslant 0, bd \geqslant 0$，且可使 $a \geqslant 0, -c \geqslant 0$；或者 $a,c$ 同号，我们可假设 $a>0, c>0$，因为否则用 $-v$ 代替 $v$，便可达到这个要求. 进而可假设 $0<c<1$，否则设 $v=h\tilde{v}$，这里 $h$ 是一个正常数，使得 $h \geqslant c+1$，于是有

$$\tilde{K}_4=hK_4, \tilde{K}_6=h^2K_6,\ \tilde{c}=\tilde{K}_4/\tilde{K}_6=c/h<1,\ \tilde{b}\tilde{d} \geqslant 0 .$$

用 $-j$ 乘(2.5)的第一式，再减去(2.5)的第二式，可得

$$\begin{aligned} v_x-jv_y=j(&-au_x-bu_y-a_0u-b_0v-f_0) \\ &-du_x-cu_y-c_0u-d_0v-g_0, \end{aligned}$$

记 $z=x+jy$, $w=u+jv$，并使用关系式

$$\begin{cases} u_x=(w_z+\overline{w}_{\bar z}+w_{\bar z}+\overline{w}_z)/2, u_y=j(-w_z+\overline{w}_{\bar z}+w_{\bar z}-\overline{w}_z)/2, \\ v_x=j(w_z-\overline{w}_{\bar z}+w_{\bar z}-\overline{w}_z)/2, v_y=(-w_z-\overline{w}_{\bar z}+w_{\bar z}+\overline{w}_z)/2, \end{cases}$$

我们有

$$\begin{aligned} j(w_{\bar z}-\overline{w}_z)=&-(aj+d)(w_z+\overline{w}_{\bar z}+w_{\bar z}+\overline{w}_z)/2 \\ &-(c+bj)j(-w_z+\overline{w}_{\bar z}+w_{\bar z}-\overline{w}_z)/2+\text{低阶项}, \end{aligned}$$

即

$$(1+q_1)w_z + q_2\overline{w}_z = -q_2 w_z + (1-q_1)\overline{w}_{\bar z} + \text{低阶项}, \tag{2.7}$$

其中

$$q_1 = [a-c+(d-b)j]/2,\ q_2 = [a+c+(d+b)j]/2 .$$

注意到

$$\begin{aligned} q_0 &= (1+q_1)(1+\bar q_1) - q_2\bar q_2 \\ &= [(2+a-c)^2-(d-b)^2-(a+c)^2+(d+b)^2]/4 \\ &= 1+a-c-(d-b)^2/4+(d+b)^2/4-ac \\ &= 1+a-c-(b-d)^2/4+\Delta = 1+a-c+\sigma \\ &= 1+a-c+bd-ac = (1+a)(1-c)+bd > 0, \end{aligned}$$

这里

$$\sigma = \Delta-(b-d)^2/4 = bd-ac \geqslant 0,$$

于是我们可从(2.7)解出 $w_z$,而得

$$w_{\bar z} - Q_1(z)w_z - Q_2(z)\overline{w}_z = A_1(z)w + A_2(z)\overline{w} + A_3(z), \tag{2.8}$$

此处

$$Q_1(z) = -2q_2(z)/q_0(z),\ Q_2(z) = [q_2\bar q_2-(q_1-1)(\bar q_1+1)]/q_0 .$$

对于复方程(2.8),如果

$$\begin{aligned} &(a-c)^2-4\Delta \geqslant 0,\ (1+\sigma)^2-4\Delta \geqslant 0, \text{即} \\ &(K_1-K_4)^2-(K_2-K_3)^2+4K_5K_6 \geqslant 0, \\ &(K_6^2+K_2K_3-K_1K_4)^2-(K_2-K_3)^2+4K_5K_6 \geqslant 0, \end{aligned} \tag{2.9}$$

那么我们可证

$$|Q_1| + |Q_2| = |Q_1\overline{Q}_1|^{1/2} + |Q_2\overline{Q}_2|^{1/2} < 1 , \tag{2.10}$$

其中 $|Q_1| = |Q_1\overline{Q}_1|^{1/2}$ 是 $Q_1$ 的绝对值. 事实上

$$|2q_2| = |(a+c)^2-(d+b)^2|^{1/2} = |(a-c)^2-4\Delta|^{1/2},$$

$$|q_2\bar q_2-(q_1-1)(\bar q_1+1)| = |(a-c)^2/4-\Delta-[a-c+(d-b)j-2]$$
$$\times[a-c-(d-b)j+2]/4| = |(1+\sigma)^2-4\Delta|^{1/2},$$

$$(1+\sigma)^2(a-c)^2+(4\Delta)^2-4\Delta(1+\sigma)^2-4\Delta(a-c)^2$$

$$<(4\Delta)^2+(1+\sigma)^2(a-c)^2+8\Delta(1+\sigma)(a-c),$$

$$[(a-c)^2-4\Delta][(1+\sigma)^2-4\Delta]$$

$$<(4\Delta)^2+(1+\sigma)^2(a-c)^2+8\Delta(1+\sigma)(a-c),$$

$$2\{[(a-c)^2-4\Delta][(1+\sigma)^2-4\Delta]\}^{1/2}<8\Delta+2(1+\sigma)(a-c),$$

$$(a-c)^2-4\Delta+(1+\sigma)^2-4\Delta+2\{[(a-c)^2-4\Delta]$$

$$\times[(1+\sigma)^2-4\Delta]\}^{1/2}<(1+\sigma+a-c)^2,$$

因而有

$$|(a-c)^2-4\Delta|^{1/2}+|(1+\sigma)^2-4\Delta|^{1/2}<1+\sigma+a-c,$$

这样便可得到(2.10)式.

2)如果在点$(x,y)\in D$,$K_2$,$K_3$同号,$K_6=0$,$K_5\neq 0$,使用类似的方法,可把方程组(2.1)转化为形如(2.8)的复方程.

现在讨论另外两种情形:

3)如果在点$(x,y)\in D$,$K_2$,$K_3$异号,$K_4\neq 0$,则从方程组(2.1),可解出$u_y$,$v_y$,而得一阶方程组

$$\begin{cases} v_y = au_x + bv_x + a_0u + b_0v + f_0, \\ -u_y = du_x + cv_x + c_0u + d_0v + g_0, \end{cases} \tag{2.11}$$

其中$a,b,c,d$是$a_{kl},b_{kl}(k,l=1,2)$的已知函数,又$a_0,b_0,c_0,d_0,f_0$,$g_0$是$a_{k2},b_{k2},a_k,b_k,c_k(k,l=1,2)$的已知函数,而且

$$a=K_5/K_4,\ b=-K_3/K_4,\ c=K_6/K_4,\ d=K_2/K_4.$$

双曲型条件(2.2)转化为条件

$$\Delta=I/4K_4^2=(b+d)^2/4-ac>0\ . \tag{2.12}$$

类似于(2.5),用$j$乘(2.11)的第二式,再减去(2.11)的第一式,可得

$$-v_y-ju_y=w_z-w_z=-(a-dj)u_x/2-(b-cj)v_x/2+\text{低阶项}$$

$$=-(a-dj)(w_z+\overline{w}_z+w_z+\overline{w}_z)/2$$

$$+(c-bj)(w_z-\overline{w}_z+w_z-\overline{w}_z)/2+\text{低阶项},$$

即

$$(1+q_1)w_z+q_2\overline{w}_z=(1-q_1)w_z-q_2\,w_z+\text{低阶项}, \tag{2.13}$$

此处

$q_1 = [a - c - (d - b)j]/2$, $q_2 = [a + c - (d + b)j]/2$ .

如果

$$q_0 = (1 + q_1)(1 + \bar{q}_1) - q_2\bar{q}_2$$
$$= [(2 + a - c)^2 - (d - b)^2 - (a + c)^2 + (d + b)^2]/4$$
$$= (1 + a)(1 - c) + bd \neq 0 ,$$

则从(2.13),可解出 $w_z$,而得

$$w_{\bar{z}} - Q_1(z)w_z - Q_2(z)\overline{w}_z = A_1(z)w + A_2(z)\overline{w} + A_3(z), \tag{2.14}$$

其中

$Q_1(z) = [(1 - q_1)(1 + \bar{q}_1) + |q_2|^2]/q_0, Q_2(z) = - 2q_2(z)/q_0$ .

4)如果在点$(x,y)\in D, K_2, K_3$异号,$K_4 = 0, K_1 \neq 0$,使用类似于3)中的方法,我们也可把方程组(2.1)化为形如(2.14)的复形式.

**2. 一阶非线性双曲型方程组的复形式**

现在,我们讨论一般的一阶非线性方程组

$$F_k(x,y,u,v,u_x,u_y,v_x,v_y) = 0,\ k = 1,2, \tag{2.15}$$

此处 $F_k(k=1,2)$在区域 $D$ 内的任一点$(x,y)$及任意的实数 $u,v,u_x,u_y,v_x,v_y$ 都有定义而且连续,并对 $u_x,u_y,v_x,v_y$ 均具有连续偏微商. 方程组(2.15)的双曲型条件仍可由不等式(2.2)或(2.3)来定义,但其中

$$K_1 = \frac{D(F_1,F_2)}{D(u_x,v_x)},\quad K_2 = \frac{D(F_1,F_2)}{D(u_x,v_y)},$$
$$K_3 = \frac{D(F_1,F_2)}{D(u_y,v_x)},\quad K_4 = \frac{D(F_1,F_2)}{D(u_y,v_y)},$$
$$K_5 = \frac{D(F_1,F_2)}{D(u_x,u_y)},\ K_6 = \frac{D(F_1,F_2)}{D(v_x,v_y)}, \tag{2.16}$$

这里

$$F_{ku_x} = \int_0^1 F_{k\tau u_x}(x,y,u,v,\tau u_x,\tau u_y,\tau v_x,\tau v_y)d\tau,$$

$$F_{ku_x} = \int_0^1 F_{k\tau u_x}(x,y,u,v,\tau u_x,\tau u_y,\tau v_x,\tau v_y)d\tau,$$
$$F_{kv_x} = \int_0^1 F_{k\tau v_x}(x,y,u,v,\tau u_x,\tau u_y,\tau v_x,\tau v_y)d\tau,$$
$$F_{kv_y} = \int_0^1 F_{k\tau v_y}(x,y,u,v,\tau u_x,\tau u_y,\tau v_x,\tau v_y)d\tau,$$
$$k = 1,2. \qquad (2.17)$$

使用上一小节中的方法，对情形1) $K_2$，$K_3$同号，$K_5$或 $K_6\neq0$；2) $K_2$，$K_3$异号，$K_1$或 $K_4\neq0$，仍可把一阶非线性方程组(2.15)转化为复形式

$$w_{\bar z} - Q_1 w_z - Q_2 \overline{w}_{\bar z} = A_1 w + A_2 \overline{w} + A_3, \qquad (2.18)$$

此处 $z=x+jy$，$w=u+jv$，又

$$Q_k=Q_k(z,w,w_z,w_{\bar z}),k=1,2,A_k=A_k(z,w,w_z,w_{\bar z}),k=1,2,3.$$

特别，如果(2.9)成立，那么从双曲型条件(2.2)可推出(2.10)式成立.

**定理2.1** 设非线性方程组(2.15)满足双曲型条件(2.2)以及关于隐函数存在定理的一些条件，那么(2.15)关于 $w_{\bar z}$ 可解，而得形如(2.18)的复方程.

### 3. 某些一阶拟线性双曲型方程组的复形式

现在结合如下的一阶拟线性偏微分方程组讨论前面未讨论过的两种情形.

$$\begin{cases} a_{11}u_x + a_{12}u_y + b_{11}v_x + b_{12}v_y = a_1 u + b_1 v + c_1, \\ a_{21}u_x + a_{22}u_y + b_{21}v_x + b_{22}v_y = a_2 u + b_2 v + c_2, \end{cases} \qquad (2.19)$$

其中系数 $a_{kl}$，$b_{kl}(k,l=1,2)$是点$(x,y)\in D$ 的已知函数，$a_k$，$b_k$，$c_k(k,l=1,2)$是$(x,y)\in D$ 及 $u,v\in\mathbb{R}$ 的已知函数. 与方程组(2.1)相仿，方程组(2.19)在 $D$ 内的双曲型条件是

$$I = (K_2+K_3)^2 - 4K_1K_4 = (K_2-K_3)^2 - 4K_5K_6 > 0, \qquad (2.20)$$

其中

$$K_1 = \begin{vmatrix} a_{11} & b_{11} \\ a_{21} & b_{21} \end{vmatrix}, \quad K_2 = \begin{vmatrix} a_{11} & b_{12} \\ a_{21} & b_{22} \end{vmatrix}, \quad K_3 = \begin{vmatrix} a_{12} & b_{11} \\ a_{22} & b_{21} \end{vmatrix},$$

$$K_4 = \begin{vmatrix} a_{12} & b_{12} \\ a_{22} & b_{22} \end{vmatrix}, \ K_5 = \begin{vmatrix} a_{11} & a_{12} \\ a_{21} & a_{22} \end{vmatrix}, \ K_6 = \begin{vmatrix} b_{11} & b_{12} \\ b_{21} & b_{22} \end{vmatrix}.$$

现在，我们考虑在条件1) $K_1=K_4=0$，$K_2$，$K_3$异号，$K_6\neq 0$下的方程组(2.19)．先讨论 $D$ 内的一点$(x,y)$，$K_1=K_4=0$，那么存在实常数 $\lambda,\mu$，使得

$$a_{11} = \lambda b_{11}, \ a_{21} = \lambda b_{21}, \ a_{12} = \mu b_{12}, \ a_{22} = \mu b_{22},$$

因而

$$K_2 = \lambda K_6, \ K_3 = -\mu K_6, \ K_5 = \lambda\mu K_6,$$

于是

$$\begin{aligned} I &= (K_2 - K_3)^2 - 4K_5K_6 = [(\lambda+\mu)^2 - 4\lambda\mu]K_6^2 \\ &= (K_2 + K_3)^2 - 4K_1K_4 = (\lambda-\mu)^2K_6^2 > 0 \ . \end{aligned}$$

容易看出：$\lambda\neq\mu$，即 $K_2\neq -K_3$，这样方程组(2.19)可写成

$$\begin{cases} b_{11}(\lambda u + v)_x + b_{12}(\mu u + v)_y = a_1 u + b_1 v + c_1, \\ b_{21}(\lambda u + v)_x + b_{22}(\mu u + v)_y = a_2 u + b_2 v + c_2. \end{cases} \tag{2.21}$$

记 $U=\lambda u+v$，$V=\mu u+v$，注意到

$$\begin{vmatrix} U_u & U_v \\ V_u & V_v \end{vmatrix} = \begin{vmatrix} \lambda & 1 \\ \mu & 1 \end{vmatrix} = \lambda - \mu \neq 0$$

与

$$u = \frac{U-V}{\lambda-\mu}, \quad v = \frac{\mu U - \lambda V}{\mu - \lambda},$$

因此方程组(2.21)可写成

$$\begin{cases} b_{11}U_x + b_{12}V_y = a'_1 U + b'_1 V + c_1, \\ b_{21}U_x + b_{22}V_y = a'_2 U + b'_2 V + c_2, \end{cases} \tag{2.22}$$

其中

$$\begin{aligned} a'_1 &= (a_1 - \mu b_1)/(\lambda-\mu), b'_1 = -(a_1 - \lambda b_1)/(\lambda-\mu), \\ a'_2 &= (a_2 - \mu b_2)/(\lambda-\mu), b'_2 = -(a_2 - \lambda b_2)/(\lambda-\mu), \end{aligned}$$

这样一来，可得

$$\begin{cases} U_x = [(a'_1 b_{22} - a'_2 b_{12})U + (b'_1 b_{22} - b'_2 b_{12})V \\ \qquad + (c_1 b_{22} - c_2 b_{12})]/K_6, \\ V_y = [(a'_2 b_{11} - a'_1 b_{21})U + (b'_2 b_{11} - b'_1 b_{21})V \\ \qquad + (c_2 b_{11} - c_1 b_{21})]/K_6. \end{cases} \tag{2.23}$$

将以上方程组中的第一个方程减去第二个方程，可导出关于 $W=U+jV$ 的复方程

$$W_z+\overline{W}_z=A_1(z,W)W+A_2(z,W)\overline{W}+A_3(z,W), \tag{2.24}$$

此处 $A_1,A_2,A_3$ 都是 $b_{kl},a_k,b_k,c_k(k,l=1,2)$ 的已知函数.

其次，我们讨论在条件2) $K_5=K_6=0$，$K_2,K_3$ 同号，$K_4\neq0$ 下的方程组(2.19). 先考虑 $D$ 内的一点 $(x,y)$，$K_5=K_6=0$，则存在实常数 $\lambda,\mu$，使得

$$a_{11}=\lambda a_{12},\ a_{21}=\lambda b_{22},\ b_{11}=\mu b_{12},\ b_{21}=\mu b_{22},$$

因此

$$K_1=\lambda\mu K_4,\ K_2=\lambda K_4,\ K_3=\mu K_4,$$

故

$$I=(K_2+K_3)^2-4K_1K_4=[(\lambda+\mu)^2-4\lambda\mu]K_4^2=(\lambda-\mu)^2K_4^2>0\ .$$

容易看出：$\lambda\neq\mu$，即 $K_2\neq-K_3$，而方程组(2.19)可写成

$$\begin{cases}a_{12}(\lambda\mu_x+u_y)+b_{12}(\mu v_x+v_y)=a_1u+b_1v+c_1,\\ a_{22}(\lambda u_x+u_y)+b_{22}(\mu v_x+v_y)=a_2u+b_2v+c_2\ .\end{cases} \tag{2.25}$$

设

$$\xi=\frac{x-\mu y}{\lambda-\mu},\quad \eta=\frac{-x+\lambda y}{\lambda-\mu},$$

易知有

$$\begin{vmatrix}\xi_x & \xi_y\\ \eta_x & \eta_y\end{vmatrix}=\frac{1}{(\lambda-\mu)^2}\begin{vmatrix}1 & -\mu\\ -1 & \lambda\end{vmatrix}=\frac{1}{\lambda-\mu}\neq0,$$

而 $x=\lambda\xi+\mu\eta,y=\xi+\eta$. 这样一来，方程组(2.25)转化为

$$\begin{cases}a_{12}u_\xi+b_{12}v_\eta=a_1u+b_1v+c_1,\\ a_{22}u_\xi+b_{22}v_\eta=a_2u+b_2v+c_2\ .\end{cases} \tag{2.26}$$

从以上方程组，可解出 $u_\xi,v_\eta$，而得

$$\begin{cases}u_\xi=a'_1u+b'_1v+c'_1\ ,\\ v_\eta=a'_2u+b'_2v+c'_2\ ,\end{cases} \tag{2.27}$$

其中

$$a_1' = (a_1b_{22} - a_2b_{12})/K_4, b_1' = (b_1b_{22} - b_2b_{12})/K_4,$$
$$a_2' = (a_2a_{12} - a_1a_{22})/K_4, b_2' = (b_2a_{12} - b_1a_{22})/K_4,$$
$$c_1' = (c_1b_{22} - c_2b_{12})/K_4, c_2' = (c_2a_{12} - c_1a_{22})/K_4,$$

记 $\zeta=\xi+j\eta$，则方程组(2.27)可写成复形式

$$w_{\bar{\zeta}} + \bar{w}_{\zeta} = A_1'(\zeta,w)w + A_2'(\zeta,w)\bar{w} + A_3'(\zeta,w), \tag{2.28}$$

此处 $A_1', A_2', A_3'$ 都是 $a_{k2}, b_{k2}, a_k, b_k, c_k (k=1,2)$ 的已知函数.

对于情形3) $K_1=K_4=0$，$K_2, K_3$ 同号，$K_5\neq 0$，及情形4) $K_5=K_6=0$，$K_2, K_3$ 同号，$K_1\neq 0$，使用类似的方法，可把方程组(2.19)分别转化为(2.24)与(2.28)的形式. 我们还要提及：对情形1)与3)，可能有

$$b_{11} = \lambda a_{11}, \; b_{21} = \lambda a_{21}, \; b_{12} = \mu a_{12}, \; b_{22} = \mu a_{22},$$

而对情形2)与4)，可能出现

$$a_{12} = \lambda a_{11}, \; a_{22} = \lambda a_{21}, \; b_{11} = \mu b_{12}, \; b_{21} = \mu b_{22},$$

但仍可用类似的方法去讨论. 此外，对于整个区域 $D$ 而言，$\lambda(x,y)$，$\mu(x,y)$ 可以是 $D$ 内点 $(x,y)$ 的函数，在这种情形下，(2.21)中两个方程的右边应分别增加 $b_{11}\lambda_x u + b_{12}\mu_y u$ 与 $b_{21}\lambda_x u + b_{22}\mu_y u$，这只是改变了低阶项的系数，而没有改变双曲型方程组的性质. 至于情形2)—4)，也可相仿地讨论.

## §3. 一阶拟线性双曲型复方程的边值问题

本节中，我们主要讨论单连通区域上一阶拟线性双曲型复方程(方程组的复形式)的 Riemann-Hilbert 边值问题. 首先我们给出此边值问题解的积分表示式，然后用逐次叠代法证明此边值问题解的唯一性与存在性. 最后，我们还讨论一般区域上此边值问题的可解性.

### 1. 一阶双曲型复方程边值问题的提法及其解的唯一性

对于形如(2.24)与(2.28)的复方程，我们可将其写成统一的

形式

$$w_{\bar z} + \overline{w}_{\bar z} = A(z,w)w + B(z,w)\overline{w} + C(z,w), \qquad (3.1)$$

它等价于实形式的方程组

$$\begin{cases} u_x = au + bv + f, \\ v_y = cu + dv + g, \end{cases} \qquad (3.2)$$

其中 $z=x+jy, w=u+jv, A=(a+jb-c-jd)/2, B=(a-jb-c+jd)/2, C=f-g$ . 设

$$W(z) = ve_1 + ue_2, Z = xe_1 + ye_2, \qquad (3.3)$$

这里 $e_1=(1+j)/2, e_2=(1-j)/2$，从(3.1)与(3.3)，可得关于 $W$ 的复方程

$$W_{Z} = v_y e_1 + u_x e_2 = \alpha W + \beta\overline{W} + \gamma = F(Z,W), \qquad (3.4)$$

其中 $\alpha=de_1+ae_2, \beta=ce_1+be_2, \gamma=ge_1+fe_2$.

下面，我们讨论形如下的一般拟线性双曲型复方程

$$w_{\bar z} = F(z,w), F = A_1(z,w)w + A_2(z,w)\overline{w} + A_3(z,w), z \in \overline{D}, \qquad (3.5)$$

其中 $D$ 是 $z=x+jy$ 复平面$\mathbb{C}$内的一有界单连通区域，其边界为 $\Gamma=L_1\cup L_2\cup L_3\cup L_4$，这里 $L_1=\{x=-y, 0\leqslant x\leqslant R_1\}, L_2=\{x=y+2R_1, R_1\leqslant x\leqslant R_2\}, L_3=\{x=-y-2R_1+2R_2, R_2-R_1\leqslant x\leqslant R_2\}$, $L_4=\{x=y, 0\leqslant x\leqslant R_2-R_1\}$，记 $z_1=0, z_2=(1-j)R_1, z_3=R_2+j(R_2-2R_1), z_4=(1+j)(R_2-R_1)$，而 $L=L_1\cup L_2$. 本节只讨论 $R_2\geqslant 2R_1$ 的情形，而 $R_2<2R_1$ 可类似地讨论.

假设复方程(3.5)满足条件 $C$，即

1) $A_l(z,w)(l=1,2,3)$ 对于闭区域 $\overline{D}$ 上任意的连续函数 $w(z)$ 在 $z\in\overline{D}$ 连续，且满足条件

$$C[A_l(z,w),\overline{D}] = C[\mathrm{Re}A_l,\overline{D}] + C[\mathrm{Im}A_l,\overline{D}] \leqslant k_0, l = 1,2,$$
$$C[A_3(z,w),\overline{D}] \leqslant k_1, \qquad (3.6)$$

此处 $k_0, k_1$ 都是非负常数.

2) 对于任意两个在 $\overline{D}$ 上连续的函数 $w_1(z), w_2(z)$，有

$$F(z,w_1) - F(z,w_2) = \tilde{A}_1(w_1 - w_2) + \tilde{A}_2(\overline{w}_1 - \overline{w}_2), z \in \overline{D}, \qquad (3.7)$$

其中 $\widetilde{A}_l=\widetilde{A}_l(z,w_1,w_2)$满足条件

$$C[\widetilde{A}_l,\overline{D}]\leqslant k_0,\ l=1,2,$$

这里 $k_0$是一非负常数. 特别,当(3.5)是线性方程时,从条件(3.6),即可导出(3.7)式成立.

复方程(3.5)在 $\overline{D}$ 上的 Riemann-Hilbert 边值问题可叙述如下.

**问题 *A*** 求复方程(3.5)在 $\overline{D}$ 上的连续解 $w(z)$,使它适合边界条件

$$\operatorname{Re}[\Lambda(z)w(z)]=r(z),\ z\in L,\ \operatorname{Im}[\Lambda(z_2)w(z_2)]=b_1, \tag{3.8}$$

这里 $b_1$是实常数,而 $\Lambda(z)=a(z)+jb(z)$, $r(x)$, $b_1$满足条件

$$C_\alpha[\Lambda(z),L]=C_\alpha[\operatorname{Re}\Lambda,L]+C_\alpha[\operatorname{Im}\Lambda,L]\leqslant k_0,\ C_\alpha(r(z),L)\leqslant k_2,$$

$$\max_{z\in L_1}\frac{1}{|a(z)-b(z)|},\max_{z\in L_2}\frac{1}{|a(z)+b(z)|}\leqslant k_0,|b_1|\leqslant k_2, \tag{3.9}$$

此处 $\alpha(0<\alpha<1)$,$k_0$,$k_2$都是非负常数. 带有条件 $A_3=0,z\in\overline{D}$, $w\in\mathbb{C},r=0,z\in L,b_1=0$的问题 $A$ 记作问题 $A_0$. 特别当 $a(z)=1,b(z)=0$,即 $\lambda(z)=1,z\in L$,则问题 $A$ 成为 Dirichlet 边值问题(问题 $D$),其边界条件为

$$\operatorname{Re}[w(z)]=r(z),z\in L,\ \operatorname{Im}[w(z_2)]=b_1, \tag{3.10}$$

为了给出复方程(3.5)之问题 $A$ 的解满足 Hölder 连续的条件,我们还要假设对于任意的两个双曲数 $w_1,w_2$,(3.5)的系数满足条件

$$\begin{aligned}&\|A_l(z_1,w_1)-A_l(z_2,w_z)\|\\&\leqslant k_0[\|z_1-z_2\|^\alpha+\|w_1-w_2\|],\ l=1,2,\\&\|A_3(z_1,w_1)-A_3(z_2,w_2)\|\\&\leqslant k_1[\|z_1-z_2\|^\alpha+\|w_1-w_2\|],z_1,z_2\in\overline{D},\end{aligned} \tag{3.11}$$

此处 $\alpha(0<\alpha<1)$,$k_0$,$k_1$都是非负常数.

由(1.3),(1.5),有

$$w=\xi e_1+\eta e_2,w_z=\xi_\lambda e_1+\eta_\mu e_2,\ w_{\bar z}=\xi_\mu e_1+\eta_\lambda e_2,$$

因此复方程(3.5)可改写成

$$\xi_\mu e_1 + \eta_\lambda e_2 = [A(z,w)\xi + B(z,w)\eta + E(z,w)]e_1 + [C(z,w)\xi + D(z,w)\eta + F(z,w)]e_2,$$

即

$$\begin{cases}\xi_\mu = A(z,w)\xi + B(z,w)\eta + E(z,w), \\ \eta_\lambda = C(z,w)\xi + D(z,w)\eta + F(z,w),\end{cases} z \in D, \quad (3.12)$$

其中

$$A=\mathrm{Re}A_1+\mathrm{Im}A_1,\ B=\mathrm{Re}A_2+\mathrm{Im}A_2,\ C=\mathrm{Re}A_2-\mathrm{Im}A_2,$$

$$D=\mathrm{Re}A_1-\mathrm{Im}A_1,\ E=\mathrm{Re}A_3+\mathrm{Im}A_3,\ F=\mathrm{Re}A_3-\mathrm{Im}A_3.$$

而边界条件(3.8)转化为

$$\mathrm{Re}[\Lambda(z)(\xi e_1+\eta e_2)]=r(z), z\in L, \mathrm{Im}[\Lambda(z)(\xi e_1+\eta e_2)]|_{z=z_2}=b_1, \quad (3.13)$$

这里 $\Lambda(z)=(a+b)e_1+(a-b)e_2$，又区域 $D$ 变换为矩形区域 $Q=\{0\leqslant\lambda\leqslant 2R_1, 0\leqslant\mu\leqslant 2R\}$，$R=R_1-R_2$. 为了便于讨论，可以设 $w(z_2)=0$，因为否则，经过函数的变换 $W(z)=\{w(z)-[a(z_2)-jb(z_2)][r(z_2)+jb_1]\}/[a^2(z_2)-b^2(z_2)]$，便可达到上述要求. 为了书写方便，有时我们把 $z\in D$ 写成 $z\in Q$，又把 $L_1, L_2$ 分别记为 $\{\lambda=0, 0\leqslant\mu\leqslant 2R_1\}$，$\{0\leqslant\lambda\leqslant 2R, \mu=2R_1\}$. 此外，只要把方程组(3.2)中的变量 $u,v,x,y$ 分别代以 $\xi,\eta,\mu,\lambda$，那么(3.2)就与方程组(3.12)的形式相符合.

为了给出复方程(3.5)问题 A 解的表示式，我们先来讨论最简单的一阶双曲型复方程

$$w_{\bar{z}} = 0,\ z \in \overline{D}, \quad (3.14)$$

由定理1.1，可知其实形式为方程组

$$\xi_\mu = 0,\ \eta_\lambda = 0,\ (\lambda,\mu) \in Q, \quad (3.15)$$

这里 $\lambda=x+y$，$\mu=x-y$，$\xi=u+v$，$\eta=u-v$ . 因此方程组(3.15)在 $Q$ 上的通解可写成

$$\xi=u+v=f(\lambda)=f(x+y), \eta=u-v=g(\mu)=g(x-y),$$

即

$$u=[f(x+y)+g(x-y)]/2, v=[f(x+y)-g(x-y)]/2, \quad (3.16)$$

其中 $f(t)$，$g(t)$是两个分别在$[0,R_1]$，$[R_1,R_2]$上的连续函数．注意到边界条件(3.8)，即

$$a(x)u(z)+b(x)v(z)=r(x),z\in L,\Lambda(R_1)w(z_2)=0,$$

即

$$[a(x)+b(x)]f(0)+[a(x)-b(x)]g(2x)=2r(x),x\in[0,R_1],$$
$$[a(x)+b(x)]f(2x-2R_1)+[a(x)-b(x)]g(2R_1)=2r(x),$$
$$x\in[R_1,R_2], \tag{3.17}$$

为了书写方便，从这里到定理3.1前，都把 $a,b,r$ 写成 $x$ 的函数，而以上公式可改写成

$$[a(t/2)+b(t/2)]f(0)+[a(t/2)-b(t/2)]g(t)=2r(t/2),$$
$$t\in[0,2R_1],$$
$$[a(t/2+R_1)+b(t/2+R_1)]f(t)+[a(t/2+R_1)$$
$$-b(t/2+R_1)]g(2R_1)=2r(t/2+R_1),t\in[0,2R],$$

即

$$g(x-y)=\{2r[(x-y)/2]-[a((x-y)/2)+b((x-y)/2)]f(0)\}$$
$$/[a((x-y)/2)-b((x-y)/2)],0\leqslant x-y\leqslant 2R_1,$$
$$f(x+y)=\{2r[(x+y)/2+R_1]-[a((x+y)/2+R_1)-b((x+y)$$
$$/2+R_1)]g(2R_1)\}/[a((x+y)/2+R_1)+b((x+y)/2+R_1)],$$
$$0\leqslant x+y\leqslant 2R\,. \tag{3.18}$$

于是复方程(3.5)问题 $A$ 的解 $w(z)$可表示成

$$w(z)=f(x+y)e_1+g(x-y)e_2$$
$$=\frac{1}{2}\{f(x+y)+g(x-y)+j[f(x+y)-g(x-y)]\}, \tag{3.19}$$

$$f(0)=u(z_2)+v(z_2)=\frac{r(R_1)+b_1}{a(R_1)+b(R_1)},$$

$$g(2R_1)=u(z_2)-v(z_2)=\frac{r(R_1)-b_1}{a(R_1)-b(R_1)},$$

其中 $f(x+y)$，$g(x-y)$如(3.18)中所示．不难看出：$w(z)$满足

$$C_\alpha[w(z),\overline{D}]\leqslant M_0=M_0(\alpha,k_0,k_2,D), \tag{3.20}$$

这里 $\alpha(0<\alpha<1)$，$M_0$都是非负常数.

现在要给出复方程(3.5)问题 $A$ 解的表示定理.

**定理3.1** 设复方程(3.5)满足条件 $C$，则(3.5)问题 $A$ 的解 $w(z)$可表示成

$$\begin{aligned} w(z) &= W(z) + \tilde{W}(z) + \Psi(z), z \in \bar{D}, \\ W(z) &= f(x+y)e_1 + g(x-y)e_2, \\ \tilde{W}(z) &= \tilde{f}(x+y)e_1 + \tilde{g}(x+y)e_2, \\ \Psi(z) &= \int_{2R_1}^{x-y}[A\xi + B\eta + E]e_1 d(x-y) \\ &\quad + \int_0^{x+y}[C\xi + D\eta + F]e_2 d(x+y), \end{aligned} \tag{3.21}$$

此处 $f(x+y)$，$g(x-y)$如(3.19)式所示，$\tilde{f}(x+y)$，$\tilde{g}(x-y)$类似于(3.19)式中的 $f(x+y)$，$g(x-y)$，而 $\tilde{W}(z)$适合如下的边界条件

$$\begin{cases} \mathrm{Re}[\Lambda(z)\tilde{W}(z)] = -\mathrm{Re}[\Lambda(z)\Psi(z)], z \in L, \\ \mathrm{Im}[\Lambda(z_2)\tilde{W}(z_2)] = -\mathrm{Re}[\Lambda(z_2)\Psi(z_2)]. \end{cases} \tag{3.22}$$

**证** 容易看出：$W(z)$，$\tilde{W}(z)$都是方程组(3.15)或复方程(3.14)于 $\bar{D}$ 上的解，前者适合问题 $A$ 的边界条件，后者适合边界条件(3.22)，又从表示式(3.21)的最后一式看出：$\Psi(z)$满足复方程

$$[\Psi(z)]_{\bar{z}} = [A\xi + B\eta + E]e_1 + [C\xi + D\eta + F]e_2, z \in \bar{D}, \tag{3.23}$$

因此 $w(z)=W(z)+\tilde{W}(z)+\Psi(z)$确定是复方程(3.5)在 $\bar{D}$ 上的解. 而 $\tilde{W}(z)+\Psi(z)$适合问题 $A_0$的边界条件，故 $w(z)=W(z)+\tilde{W}(z)+\Psi(z)$适合问题 $A$ 的边界条件.

**定理3.2** 如果复方程(3.5)满足条件 $C$，那么其问题 $A$ 至多有一个解.

**证** 设 $w_1(z)$，$w_2(z)$是复方程(3.5)之问题 $A$ 的两个解，将它们代入到(3.5)与边界条件(3.8)，根据条件(3.7)，可知 $w(z)=w_1(z)-w_2(z)$满足齐次复方程与边界条件

$$w_{\bar{z}} = \tilde{A}_1 w + \tilde{A}_2 \bar{w}, z \in \bar{D}, \tag{3.24}$$

$$\operatorname{Re}[\Lambda(z)w(z)] = 0, z \in L, \operatorname{Im}[\Lambda(z_2)w(z_2)] = 0, \tag{3.25}$$

依照定理3.1，$w(z)$可表示成

$$w(z) = \widetilde{W}(z) + \Psi(z),$$

$$\Psi(z) = \int_{2R_1}^{x-y} [\widetilde{A}\xi + \widetilde{B}\eta] e_1 d(x-y)$$

$$+ \int_0^{x+y} [\widetilde{C}\xi + \widetilde{D}\eta] e_2 d(x+y), \tag{3.26}$$

这里 $\widetilde{A}, \widetilde{B}, \widetilde{C}, \widetilde{D}$ 与 $\widetilde{A}_1, \widetilde{A}_2$的关系正如(3.12)中 $A, B, C, D$ 与 $A_1$，$A_2$的关系那样，假如 $w(z)$在 $\overline{D}$ 上在点 $z_2 = (1-j)R_1$的附近不恒等于0，我们可选取一个适当小的正数 $R_0 < 1$，使得$8M_1MR_0 < 1$，这里 $M_1 = \max\limits_{z \in D}\{|\widetilde{A}|, |\widetilde{B}|, |\widetilde{C}|, |\widetilde{D}|\}$，正常数 $M = 1 + 2k_0^2(1 + 2k_0^2)$可由（3.18）—（3.22）算出，而 $m = \|w\|_{C(Q_0)} > 0$，$Q_0 = \{0 \leqslant x+y \leqslant R_0\} \cap \{2R - R_0 \leqslant x-y \leqslant 2R\}$. 由表示式(3.26)，便得一个矛盾的不等式

$$m = \|w(z)\|_{C(Q_0)} \leqslant 8M_1 MR_0 m < m, \tag{3.27}$$

而此矛盾证明了 $w(z) = 0, z \in Q_0$. 然后沿 $\lambda = x+y$ 增加的方向及 $\mu = x-y$ 减少的方向依次使用同样的证明方法，便可得到 $w(z) = w_1(z) - w_2(z) = 0, z \in \overline{D}$. 定理3.2证毕.

### 2. 一阶拟线性双曲型复方程问题 A 的可解性

**定理3.3** 设拟线性复方程(3.5)满足条件 $C$，那么其问题 $A$ 具有一个解.

**证** 注意到复方程(3.5)问题 $A$ 的解 $w(z)$具有形如(3.21)的表示式，我们要用逐次迭代法求出(3.5)问题 $A$ 的解. 先将复方程(3.14)或方程组(3.15)之问题 $A$ 的解 $w_0(z) = W(z) = \xi_0(z)e_1 + \eta_0(z)e_2$代入到(3.21)最后一式的右边，便可得到一个确定的函数

$$w_1(z) = w_0(z) + \widetilde{W}_0(z) + \Psi_0(z),$$

$$\Psi_0(z) = \int_{2R_1}^{\mu} [A\xi_0 + B\eta_0 + E] e_1 d\mu$$

$$+\int_0^{\lambda}[C\xi_0+D\eta_0+F]e_2d\lambda, \qquad (3.28)$$

其中 $\lambda=x+y,\mu=x-y$，$\widetilde{W}_0(z)$是(3.14)在 $\bar{D}$ 上的解，适合边界条件

$$\begin{cases}\operatorname{Re}[\Lambda(z)\widetilde{W}_0(z)]=-\operatorname{Re}[\Lambda(z)\Psi_0(z)], z\in L,\\ \operatorname{Im}[\Lambda(z_2)\widetilde{W}_0(z_2)]=-\operatorname{Re}[\Lambda(z_2)\Psi_0(z_2)].\end{cases} \qquad (3.29)$$

于是从(3.28)，(3.20)，可得

$$\|w_1(z)-w_0(z)\|\leqslant 4M_2M(2m+1)R', \qquad (3.30)$$

其中 $M_2=\max\limits_{z\in D}(|A|,|B|,|C|,|D|,|E|,|F|)$，$m=\|w_0\|_{c(Q)}$，$R'=\max(2R_1,2R)$，这里常数 $M$ 如(3.27)中所述. 这样经逐次迭代可得一函数序列$\{w_n(z)\}$，满足

$$w_n(z)=w_0(z)+\widetilde{W}_{n-1}(z)+\int_{2R_1}^{\mu}[A\xi_{n-1}+B\eta_{n-1}+E]e_1d\mu$$

$$+\int_0^{\lambda}[C\xi_{n-1}+D\eta_{n-1}+F]e_2d\lambda, \qquad (3.31)$$

而 $w_n(z)-w_{n-1}(z)$满足

$$w_n(z)-w_{n-1}(z)=\widetilde{W}_{n-1}(z)-\widetilde{W}_{n-2}(z)$$

$$+\int_{2R_1}^{\mu}[\widetilde{A}(\xi_{n-1}-\xi_{n-2})+\widetilde{B}(\eta_{n-1}-\eta_{n-2})]e_1d\mu$$

$$+\int_0^{\lambda}[\widetilde{C}(\xi_{n-1}-\xi_{n-2})+\widetilde{D}(\eta_{n-1}-\eta_{n-2})]e_2d\lambda, \qquad (3.32)$$

记 $M_3=\max\limits_{z\in D}\{|\widetilde{A}|,|\widetilde{B}|,|\widetilde{C}|,|\widetilde{D}|\}$，则得

$$\|w_n-w_{n-1}\|\leqslant[4M_3M(2m+1)]^n\int_0^{R'}\frac{R'^{n-1}}{(n-1)!}dR'$$

$$\leqslant[4M_3M(2m+1)R']^n/n!. \qquad (3.33)$$

从以上不等式，便知函数序列$\{w_n(z)\}$，即

$$w_n(z)=w_0(z)+[w_1(z)-w_0(z)]+\cdots+[w_n(z)-w_{n-1}(z)],$$

$$n=1,2,\cdots \qquad (3.34)$$

在 $\bar{D}$ 一上致敛到一个函数 $w_*(z)$，而 $w_*(z)$满足方程

$$w_*(z)=w_0(z)+\widetilde{W}_*(z)$$

$$+\int_{2R_1}^{\mu}[A\xi_* + B\eta_* + E]e_1 d\mu$$

$$+\int_0^{\lambda}[C\xi_* + D\eta_* + F]e_2 d\lambda, \tag{3.35}$$

因而也满足复方程(3.5)，又 $w_*(z)$ 适合边界条件(3.8)，故 $w_*(z)$ 是(3.5)之问题 $A$ 的一个解.

### 3. 一阶拟线性双曲型复方程问题 A 解的估计式

我们先给出问题 $A$ 的解的有界性估计式.

**定理3.4** 在定理3.3相同的条件下，方程(3.5)之问题 $A$ 的解 $w(z)$ 满足估计式

$$C[w(z),\overline{D}]\leqslant M_4, C[w(z),\overline{D}]\leqslant M_5 k, \tag{3.36}$$

此处 $k=k_1+k_2$，$M_4=M_4(k_0,k_1,k_2,D)$，$M_5=M_5(k_0,D)$都是非负常数.

**证** 根据定理3.2，定理3.3，本定理中问题 $A$ 的解 $w(z)$ 可用逐次迭代法求得，由于(3.33)，(3.34)中的函数 $w_n(z)-w_{n-1}(z)$ $(n=1,2,\cdots)$都在 $\overline{D}$ 上连续，因此函数序列$\{w_n(z)\}$在 $\overline{D}$ 上的极限函数 $w(z)$ 也在 $\overline{D}$ 上连续，并满足估计式

$$C[w(z),\overline{D}]=\sum_{n=0}^{\infty}[4M_3M(2m+1)R']^n/n!=e^{4M_3M(2m+1)R'}=M_4.$$

这就是(3.36)的第一个估计式. 至于(3.36)的第二个估计式，当 $k=k_1+k_2=0$，这可由定理3.2得知，当 $k=k_1+k_2>0$，将问题 $A$ 的解 $w(z)$ 代入到方程(3.5)与边界条件(3.8)，再用 $k$ 除，便得到 $\tilde{w}(z)=w(z)/k$所满足的方程与边界条件

$$\tilde{w}_z = A_1\tilde{w} + A_2\overline{\tilde{w}} + A_3/k, z\in\overline{D}, \tag{3.37}$$

$$\begin{cases}\operatorname{Re}[\Lambda(z)\tilde{w}(z)] = r(z)/k, z\in L,\\ \operatorname{Im}[\Lambda(z_2)\tilde{w}(z_2)] = b_1/k,\end{cases} \tag{3.38}$$

注意到 $A_3/k, r/k, b_1/k$ 满足条件

$$C[A_3/k,\overline{D}]\leqslant 1, C[r/k,L]\leqslant 1, |b_1/k|\leqslant 1.$$

使用前面估计 $C[w(z),\overline{D}]$的方法，可得关于 $\tilde{w}(z)$的估计式

$$C[\tilde{w}(z),\overline{D}] \leqslant M_5 = M_5(k_0,D),$$

由上式即可导出(3.36)的第二式.

这里,我们要提及:在证明方程(3.5)问题 $A$ 的解 $w(z)$ 满足估计式(3.36)时,并没有要求边界条件(3.8)中的 $\Lambda(z),r(z)$ 满足 Hölder 连续的条件,而只要求在 $L$ 上连续即可.

其次,要导出复方程(3.5)问题 $A$ 的解所满足的 Hölder 连续估计式,我们来讨论方程(3.5)的线性情形,即

$$w_{\bar{z}} = A_1(z)w + A_2(z)\overline{w} + A_3(z), z \in \overline{D},$$

即

$$\begin{aligned}\xi_\mu e_1 + \eta_\lambda e_2 = &[A(z)\xi + B(z)\eta + E(z)]e_1\\ &+ [C(z)\xi + D(z)\eta + F(z)]e_2, z \in \overline{D},\end{aligned} \tag{3.39}$$

此处 $A,B,C,D,E,F$ 如(3.12)中所述,但它们只是 $z\in\overline{D}$ 的函数.

**定理3.5** 设线性方程(3.39)满足条件(3.6),(3.11),即(3.39)的系数 $A_l(z)(l=1,2,3)$ 满足条件

$$C_\alpha[A_l,\overline{D}] \leqslant 2k_0, l = 1,2, C_\alpha[A_3,\overline{D}] \leqslant 2k_1, \tag{3.40}$$

那么方程(3.39)问题 $A$ 形如(3.21)的解 $w(z)=W(z)+\tilde{W}(z)+\Psi(z)$ 满足估计式

$$\begin{aligned}&C_\alpha[W(z),\overline{D}] \leqslant M_6, C_\alpha[\tilde{W}(z),\overline{D}] \leqslant M_6,\\ &C_\alpha[\Psi(z),\overline{D}] \leqslant M_6, C_\alpha[w(z),\overline{D}] \leqslant M_6,\end{aligned} \tag{3.41}$$

其中 $M_6=M_6(\alpha,k_0,k_1,k_2,D)$ 是一非负常数.

**证** 从(3.18)-(3.21)关于 $W(z)$ 的表示式可以看出:$W(z)$ 满足(3.41)的第一个估计式.为了证明 $\Psi(z)$ 等满足(3.41)的后三个估计式,我们记

$$\begin{aligned}&\widetilde{\Psi}_1(z) = \int_{2R_1}^{x-y} G_1(z)d(x-y), \widetilde{\Psi}_2(z) = \int_0^{x+y} G_2(z)d(x+y),\\ &G_1(z) = A\xi + B\eta + E,\ G_2(z) = C\xi + D\eta + F.\end{aligned} \tag{3.42}$$

由(3.6)与(3.36),易得 $\widetilde{\Psi}_1(z)=\widetilde{\Psi}_1(\lambda,\mu)$,$\tilde{\Psi}_2=\tilde{\Psi}_2(\lambda,\mu)$ 在 $\overline{D}$ 上分别关于 $\mu=x-y,\lambda=x+y$ 满足 Hölder 连续的条件,即

$$C_\alpha[\tilde{\Psi}_1(\cdot,\mu),\overline{D}] \leqslant M_7R', C_\alpha[\tilde{\Psi}_2(\lambda,\cdot),\overline{D}] \leqslant M_7R', \tag{3.43}$$

这里 $R'=\max(2R_1,2R)$，$M_7=M_7(\alpha,k_0,k_1,k_2,D)$是一非负常数．若将(3.18)—(3.20)中问题 $A$ 的解 $w_0=W$ 代入到(3.42)中 $w$ 的位置，而 $\xi_0=\mathrm{Re}w_0+\mathrm{Im}w_0$，$\eta_0=\mathrm{Re}w_0-\mathrm{Im}w_0$，由(3.6)，(3.11)与(3.36)，可得

$$C_\alpha[G_1(\lambda,\cdot),\overline{D}]\leqslant M_8, C_\alpha[G_2(\cdot,\mu),\overline{D}]\leqslant M_8,$$
$$C_\alpha[\tilde{\Psi}_1(\lambda,\cdot),\overline{D}]\leqslant M_8R', C_\alpha[\tilde{\Psi}_2(\cdot,\mu),\overline{D}]\leqslant M_8R', \tag{3.44}$$

此处 $M_8=M_8(\alpha,k_0,k_1,k_2,D)$是一非负常数．由于 $\widetilde{W}_1(z)$满足复方程(3.14)与边界条件(3.22)，再由 $\widetilde{W}_1(z)$具有(3.18)－(3.20)类似的表示式，可得 $\widetilde{W}_1(z)$所满足的估计式

$$C_\alpha[\widetilde{W}_1(z),\overline{D}]\leqslant M_9R' = R'M_9(\alpha,k_0,k_1,k_2,D). \tag{3.45}$$

这样一来，若记 $w_1(z)=w_0(z)+\widetilde{W}_1(z)+\Psi_1(z)$，$\tilde{w}_1(z)=w_1(z)-w_0(z)$，$\Psi_1(z)=\tilde{\Psi}_1(z)e_1+\tilde{\Psi}_2(z)e_2$，则 $\tilde{w}_1^1(z)=\mathrm{Re}\,\tilde{w}_1(z)+\mathrm{Im}\,\tilde{w}_1(z)$，$\tilde{w}_1^2(z)=\mathrm{Re}\tilde{w}_1(z)-\mathrm{Im}\tilde{w}_1(z)$分别关于 $\lambda=x+y$，$\mu=x-y$ 满足估计式

$$C_\alpha[\tilde{w}_1^1(\lambda,\cdot),\overline{D}]\leqslant M_{10}R', C_\alpha[\tilde{w}_1^2(\cdot,\mu),\overline{D}]\leqslant M_{10}R', \tag{3.46}$$

此处 $M_{10}=2(2+M_5k_0)(2k_0+2k_0M_4+k_1)(m+1)$，$m=C_\alpha[w_0(z),\overline{D}]$，$M_4$，$M_5$是(3.36)中所示的常数．这样，对于经迭代所得的函数 $w_n(z)$ $(n=1,2,\cdots)$，其对应的函数 $\tilde{w}_n^1(z)=\mathrm{Re}\,\tilde{w}_n(z)+\mathrm{Im}\,\tilde{w}_n(z)$，$\tilde{w}_n^2(z)=\mathrm{Re}\,\tilde{w}_n(z)-\mathrm{Im}\,\tilde{w}_n(z)$满足估计式

$$C_\alpha[\tilde{w}_n^1(\lambda,\cdot),\overline{D}]\leqslant\frac{(M_{10}R')^n}{n!},$$
$$C_\alpha[\tilde{w}_n^2(\cdot,\mu),\overline{D}]\leqslant\frac{(M_{10}R')^n}{n!} \tag{3.47}$$

而 $w_n(z)=\sum_{m=0}^{n}\tilde{w}_n(z)$ 在 $\overline{D}$ 上的极限函数记为 $w(z)$，其相应的函数 $\tilde{w}^1(z)=\mathrm{Re}\,w(z)+\mathrm{Im}\,w(z)$，$\tilde{w}^2(z)=\mathrm{Re}\,w(z)-\mathrm{Im}\,w(z)$满足估计式

$$C_\alpha[\tilde{w}^1(\lambda,\cdot),\overline{D}]\leqslant e^{M_{10}R'}, C_\alpha[\tilde{w}^2(\cdot,\mu),\overline{D}]\leqslant e^{M_{10}R'}.$$

联合(3.41)的第一式,(3.43)—(3.47)及上式,即可导出(3.41)的后三个估计式.

**定理3.6** 设拟线性方程(3.5)满足条件 $C$ 与(3.11),则其问题 $A$ 的解 $w(z)$ 满足估计式

$$C_\alpha[w(z),\bar{D}] \leqslant M_{11}, C_\alpha[w(z),\bar{D}] \leqslant M_{12}k, \qquad (3.48)$$

这 $k=k_1+k_2, M_{11}=M_{11}(\alpha,k_0,k_1,k_2,D), M_{12}=M_{12}(\alpha,k_0,D)$ 都是非负常数.

**证** 仿照定理3.4的证明,从(3.48)的第一式可导出(3.48)的第二式.而(3.48)第一式的证明类似于(3.41)最后一式的导出,现在仿定理3.5的证明,可知 $\Psi_1(z)=\tilde{\Psi}_1(\lambda,\mu)e_1+\tilde{\Psi}_2(\lambda,\mu)e_2$ 仍具有估计式(3.43),但因(3.42)中 $A,B,C,D,E,F$ 不仅是 $z$ 的函数,而且还是 $w$ 的函数,注意到条件(3.11),虽然仍可导出形如(3.44)的估计式,实际上其中的非负常数 $M_8$ 要比线性方程(3.39)时大一些.类似地也具有相应的估计式(3.45),(3.46),而(3.46)中的常数 $M_{10}$ 仍可取为 $M_{10}=2(2+M_5k_0)(2k_0+2k_0M_4+k_1)(m+1), m=C_\alpha[w_0(z),\bar{D}]$,因为我们对线性方程(3.39)进行推算时,把原来的常数 $M_{10}$ 代以较大的常数.这样一来,我们便得到(3.48)的第一个估计式.

### 4. 一般区域上一阶拟线性双曲型复方程的边值问题

前面的讨论都限制区域 $D$ 的边界 $\Gamma$ 是四条特征线 $L_1=\{x+y=0, 0\leqslant x\leqslant R_1\}$, $L_2=\{x-y=2R_1, R_1\leqslant x\leqslant R_2\}$, $L_3=\{x+y=2R, R\leqslant x\leqslant R_2\}$, $L_4=\{x-y=0, 0\leqslant x\leqslant R\}$, $R=R_2-R_1$.现作如下推广.

1.将边界特征线 $L_1$ 代以曲线 $L_1'$,以 $D'$ 表示由 $L_1', L_2, L_3, L_4$ 所围的有界区域,而曲线 $L_1'$ 的参数方程为

$$L_1'=\{x-y=\mu, y=-\gamma_1(x), 0\leqslant x\leqslant l\},$$
$$L_2=\{x-y=2R_1, x+y=\lambda, l\leqslant x\leqslant R_2\}, \qquad (3.49)$$

这里 $\gamma_1(x)$ 在 $0\leqslant x\leqslant l$ 上连续,$\gamma_1(0)=0, \gamma_1(x)>0, 0<x\leqslant l$ 且除了有限个孤立点外,$\gamma_1(x)$ 都具有微商,又 $1+\gamma_1'(x)>0$.由此条件,

可求出 $x+\gamma_1(x)=\mu$ 的反函数 $x=\sigma(\mu)$，而 $\sigma'(\mu)=1/[1+\gamma_1'(x)]$，而 $L_1'$ 也可表示为 $x=\sigma(\mu)=(\lambda+\mu)/2$，即 $\lambda=2\sigma(\mu)-\mu$，$0\leqslant\mu\leqslant 2R_1$. 作变换

$$\tilde{\lambda}=2R[\lambda-2\sigma(\mu)+\mu]/[2R-2\sigma(\mu)+\mu],$$
$$\tilde{\mu}=\mu,0\leqslant\mu\leqslant 2R_1, \tag{3.50}$$

其逆变换为

$$\lambda=[2R-2\sigma(\mu)+\mu]\tilde{\lambda}/2R+2\sigma(\mu)-\mu,\mu=\tilde{\mu},0\leqslant\tilde{\mu}\leqslant 2R_1, \tag{3.51}$$

又(3.50)可写成

$$\begin{cases}\tilde{x}=\dfrac{1}{2}(\tilde{\lambda}+\tilde{\mu})\\ =\dfrac{2R(x+y)+2R(x-y)-(2R+x-y)[2\sigma(x+\gamma_1)-x-\gamma_1]}{4R-4\sigma(x+\gamma_1)+2x+2\gamma_1},\\ \tilde{y}=\dfrac{1}{2}(\tilde{\lambda}-\tilde{\mu})\\ =\dfrac{2R(x+y)-2R(x-y)-(2R-x+y)[2\sigma(x+\gamma_1)-x-\gamma_1]}{4R-4\sigma(x+\gamma_1)+2x+2\gamma_1},\end{cases} \tag{3.52}$$

这里 $\gamma_1$ 表示 $\gamma_1(x)=-y$，以上变换的逆变换可写成

$$\begin{cases}x=\dfrac{1}{2}(\lambda+\mu)\\ =[2R-2\sigma(x+\gamma_1)+x+\gamma_1](\tilde{x}+\tilde{y})/4R\\ \quad+\sigma(x+\gamma_1)-(x+\gamma_1-\tilde{x}+\tilde{y})/2,\\ y=\dfrac{1}{2}(\lambda-\mu)\\ =[2R-2\sigma(x+\gamma_1)+x+\gamma_1](\tilde{x}+\tilde{y})/4R\\ \quad+\sigma(x+\gamma_1)-(x+\gamma_1+\tilde{x}-\tilde{y})/2.\end{cases} \tag{3.53}$$

我们分别用 $\tilde{z}=\tilde{x}+j\tilde{y}=f(z)$，$z=x+jy=f^{-1}(\tilde{z})$ 表示变换(3.52)与逆变换(3.53). 对于现在的情况，方程组(3.12)与边界条件(3.8)分别是

$$\xi_\mu=A\xi+B\eta+E,\eta_\lambda=C\xi+D\eta+F,z\in\overline{D}', \tag{3.54}$$

$$\mathrm{Re}[\Lambda(z)w(z)] = r(z), z \in L'_1 \cup L_2, \mathrm{Im}[\Lambda(z_2)w(z_2)] = b_1, \tag{3.55}$$

此处 $z_2=l-j\gamma_1(l)$，$\lambda(z)$，$r(z)$，$b_1$ 在 $L'_1 \cup L_2$ 上满足条件(3.9). 设方程组(3.54)在区域 $D'$ 上满足条件 $C$，经过变换(3.50)，由于 $\xi_{\tilde{\mu}}=\xi_{\mu}$，$\eta_{\lambda}=[2R-2\sigma(\mu)+\mu]\eta_{\lambda}/2R$，可知方程组(3.54)转化为

$$\xi_{\tilde{\mu}} = A\xi + B\eta + E, \eta_{\lambda} = [2R - 2\sigma(\mu) + \mu][C\xi + D\eta + F]/2R, \tag{3.56}$$

又经变换(3.53)，即 $z=f^{-1}(\tilde{z})$，边界条件(3.55)转化为

$$\begin{aligned} &\mathrm{Re}\{\Lambda[f^{-1}(\tilde{z})]w[f^{-1}(\tilde{z})]\} = \gamma[f^{-1}(\tilde{z})], \tilde{z} \in L_1 \cup L_2, \\ &\mathrm{Im}\{\Lambda[f^{-1}(\tilde{z}_2)]w[f^{-1}(\tilde{z}_2)]\} = b_1, \end{aligned} \tag{3.57}$$

这里 $\tilde{z}_2=f(z_2)$. 这样一来，就把区域 $D'$ 上的边值问题(3.54)，(3.55)转化为在区域 $D$ 上的边值问题(3.56)，(3.57)，这就是定理3.2，定理3.3中已证明的问题 $A$. 因此边值问题(3.56)，(3.57)存在唯一解 $w(\tilde{z})$，而 $w=w[f(z)]$ 就是区域 $D'$ 上的边值问题(3.54)，(3.55)的解.

2. 将边界特征线 $L_1$，$L_2$ 代以曲线 $L_1''$，$L_2''$，以 $D''$ 表示由 $L''_1$，$L''_2$，$L_3$，$L_4$ 所围的有界区域，而 $L''_1$，$L''_2$ 的参数方程为

$$\begin{aligned} L''_1 &= \{x - y = \mu, y = -\gamma_1(x), 0 \leqslant x \leqslant l\}, \\ L''_2 &= \{x + y = \lambda, y = -\gamma_2(x), l \leqslant x \leqslant R_2\}, \end{aligned} \tag{3.58}$$

此处 $\gamma_1(0)=0$，$\gamma_2(R_2)=R_2-2R_1$；$\gamma_1(x)>0$，$0<x\leqslant l$；$\gamma_2(x)>2R_1-R_2$，$l\leqslant x\leqslant R_2$；$\gamma_1(x)$ 在 $0\leqslant x\leqslant l$，$\gamma_2(x)$ 在 $l\leqslant x\leqslant R_2$ 上连续，又除了有限个孤立点外均有微商，且 $1+\gamma_1'(x)>0$，$1-\gamma_2'(x)>0$，$x-j\gamma_1(l)=x-j\gamma_2(l)\in L_2$. 在上述条件下，$x+\gamma_1(x)=\mu$，$x-\gamma_2(x)=\lambda$ 具有反函数 $x=\sigma(\mu)$ 及 $x=\tau(\lambda)$，即

$$\begin{aligned} \lambda &= 2\sigma(\mu) - \mu, 0 \leqslant \mu \leqslant l + \gamma_1(l), \\ \mu &= 2\tau(\lambda) - \lambda, l - \gamma_2(l) \leqslant \lambda \leqslant R_2, \end{aligned} \tag{3.59}$$

作变换

$$\begin{aligned} \tilde{\lambda} = \lambda = x + y, \ \tilde{\mu} &= 2R_1\mu/[2\tau(\lambda) - \lambda] \\ &= 2R_1(x - y)/[2\tau(x - \gamma_2) - x + \gamma_2], \end{aligned} \tag{3.60}$$

这里 $\gamma_2$表示 $\gamma_2(x)=-y$,以上变换的逆变换为

$$\lambda=\tilde{\lambda}=\tilde{x}+\tilde{y},\ \mu=\frac{1}{2R_1}[2\tau(\lambda)-\lambda]\,\tilde{\mu}$$

$$=\frac{1}{2R_1}[2\tau(x-\gamma_2)-x+\gamma_2](\tilde{x}-\tilde{y}), \qquad (3.61)$$

因此有

$$\tilde{x}=\frac{1}{2}(\tilde{\lambda}+\tilde{\mu})$$

$$=\frac{2R_1(x-y)+(x+y)[2\tau(x-\gamma_2)-x+\gamma_2]}{2[2\tau(x-\gamma_2)-x+\gamma_2]},$$

$$\tilde{y}=\frac{1}{2}(\tilde{\lambda}-\tilde{\mu})$$

$$=\frac{-2R_1(x-y)+(x+y)[2\tau(x-\gamma_2)-x+\gamma_2]}{2[2\tau(x-\gamma_2)-x+\gamma_2]},$$

$$(3.62)$$

其逆变换为

$$x=\frac{1}{4R_1}[2\tau(x-\gamma_2)(\tilde{x}-\tilde{y})+2R_1(\tilde{x}+\tilde{y})-(x-\gamma_2)(\tilde{x}-\tilde{y})],$$

$$y=\frac{1}{4R_1}[-2\tau(x-\gamma_2)(\tilde{x}-\tilde{y})+2R_1(\tilde{x}+\tilde{y})+(x-\gamma_2)(\tilde{x}-\tilde{y})],$$

$$(3.63)$$

并用 $\tilde{z}=\tilde{x}+j\tilde{y}=g(z)$与 $z=x+jy=g^{-1}(\tilde{z})$分别表示变换(3.62)及其逆变换(3.63). 由(3.60),可得

$$(u+v)_{\tilde{\mu}}=(u+v)_{\mu}\frac{2\tau(\lambda)-\lambda}{2R_1},(u-v)_{\lambda}=(u-v)_{\lambda},$$

可知在区域 $D''$上的方程(3.54)转化为

$$\xi_{\tilde{\mu}}=[A\xi+B\eta+E]\frac{2\tau(\lambda)-\lambda}{2R_1},\eta_{\lambda}=C\xi+D\eta+F,z\in D',$$

$$(3.64)$$

此处 $D'$是由 $L_1'$,$L_2$,$L_3$,$L_4$所围的有界区域,应当提及:这里 $L_1'$是 $L''_1$经变换(3.60)所得的曲线,我们要求它适合(3.49)中的条件. 又在 $L''_1\cup L''_2$上的边界条件(3.55)转化为

$$\operatorname{Re}\{\Lambda[g^{-1}(\tilde{z})]w[g^{-1}(\tilde{z})]\} = r[g^{-1}(\tilde{z})],\ \tilde{z} \in L'_1 \cup L_2,$$
$$\operatorname{Im}\{\Lambda[g^{-1}(\tilde{z}_2)]w[g^{-1}(\tilde{z}_2)]\} = b_1. \tag{3.65}$$

这样一来，便把由 $L''_1, L''_2, L_3, L_4$ 所围区域 $D''$ 上方程(3.54)及在 $L''_1 \cup L''_2$ 上的边界条件(3.55)的边值问题 $A''$，转化为由 $L'_1, L_2, L_3, L_4$ 所围区域 $D'$ 上的方程(3.64)及在 $L'_1 \cup L_2$ 上的边界条件(3.65)的边值问题 $A'$，由前已证：后一边值问题 $A'$ 具有解 $w(\tilde{z})$，则 $w(z) = w[g(z)]$ 便是前一边值问题 $A''$ 的解.

现在举一例加以说明. 如果 $R_2 = 2R_1$，则原区域 $D$ 的边界 $\Gamma$ 由 $L_1 = \{x = -y, 0 \leqslant x \leqslant R_1\}$，$L_2 = \{x = y + 2R_1, R_1 \leqslant x \leqslant 2R_1\}$，$L_3 = \{x = -y + 2R_1, R_1 \leqslant x \leqslant 2R_1\}$，$L_4 = \{x = y, 0 \leqslant x \leqslant R_1\}$ 组成. 若以 $R_1$ 为心、$R_1$ 为半径的下半圆周 $L''_1 \cup L''_2$ 来代替 $L_1 \cup L_2$，即

$$L''_1 = \{x - y = \mu, y = -\gamma_1(x) = -\sqrt{R_1^2 - (x - R_1)^2}, 0 \leqslant x \leqslant R_1\},$$
$$L''_2 = \{x + y = \lambda, y = -\gamma_2(x) = -\sqrt{R_1^2 - (x - R_1)^2}, R_1 \leqslant x \leqslant 2R_1\}, \tag{3.66}$$

而 $1 + \gamma'_1(x) > 0, 0 < x \leqslant R_1, 1 - \gamma'_2(x) > 0, R_1 \leqslant x < 2R_1$，又 $x + \gamma_1(x) = \mu, x - \gamma_2(x) = \lambda$ 的反函数分别为 $x = \sigma(\mu) = [R_1 + \mu - \sqrt{R_1^2 + 2R_1\mu - \mu^2}]/2, x = \tau(\lambda) = [R_1 + \lambda - \sqrt{R_1^2 + 2R_1\lambda - \lambda^2}]/2$. 我们可先作形如(3.60)的变换，然后作形如(3.50)的变换，但要将 $R_2 = 2R_1$ 及上面的 $\sigma(\mu), \tau(\lambda)$ 代入变换之中，而相应的变换(3.62)，(3.52)可分别表示为 $\tilde{z} = g(z)$ 与 $\tilde{z} = f(z)$，又边界条件也要如(3.65)，(3.57)那样的改变. 我们可将前述结果写成定理.

**定理3.7** 设一阶拟线性双曲型复方程(3.5)在由(3.58)所示曲线与 $L_3, L_4$ 为边界的有界区域 $D''$ 上满足条件 $C$，则此复方程适合边界条件

$$\operatorname{Re}[\Lambda(z)w(z)] = r(z), z \in L''_1 \cup L''_2,$$
$$\operatorname{Im}[\Lambda(z_2)w(z_2)] = b_1, \tag{3.67}$$

之边值问题 $A''$ 存在唯一解.

## §4. 二阶双曲型方程的复形式及其解的存在性

本节讨论具有两个实自变量的二阶双曲型方程. 我们先把一定条件下二阶线性与非线性双曲型化为复形式，然后证明某些二阶双曲型复方程解的存在定理.

### 1. 二阶双曲型方程的复形式

设 $D$ 是平面$\mathbb{R}^2$上的有界区域，我们考虑 $D$ 内的二阶线性双曲型方程

$$au_{xx} + 2bu_{xy} + cu_{yy} + du_x + eu_y + fu = g, \tag{4.1}$$

此处系数 $a,b,c,d,e,f,g$ 都是 $D$ 内点$(x,y)$的已知函数. 方程(4.1)在 $D$ 内的双曲型条件，即对 $D$ 内任一点$(x,y)$，都有不等式

$$I = ac - b^2 < 0,\ a > 0. \tag{4.2}$$

如果系数 $a,b,c$ 在 $D$ 内都有界，且满足不等式

$$I = ac - b^2 \leqslant I_0 < 0,\ a > 0, \tag{4.3}$$

这里 $I_0$是一负常数，那么称方程(4.1)在 $D$ 内是一致双曲型的. 引进关系式

$$\begin{aligned}
&()_z = [()_x + j()_y]/2, ()_{\bar z} = [()_x - j()_y]/2,\\
&()_{z\bar z} = [()_{xx} - ()_{yy}]/4, ()_{zz} = [()_{xx} + ()_{yy} + 2j()_{xy}]/4,\\
&()_{\bar z\bar z} = [()_{xx} + ()_{yy} - 2j()_{xy}]/4, ()_x = ()_z + ()_{\bar z},\\
&()_y = j[()_z - ()_{\bar z}], ()_{xy} = j[()_{zz} - ()_{\bar z\bar z}],\\
&()_{xx} = ()_{zz} + ()_{\bar z\bar z} + 2()_{z\bar z}, ()_{yy} = ()_{zz} + ()_{\bar z\bar z} - 2()_{z\bar z}
\end{aligned} \tag{4.4}$$

则方程(4.1)可写成形式

$$\begin{aligned}
2(a - c)u_{z\bar z} &+ (a + c + 2bj)u_{zz} + (a + c - 2bj)u_{\bar z\bar z}\\
&+ (d + ej)u_z + (d - ej)u_{\bar z} + fu = g.
\end{aligned} \tag{4.5}$$

如果 $a\neq c, z\in D$，易知可将方程(4.5)改写成

$$u_{z\bar z} - \mathrm{Re}[Q(z)u_{zz} + A_1(z)u_z] - A_2(z)u = A_3(z), \tag{4.6}$$

这里

$$Q=\frac{a+c+2bj}{a-c},A_1=\frac{d+ej}{a-c},A_2=\frac{f}{2(a-c)},A_3=\frac{g}{2(a-c)}.$$

而当$(a+c)^2\geqslant 4b^2$，则方程(4.1)在$D$内的双曲型条件(4.2)与一致双曲型条件(4.3)分别转化为

$$|Q(z)|<1,z\in D \tag{4.7}$$

与

$$|Q(z)|\leqslant q_0<1,z\in D \tag{4.8}$$

对于区域$D$内的二阶非线性双曲型方程

$$\Phi(x,y,u,u_x,u_y,u_{xx},u_{xy},u_{yy})=0, \tag{4.9}$$

由关系式(4.4)，可得$\Phi=F(z,u,u_z,u_{zz},u_{z\bar{z}})$，在一定的条件下，方程(4.9)可写成

$$au_{xx}+2bu_{xy}+cu_{yy}+du_x+eu_y+fu=g, \tag{4.10}$$

进而还可转化为复形式

$$a_0u_{z\bar{z}}-\text{Re}[qu_{zz}+a_1u_z]-a_2u=a_3, \tag{4.11}$$

其中

$$\begin{aligned}
a&=\int_0^1\Phi_{\tau u_{xx}}(x,y,u,u_x,u_y,\tau u_{xx},\tau u_{xy},\tau u_{yy})d\tau\\
&=a(x,y,u,u_x,u_y,u_{xx},u_{xy},u_{yy}),\\
2b&=\int_0^1\Phi_{\tau u_{xy}}(x,y,u,u_x,u_y,\tau u_{xx},\tau u_{xy},\tau u_{yy})d\tau\\
&=2b(x,y,u,u_x,u_y,u_{xx},u_{xy},u_{yy}),\\
c&=\int_0^1\Phi_{\tau u_{yy}}(x,y,u,u_x,u_y,\tau u_{xx},\tau u_{xy},\tau u_{yy})d\tau\\
&=c(x,y,u,u_x,u_y,u_{xx},u_{xy},u_{yy}),\\
d&=\int_0^1\Phi_{\tau u_x}(x,y,u,\tau u_x,\tau u_y,0,0,0)d\tau=d(x,y,u,u_x,u_y),\\
e&=\int_0^1\Phi_{\tau u_y}(x,y,u,\tau u_x,\tau u_y,0,0,0)d\tau=e(x,y,u,u_x,u_y),\\
f&=\int_0^1\Phi_{\tau u}(x,y,\tau u,0,0,0,0,0)d\tau=f(x,y,u),\\
g&=-\Phi(x,y,0,0,0,0,0,0)=g(x,y),
\end{aligned}$$

而

$$a_0=2(a-c)=\int_0^1 F_{\tau u_{zz}}(z,u,u_z,\tau u_{zz},\tau u_{z\bar{z}})d\tau=a_0(z,u,u_z,u_{zz},u_{z\bar{z}}),$$

$$q=2(a+c+2bj)=-2\int_0^1 F_{\tau u_{zz}}(z,u,u_z,\tau u_{zz},\tau u_{zz})d\tau$$
$$=q(z,u,u_z,u_{zz},u_{zz}),$$

$$a_1=2(d+ej)=-2\int_0^1 F_{\tau u_z}(z,u,\tau u_z,0,0)d\tau=a_1(z,u,u_z),$$

$$a_2=f=-\int_0^1 F_{\tau u}(z,\tau u,0,0,0)d\tau=a_2(z,u),$$

$$a_3=-F(z,0,0,0,0)=a_3(z). \tag{4.12}$$

方程(4.10)在 $D$ 内的一致双曲型条件是(4.3)在 $D$ 内成立. 如果在 $D$ 内,$a\neq c$,那么(4.11)可改写为

$$u_{zz}-\mathrm{Re}[Qu_{zz}+A_1u_z]-A_2u=A_3, \tag{4.13}$$

此处

$$Q=q/a_0, A_1=a_1/q_0, A_2=a_2/q_0, A_3=a_3/q_0.$$

正如[23]4)中所说,对于线性双曲型方程(4.1)或其复形式(4.13),当系数 $a,b,c$ 或 $Q$ 充足光滑时,通过自变量的一个非奇异变换,可将其转化为标准形式

$$u_{xx}-u_{yy}+du_x+eu_y+fu=g \tag{4.14}$$

或其复形式

$$u_{z\bar{z}}-\mathrm{Re}[A_1u_z]-A_2u=A_3. \tag{4.15}$$

下面主要讨论二阶线性与拟线性双曲型方程(4.14)或(4.15)在单连通区域上的斜微商边值问题. 我们首先给出这种边值问题解的存在唯一性定理与解的先验估计式,然后使用上述解的估计式及参数开拓法证明较一般的方程这种边值问题解的存在性.

**2. 二阶双曲型方程斜微商问题解的存在唯一性**

设 $D$ 是 $z=x+jy$ 平面$\mathbb{C}$上以 $\Gamma=L_1\cup L_2\cup L_3\cup L_4$ 为边界的单连通区域,如上节中所述,我们主要考虑形如(4.15)的二阶拟线性双曲型方程,其中系数 $A_l=A_l(z,u,u_z)(l=1,2,3)$. 假设方程(4.15)满足条件 $C$:

1) $A_l(z,u,u_z)(l=1,2,3)$ 对 $\overline{D}$ 上任意的连续可微函数 $u(z)$,

在 $\overline{D}$ 上连续，且满足

$$C[A_l,\overline{D}] = C[\mathrm{Re}A_l,\overline{D}] + C[\mathrm{Im}A_l,\overline{D}] \leqslant k_0,$$
$$l = 1,2,\ C[A_3,\overline{D}] \leqslant k_1. \tag{4.16}$$

2)对于 $\overline{D}$ 上任意两个连续可微函数 $u_1(z),u_2(z)$，有

$$F(z,u_1,u_{1z}) - F(z,u_2,u_{2z})$$
$$= \mathrm{Re}[\widetilde{A}_1(u_1-u_2)_z] + \widetilde{A}_2(u_1-u_2),z\in\overline{D}, \tag{4.17}$$

其中

$$C[\widetilde{A}_l(z,u_1,u_2),\overline{D}] \leqslant k_0, l = 1,2, \tag{4.18}$$

在(4.16),(4.18)中，$k_0,k_1$都是非负常数. 特别当(4.15)是线性方程时，从(4.16)可导出(4.17),(4.18)成立.

方程(4.15)在 $D$ 上的斜微商边值问题可叙述如下：

**问题 $P$** 求方程(4.15)在闭区域 $\overline{D}$ 上的连续可微解 $u(z)$，使它适合边界条件

$$\mathrm{Re}[\Lambda(z)u_z] = \gamma(z), z\in L = L_1\cup L_2,\ u(0) = b_0,$$
$$\mathrm{Im}[\Lambda(z)u_z]|_{z=z_2} = b_1, \tag{4.19}$$

此处 $b_0,b_1$都是实数，$\Lambda(z)=a(z)+jb(z)$, $x\in L$，又 $\Lambda(z),r(z),b_0,b_1$满足

$$C_\alpha[\Lambda(z),L] \leqslant k_0, C_\alpha[r(z),L] \leqslant k_2, |b_0|,|b_1| \leqslant k_2,$$
$$\max_{z\in L_1}\frac{1}{|a(z)-b(z)|},\ \max_{z\in L_2}\frac{1}{|a(z)+b(z)|} \leqslant k_0, \tag{4.20}$$

这里 $\alpha(0<\alpha<1),k_0,k_2$都是非负常数. 带有条件 $A_3(z,u,w)=0$, $z\in\overline{D},u\in\mathbb{R},w\in\mathbb{C}$ 与 $\gamma(z)=0,b_0=0,b_1=0,z\in L$ 的问题 $P$ 记作问题 $P_0$.

为了给出方程(4.15)问题 $P$ 解的 Hölder 连续估计式，需要对(4.15)的系数增加如下条件，即对于两个实数 $u_1,u_2$与两个双曲数 $w_1,w_2$，有

$$\|A_l(z_1,u_1,w_1)-A_l(z_2,u_2,w_2)\|$$
$$\leqslant k_0[\|z_1-z_2\|^\alpha+\|u_1-u_2\|^\alpha+\|w_1-w_2\|],\ l=1,2,$$
$$\|A_3(z_1,u_1,w_1)-A_3(z_2,u_2,w_2)\|$$
$$\leqslant k_1[\|z_1-z_2\|^\alpha+\|u_1-u_2\|^\alpha+\|w_1-w_2\|], \tag{4.21}$$

此处 $\alpha(0<\alpha<1)$，$k_0$，$k_1$都是非负常数，$z_1,z_2\in\overline{D}$.

不难看出：方程(4.15)的问题 $P$ 等价于求解以下一阶双曲型复方程与边界条件及关系式的问题 $A$：

$$w_{\bar{z}} = \mathrm{Re}[A_1 w] + A_2 u + A_3, z \in \overline{D}, \tag{4.22}$$

$$\mathrm{Re}[\Lambda(z)w(z)] = r(z), z \in L,$$
$$\mathrm{Im}[\Lambda(z_2)w(z_2)] = b_1, \tag{4.23}$$

$$u(z) = 2\mathrm{Re}\int_0^z w(z)dz + b_0, z \in \overline{D}, \tag{4.24}$$

此处 $w=u_z=U+jV$，而(4.24)中的积分路线是先沿 $x+y=0$的一段，再沿 $x-y=\mu$ 中通过 $z$ 的一条特征线. 实际上，由定理1.2(3)，知此积分与积分路线无关. 由于 $w=\xi e_1+\eta e_2=\zeta$，拟线性复方程(4.22)可改写成形式

$$\xi_\mu e_1+\eta_\lambda e_2=[A\xi+B\eta+Cu+D]e_1+[A\xi+B\eta+Cu+D]e_2$$

即
$$\begin{cases}\xi_\mu=A\xi+B\eta+Cu+D,\\ \eta_\lambda=A\xi+B\eta+Cu+D,\end{cases} z\in\overline{D}, \tag{4.25}$$

这里 $Q=\{0\leqslant\lambda\leqslant 2R_1, 0\leqslant\mu\leqslant 2R\}$，$R=R_2-R_1$，而

$$A=\frac{1}{2}(\mathrm{Re}A_1+\mathrm{Im}A_1), B=\frac{1}{2}(\mathrm{Re}A_1-\mathrm{Im}A_1), C=A_2, D=A_3.$$

又边界条件(4.23)可写成

$$\mathrm{Re}[\Lambda(z)w(\mu e_2)]=r(z)，当 z\in L_1=\{\lambda=0, 0\leqslant\mu\leqslant 2R_1\},$$
$$\mathrm{Re}[\Lambda(z)w(\lambda e_1+2R_1 e_2)]=r(z),$$
$$当 z\in L_2=\{0\leqslant\lambda\leqslant 2R, \mu=2R_1\},$$
$$\Lambda(z_2)w(z_2)=\Lambda(z)\zeta(z)|_{z=z_2}=r(z_2)+jb_1, u(0)=b_0. \tag{4.26}$$

为了便于讨论，我们不妨设 $w(z_2)=0$，因为否则只要作函数的变换$W(z)=\{w(z)-[a(z_2)-jb(z_2)][r(z_2)+jb_1]\}/[a^2(z_2)-b^2(z_2)]$，上述要求便能实现.

现在，我们要给出方程(4.15)之问题 $P$ 解的表示定理.

**定理4.1** 设方程(4.15)满足条件 $C$，则其问题 $P$ 的解 $u(z)$ 可表示成

$$u(z)= 2\mathrm{Re}\int_0^z w(z)dz + b_0, z \in \overline{D}, \tag{4.27}$$

$$w(z)=W(z)+\tilde{W}(z)+\Psi(z),z\in D,$$
$$W(z)=f(\lambda)e_1+g(\mu)e_2,\tilde{W}(z)=\tilde{f}(\lambda)e_1+\tilde{g}(\mu)e_2,$$
$$\Psi(z)=\int_{2R_1}^{\mu}[A\xi+B\eta+Cu+D]e_1d\mu$$
$$+\int_0^{\lambda}[A\xi+B\eta+Cu+D]e_2d\lambda, \qquad (4.28)$$

其中 $f(\lambda),g(\mu)$ 如(3.28)式中所示，$\tilde{f}(\lambda),\tilde{g}(\mu)$ 类似于(3.28)中的 $f(\lambda),g(\mu)$，但要将边界条件(4.26)中的 $r(z),b_1$ 分别代以 $-\mathrm{Re}[\Lambda(z)\Psi(z)],-\mathrm{Im}[\Lambda(z_2)\Psi(z_2)]$

**证** 不难看出：函数 $\Psi(z)$ 满足复方程

$$[\Psi(z)]_{\bar{z}}=[A\xi+B\eta+Cu+D]e_1$$
$$+[A\xi+B\eta+Cu+D]e_2,z\in Q,$$

(4.29) =而 $\tilde{W}(z)=w(z)-W(z)-\Psi(z)$ 满足复方程与边界条件

$$\tilde{W}_{\bar{z}}=0,\text{即}\ \tilde{\xi}_{\mu}e_1+\tilde{\eta}_{\lambda}e_2=0,\ z\in D, \qquad (4.30)$$

$$\begin{cases}\mathrm{Re}[\Lambda(z)\tilde{W}(z)]=-\mathrm{Re}[\Lambda(z)\Psi(z)],z\in L,\\ \mathrm{Im}[\Lambda(z_2)\tilde{W}(z_2)]=-\mathrm{Im}[\Lambda(z_2)\Psi(z_2)].\end{cases} \qquad (4.31)$$

由方程(3.5)问题 $A$ 解的表示式(3.21)，便得方程(4.15)问题 $P$ 解的表示式(4.27)，(4.28).

**定理4.2** 如果方程(4.15)满足条件 $C$，那么方程(4.15)的问题 $P$ 至多有一个解.

**证** 设 $u_1(z),u_2(z)$ 是方程(4.15)的问题 $P$ 的两个解. 由条件(4.17)，可以看出：$u(z)=u_1(z)-u_2(z)$ 与 $w(z)=u_{1z}-u_{2z}$ 满足齐次复方程与齐次边界条件

$$w_{\bar{z}}=\mathrm{Re}[\tilde{A}_1w]+\tilde{A}_2u,z\in D, \qquad (4.32)$$

$$\mathrm{Re}[\Lambda(z)w(z)]=0,z\in L,w(z_2)=0, \qquad (4.33)$$

及关系式

$$u(z)=2\mathrm{Re}\int_0^z w(z)dz,z\in\bar{D}, \qquad (4.34)$$

由以上关系式，可得

$$C_1[u(z),\bar{D}]\leqslant M_1C[w(z),\bar{D}], \qquad (4.35)$$

这里 $M_1=M_1(D)$ 是一非负常数. 假定 $w(z)$ 在 $\bar{D}$ 上在点 $z_2=(1-$

$j)R_1$的附近不恒等于0，我们可选取一个适当小的正数 $R'=R_0<1$，使得 $MM_2(M_1+2)R'=M_3R'<1$，其中 $M_2=\max\{C[\tilde{A},Q],C[\tilde{B},Q],C[\tilde{C},Q]\}$，$M=4[1+2k_0^2(1+2k_0^2)]$是一个只与 $k_0$有关的正常数，又 $m_0=\|w(z)\|_{C(Q_0)}>0$，这里 $Q_0=\{0\leqslant\lambda\leqslant R_0\}\cap\{2R-R_0\leqslant\mu\leqslant 2R\}$. 根据定理4.1，$w(z)$可表示成

$$w(z)=\tilde{W}(z)+\Psi(z),$$

$$\Psi(z)=\int_{2R_1}^{\mu}[\tilde{A}\xi+\tilde{B}\eta+\tilde{C}u]e_1d\mu+\int_0^{\lambda}[\tilde{A}\xi+\tilde{B}\eta+\tilde{C}u]e_2d\lambda,$$

从以上表示式，并如定理4.3的证明，又(4.24)，(4.34)中的0改为 $z_2$，可以导出一个矛盾的不等式

$$m_0=\|w(z)\|_{C(Q_0)}\leqslant MM_2(M_1+2)m_0R_0<m_0. \quad (4.36)$$

因此 $w(z)=0,u(z)=0,z\in Q_0$. 进而沿 $\lambda$ 增加的方向，$\mu$ 减少的方向使用同样的方法，便可得到 $w(z)=0,z\in\overline{D}$，因而 $u(z)=u_1(z)-u_2(z)=0,z\in\overline{D}$. 这就证明了方程(4.15)问题 $P$ 解的唯一性.

其次，我们要证明方程(4.15)问题 $P$ 解的存在定理. 下面先来讨论(4.15)的线性情形：

$$u_{z\bar{z}}-\mathrm{Re}[A_1(z)u_z]-A_2(z)u=A_3(z),\text{即}$$

$$\xi_\mu e_1+\eta_\lambda e_2=[A(z)\xi+B(z)\eta+C(z)u+D(z)]e_1$$
$$+[A(z)\xi+B(z)\eta+C(z)u+D(z)]e_2,z\in\overline{D}. \quad (4.37)$$

**定理4.3** 设二阶线性双曲型方程(4.15)满足条件 $C$，则(4.15)之问题 $P$ 是可解的.

**证** 与定理3.3相仿，这里也用逐次迭代法先求线性方程(4.37)之问题 $P$ 的解. 取(3.28)—(3.30)中所示的函数

$$W(z)=f(x+y)e_1+g(x-y)e_2=w_0(z)=\xi_0(z)e_1+\eta_0(z)e_2,$$

并将此函数 $w_0(z)$与函数

$$u_0(z)=2\mathrm{Re}\int_0^z w_0(z)dz+b_0$$

代入到(4.28)最后一式右边 $w=\xi e_1+\eta e_2$与 $u$ 的位置中，而得函数

$$u_1(z)=2\mathrm{Re}\int_0^z w_1(z)d_z+b_0,$$

$$w_1(z) = w_0(z) + \tilde{W}_0(z) + \int_{2R_1}^{\mu} [A\xi_0 + B\eta_0 + Cu_0 + D]e_1 d\mu$$

$$+ \int_0^{\lambda} [A\xi_0 + B\eta_0 + Cu_0 + D]e_2 d\lambda \qquad (4.38)$$

由上面的第一式，可得

$$C^1[u_1(z), \overline{D}] \leqslant M_4 C[W_1(z), \overline{D}], \qquad (4.39)$$

这里 $M_4 = M_4(D) = M_1$ 是一非负常数．记 $M_5 = \max\limits_{z \in D}[|A|, |B|, |C|, |D|]$，$m = \|w_0(z)\|_{C(D)}$，又使用(4.35)，(4.36)式中的常数 $M_1, M$，于是，由(4.38)，我们有

$$\|w_1(z) - w_0(z)\| \leqslant M_5 M(M_1 + 2)(m + 1)R', \qquad (4.40)$$

再由

$$u_{n+1}(z) = 2\mathrm{Re}\int_0^z w_{n+1}(z)dz, w_{n+1}(z) = w_0(z) + \tilde{W}_n(z)$$

$$+ \int_{2R_1}^{\mu} [A\xi_n + B\eta_n + Cu_n + D]e_1 d\mu$$

$$+ \int_0^{\lambda} [A\xi_n + B\eta_n + Cu_n + D]e_2 d\lambda,$$

$$z \in \overline{D}, n = 1, 2, \cdots, \qquad (4.41)$$

可得

$$\|w_{n+1}(z) - w_n(z)\| \leqslant [M_5 M(M_1 + 2)(m + 1)]^{n+1}$$

$$\times \int_0^{R'} \frac{R'^n}{n!} dR' \leqslant \frac{[M_5 M(M_1 + 2)(m + 1)R']^{n+1}}{(n + 1)!} \qquad (4.42)$$

从以上不等式，可以看出：函数序列 $\{w_{n+1}(z)\}$，即

$$w_{n+1}(z) = w_0(z) + [w_1(z) - w_0(z)]$$

$$+ \cdots + [w_{n+1}(z) - w_n(z)],$$

$$z \in \overline{D}, n = 0, 1, 2, \cdots \qquad (4.43)$$

一致收敛到一函数 $w_*(z)$，因此 $w_*(z)$ 满足等式

$$w_*(z) = \xi_* e_1 + \eta_* e_2 = w_0(z) + \tilde{W}_*(z)$$

$$+ \int_{2R_1}^{\mu} [A\xi_* + B\eta_* + Cu_* + D]e_1 d\mu$$

$$+ \int_0^{\lambda} [A\xi_* + B\eta_* + Cu_* + D]e_2 d\lambda,$$

而函数

$$u_*(z) = 2Re\int_0^z w_*(z)dz + b_0 \tag{4.44}$$

正是方程(4.37)之问题 $P$ 的解.

对于满足条件 $C$ 的拟线性双曲型方程(4.15),也可用同法求出其问题 $P$ 的解.

**3. 二阶双曲型方程斜微商问题解的先验估计**

由定理4.2,定理4.3,可知满足条件 $C$ 的双曲型方程(4.15)之问题 $P$ 的解可由逐次迭代法求得,而(4.43),(4.41)中的函数序列 $\{u_n(z)\}$ 在 $\overline{D}$ 上的极限函数 $u(z)$ 就是(4.15)之问题 $P$ 的解. 注意到 $w_{n+1}(z)-w_n(z)$ 满足估计式(4.42),因而函数序列 $\{w_n(z)\}$ 在 $\overline{D}$ 上的极限函数 $w(z)$ 满足估计式

$$\max_{Z\in D}\|w(z)\| = C[w(z),\overline{D}] \leqslant e^{M_5M(M_1+2)(m+1)R'} = M_6, \tag{4.45}$$

而问题 $P$ 的解

$$u(z) = 2\mathrm{Re}\int_0^z w(z)dz + b_0$$

满足估计式

$$C[u(z),\overline{D}] \leqslant 2R'M_6 + k_1 = M_7. \tag{4.46}$$

这里 $R'=\max(2R_1,2R)$. 于是我们有

**定理4.4** 设方程(4.15)满足条件 $C$,则其问题 $P$ 的解 $u(z)$ 及 $w(z)=u_z$ 满足估计式

$$C^1[u(z),\overline{D}] \leqslant M_6 + M_7 = M_8, C^1[u(z),\overline{D}] \leqslant M_9k, \tag{4.47}$$

其中 $M_8=M_8(\alpha,k_0,k_1,k_2,D)$, $k=k_1+k_2$, $M_9=M_9(\alpha,k_0,D)$都是非负常数.

下面给出问题 $P$ 的解所满足的 Hölder 连续估计式.

**定理4.5** 设拟线性方程(4.15)满足条件 $C$ 与(4.21),则其问题 $P$ 的解 $u(z)$满足

$$C_\alpha^1[u(z),\overline{D}] \leqslant M_{10}, C_\alpha^1[u(z),\overline{D}] \leqslant M_{11}k, \tag{4.48}$$

其中 $k=k_1+k_2$，$M_{10}=M_{10}(\alpha,k_0,k_1,k_2,D)$，$M_{11}=M_{11}(\alpha,k_0,D)$都是非负常数.

**证** 类似于定理3.6，我们只要证明(4.48)的第一个估计式.由于方程(4.15)之问题 $P$ 的解 $u(z)$通过形如(4.27)，(4.28)的积分表示式用逐次迭代的方法求得，首先用一阶复方程(3.14)之问题 $A$ 如(3.28)中 $w_0(z)$的解 $w_0(z)=\xi_0(z)e_1+\eta_0(z)e_2$及相应的 $u_0(z)$代入(4.28)，并相应得到 $\tilde{W}_0(z)$，$w_1(z)$，$u_1(z)$，如(4.38)所示. 记

$$\Psi_1^1(z)=\int_{2R_1}^{\mu}G_1(z)d\mu,\ G_1(z)=A\xi_0+B\eta_0+Cu_0+D,$$

$$\Psi_1^2(z)=\int_0^{\lambda}G_2(z)d\lambda,\ G_2(z)=A\xi_0+B\eta_0+Cu_0+D,$$

(4.49)

如定理3.5的证明，可以导出 $G_1(z)$，$\Psi_1^1(z)$关于 $\lambda$，而 $G_2(z)$，$\Psi_1^2(z)$关于 $\mu$ 适合 Hölder 连续的估计式，即

$$C_\alpha[G_1(\lambda,\cdot),\bar{D}]\leqslant M_{12},C_\alpha[\Psi_1^1(\lambda,\cdot),\bar{D}]\leqslant M_{12}R',$$
$$C_\alpha[G_2(\cdot,\mu),\bar{D}]\leqslant M_{12},C_\alpha[\Psi_1^2(\cdot,\mu),\bar{D}]\leqslant M_{12}R',\quad(4.50)$$

这里 $R'=\max(2R_1,2R)$，$M_{12}=M_{12}(\alpha,k_0,k_1,k_2,D)$. 又由(4.49)容易导出 $\Psi_1^1(\lambda,\mu)$，$\Psi_1^2(\lambda,\mu)$，分别关于 $\mu,\lambda$ 满足 Hölder 连续的估计式

$$C_\alpha[\Psi_1^1(\cdot,\mu),\bar{D}]\leqslant M_{13}R',C_\alpha[\Psi_1^2(\lambda,\cdot),\bar{D}]\leqslant M_{13}R',$$

(4.51)

此处 $M_{13}=M_{13}(\alpha,k_0,k_1,k_2,D)$，并不妨设 $R'\geqslant 1$. 此外，还可得满足方程(4.30)与边界条件(4.31)(用 $\Psi_1(z)$代替那里的 $\Psi(z)$)的函数 $\tilde{W}_1(z)$所满足的估计式

$$C_\alpha[\tilde{W}_1(z),\bar{D}]\leqslant M_{14}R',\quad(4.52)$$

其中 $M_{14}=M_{14}(\alpha,k_0,k_1,k_2,D)$，记 $w_1(z)=w_0(z)+\tilde{W}_1(z)+\Psi_1(z)$，而由(4.38)的第一式，从 $w_1(z)$可确定 $u_1(z)$，并由(4.50)－(4.52)，可导出 $\tilde{w}_1^1(z)=\mathrm{Re}\,\tilde{w}_1(z)+\mathrm{Im}\,\tilde{w}_1(z)$，$\tilde{w}_1^2(z)=\mathrm{Re}\,\tilde{w}_1(z)-\mathrm{Im}\,\tilde{w}_1(z)$，$\tilde{w}_1(z)=w_1(z)-w_0(z)$以及 $\tilde{u}_1(z)=\tilde{u}_1(z)—u_0(z)$所满

足的估计式

$$C_\alpha[\tilde{w}_1^1(z),\overline{D}]\leqslant M_{15}R',C_\alpha[\tilde{w}_1^2(z),\overline{D}]\leqslant M_{15}R',$$
$$C_\alpha[\tilde{w}_1(z),\overline{D}]\leqslant M_{15}R',C_\alpha[\tilde{u}_1(z),\overline{D}]\leqslant M_{15}R',\tag{4.53}$$

此处 $M_{15}=M_{15}(\alpha,k_0,k_1,k_2,D)$. 这样经逐次迭代,可得到 $\tilde{w}_n^1(z)=\operatorname{Re}\tilde{w}_n(z)+\operatorname{Im}\tilde{w}_n(z)$, $\tilde{w}_1^2(z)=\operatorname{Re}\widetilde{w_n}(z)-\operatorname{Im}\tilde{w}_n(z)$, $\tilde{w}_n(z)=w_n(z)-w_{n-1}(z)$ 以及相应的函数 $\tilde{u}_n(z)=u_n(z)-u_{n-1}(z)$ 所满足的估计式

$$C_\alpha[\tilde{w}_n^1(z),\overline{D}]\leqslant(M_{15}R')^n/n!,C_\alpha[\tilde{w}_1^2(z),\overline{D}]\leqslant(M_{15}R')^n/n!,$$
$$C_\alpha[\tilde{w}_n(z),\overline{D}]\leqslant(M_{15}R')^n/n!,C_\alpha^1[\tilde{u}_n(z),\overline{D}]\leqslant(M_{15}R')^n/n!,\tag{4.54}$$

因而函数序列

$$w_n(z)=\sum_{m=1}^n\tilde{w}_m(z)+w_0(z),$$
$$u_n(z)=\sum_{m=1}^n\tilde{u}_m(z)+u_0(z),\ n=1,2,\cdots$$

的极限函数分别为 $w(z)$, $u(z)$, 它们满足估计式

$$C_\alpha[w(z),\overline{D}]\leqslant M_{10},C_\alpha^1[u(z),\overline{D}]\leqslant M_{10},$$

这就是(4.48)的第一个估计式.

### 4. 一般的二阶拟线性双曲型方程

最后,我们考虑形如下的一般双曲型方程

$$u_{z\bar{z}}=F(z,u,u_z)+G(z,u,u_z),F=\operatorname{Re}[A_1u_z]+A_2u+A_3,$$
$$G=A_4|u_z|^\sigma+A_5|u|^\tau,\ z\in\overline{D},\tag{4.55}$$

其中 $F(z,u,u_z)$ 与(4.15)式中的相同,满足条件 $C$, 又 $\sigma,\tau$ 都是正常数,而 $A_l(z,u,u_z)(l=4,5)$ 满足(4.16),(4.21)的第一式,并把方程(4.55)满足的上述条件记作条件 $C'$.

**定理4.6** 设二阶拟线性双曲型方程(4.55)满足条件 $C'$.

(1)当 $0<\sigma,\tau<1$, 方程(4.55)之问题 $P$ 存在一个解 $u(z)\in C_\beta^1(\overline{D})$, 这里 $\beta=\min(\alpha,\sigma,\tau)$.

(2)当 $\min(\sigma,\tau)>1$, 方程(4.55)之问题 $P$ 具有一个解 $u(z)\in$

$C_\alpha^1(\overline{D})$，只要非负常数

$$M_{16} = k_1 + k_2 + |b_0| + |b_1| \tag{4.56}$$

适当小.

(3)一般地说当$0<\sigma,\tau<1$时，问题 $P$ 的解不是唯一的.

**证** (1)考虑 $t$ 的如下代数方程

$$M_9\{k_1 + k_2 + 2k_0t^\sigma + 2k_0t^\tau + |b_0| + |b_1|\} = t, \tag{4.57}$$

因为$0<\sigma,\tau<1$，方程(4.57)存在唯一解 $t=M_{17}\geqslant 0$. 现在我们把满足下列不等式的连续可微函数 $u(z)$全体记作 $B^*$:

$$C^1[u(z),\overline{D}] \leqslant M_{17}, \tag{4.58}$$

这里 $M_{17}$是如前所述的非负常数. 任取一函数 $u(z)\in B^*$，例如可取 $u_0(z)=0$，将它代入到(4.55)的系数与 $G(z,u,u_z)$中 $u$ 的位置，由定理4.2，定理4.3，可知方程

$$\begin{aligned} &u_{z\bar{z}} - \mathrm{Re}[A_1(z,u_0,u_{0z})u_z] - A_2(z,u_0,u_{0z})u - A_3(z,u_0,u_{0z}) \\ &= G(z,u_0,u_{0z}) \end{aligned} \tag{4.59}$$

的问题 $P$ 具有唯一解 $u_1(z)\in B^*$. 由定理4.4，则知此解 $u_1(z)$满足(4.47)，其中 $k$ 应代以 $k_1+k_2+2k_0t^\sigma+2k_0t^\tau+|b_0|+|b_1|$，因而 $u_1(z)$也满足(4.58)式，即 $u_1(z)\in B^*$. 使用逐次迭代法，可得问题 $P$ 的解序列 $u_m(z)(m=1,2,\cdots)$，它们满足方程序列

$$\begin{aligned} &u_{m+1z\bar{z}} - \mathrm{Re}[A_1(z,u_m,u_{mz})u_{m+1z}] - A_2(z,u_m,u_{mz})u_{m+1} \\ &\quad - A_3(z,u_m,u_{mz}) = G(z,u_m,u_{mz}),\ z\in\overline{D}, m=1,2,\cdots, \end{aligned} \tag{4.60}$$

且 $u_{m+1}(z)\in B^*$. 从以上方程序列，可导出 $\tilde{u}_{m+1}=u_{m+1}(z)-u_m(z)$满足以下方程与边界条件

$$\begin{aligned} &\tilde{u}_{m+1z\bar{z}} - \mathrm{Re}[\widetilde{A}_1\tilde{u}_{m+1z}] - \widetilde{A}_2\tilde{u}_{m+1} \\ &\quad = G(z,u_m,u_{mz}) - G(z,u_{m-1},u_{m-1z}),\ z\in\overline{D}, \\ &\qquad m=1,2,\cdots, \end{aligned} \tag{4.61}$$

$$\mathrm{Re}[\Lambda(z)\tilde{u}_{m+1}(z)]=0, z\in L, \mathrm{Im}[\Lambda(z_2)\tilde{u}_{m+1}(z_2)]=0,\ u(0)=0. \tag{4.62}$$

注意到

$$C[G(z,u_m,u_{mz})-G(z,u_{m-1},u_{m-1z}),\overline{D}]\leqslant 2k_0[M_{17}^{\sigma}+M_{17}^{\tau}],$$
(4.63)

由定理4.4,可以导出

$$\|\tilde{u}_{m+1}\|=C^1[\tilde{u}_{m+1},\overline{D}]\leqslant M_{17}. \quad (4.64)$$

根据定理4.1,$\tilde{u}_{m+1}(z)$可表示成

$$\tilde{u}_{m+1}(z)=2\mathrm{Re}\int_0^z w_{m+1}(z)dz, w_{m+1}=\widetilde{W}_{m+1}(z)+\Psi_{m+1}(z),$$

$$\Psi_{m+1}(z)=\int_{2R_1}^{x-y}[\widetilde{A}\xi_{m+1}+\widetilde{B}\eta_{m+1}+\widetilde{C}u_{m+1}+\widetilde{G}]e_1d(x-y)$$

$$+\int_0^{x+y}[\widetilde{A}\xi_{m+1}+\widetilde{B}\eta_{m+1}+\widetilde{C}u_{m+1}+\widetilde{G}]e_2d(x+y), \quad (4.65)$$

这里 $\widetilde{A},\widetilde{B},\widetilde{C},\widetilde{G}$ 与 $\widetilde{A}_1,\widetilde{A}_2,\widetilde{G}$ 的关系正如(4.25)中 $A,B,C,D$ 与 $A_1,A_2,A_3$的关系那样,又 $\widetilde{G}=[G(z,u_m,u_{mz})-G(z,u_{m-1},u_{m-1z})]$.再使用定理4.3的证法,可以导出 $\tilde{u}_{m+1}=u_{m+1}(z)-u_m(z)$满足

$$\|\tilde{u}_{m+1}\|=C^1[u_{m+1}-u_m,\overline{D}]\leqslant(M_{18}R')^{m+1}/(m+1)!$$
(4.66)

此处 $M_{18}=M_{19}M(M_1+2)(m_0+1)$,$M_{19}=\max\{C[\widetilde{A},\overline{D}],C[\widetilde{B},\overline{D}],C[\widetilde{C},\overline{D}],C[\widetilde{G},\overline{D}]\}$,$m_0=\|w_0(z)\|_{C(\overline{D})}$,$M_1,M$ 为(4.35),(4.36)中所述的常数.从以上不等式,可知函数序列

$$u_m(z)=u_0(z)+[u_1(z)-u_0(z)]+\cdots+[u_m(z)-u_{m-1}(z)],$$
$$m=1,2,\cdots \quad (4.67)$$

及 $w_m(z)=u_{mz}$在 $\overline{D}$ 上分别一致收敛到 $u_*(z),w_*(z)$,而函数

$$u_*(z)=2\mathrm{Re}\int_0^z w_*(z)dz+b_0 \quad (4.68)$$

正是方程(4.55)之问题 $P$ 的解.

(2)当 $\min(\sigma,\tau)>1$时,只要(4.56)式中的 $M_{16}$足够小,则代数方程(4.57)有一个解 $M_{17}\geqslant 0$(如果有多于一个解,取其中最小者作为 $M_{17}$).引进 Banach 空间 $C^1(\overline{D})$中一有界、闭凸集 $B_*$,其中元素为满足不等式

$$C^1[u(z),\overline{D}]\leqslant M_{17} \quad (4.69)$$

的连续可微函数 $u(z)$的全体.使用(1)中同样的方法,便可求得当

$\min(\sigma,\tau)>1$时方程(4.55)之问题 $P$ 的解.

(3)一般地说当$0<\tau<1$时,(4.55)的问题 $P$ 的解并不唯一,例如方程

$$u_{xx}-u_{yy}=16u^{1/2}, \text{即 } u_{zz}=4u^{1/2}, z\in\overline{D} \qquad (4.70)$$

有两个解 $u_1(x,y)=0$,及 $u_2(x,y)=[(x+y)(x-y-2R_1)]^2/4$,而这两个解适合齐次 Dirichlet 边界条件:$u(z)=0, z\in L$,或相应的斜微商边界条件(4.19),其中

$$\Lambda(z)=1-i, z\in L_1, \Lambda(z)=1+i, z\in L_2,\ b_0=0,$$

$$r(z)=0, z\in L=L_1\cup L_2,\ b_1=0.$$

### 5. 一般区域上的二阶拟线性双曲型方程的边值问题

在前面我们已得知:二阶拟线性双曲型方程(4.15)的斜微商边值问题 $P$ 等价于一阶复方程(4.22)适合边界条件(4.23)与关系式(4.24)的问题 $A$,这对以下较一般的区域 $D'$ 及区域 $D''$ 也成立.

1. 将边界特征线 $L_1$代以曲线 $L_1'$,而区域 $D'$的边界为 $L_1'\cup L_2\cup L_3\cup L_4$,这里 $L_1'$的参数方程如(3.49)式所示,即要求其中的$\gamma_1(x)(\geqslant 0)$在$0\leqslant x\leqslant l$ 上连续,且除一些孤立点外均有微商$\gamma_1'(x)$. 与§3中一样,作变换(3.50)及其逆变换(3.51),或变换(3.52)及其逆变换(3.53),而(3.52)与(3.53)可分别简写成 $\tilde{z}=f(z)$与 $z=f^{-1}(\tilde{z})$. 当我们讨论区域 $D'$上的二阶拟线性双曲型方程(4.15)及在边界 $L_1'\cup L_2$上适合(4.19)的边值问题 $P'$,由于此边值问题 $P'$等价于复方程(4.22)或相应的方程组(4.25)与边界条件(3.55)及以下关系式的边值问题 $A'$.

$$u(z)=2\mathrm{Re}\int_0^z w(z)dz+b_0. \qquad (4.71)$$

从上式可得

$$C[u(z),\overline{D'}]\leqslant M_{20}C[w(z),\overline{D'}]+k_2, \qquad (4.72)$$

此处 $M_{20}=M_{20}(D')$,以上不等式在证明问题 $A'$解的存在唯一性时要使用到. 由于经变换(3.51)或(3.53),在 $D'$上的方程组

(4.25)与边界条件(3.55)转化为以特征线 $L_1, L_2$ 为边界的区域 $D$ 上的方程组

$$\xi_{\tilde{\mu}} = A\xi + B\eta + CU + E,$$

$$\eta_\lambda = [2R - 2\sigma(\mu) + \mu][A\xi + B\eta + CU + D]/2R, \quad (4.73)$$

及 $L_1, L_2$ 上相应的边界条件(3.57),又关系式(4.71)转化为

$$u[z(\tilde{z})] = 2\mathrm{Re}\int_0^{z(\tilde{z})} w[z(\tilde{z})]dz(\tilde{z}) + b_0, z(\tilde{z}) = f^{-1}(\tilde{z}), \quad (4.74)$$

使用前面已证的定理4.2,定理4.3,可得边值问题(4.25),(3.57),(4.73)的解 $u(\tilde{z})$,而 $u=u[\tilde{z}(z)]$ 便是原边值问题 $P'$ 在 $D'$ 上的解.

2. 将边界特征线 $L_1, L_2$ 代以曲线 $L''_1, L''_2$,以 $D''$ 表示由 $L''_1$, $L''_2, L_3, L_4$ 所围的有界区域,而 $L''_1, L''_2$ 的参数方程如(3.58)式所示,我们要求其中的 $\gamma_1(x), \gamma_2(x)$ 在其定义区间上连续,且除一些孤立点外均有微商. 如§3中那样,作变换(3.60)或(3.62),而在区域 $D''$ 上的方程(4.25)转化为 $D'$ 上的方程组

$$\xi_{\tilde{\mu}} = \frac{2\tau(\lambda) - \lambda}{2R_1}[A\xi + B\eta + CU + D],$$

$$\eta_\lambda = A\xi + B\eta + CU + D, \quad (4.75)$$

又在 $L''_1, L''_2$ 上的边界条件(3.55)转化为形如(3.65)的边界条件,又关系式(4.71)转化为形如(4.74)的关系式. 这样便把区域 $D''$ 上的边值问题(4.25),(3.55),(4.71)转化为区域 $D'$ 上的边值问题(4.75),(3.65),(4.74)($z(\tilde{z})=g^{-1}(\tilde{z})$). 前面,我们已证明了这种边值问题具有解 $u(\tilde{z})$,于是 $u=u[g(z)]$ 便是区域 $D''$ 上边值问题(4.25),(3.55),(4.71)的解. 应当提及:我们要求 $L''_1$ 经变换 $\tilde{z}=g(z)$ 后得的曲线 $L'_1$ 满足(3.49)中所述的条件.

**定理4.7** 设区域 $D''$ 是由 $L''_1, L''_2, L_3, L_4$ 所围的有界区域,又二阶拟线性方程(4.15)在 $D''$ 上满足条件 $C$,则其在 $L''_1 \cup L''_2$ 上适合(4.19)的边值问题存在唯一解.

我们还要说明:对于二阶拟线性双曲型方程(4.15)在区域 $D$ 上的 Dirichlet 边值问题 $D$ 是前述斜微商边值问题 $P$ 的特殊情形.

因为问题 $D$ 的边界条件为

$$u(z)=\varphi(x),z=x+jy\in L=L_1\cup L_2, \qquad (4.76)$$

若 $\varphi(x)\in C_\alpha(L_k),k=1,2,0<\alpha<1$，则从(4.76)可得

$$\operatorname{Re}[\Lambda(z)u_z]=(u_x-u_y)/2=\varphi'(x),z\in L_1,$$

$$\operatorname{Re}[\Lambda(z)u_z]=(u_x+u_y)/2=\varphi'(x),z\in L_2,$$

$$\operatorname{Im}[\Lambda(z)u_z]|_{z=z_2}=-\varphi'(R_1),$$

其中 $w(z)=u_z=[u_x+ju_y]/2$，又

$$\Lambda(z)=a(z)+jb(z)=\begin{cases}1-j,z\in L_1,\\1+j,z\in L_2,\end{cases}$$

而

$$u(z)=2\operatorname{Re}\int_0^z w(z)dz+\varphi(0).$$

这就表明问题 $P$ 包含问题 $D$ 作为特殊情形.

最后还要提及：我们还可讨论二阶拟线性双曲型方程组斜微商边值问题的可解性.

## §5. 双曲映射与拟双曲映射

现在，我们要引入双曲映射与拟双曲映射的定义，并证明拟双曲映射的一些性质.

### 1. 双曲映射

设 $w=f(z)=u(x,y)+jv(x,y)$ 是在区域 $D$ 内满足一阶双曲型方程组或复方程

$$u_x=v_y,v_x=u_y,\text{即 } w_{\bar z}=0,z=x+jy\in D, \qquad (5.1)$$

所谓区域 $D$ 内的双曲映射是指由上述函数 $w=f(z)$ 所构成的单叶映射或同胚映射，它将区域 $D$ 单叶映射到 $w$ 平面上的一区域 $G$. 由定理1.1，可知方程组或复方程(5.1)等价于一阶方程组

$$\xi_\mu=0,\ \eta_\lambda=0, \qquad (5.2)$$

其中 $\xi=u+v,\eta=u-v,\lambda=x+y,\mu=x-y$. 注意到

$$\begin{vmatrix} \lambda_x & \mu_x \\ \lambda_y & \mu_y \end{vmatrix} = \begin{vmatrix} 1 & 1 \\ 1 & -1 \end{vmatrix} = -2, \begin{vmatrix} \xi_u & \eta_u \\ \xi_v & \eta_v \end{vmatrix} = \begin{vmatrix} 1 & 1 \\ 1 & -1 \end{vmatrix} = -2, \tag{5.3}$$

如果我们求得方程组(5.2)的一个同胚解$[\xi(\lambda),\eta(\mu)]$,那么对应于此解的(5.1)的解

$$w = u + jv = \xi[(\lambda + \mu)/2,(\lambda - \mu)/2]e_1 + \eta[(\lambda + \mu)/2,(\lambda - \mu)/2]e_2 \tag{5.4}$$

也是一个同胚. 事实上,如果$\xi(\lambda)$,$\eta(\mu)$分别是区间$\lambda_0<\lambda<\lambda_1$与$\mu_0<\mu<\mu_1$关于$\lambda$与$\mu$的严格单调连续可微函数,那么

$$\xi = \xi(\lambda),\eta = \eta(\mu) \tag{5.5}$$

是方程组(5.2)的一个同胚解,而$\xi(\lambda)e_1+\eta(\mu)e_2$表示区域$\Delta=\{\lambda_0<\lambda<\lambda_1,\mu_0<\mu<\mu_1\}$上的单叶连续可微函数,它把$z=x+jy$平面上的区域$D_\Delta$单叶映射到区域$\Delta$,易知$w=f(z)=u(x,y)+jv(x,y)$是复方程(5.1)在区域$D_\Delta$内的一个同胚解,它在$D_\Delta$上构成一个双曲映射.

### 2. 拟双曲映射

这里,先讨论形如下的一阶一致双曲型复方程

$$w_{\bar z} = Q(z)w_z,Q(z) = a(z) + ib(z),|Q(z)| \leqslant q_0 < 1,z \in D, \tag{5.6}$$

此处$q_0$是一个非负常数. 由双曲数的表示式,即

$$w_{\bar z} = \xi_\mu e_1 + \eta_\lambda e_2,w_z = \xi_\lambda e_1 + \eta_\mu e_2,Q = q_1e_1 + q_2e_2,$$

复方程(5.6)可写成方程组的形式

$$\xi_\mu = q_1\xi_\lambda,\eta_\lambda = q_2\eta_\mu, \tag{5.7}$$

其中$q_1=a+b,q_2=a-b,|Q|^2=|Q\bar{Q}|=|a^2-b^2|=|q_1q_2|\leqslant q_0^2<1$. 现在我们来证明复方程(5.6)解的一种表示定理.

**定理5.1** 设$\chi(z)$是复方程(5.6)在区域$D$内的一个同胚解. 那么(5.6)在$D$内的任一解$w(z)$都可表示成

$$w(z) = \Phi[\chi(z)], \tag{5.8}$$

这里$\Phi(\chi)$是区域$G=\chi(D)$内的一个双曲正则函数.

**证** 用 $z(\chi)$ 表示 $\chi(z)$ 的反函数，可知在 $D$ 内有

$$\{w[z(\chi)]\}_{\bar{\chi}} = w_z z_{\bar{\chi}} + w_{\bar{z}} \bar{z}_{\bar{\chi}} = w_z[z_{\bar{\chi}} + Q\bar{z}_{\bar{\chi}}],$$

而且

$$\chi_\chi = 1 = \chi_z z_\chi + \chi_{\bar{z}} \bar{z}_\chi = \chi_z[z_\chi + Q\bar{z}_\chi],$$

$$\chi_{\bar{\chi}} = 0 = \chi_z z_{\bar{\chi}} + \chi_{\bar{z}} \bar{z}_{\bar{\chi}} = \chi_z[z_{\bar{\chi}} + Q\bar{z}_{\bar{\chi}}].$$

从以上第一个等式，知 $|\chi_z|\cdot|z_\chi+Q\bar{z}_\chi|=1$，因而 $\chi_z\neq 0$，再由第二个等式可知 $z_{\bar{\chi}}+Q\bar{z}_{\bar{\chi}}=0$，因此 $\Phi(\chi)=w[z(\chi)]$满足复方程

$$[\Phi(\chi)]_{\bar{\chi}} = 0\ ,\ \chi \in G = \chi(D),$$

这表明 $\Phi(\chi)$ 是区域 $G=\chi(D)$ 内的双曲正则函数，因此复方程(5.6)在区域 $D$ 内的任一解 $w(z)$ 具有形如(5.8)的表示式.

其次，我们讨论对于一定条件下的复方程(5.6)，它在区域 $D$ 内具有同胚解. 注意到

$$\begin{aligned} w_{\bar{z}} &= \xi_\mu e_1 + \eta_\lambda e_2 = Qw_z = (a+jb)(\xi_\lambda e_1 + \eta_\mu e_2) \\ &= (q_1 e_1 + q_2 e_2)(\xi_\lambda e_1 + \eta_\mu e_2) = q_1 \xi_\lambda e_1 + q_2 \eta_\mu e_2 \\ &= (a+b)\xi_\lambda e_1 + (a-b)\eta_\mu e_2, \end{aligned}$$

这里 $Q=a+jb=q_1e_1+q_2e_2$，$q_1=a+b$，$q_2=a-b$，而复方程(5.6)可改写成如下形式的方程组

$$\xi_\mu = (a+b)\xi_\lambda,\ \eta_\lambda = (a-b)\eta_\mu. \tag{5.9}$$

设区域 $\Delta=\{\lambda_0<\lambda<\lambda_0+R_1, \mu_0<\mu<\mu_0+R_2\}$，这里 $\lambda_0$，$\mu_0$ 为二实常数，$R_1$，$R_2$ 为二正常数，如果 $a$，$b$ 在 $\Delta$ 内对 $\lambda$，$\mu$ 具有连续偏微商，且以下条件之一成立：

$$b > 0,\ -b < a < b, \tag{5.10}$$

$$b < 0,\ b < a < -b, \tag{5.11}$$

又 $\xi$ 与 $\eta$ 是 $\lambda(\lambda_0<\lambda<\lambda_0+R_1)$ 或 $\mu(\mu_0<\mu<\mu_0+R_2)$ 的严格单调连续可微函数，那么 $w=\xi e_1+\eta e_2$ 是区域 $\Delta$ 内的一个同胚. 于是我们有以下定理.

**定理5.2** 用 $D$ 表示 $x+jy$ 平面内对应于 $\Delta$ 的区域，又 $w=f(z)$ 是复方程(5.6)于区域 $D$ 内的连续可微解，如果(5.10)，(5.11)中之一成立，且 $\xi_\lambda$(或 $\xi_\mu$)$>0$，$\eta_\lambda$(或 $\eta_\mu$)$>0$ 在 $\lambda_0<\lambda<\lambda_0+R_1$(或 $\mu_0<\mu<\mu_0+R_2$)上除一些孤立点外成立，则 $w=f(z)$ 是区域 $D$

内的一个同胚.

特别，复方程(5.6)的系数 $Q(z)=a+jb$ 为双曲常数，此时

$$|Q|^2 = |Q\bar{Q}| = |a^2 - b^2| = |q_1q_2| \leqslant q_0^2 < 1,\ z \in D,$$

作一个非奇异线性变换

$$\lambda = -(a+b)\sigma + \tau, \mu = \sigma - (a-b)\tau, \tag{5.12}$$

则方程组(5.9)转化为方程组

$$\xi_\sigma = 0,\ \eta_\tau = 0,\ (\sigma,\tau) \in G, \tag{5.13}$$

这里 $G$ 是在变换(5.12)之下 $\Delta$ 的对应区域. 由前面关于双曲映射的讨论，方程组(5.13)在 $G$ 内具有同胚解，因此方程组(5.9)在 $\Delta$ 内具有同胚解，而复方程(5.6)在 $D$ 内也有同胚解.

**定理5.3** 如果复方程(5.6)的系数 $Q(z)$ 为双曲常数 $a+jb$，又 $|Q(z)|\neq 1$，那么(5.6)在区域 $D$ 内具同胚解.

### 3. 另外形式的拟双曲映射

现在我们讨论如下形式的复方程

$$w_{\bar{z}} = Q(z)\overline{w}_z, \tag{5.14}$$

此处 $Q(z)$ 是区域 $D$ 内的连续函数，且 $|Q(z)|<1$，$z\in D$. 如果 $Q(z)$ 是 $D$ 内的双曲正则函数，那么作函数的变换

$$W = w - Q(z)\overline{w},\ 即\ w(z) = \frac{W + Q(z)\overline{W}}{1 - |Q(z)|^2}, \tag{5.15}$$

复方程(5.14)便转化为复方程

$$W_z = 0\ ,\ z \in D, \tag{5.16}$$

以上复方程在区域 $D$ 内的解 $W(z)$ 是 $D$ 内的双曲正则函数，正如前面已讨论过的那样，此复方程在 $D$ 内具有单叶解，它在 $D$ 内构成一个双曲映射.

进而，当(5.14)的系数 $Q(z)$ 是区域 $D$ 内 $\bar{z}$ 的双曲正则函数，我们对(5.14)两边求 $z$ 的偏微商，得

$$w_{zz} = Q(z)\overline{w}_{zz},\ 即\ \overline{w}_{zz} = \overline{Q(z)}w_{z\bar{z}}, \tag{5.17}$$

注意到 $|Q(z)|<1$，因而有

$$(1 - |Q(z)|^2)w_{z\bar{z}} = 0,\ 即\ w_{zz} = 0, \tag{5.18}$$

以上复方程在区域 $D$ 内的解 $w(z)$ 称双曲调和函数.

对于双曲(复)调和函数 $w(z)$,可将其表示成

$$\begin{aligned} w(z) &= u(z) + jv(z) = \varphi(z) + \overline{\varphi(z)} + \psi(z) - \overline{\psi(z)} \\ &= \varphi(z) + \psi(z) + \overline{\varphi(z)} - \overline{\psi(z)} = f(z) + \overline{g(z)}, \end{aligned} \quad (5.19)$$

其中 $\varphi(z)$,$\psi(z)$ 是两个双曲正则函数,因此 $f(z)=\varphi(z)+\psi(z)$,$g(z)=\varphi(z)-\psi(z)$ 也是双曲正则函数. 这是双曲(复)调和函数关于双曲正则函数的表示式. 根据这样的表示式,我们能把复方程(5.14)的解 $w=w(z)$ 分解成具有如下边界条件的两种双曲正则函数的边值问题:

$$\mathrm{Re}f(x) = \mathrm{Re}\varphi_0(x),\ \mathrm{Re}f(jy) = \mathrm{Re}\varphi_1(y),$$

与

$$\mathrm{Im}g(x) = \mathrm{Im}\varphi_0(x),\ \mathrm{Im}g(jy) = \mathrm{Im}\varphi_1(y),$$

此处区域 $D=\{0\leqslant x\leqslant R_1, 0\leqslant y\leqslant R_2\}$,$R_1$,$R_2$ 是两个正常数,$\varphi_0(x)$,$\varphi_1(y)$ 是在 $D$ 上四个双曲连续函数.

最后,还要提及:在本书中只有本章使用了双曲数与双曲复变函数,而在其余各章中,没有使用双曲数与双曲复变函数.

濮德潜在文献[115]1),2)中研究的问题与双曲数、双曲函数密切相关,他对本章§1、§5中的内容提出了宝贵的意见,作者表示感谢.

# 第六章　一阶与二阶混合型复方程

本章中，我们主要讨论一阶线性与拟线性混合型（椭圆—双曲型）复方程的 Riemann-Hilbert 边值问题以及二阶线性与拟线性混合型（椭圆—双曲型）方程的斜微商边值问题．在文献[23]1)，3)中，A. V. Bitsadze 研究了最简单的二阶混合型方程的 Dirichlet 边值问题，也叫 Tricomi 问题，他主要使用积分方程的方法证明了各种 Tricomi 问题的可解性，特别在证明一般的 Tricomi 问题解的存在性时，运用到一种复杂的泛函关系．而在本章中，我们没有采用积分方程的方法，主要使用解析函数的间断 Riemann-Hilbert 边值问题解的存在唯一性结果（见本章§1），一阶双曲型复方程的理论（见第五章§3）以及一阶椭圆型复方程的理论（见第一章§1），导出了较一般的二阶混合型方程颇为广泛的边值问题解的存在唯一性，包含了前述 Bitsadze 的结果作为特殊的情形．从中可以看出：用复分析方法处理混合型方程边值问题的优越性．

## §1．解析函数的间断 Riemann-Hilbert 边值问题

这里主要建立单位圆 $D=\{|z|<1\}$ 上解析函数间断 Riemann-Hilbert 问题解的积分表示式，同时给出当标数为非负时通解所包含任意实常数的个数，以及当标数为负数时边值问题的可解条件的数目．对于其它一般单连通区域上的相应边值问题，只要通过自变量 $z$ 的一个共形映射，也可得到该边值问题的可解性结果．

设 $\Gamma=\{|z|=1\}$ 为区域 $D$ 的边界，在 $\Gamma$ 上有 $m$ 个不同的点 $z_1,\cdots,z_m$ 按 $\Gamma$ 的正绕行方向排列，而 $a(z),b(z),c(z)$ 为 $\Gamma^*=\Gamma\backslash\{z_1,\cdots,z_m\}$ 上的连续实值函数，$a(z),b(z)$ 以 $z_1,\cdots,z_m$ 为第一类间

断点，但当 $z(\in \Gamma^*)\to z_j$ 时，$c(z)=0(|z-z_j|^{-\beta_j})$，$\beta_j(j=1,\cdots,m)$ 都是适当小的正数. 记 $\lambda(z)=a(z)+ib(z)$，$|a(z)|+|b(z)|\neq 0$，不妨设 $|\lambda(z)|=1, z\in\Gamma^*$，还设 $\lambda(z)\in C_\alpha(\Gamma_j)$，$|z-z_j|^{\beta_j}c(z)$ 与 $|z-z_{j+1}|^{\beta_{j+1}}c(z)\in C_\alpha(\Gamma_j)$，此处 $\Gamma_j$ 表示 $\Gamma$ 上从 $z_j$ 按正向转至 $z_{j+1}$ 的那一段曲线，$j=1,\cdots,m$，$z_0=z_{m+1}$，但 $\Gamma_j(j=1,\cdots,m)$ 都不包含端点，又 $\alpha(0<\alpha<1)$ 是一正常数.

**问题 $A$** 求区域 $D$ 内的解析函数 $\Phi(z)$，使它直到边界 $\Gamma^*$ 连续，且适合间断 Riemann-Hilbert 边界条件

$$\operatorname{Re}[\overline{\lambda(z)}\Phi(z)] = au + bv = c(z), z\in\Gamma^*, \qquad (1.1)$$

这里 $\Phi(z)=u(z)+iv(z)$，$u(z)$，$v(z)$ 分别为 $\Phi(z)$ 的实部与虚部。我们把 $c(z)=0, z\in\Gamma^*$ 的问题 $A$ 记作问题 $A_0$.

现在介绍问题 $A$ 与问题 $A_0$ 的标数也是 $\lambda(z)$ 的标数. 用 $\lambda(z_j-0)$，$\lambda(z_j+0)$ 分别表示 $z$ 在 $\Gamma$ 上按正方向而言趋于 $z_j$ 的左极限与右极限，记

$$e^{i\varphi_j} = \frac{\lambda(z_j-0)}{\lambda(z_j+0)}, \gamma_j = \frac{1}{\pi i}\ln\left[\frac{\lambda(z_j-0)}{\lambda(z_j+0)}\right] = \frac{\varphi_j}{\pi} - K_j,$$

$$K_j = \left[\frac{\varphi_j}{\pi}\right] + J_j, J_j = 0 \text{ 或 } 1,\ j = 1,\cdots,m. \qquad (1.2)$$

当 $J_j=0$ 时，$0\leqslant\gamma_j<1$，而当 $J_j=1$ 时，$-1<\gamma_j<0$，$j=1,\cdots,m$，并将

$$K = \frac{1}{2}(K_1+\cdots+K_m) = \sum_{j=1}^{m}\left[\frac{\varphi_j}{2\pi} - \frac{\gamma_j}{2}\right] \qquad (1.3)$$

称为问题 $A$ 与问题 $A_0$ 的标数. 如果 $\lambda(z)$ 在 $\Gamma$ 上连续，则 $K=[\Delta_\Gamma\arg\lambda(z)]/2\pi$ 是唯一的整数. 而当 $\lambda(z)$ 在 $\Gamma$ 上具有间断点 $z_j$，由于在(1.2)式中可选取 $J_j=0$ 或 1，因此标数 $K$ 不是唯一的. 若取 $J_j=0$，则 $K_j=\left[\frac{\varphi_j}{\pi}\right]$，又若取 $J_j=1$，则 $K_j=\left[\frac{\varphi_j}{\pi}\right]+1$，由于 $J_j$ 有两种不同的选取方法，使得问题 $A$ 的解 $\Phi(z)$ 在间断点 $z_j$ 附近具有高低不同的奇性，而 $J_j=1$ 时的奇性要高于 $J_j=0$ 时的奇性，这在后面可以得知，$1\leqslant j\leqslant m$. 我们设 $\beta_j+\gamma_j<1$，$j=1,\cdots,m$，在此条件下，可要求问题 $A$ 的解 $\Phi(z)$ 在 $z_j$ 附近满足

$$\Phi(z) = o(|z-z_j|^{-\delta}),$$

$$\delta=\begin{cases}\beta_j+\tau, \text{当 } \gamma_j \geqslant 0 \text{ 及当 } \gamma_j<0, \beta_j>|\gamma_j|, \\ |\gamma_j|+\tau, \text{当 } \gamma_j<0, \beta_j \leqslant |\gamma_j|, j=1, \cdots, m\end{cases} \tag{1.4}$$

此处 $\tau(<\alpha)$是任意小的正数.

在书[139]17)中,我们讨论了解析函数在 $D$ 上的间断 Riemann-Hilbert 边值问题,在假设边界条件中的函数 $c(z)$在边界 $\Gamma$ 上除了有限个第一类间断点外均 Hölder 连续的条件下,证明了该边值问题的通解当标数 $K\geqslant 0$时含有$2K+1$个任意实常数,而当 $K<0$时,该边值问题有$-2K-1$个可解条件,特别当 $K=-\frac{1}{2}$时,此边值问题存在唯一解. 本节中,并不限制边界条件(1.1)中的 $c(z)$只以 $z_1,\cdots,z_m$ 为第一类间断点,而是允许有不高于 $\beta_j$ 级奇性,即 $c(z)=0(|z-z_j|^{-\beta_j}),j=1,\cdots,m$,这是后面各节讨论问题时所需要的. 我们不仅给出解析函数问题 $A$ 完整的可解性结果,而且还给出了调和函数斜微商边值问题的解.

现在先考虑齐次边值问题 $A_0$. 作函数的变换

$$\Psi(z)=\Phi(z)/\Pi(z), \Pi(z)=\prod_{j=1}^{m}(z-z_j)^{\gamma_j}. \tag{1.5}$$

其中 $\gamma_j(j=1,\cdots,m)$如(1.2)中所述,可把问题 $A_0$的解 $\Phi_0(z)$所适合的边界条件

$$\operatorname{Re}[\overline{\lambda(z)}\Phi_0(z)]=0,\ z\in\Gamma^* \tag{1.6}$$

转化为解析函数 $\Psi_0(z)=\Phi_0(z)/\Pi(z)$所适合的边界条件

$$\operatorname{Re}[\overline{\Lambda(z)}\Psi_0(z)]=0, \Lambda(z)=\lambda(z)\overline{\Pi(z)}, z\in\Gamma^*, \tag{1.7}$$

我们把求解析函数适合以上边界条件的边值问题记作问题 $A_0^*$,而

$$\frac{\Lambda(z_j-0)}{\Lambda(z_j+0)}=\frac{\lambda(z_j-0)}{\lambda(z_j+0)}\left(\frac{\overline{\Pi(z_j-0)}}{\Pi(z_j+0)}\right)=\frac{\lambda(z_j-0)}{\lambda(z_j+0)}e^{-i\pi\gamma_j}=\pm 1, \tag{1.8}$$

而 $\Lambda(z)$在 $\Gamma$ 上的标数为

$$K=\frac{1}{2\pi}\Delta_\Gamma\arg\Lambda(z)=\sum_{j=1}^{m}\left[\frac{\varphi_j}{2\pi}-\frac{\gamma_j}{2}\right]=\frac{1}{2}\sum_{j=1}^{m}K_j, \tag{1.9}$$

这也是问题 $A_0$与 $\lambda(z)$在 $\Gamma$ 上的标数. 对于问题 $A_0^*$,当$2K$ 是偶数

时，只要在 $\Gamma^*$ 的一些边界分支 $\Gamma_j$ 上改变 $\Lambda(z)$的符号，即把它的幅角增加 $\pi$，则所得的新函数 $\Lambda^*(z)$在 $\Gamma$ 上连续，而标数仍是 $K$. 又当$2K$ 是奇数时，先将边界条件(1.7)改写成

$$\operatorname{Re}\left[\overline{\Lambda(z)}(z-z_0)\frac{\Psi_0(z)}{z-z_0}\right]=0, z\in\Gamma^*,$$

这里 $z_0\in\Gamma, z_0\neq z_1,\cdots,z_m$. 这样一来，也可对 $\Lambda(z)\overline{(z-z_0)}/|z-z_0|$作如前的处理，使得新的函数 $\Lambda^*(z)$在 $\Gamma$ 上连续，而其标数 $K^*=K-1/2$是整数. 其次，我们要求出适合齐次边界条件

$$\operatorname{Re}\left[\overline{\Lambda^*(z)}\Psi_0^*(z)\right]=0,\ z\in\Gamma^*, \tag{1.10}$$

的一个非零解

$$\Psi_0^*(z)=iz^{[K]}e^{iS(z)}, \tag{1.11}$$

其中$[K]$表示 $K$ 的整数部分，$s(z)$是单位圆 $D$ 内的解析函数，适合边界条件

$$\operatorname{Re}S(z)=\arg\Lambda^*(z)\bar{z}^{[K]}, z\in\Gamma,\ \operatorname{Im}S(0)=0, \tag{1.12}$$

于是解析函数问题 $A_0^*$ 具有如下形式的解

$$\Psi_0(z)=\begin{cases}\Psi_0^*(z),\text{当 } 2K \text{ 是偶数},\\(z-z_0)\Psi_0^*(z),\text{当 } 2K \text{ 是奇数},\end{cases} \tag{1.13}$$

又问题 $A_0$具有形如下的非零解（称为标准解）

$$X(z)=\Pi(z)\Psi_0(z)=\begin{cases}iz^K\Pi(z)e^{iS(z)},\text{当 } 2K \text{ 是偶数},\\iz^{[K]}(z-z_0)\Pi(z)e^{iS(z)},\text{当 } 2K \text{ 是奇数},\end{cases} \tag{1.14}$$

当 $K\geqslant0$，$X(z)$以 $z=0$为$[K]$级零点，而当 $K<0$时，$X(z)$以 $z=0$为$|[K]|$级极点，又当$2K$ 是奇数时，$X(z)$以 $z=z_0$为一级零点. 由于 $X(z)$适合齐次边界条件(1.6)，容易看出：$i\overline{\lambda(z)}X(z)$是边界 $\Gamma$ 上的实值函数，将此函数除以边界条件(1.1)，可得

$$\operatorname{Re}\left[\frac{\Phi(z)}{iX(z)}\right]=\frac{c(z)}{i\overline{\lambda(z)}X(z)}=\frac{\lambda(z)c(z)}{iX(z)}, z\in\Gamma^*. \tag{1.15}$$

对于单位圆 $D$ 内的解析函数 $\Phi(z)/iX(z)$具有以上间断边界值的问题，仍有相应的 Schwarz 公式，

$$\frac{\Phi(z)}{iX(z)}=\frac{1}{2\pi i}\left[\int_\Gamma \frac{(t+z)\lambda(t)c(t)}{(t-z)tiX(t)}dt+\frac{Q(z)}{i}\right],$$

即

$$\Phi(z)=\frac{X(z)}{2\pi i}\left[\int_\Gamma \frac{(t+z)\lambda(t)c(t)}{(t-z)tX(t)}dt+Q(z)\right],\quad (1.16)$$

当标数 $K\geqslant 0$时，其中的函数 $Q(z)$具有形式

$$Q(z)=i\sum_{j=0}^{[K]}(c_j z^j+\bar{c}_j z^{-j})+\begin{cases}0, & \text{当 } 2K \text{ 是偶数},\\ c_*\dfrac{z_0+z}{z_0-z}, & \text{当 } 2K \text{ 是奇数},\end{cases}$$

(1.17)

这里 $ic_*$，$c_0$都是任意实常数，$c_j(j=1,\cdots,[K])$都是任意复常数，由此可看出通解 $\Phi(z)$包含有$2K+1$个任意实常数. 应当提及：当 $2K$ 是奇数时，(1.16)被积函数中包含有$1/[(t-z)(t-z_0)]=[1/(t-z)-1/(t-z_0)]/(z-z_0)$，其中的积分应理解为在 Cauchy 主值意义下两个积分之差. 当标数 $K<0$时，要取(1.16)中的

$$Q(z)=\begin{cases}c_*=0, & \text{当 } 2K \text{ 是偶数},\\ c_*\dfrac{z_0+z}{z_0-z}, & \text{当 } 2K \text{ 是奇数},\end{cases}\quad (1.18)$$

由于此时 $X(z)$以 $z=0$为$|[K]|$级极点，而必须使(1.16)[ ]中的函数在 $z=0$至少有$|[K]|$级零点，注意到

$$\begin{aligned}&\int_\Gamma \frac{(t+z)\lambda(t)c(t)}{(t-z)tX(t)}dt+c_*\frac{z_0+z}{z_0-z}\\ &=\int_\Gamma \frac{(1+z/t)\lambda(t)c(t)}{(1-z/t)tX(t)}dt+c_*\frac{1+z/z_0}{1-z/z_0}\\ &=\int_\Gamma\left[1+2\sum_{j=1}^{\infty}\left(\frac{z}{t}\right)^j\right]\frac{\lambda(t)c(t)}{tX(t)}dt+c_*\left[1+2\sum_{j=1}^{\infty}\left(\frac{z}{z_0}\right)^j\right]\\ &=\int_\Gamma \frac{\lambda(t)c(t)}{tX(t)}dt+c_*+2\sum_{j=1}^{\infty}\left[\int_\Gamma \frac{\lambda(t)c(t)}{t^{j+1}X(t)}dt+\frac{c_*}{z_0{}^j}\right]z^j,\end{aligned}$$

(1.19)

如果

$$\int_\Gamma \frac{\lambda(t)c(t)}{X(t)t^j}dt = 0,$$
$$j = 1,\cdots, -K(=|[K]|),\text{当 } 2K \text{ 是偶数},$$
$$\int_\Gamma \frac{\lambda(t)c(t)}{X(t)t^j}dt + c_* z_0^{-j+1} = 0, \tag{1.20}$$
$$j = 1,\cdots,[-K]+1(=|[K]|),\text{当 } 2K \text{ 是奇数},$$

那么(1.16)[ ]中的函数在 $z=0$ 有 $|[K]|$ 级零点，而(1.16)中的函数 $\Phi(z)$ 可在 $z=0$ 解析，又因(1.20)中当 $2K$ 是奇数时，$c_* = -\int_\Gamma \frac{\lambda(t)c(t)}{X(t)t}dt$ 是一确定的实数，即 $j=1$ 时可不作为可解条件，这样不论 $2K$ 是偶数或奇数，当 $K<0$ 时，问题 $A$ 恰有 $-2K-1$ 个可解条件，我们可把以上结果写成一个定理.

**定理1.1** 对于单位圆 $D$ 内解析函数的前述间断 Riemann-Hilbert 边值问题 $A$ .

(1)当标数 $K\geqslant 0$ 时，其通解 $\Phi(z)$ 具有(1.16)，(1.17)的形式，它包含有 $2K+1$ 个任意实常数.

(2)当标数 $K<0$ 时，问题 $A$ 具有 $-2K-1$ 个可解条件，如(1.20)中所示，当这些条件满足时，其解 $\Phi(z)$ 具有形式

$$\Phi(z) = \frac{X(z)z^{|[K]|}}{\pi i}\left[\int_\Gamma \frac{c(t)\lambda(t)dt}{X(t)(t-z)t^{|[K]|}} + \frac{c_*}{(z_0-z)z_0^{|[K]|-1}}\right], \tag{1.21}$$

这里 $c_*$ 是一实常数，可写成

$$c_* = -\int_\Gamma \frac{\lambda(t)c(t)}{X(t)t}dt\ . \tag{1.22}$$

根据[105]1)或[139]17)，从以上问题 $A$ 解的表示式(1.16)，(1.21)，可以导出其解 $\Phi(z)$ 在间断点 $z_j(j=1,\cdots,m)$ 附近满足(1.4)式，而 $\Phi(z)$ 的积分 $\int_0^z \Phi(z)dz$ 均在间断点 $z_1,\cdots,z_m$ 附近是有界的. 又若边界条件(1.1)中的 $c(z)$ 以 $z_j$ 为第一类间断点，那么当 $\gamma_j>0(J_j=0)$，则解 $\Phi(z)$ 在 $D^*=\overline{D}\backslash\{z_1,\cdots,z_m\}$ 上 $z_j$ 的附近有界，而在其余情形，$\Phi(z)$ 在 $D^*$ 上 $z_j$ 的附近，有

$$\Phi(z)=\begin{cases}O(|z-z_j|^{\gamma_j}),\text{当 }\gamma_j<0,J_j=1,\\ O(\ln|z-z_j|),\text{当 }\gamma_j=0,J_j=0,\end{cases}\quad j=1,\cdots,m. \tag{1.23}$$

但 $\Phi(z)$ 的积分 $\int_0^z \Phi(z)dz$ 在 $D^*$ 上有界.

其次，我们考虑单位圆 $D$ 内的调和函数的斜微商边值问题，即

**问题 $P$** 求区域 $D$ 内的调和函数 $U(z)$，使它在 $\overline{D}$ 上连续，并使 $\Phi(z)=U_z$ 适合边界条件(1.1)，且要求 $\Phi(z)$ 在间断点 $z_j$ 附近满足条件(1.4)，又 $U(0)=b_0$，这里 $b_0$ 是一实常数.

我们可先求适合边界条件(1.1)的解析函数 $\Phi(z)$，如定理1.1中所述，然后求出函数

$$U(z)=2\mathrm{Re}\int_0^z \Phi(z)dz+b_0, \tag{1.24}$$

易知它是区域 $D$ 内的调和函数，即 $U_{z\bar{z}}=\Phi_{\bar{z}}=0, z\in D$. 这样，便得如下结果.

**定理1.2** 对于单位圆 $D$ 内调和函数的斜微商边值问题 $P$.

(1) 当标数 $K\geqslant 0$，其通解 $U(z)$ 具有形如(1.24)，(1.16)，(1.17)的表示式，它包含有 $2K+1$ 个任意实常数.

(2) 当 $K<0$，问题 $P$ 具有 $-2K-1$ 个可解条件，当这些条件满足时，其解 $U(z)$ 具有(1.24)，(1.21)，(1.22)的形式.

至于较一般的单连通区域 $\Delta$，只要通过把此区域共形映射到单位圆 $D$，那么便可得到一般区域 $\Delta$ 上调和函数斜微商边值问题的解.

本节中最主要的结果是单位圆上解析函数间断 Riemann-Hilbert 边值问题解的积分表示式(定理1.1)，这是单位圆上 Keldych-Sedov 公式的推广. 正是由于有了解析函数这样一般的公式，使得我们有可能去解决一阶混合型复方程的间断 Riemann-Hilbert 边值问题，进而又去证明二阶混合型方程的斜微商边值问题的唯一可解性，并能对边值问题解的正则性和奇异性给出更精确的估计.

## §2. 一阶、二阶线性混合型(椭圆-双曲型)方程的边值问题

本节只讨论最简单的一阶混合型复方程(方程组的复形式)与二阶混合型方程. 我们先证明一阶混合型复方程的 Riemann-Hilbert 边值问题解的唯一性,然后使用§1中关于解析函数间断 Riemann-Hilbert 问题的结果证明上述边值问题解的存在性,进而又导出二阶混合型方程斜微商边值问题的可解性.

### 1. 一阶混合型复方程的 Riemann-Hilbert 边值问题

设 $D$ 是复平面$\mathbb{C}$上以 $\partial D=\Gamma\cup L$ 为边界的有界单连通区域,此处 $\Gamma(\subset\{y>0\})\in C^1$ 是上半平面内以 $z=0,2$ 为两端点的一条曲线,$L=L_1\cup L_2$,$L_1=\{x=-y,0\leqslant x\leqslant 1\}$,$L_2=\{x=y+2,1\leqslant x\leqslant 2\}$,记 $D_1=D\cap\{y>0\}$,$D_2=D\cap\{y<0\}$,以及 $z_1=1-i$. 不失一般性,可以认为 $\Gamma$ 是半圆周$\{|z-1|=1,y>0\}$,因为否则,通过 $z$ 的一个共形映射,便可达到上述要求.

我们考虑一阶线性混合型方程组

$$\begin{cases}u_x-v_y=0,\\ v_x+\mathrm{sgn}y\,u_y=0,\end{cases} z\in D, \tag{2.1}$$

它的复形式就是下面的一阶混合型复方程

$$\begin{cases}w_{\bar z}=0,\ z\in D_1,\\ w_{\bar z^*}=0,\ z\in D_2,\end{cases} \tag{2.2}$$

这里

$$w=u+iv,z=x+iy,\ w_{\bar z}=\frac{1}{2}[w_x+iw_y],$$

$$w_{\bar z^*}=\frac{1}{2}[w_x-i\bar w_y].$$

复方程(2.2)在区域 $D$ 上的 Riemann-Hilbert 边值问题可叙述如下:

**问题 $A$** 求复方程(2.2)在 $D^*=\bar D\backslash\{0,2\}$ 上的连续解 $w(z)$,

使它适合边界条件

$$\operatorname{Re}[\overline{\lambda(z)}w(z)] = r(z),\ z \in \Gamma, \tag{2.3}$$

$$\operatorname{Re}[\overline{\lambda(z)}w(z)] = r(z),\ z \in L_j(j = 1 \text{ 或 } 2),$$

$$\operatorname{Im}[\overline{\lambda(z_1)}w(z_1)] = b_1, \tag{2.4}$$

其中 $\lambda(z)=a(z)+ib(z)$，$|\lambda(z)|=1$，$z\in\Gamma\cup L_j(j=1\text{或}2)$，$b_1$是实常数，而 $\lambda(z)$，$r(z)$，$b_1$满足条件

$$C_\alpha[\lambda(z),\Gamma] \leqslant k_0,\ C_\alpha[r(z),\Gamma] \leqslant k_0,$$

$$C_\alpha[\lambda(z),L_j] \leqslant k_0, C_\alpha[r(z),L_j] \leqslant k, j = 1 \text{ 或 } 2, |b_1| \leqslant k_2,$$

$$a(z) \neq b(z),\ z \in L_1,\ \text{或}\ a(z) \neq -b(z),\ z \in L_2, \tag{2.5}$$

此处 $\alpha(0<\alpha<1)$，$k_0$，$k_2$都是非负常数. 为了讨论方便，我们可设 $w(z_1)=0$，因为否则，通过函数的变换 $w(z)-\lambda(z_1)[r(z_1)+ib_1]$，便可达到上述要求. 还要提及：我们要求所求出的解 $w(z)$在 $z=2,0$于 $\overline{D}\backslash\{0,2\}$的邻域内有界或积分有界（见前面§1中的定理1.1）. 又后面有时把 $\lambda(z)$，$a(z)$，$b(z)$，$r(z)$分别写成 $x$ 的函数 $\lambda(x)$，$a(x)$，$b(x)$，$r(x)$.

具有条件 $r(z)=0$，$z\in\Gamma\cup L_1$（或 $L_2$），$b_1=0$的问题 $A$ 称为问题 $A_0$. 我们考虑在 $D_1$的边界 $\partial D_1$上的指数

$$K = \frac{1}{2}(K_1 + K_2), \tag{2.6}$$

也是问题 $A$ 与问题 $A_0$的指数，其中

$$K_j = \left[\frac{\varphi_j}{\pi}\right] + J_j,\ J_j = 0 \text{ 或 } 1,$$

$$e^{i\varphi_j} = \frac{\lambda(t_j - 0)}{\lambda(t_j + 0)},\ \gamma_j = \frac{\varphi_j}{\pi} - K_j, j = 1,2, \tag{2.7}$$

这里 $t_1=2$，$t_2=0$，$\lambda(t)=(1-i)/\sqrt{2}$，$t\in[0,2]$，或 $\lambda(t)=(1+i)/\sqrt{2}$，$t\in[0,2]$，而 $\lambda(t_1-0)=\lambda(t_2+0)=\exp(7\pi i/4)$或 $\exp(\pi i/4)$，本节中仅讨论 $K=(K_1+K_2)/2=-1/2$的情形，并选取 $\gamma_1>0$，$2\gamma_2<1$，或 $\gamma_2>0$，$-2\gamma_1<1$.

下面，我们先来证明关于问题 $A$ 解的唯一性定理.

**定理2.1** 复方程(2.2)的问题 $A$ 至多有一个解.

**证** 设 $w_1(z), w_2(z)$ 是复方程(2.2)之问题 $A$ 的两个解，易知 $w(z)=w_1(z)-w_2(z)$ 是(2.2)之问题 $A_0$ 的一个解，适合如下的边界条件：

$$\operatorname{Re}[\overline{\lambda(z)}w(z)] = 0,\ z \in \Gamma, \tag{2.8}$$

$$\operatorname{Re}[\overline{\lambda(z)}w(z)] = 0, z \in L_j (j = 1 \text{ 或 } 2), \operatorname{Im}[\overline{\lambda(z_1)}w(z_1)] = 0\ . \tag{2.9}$$

由于在双曲区域 $D_2$ 内的复方程(2.2)可转化为

$$\xi_\nu = 0, \eta_\mu = 0, \tag{2.10}$$

这里 $\mu=x+y, \nu=x-y, \xi=u+v, \eta=u-v$. 因此方程组(2.10)的通解可表示成

$$\xi=u+v=f(\mu)=f(x+y), \eta=u-v=g(\nu)=g(x-y), \text{即}$$

$$u = [f(x+y) + g(x-y)]/2,$$

$$v = [f(x+y) - g(x-y)]/2, \tag{2.11}$$

此处 $f(t), g(t)$ 是 $[0,2]$ 上的两个连续可微函数. 注意到边界条件(2.9)，我们有

$$au + bv = 0, z \in L_1 \text{ 或 } L_2,\ [av - bu]|_{z=z_1} = 0,$$

即

$$[a(x) + b(x)]f(0) + [a(x) - b(x)]g(2x) = 0, x \in [0,1]$$

或

$$[a(x) + b(x)]f(2x-2) + [a(x) - b(x)]g(2) = 0,$$

$$x \in [1,2], \tag{2.12}$$

$$w(z_1) = 0, [u+v]|_{z_1} = f(0) = 0, \text{或} [u-v]|_{z_1} = g(2) = 0,$$

上式中的第二式可改写成

$$[a(t/2) + b(t/2)]f(0) + [a(t/2) - b(t/2)]g(t) = 0,$$

$$f(0) = g(t) = 0$$

或

$$[a(t/2+1) + b(t/2+1)]f(t) +$$

$$[a(t/2+1) - b(t/2+1)]g(2) = 0,$$

$$g(2) = f(t) = 0,\ t \in [0,2], \tag{2.13}$$

这样一来,(2.11)中所示的解可写成

$$u = v = \frac{1}{2}f(x+y), g(x-y) = 0$$

或

$$u = -v = \frac{1}{2}g(x-y), f(x+y) = 0, \qquad (2.14)$$

如果 $a(x)-b(x)\neq 0, x\in[0,1]$或 $a(x)+b(x)\neq 0, x\in[1,2]$. 特别地有

$$u(x,0) = v(x,0) = \frac{1}{2}f(x), x \in [0,2]$$

或

$$u(x,0) = -v(x,0) = \frac{1}{2}g(x), x \in [0,2]. \qquad (2.15)$$

其次,由于 $f(0)=0$或 $g(2)=0$,从(2.15)便得

$$u(x,0) - v(x,0) = 0, \text{即 } \mathrm{Re}[(1+i)w(x)] = 0, x \in [0,2]$$

或

$$u(x,0) + v(x,0) = 0,$$

即

$$\mathrm{Re}[(1-i)w(x)] = 0,\ x \in [0,2]. \qquad (2.16)$$

根据定理1.1中关于 $K=-1/2$的结果,即知 $w(z)=0, z\in\overline{D_1}$. 于是有

$$u(x,y) + v(x,y) = \mathrm{Re}[(1-i)w(z)]$$
$$= f(x+y) = 0,\ g(x+y) = 0,$$

或

$$u(x,y) - v(x,y) = \mathrm{Re}[(1+i)w(z)]$$
$$= g(x-y) = 0,\ f(x+y) = 0, \qquad (2.17)$$

这里使用了解 $w(z)=u(x,y)+iv(x,y)$在区域 $D$ 内的连续性,因此

$$w(z) = w_1(z) - w_2(z) = 0, z \in D_2. \qquad (2.18)$$

这就证明复方程(2.2)问题 $A$ 解的唯一性.

下面我们来证明复方程(2.2)问题 $A$ 解的存在性.

**定理2.2** 复方程(2.2)的问题 $A$ 具有一个解.

**证** 如(2.11)式中所示,复方程(2.2)在 $D_2$ 内的通解可表示成

$$u(x,y)=[f(x+y)+g(x-y)]/2,$$
$$v(x,y)=[f(x+y)-g(x-y)]/2,$$

即

$$w(z)=[(1+i)f(x+y)+(1-i)g(x-y)]/2, \tag{2.19}$$

其中 $f(t)$,$g(t)$是$[0,2]$上的两个连续可微函数,注意到边界条件(2.4),我们有

$$au+bv=r(z),\ z\in L_1 \text{ 或 } L_2,$$

即

$$[a(x)+b(x)]f(0)+[a(x)-b(x)]g(2x)$$
$$=2r(x),x\in[0,1],f(0)=0$$

或

$$[a(x)+b(x)]f(2x-2)+[a(x)-b(x)]g(2)$$
$$=2r(x),x\in[1,2],g(2)=0\,. \tag{2.20}$$

上式的第二式可改写成

$$[a(t/2)-b(t/2)]g(t)=2r(t/2),t\in[0,2]$$

或

$$[a(t/2+1)+b(t/2+1)]f(t)=2r(t/2+1),t\in[0,2], \tag{2.21}$$

因此在(2.19)中所示的解可表示成

$$u(x,y)=\frac{1}{2}\left[f(x+y)+\frac{2r((x-y)/2)}{a((x-y)/2)-b((x-y)/2)}\right],$$
$$v(x,y)=\frac{1}{2}\left[f(x+y)-\frac{2r((x-y)/2)}{a((x-y)/2)-b((x-y)/2)}\right],$$

或

$$u(x,y)=\frac{1}{2}\Big[g(x-y)$$

$$+\frac{2r((x+y)/2+1)}{a((x+y)/2+1)+b((x+y)/2+1)}\Big],$$

$$v(x,y)=\frac{1}{2}\Big[-g(x-y)$$

$$+\frac{2r((x+y)/2+1)}{a((x+y)/2+1)+b((x+y)/2+1)}\Big], \quad (2.22)$$

当 $a(x)-b(x)\neq 0, x\in[0,1]$或 $a(x)+b(x)\neq 0, x\in[1,2]$. 特别地有

$$\left.\begin{aligned} u(x,0)&=\frac{1}{2}\Big[f(x)+\frac{2r(x/2)}{a(x/2)-b(x/2)}\Big],\\ v(x,0)&=\frac{1}{2}\Big[f(x)-\frac{2r(x/2)}{a(x/2)-b(x/2)}\Big],\end{aligned}\right. x\in[0,2]$$

或

$$u(x,0)=\frac{1}{2}\Big[g(x)+\frac{2r(x/2+1)}{a(x/2+1)+b(x/2+1)}\Big],$$

$$v(x,0)=\frac{1}{2}\Big[-g(x)+\frac{2r(x/2+1)}{a(x/2+1)+b(x/2+1)}\Big],$$

$$x\in[0,2] \quad (2.23)$$

从以上公式可导出

$$u(x,0)-v(x,0)=\frac{2r(x/2)}{a(x/2)-b(x/2)}, x\in[0,2]$$

或

$$u(x,0)+v(x,0)=\frac{2r(x/2+1)}{a(x/2+1)+b(x/2+1)}, x\in[0,2] \quad (2.24)$$

也就是

$$\mathrm{Re}[(1+i)w(x)]=s(x)=\frac{2r(x/2)}{a(x/2)-b(x/2)}, x\in[0,2]$$

或

$$\mathrm{Re}[(1-i)w(x)]=s(x)=\frac{2r(x/2+1)}{a(x/2+1)-b(x/2+1)},$$

$$x\in[0,2] \quad (2.25)$$

当 $a(x)-b(x)\neq 0, x\in[0,1]$,或 $a(x)+b(x)\neq 0, x\in[1,2]$. 现

在，我们求出一个把椭圆区域 $D_1$ 共形映射到单位圆 $\Delta=\{|\zeta|<1\}$ 内的单叶解析函数 $\zeta=\zeta(z)$，使它分别把三个边界点 $z=0,1,2$ 变到 $\zeta=-1,-i,1$，不难求出这个单叶解析函数 $\zeta(z)$ 及其反函数 $z(\zeta)$ 的初等函数表示式：

$$\zeta(z)=-i\frac{(1-z)^2-2i(1-z)+1}{(1-z)^2+2i(1-z)+1},$$

$$z(\zeta)=1+\frac{1}{\zeta+i}[1+i\zeta-\sqrt{2(1-\zeta^2)}].$$

并且可看出：

$$\Lambda(\zeta)=\lambda[z(\zeta)]=\begin{cases}\lambda[z(\zeta)],\zeta\in\Gamma_1=\zeta(\Gamma),\\ \dfrac{1-i}{\sqrt{2}},\zeta\in\Gamma_2=\{|\zeta|=1,\pi<\arg\zeta<2\pi\},\\ \text{或 }\dfrac{1+i}{\sqrt{2}},\zeta\in\Gamma_2,\end{cases}\tag{2.26}$$

在单位圆周 $\partial\Delta=\{|\zeta|=1\}$ 上有两个间断点 $\zeta_1=1,\zeta_2=-1$，并且如 (2.6)，(2.7) 中所述，$\Lambda(\zeta)$ 在 $\partial\Delta$ 上的指数 $K$ 与 $\lambda(z)$ 在 $\partial D_1$ 上的指数相同，均为 $K=-\frac{1}{2}$. 因此根据定理1.1中关于标数 $K=-1/2$ 的结果，解析函数带有边界条件

$$\mathrm{Re}[\overline{\Lambda(\zeta)}W(\zeta)]=R(\zeta)=\begin{cases}r[z(\zeta)],\zeta\in\Gamma_1,\\ s[z(\zeta)]/\sqrt{2},\zeta\in\Gamma_2,\end{cases}\tag{2.27}$$

的间断 Riemann-Hilbert 边值问题在 $\Delta$ 内具有唯一解 $W(\zeta)$，此解可由以下积分表示：

$$W(\zeta)=\frac{X(\zeta)}{2\pi i}\left[\int_{|t|=1}\frac{(t+\zeta)\Lambda(t)R(t)}{(t-\zeta)tX(t)}dt+c_0\frac{i+\zeta}{i-\zeta}\right],\zeta\in\Delta,\tag{2.28}$$

其中

$$X(z)=i\zeta^{-1}(\zeta-i)\Pi(\zeta)e^{iS(\zeta)},\Pi(\zeta)=(\zeta-1)^{\gamma_1}(\zeta+1)^{\gamma_2}$$

$$c_0=-\int_{|t|=1}\frac{\Lambda(t)R(t)}{X(t)t}dt,\tag{2.29}$$

而 $S(\zeta)$ 是 $\Delta$ 内的一个解析函数，适合边界条件

$$\mathrm{Re}[S(t)] = \arg[\Lambda_1(t)t],\ |t| = 1,\mathrm{Im}[S(0)] = 0,$$

这里 $\gamma_j(j=1,2)$ 是如(2.7)中所示的两个实常数，而且 $\Lambda_1(t)=\lambda(t)\overline{\Pi(t)(t-i)}/|t-i|$. 又解析函数 $W(\zeta)$ 在间断点 $\zeta_1=1,\zeta_2=-1$ 附近的有界性视(2.7)中的 $J_j=0,\gamma_j>0$ 而定，其余情形为积分有界. 这样，我们便得复方程(2.2)问题 $A$ 的解 $w(z)$ 具有形如下的表示式：

$$w(z) = \tilde{w}(z) + \lambda(z_1)[\gamma(z_1) + ib_1],$$

$$\tilde{w}(z) = \begin{cases} W[\zeta(z)], z \in \overline{D}_1\backslash\{0,2\}, \\ \dfrac{1}{2}\Big[(1+i)f(x+y) + (1-i) \\ \quad\times \dfrac{2r((x-y)/2)}{a((x-y)/2) - b((x-y)/2)}\Big], \text{或} \\ \dfrac{1}{2}\Big[(1-i)g(x-y) + (1+i) \\ \quad\times \dfrac{2r((x+y)/2+1)}{a((x+y)/2+1) + b((x+y)/2+1)}\Big], z \in D_2, \end{cases} \tag{2.30}$$

此处 $W(\zeta)$ 如(2.28)式所示，而从(2.22)可知：$f(x+y)=\mathrm{Re}\{(1-i)W[\zeta(x+y)]\}, 0\leqslant x+y\leqslant 2$，或 $g(x-y)=\mathrm{Re}\{(1+i)W[\zeta(x-y)]\}$，$0\leqslant x-y\leqslant 2$ .

### 2. 二阶混合型方程的斜微商边值问题

在[23]1)中，A. V. Bitsadze 研究了二阶混合型方程

$$U_{xx} + \mathrm{sgn}\,y U_{yy} = 0,(x,y) \in D, \tag{2.31}$$

带有边界条件

$$U(z) = \varphi(x), z \in \Gamma \cup L_j(j = 1 \text{ 或 } 2) \tag{2.32}$$

之 Dirichlet 边值问题（或 Tricomi 问题，简称问题 $D$）解的存在唯一性，此处我们讨论二阶混合型方程(2.31)在 $D$ 上的斜微商边值问题. 方程(2.31)的复形式为

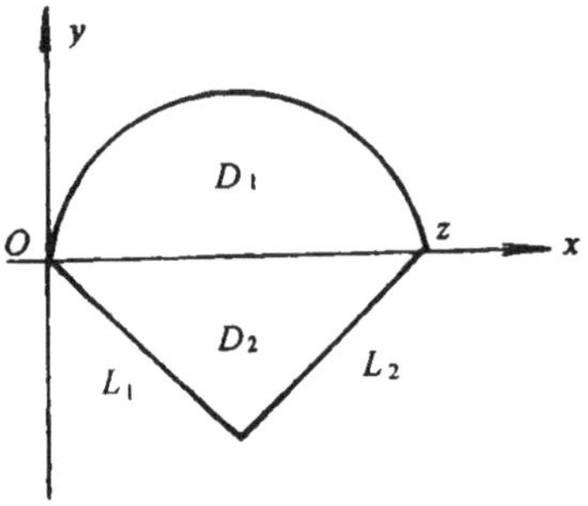


图 1

$$\begin{cases} U_{zz} = 0, z \in D_1, \\ U_{z^* \overline{z^*}} = 0, z \in D_2, \end{cases} \tag{2.33}$$

其中$U_{z^*}=U_z$，记$w=U_z$，$U_{z^*\overline{z^*}}=\overline{w_{z^*}}=\frac{1}{2}[\overline{w}_x-iw_y]$，则得$w(z)$的一阶复方程

$$\begin{cases} w_z = 0,\ z \in D_1, \\ w_{\bar{z}^*} = 0,\ z \in D_2, \end{cases} \tag{2.34}$$

**问题 *P*** 求方程(2.31)或(2.33)在闭区域$\overline{D}$上的连续解$U(z)$，使它对$z$的偏微商在$D^*=\overline{D}\backslash\{0,2\}$上连续，且适合边界条件

$$\begin{aligned} &\frac{\partial U}{\partial l} = 2r(z)，即\ \mathrm{Re}[\overline{\lambda(z)}U_z] = r(z),\ z \in \Gamma, \\ &U(z_0) = b_0,\ z_0 = 0\ 或\ 2, \\ &\frac{1}{2}\frac{\partial U}{\partial l} = \mathrm{Re}[\overline{\lambda(z)}U_z] = r(z),\ z \in L_1\ 或\ L_2, \\ &\mathrm{Im}[\overline{\lambda(z)}U_z]_{z=z_1} = b_1, \end{aligned} \tag{2.35}$$

其中$l$为边界$\Gamma\cup L_j(j=1或2)$上点$z$的一个方向，$\lambda(z)=a(z)+ib(z)=\cos(l,x)\mp i\cos(l,y)$，$\mp$分别视$z\in\Gamma$与$z\in L_j(j=1或2)$而定，$b_0$，$b_1$都是实常数，而$\lambda(z)$，$r(z)$，$b_1$满足(2.5)中的条件，$|b_0|\leqslant k_2$，这里我们仍设$\lambda(z)$的指数$K=-\frac{1}{2}$，如(2.6)，(2.7)所示，并选

取 $\gamma_1>0,-2\gamma_2<1$ 或 $\gamma_2>0,-2\gamma_1<1$，而 $U(z)$ 对 $z$ 的偏微商 $U_z$ 在间断点 $z=t_j(1\leqslant j\leqslant 2)$ 附近是有界或积分有界分别视(2.7)中的 $J_j=0,\gamma_j>0$ 与否而定.

我们先来说明方程(2.33)的问题 $D$ 是问题 $P$ 的一个特殊情形. 设

$$w=u+iv=U_z,\ u=U_x/2,\ v=-U_y/2,\ z\in D. \tag{2.36}$$

不难看出：方程(2.33)的问题 $P$ 等价于复方程(2.2)带有以下条件的 Riemann-Hilbert 边值问题(问题 $A$)：

$$\mathrm{Re}[\overline{\lambda(z)}w(z)]=r(z),\ z\in\Gamma,$$

$$\mathrm{Re}[\overline{\lambda(z)}\ \overline{w(z)}]=r(z),z\in L_1\text{ 或 }L_2,\mathrm{Im}[\overline{\lambda(z_1)}\ \overline{w(z_1)}]=b_1,$$

$$U(z)=2\mathrm{Re}\int_{z_0}^{z}w(z)dz+b_0,z\in D. \tag{2.37}$$

特别对于问题 $D$，其中 $\lambda(z),r(z),b_1,b_0$ 为

$$\lambda(z)=a+ib=\begin{cases}\overline{i(z-1)},\theta=\arg(z-1),z\in\Gamma,\\ \dfrac{1-i}{\sqrt{2}},z\in L_1,\text{或}\dfrac{1+i}{\sqrt{2}},z\in L_2,\end{cases}$$

$$r(z)=\begin{cases}\varphi_\theta,\ z\in\Gamma,\\ \dfrac{\varphi_x}{\sqrt{2}},z\in L_1\text{ 或}\dfrac{\varphi_x}{\sqrt{2}},z\in L_2,\end{cases}$$

$$b_1=\mathrm{Im}\left[\frac{1+i}{\sqrt{2}}U_z(z_1)\right]=\frac{\varphi_x-\varphi_x}{\sqrt{2}}\bigg|_{z=z_1}=0$$

或

$$b_1=\mathrm{Im}\left[\frac{1-i}{\sqrt{2}}U_z(z_1)\right]=0;b_0=\varphi(z_0), \tag{2.38}$$

此处 $a=1/\sqrt{2}\neq b=-1/\sqrt{2}$，$z\in L_1$，或 $a=1/\sqrt{2}\neq -b=-1/\sqrt{2}$，$z\in L_2$. 从这里可以看出：如果在边界条件(2.35)中，用 $\mathrm{Re}[\overline{\lambda(z)}U_z]=r(z)$ 来代替那里的 $\mathrm{Re}[\overline{\lambda(z)}U_{\bar z}]=r(z)$，$z\in L_1$ 或 $L_2$，那么问题 $P$ 不能包含问题 $D$ 作为特殊情形. 至于问题 $D$ 在椭圆区域 $D_1$ 的边界 $\partial D_1$ 上的指数 $K=-1/2$，可作如下推算：根据

(2.38)，问题 $D$ 在 $\partial D_1$ 上的边界条件为

$$\mathrm{Re}[i(z-1)w(z)] = r(z) = \varphi_0,\ z \in \Gamma,$$

$$\mathrm{Re}\left[\overline{\frac{1+i}{\sqrt{2}}}w(x)\right] = s(x) = \frac{\varphi'(x/2)}{\sqrt{2}},\ x \in (0,2)$$

或

$$\mathrm{Re}\left[\overline{\frac{1-i}{\sqrt{2}}}w(x)\right] = s(x) = \frac{\varphi'(x/2+1)}{\sqrt{2}}, x \in (0,2).$$

而 $\lambda(z)$ 在边界 $\partial D_1$ 上可能有两个间断点 $t_1=2, t_2=0$，且

$$\lambda(t_1+0) = e^{3\pi i/2}, \lambda(t_2-0) = e^{\pi i/2},$$

$$\lambda(t_1-0) = \lambda(t_2+0) = e^{\pi i/4}$$

或

$$\lambda(t_1-0) = \lambda(t_2+0) = e^{7\pi i/4},$$

$$\frac{\lambda(t_1-0)}{\lambda(t_1+0)} = e^{-5\pi i/4} = e^{i\varphi_1}, \frac{\lambda(t_2-0)}{\lambda(t_2+0)} = e^{\pi i/4} = e^{i\varphi_2}$$

或

$$\frac{\lambda(t_1-0)}{\lambda(t_1+0)} = e^{\pi i/4} = e^{i\varphi_1}, \frac{\lambda(t_2-0)}{\lambda(t_2+0)} = e^{-5\pi i/4} = e^{i\varphi_2}$$

为了使得方程(2.33)的问题 $D$ 只有一个解，需要选取

$$-1 < \gamma_1 = \frac{\varphi_1}{\pi} - K_1 = -\frac{5}{4} - (-1) = -\frac{1}{4} < 0,$$

$$0 \leqslant \gamma_2 = \frac{\varphi_2}{\pi} - K_2 = \frac{1}{4} < 1$$

或

$$0 \leqslant \gamma_1 = \frac{\varphi_1}{\pi} - K_1 < \frac{1}{4} < 1,$$

$$-1 < \gamma_2 = \frac{\varphi_2}{\pi} - K_2 = -\frac{5}{4} - (-1) = -\frac{1}{4} < 0.$$

因而

$$K_1 = -1, K_2 = 0, K = (K_1+K_2)/2 = -1/2,$$

或

$$K_1=0, K_2=-1, K=(K_1+K_2)/2=-1/2,$$

在这种情形下，相应于复方程(2.2)之问题 $A$ 的解 $w(z)$ 在 $\overline{D}_1\backslash\{0,2\}$ 上是连续的，对后一种情形，此解 $w(z)$ 在 $t_1=2$附近有界，而在 $t_2=0$附近积分有界，或者对前一种情形，此解 $w(z)$ 在 $t_1=2$附近积分有界，而在 $t_2=0$附近有界. 如果我们要使此解 $w(z)$ 在 $\overline{D}_1\backslash\{0,2\}$ 上均有界，需要选取 $\lambda(z)$ 在 $\partial D_1$的指数 $K=-1$，此时相应的边值问题有一个可解条件.

现在，我们由前面所得的定理2.2，可求得方程(2.2)问题 $A$ 的解 $w(z)$，如(2.30)式所示，然后将 $w(z)$ 代入(2.37)，便得方程(2.33)问题 $P$ 的解 $U(z)$. 特别，方程(2.31)或(2.33)的问题 $D$ 在 $\overline{D}$ 上具有连续解 $U(z)$，可表示成

$$U(z)=\begin{cases}2\mathrm{Re}\int_{z_0}^{z} w(z)dz+\varphi(z_0), z\in\overline{D}_1,\\ 2\mathrm{Re}\int_{z_0}^{z} w(z)dz+\varphi(z_0), z\in D_2,\end{cases}\qquad(2.39)$$

此处第二个积分的积分路线可仿第五章(4.24)那样选取，又

$$w(z)=\tilde{w}(z)+\lambda(z_1)\varphi'(1/2)/\sqrt{2},\ z\in D^*,\ \lambda(z_1)=\frac{1+i}{\sqrt{2}}\text{或}\frac{1-i}{\sqrt{2}},$$

$$\tilde{w}(z)=\begin{cases}W[\zeta(z)], z\in\overline{D}_1\backslash\{0,2\},\\ \dfrac{1}{2}\left[(1-i)f(x+y)+(1+i)\dfrac{\varphi'((x-y)/2)}{\sqrt{2}}\right],\text{或}\\ \dfrac{1}{2}\left[(1+i)g(x-y)+(1-i)\dfrac{\varphi'((x+y)/2+1)}{\sqrt{2}}\right],\\ z\in D_2,\end{cases}\qquad(2.40)$$

其中 $W(\zeta)$ 如(2.28)式中所示，又 $\lambda(z), r(z), b_1$ 如(2.38)所示，$f(x+y)=\mathrm{Re}[(1-i)\overline{W(\zeta(x+y))}]$，$g(x-y)=\mathrm{Re}[(1+i)\cdot\overline{W(\zeta(x-y))}]$.

我们把上述所得的结果写成以下定理.

**定理2.3** 方程(2.31)或复方程(2.33)的问题 $P$ 具有形如(2.37)，(2.30)的唯一解. 特别(2.31)的问题 $D$ 具有形如(2.39)，(2.40)的解.

最后，我们提及：如果指数 $K$ 是任一偶整数或$2K(\neq -1)$是任一奇整数，那么也可获得复方程(2.2)的 Riemann-Hilbert 边值问题及方程(2.31)的斜微商边值问题的可解性结果，但一般地说，当指数 $K\leqslant -1$，这些边值问题具有一些可解条件，而当 $K\geqslant 0$，这些边值问题的解是不唯一的，对于 $K=0$时的问题 $D$ 也是这样.

此外，我们还可把[23]1)中关于二阶混合型方程在二连通区域上的 Dirichlet 边值问题的结果推进到斜微商边值问题上去，并且也能获得间断斜微商边值问题的可解性结果.

## §3. 一阶拟线性混合型(椭圆-双曲型)复方程的边值问题

本节中，我们主要讨论一阶拟线性混合型(椭圆-双曲型)复方程在单连通区域上的 Riemann-Hilbert 边值问题. 我们先给出这种边值问题解的表示式与存在唯一性定理，然后给出解的先验估计式，最后介绍在较一般区域上这种边值问题的可解性结果.

### 1. 一阶拟线性混合型复方程 Riemann-Hilbert 边值问题的提出

设 $D$ 是复平面$\mathbb{C}$ 上以 $\Gamma\cup L$ 为边界的有界单连通区域，其中 $\Gamma=\{|z-1|=1,y\geqslant 0\}$，$L=L_1\cup L_2$，$L_1=\{x=-y,0\leqslant x\leqslant 1\}$，$L_2=\{x=y+2,1\leqslant x\leqslant 2\}$，$D_1=D\cap\{y>0\}D_2=D\cap\{y<0\}$及 $z_1=1-i$.

我们考虑一阶拟线性混合型(椭圆-双曲型)方程组

$$\begin{cases}u_x-v_y=au+bv+f,\\ v_x+\operatorname{sgn}y\,u_y=cu+dv+g,\end{cases}\quad x+iy\in\overline{D},\qquad(3.1)$$

此处 $a,b,c,d,f,g$ 都是$(x,y)(\in\overline{D})$，$u,v(\in\mathbb{R})$的已知函数，其复形式为以下的复方程

$$\begin{Bmatrix}w_{\bar z}\\ w_{\bar z^*}\end{Bmatrix}=F(z,w),$$

$$F = A_1(z,w)w + A_2(z,w)\overline{w} + A_3(z,w), z \in \begin{Bmatrix} D_1 \\ \overline{D}_2 \end{Bmatrix}, \tag{3.2}$$

这里

$$w = u + iv, z = x + iy,$$

$$w_{\bar{z}} = \frac{1}{2}[w_x + iw_y], w_{\bar{z}^*} = \frac{1}{2}[w_x - i\overline{w}_y],$$

$$A_1 = [a + ib + ic + d]/4,$$

$$A_2 = [a - ib + ic - d]/4, A_3 = [f + ig]/2 .$$

假设复方程(3.2)满足以下条件,即

**条件 $C$** 1)$A_j(z,w)(j=1,2,3)$对 $D^* = \overline{D}\backslash Z(Z=\{0,x-y=2\}$或$\{x+y=0,2\})$上任意的连续函数 $w(z)$在 $D_1$内可测,而在 $\overline{D}_2$上连续,又对几乎所有的 $z\in D_1$关于 $w\in\mathbb{C}$ 连续,且满足条件

$$L_p[A_j,\overline{D}_1] \leqslant k_0, j = 1,2, L_p[A_3,\overline{D}_1] \leqslant k_1, \tag{3.3}$$

$$C[A_j,\overline{D}_2] \leqslant k_0, j = 1,2, C[A_3,\overline{D}_2] \leqslant k_1. \tag{3.4}$$

2)对于 $D^*$ 上任意两个连续函数 $w_1(z), w_2(z)$,在 $\overline{D}$ 上有

$$F(z,w_1) - F(z,w_2) = \widetilde{A}_1(z,w_1,w_2)(w_1 - w_2) + \widetilde{A}_2(z,w_1,w_2)(\overline{w}_1 - \overline{w}_2), \tag{3.5}$$

这里 $\widetilde{A}_j(z,w_1,w_2)(j=1,2)$满足条件

$$L_p[\widetilde{A}_j,\overline{D}_1] \leqslant k_0, C[\widetilde{A}_j,\overline{D}_2] \leqslant k_0, j = 1,2, \tag{3.6}$$

此处 $p(>2)$,$k_0$是两个非负常数. 特别,当(3.2)是线性复方程时,条件(3.5),(3.6)显然成立.

复方程(3.2)的 Riemann-Hilbert 边值问题可叙述如下:

**问题 $A$** 求复方程(3.2)在 $D^*$ 上的连续解 $w(z)$,使它适合边界条件

$$\mathrm{Re}[\overline{\lambda(z)}w(z)] = r(z), \ z \in \Gamma, \tag{3.7}$$

$$\mathrm{Re}[\overline{\lambda(z)}w(z)] = r(z), z \in L_j(j = 1 \text{ 或 } 2), \mathrm{Im}[\overline{\lambda(z_1)}w(z_1)] = b_1, \tag{3.8}$$

其中 $\lambda(z)=\lambda_1(x)+i\lambda_2(x), z\in\Gamma\cup L_j(j=1$或$2)$, $|\lambda(z)|=1, z\in\Gamma\cup L_j(j=1$或$2)$,又 $\lambda(z), r(z), b_1$满足条件

$$C_\alpha[\lambda(z),\Gamma]\leqslant k_0, C_\alpha[\lambda(z),L_j]\leqslant k_0, |b_1|\leqslant k_2,$$
$$C_\alpha[r(z),\Gamma]\leqslant k_2, C_\alpha[r(z),L_j]\leqslant k_2, j=1 \text{ 或 } 2, \quad (3.9)$$
$$\left|\frac{1}{\lambda_1-\lambda_2}\right|\leqslant k_0, z\in L_1, \text{或} \left|\frac{1}{\lambda_1+\lambda_2}\right|\leqslant k_0, z\in L_2,$$
这里 $\alpha(0<\alpha<1)$，$k_0$，$k_2$都是非负常数.

带有条件 $A_3(z,w)=0, z\in\overline{D}, w\in\mathbb{C}$，$r(z)=0, z\in\Gamma\cup L_j(j=1$或$2)$，$b_1=0$的问题 $A$ 记作问题 $A_0$. 数

$$K=(K_1+K_2)/2 \quad (3.10)$$

称为问题 $A$ 与问题 $A_0$的指数，其中

$$K_j=\left[\frac{\varphi_j}{\pi}\right]+J_j, J_j=0 \text{ 或 } 1,$$

$$e^{j\varphi_j}=\frac{\lambda(t_j-0)}{\lambda(t_j+0)}, \gamma_j=\frac{\varphi_j}{\pi}-K_j, j=1,2, \quad (3.11)$$

此处 $t_1=2, t_2=0, \lambda(t)=e^{-i\pi/4}$或 $e^{i\pi/4}$，$t\in[0,2]$，而 $\lambda(t_1-0)=\lambda(t_2+0)=e^{-i\pi/4}$或 $e^{i\pi/4}$，这里仍如§2中的问题 $A$ 那样只讨论 $K=-1/2$的情形. 为了讨论方便，可设 $w(z_1)=0$，因为否则，只要作函数的变换 $W(z)=w(z)-\lambda(z_1)[r(z_1)+ib_1]$便可达到要求，而问题 $A$ 的解 $w(z)$在 $D^*$ 上 $z=t_j(1\leqslant j\leqslant 1)$附近有界或积分有界视 $J_j=0, \gamma_j>0(1\leqslant j\leqslant 2)$与否而定.

设

$$e_1=(1+i)/2, e_2=(1-i)/2, i^2=1, i=\sqrt{-1},$$
$$\mu=x+y, \nu=x-y, x=(\mu+\nu)/2, y=(\mu-\nu)/2,$$
$$\xi=u+v, \eta=u-v, u=(\xi+\eta)/2, v=(\xi-\eta)/2,$$
$$(3.12)$$

于是一阶复方程(3.2)在双曲区域 $D_2$上可写成

$$\xi_\nu e_1+\eta_\mu e_2=[A\xi+B\eta+E]e_1+[C\xi+D\eta+F]e_2$$

即

$$\xi_\nu=A\xi+B\eta+E, \eta_\mu=C\xi+D\eta+F, z\in\overline{D}_2, \quad (3.13)$$

其中

$$A=\frac{1}{4}(a+b+c+d), B=\frac{1}{4}(a-b+c-d),$$

$$C = \frac{1}{4}(a+b-c-d), D = \frac{1}{4}(a-b-c+d),$$

$$E = \frac{1}{2}(f+g), F = \frac{1}{2}(f-g). \tag{3.14}$$

如果要证明复方程(3.2)在 $\overline{D}_2$上的解 $w(z)$满足 Hölder 连续的条件，还要设(3.2)的系数满足条件，即对于任意两个复数 $w_1, w_2$，有

$$|A_j(z_1,w_1) - A_j(z_2,w_2)| \leqslant k_0[|z_1 - z_1|^\alpha + |w_1 - w_1|],$$
$$j = 1,2,$$
$$|A_3(z_1,w_1) - A_3(z_2,w_2)| \leqslant k_1[|z_1 - z_2|^\alpha + |w_1 - w_2|],$$
$$z_1, z_2 \in \overline{D}_2, \tag{3.15}$$

这里 $\alpha(0<\alpha<1)$，$k_0$，$k_1$都是非负常数. 我们把条件 $C$ 与(3.15)简称为条件 $C'$.

**2. 一阶复方程(3.2)问题 *A* 解的表示定理及其解的存在唯一性**

现在我们先叙述复方程(3.2)在椭圆区域 $D_1$上间断 Riemann-Hilbert 边值问题的结果(见[140]).

**定理3.1** 设一阶拟线性复方程(3.2)在区域 $D_1$上满足条件 $C$，则其适合边界条件(3.7)与

$$\mathrm{Re}[\overline{\lambda(x)}w(x)] = s(x),\ \lambda(x) = 1 - i \text{ 或 } 1 + i,$$
$$x \in L_0 = (0,2),\ C_\alpha[s(x), L_0] \leqslant k_2 \tag{3.16}$$

的解 $w(z)$具有表示式

$$w(z) = \Phi(z)e^{\varphi(z)} + \psi(z), z \in \overline{D}_1, \tag{3.17}$$

此处 $\mathrm{Im}\varphi(z)=0$，$z=x\in L_0$，又 $\varphi(z)$，$\psi(z)$满足估计式

$$C_\gamma[\varphi,\overline{D}_1] + L_{p_0}[\varphi_{\bar z},\overline{D}_1] \leqslant M_1, C_\gamma[\psi,\overline{D}_1] + L_{p_0}[\psi_{\bar z},\overline{D}_1] \leqslant M_1, \tag{3.18}$$

其中 $\gamma(=\min(\alpha, 1-2/p_0)$，$p_0(2<p_0\leqslant p)$，$M_1=M_1(p_0,\alpha,k_0,k_1,k_2,D_1)$都是非负常数，又 $\Phi(z)$是 $D_1$内的解析函数，而 $w(z)$满足条件

$$C_\beta[w(z)X(z),\overline{D}_1] \leqslant M_2(k_1 + k_2), \tag{3.19}$$

这里 $X(z)=\Pi_{j=1}^{2}|z-t_j|^{\delta_j}$，当 $y\geqslant 0$，$X(z)=\Pi_{j=1}^{2}|x+y-t_j|^{\delta_j}|x-y-t_j|^{\delta_j}$，当 $y<0$，$\delta_j=\max(-2\gamma_j,0)+\delta$，$\gamma_j(j=1,2)$如(3.11)中所示，$\delta$ 为一适当小的正数，$\beta(0<\beta<\delta)$，$M_2=M_2(p_0,\beta,k_0,D_1)$都是非负常数.

**定理3.2** 设一阶拟线性复方程(3.2)满足条件 $C$，则其问题 $A$ 的解 $w(z)$可表示成

$$w(z)=w_0(z)+W(z),\ z\in D, \tag{3.20}$$

其中 $w_0(z)$是复方程(2.2)之问题 $A$ 的解，如(2.30)式中的 $w(z)$所示，$W(z)$具有形式

$$\begin{gathered}W(z)=w(z)-w_0(z),w(z)=\tilde{\Phi}(z)e^{\tilde{\varphi}(z)}+\tilde{\psi}(z),\\ \tilde{\varphi}(z)=\tilde{\varphi}_0(z)+Tg,\tilde{\psi}(z)=Tf,z\in D_1,\\ W(z)=\Phi(z)+\Psi(z),\Psi(z)=\frac{1+i}{2}\int_2^{x-y}g_1(z)d(x-y)\\ +\frac{1-i}{2}\int_0^{x+y}g_2(z)d(x+y),z\in\overline{D}_2,\end{gathered} \tag{3.21}$$

这里 $\tilde{\Phi}(z)$，$\tilde{\varphi}_0(z)$都是 $D_1$内的解析函数，又

$$\begin{aligned}&Tg=-\frac{1}{\pi}\iint_{D_1}\frac{g(\zeta)}{\zeta-z}d\sigma_\zeta,\\ &g(z)=\begin{cases}A_1+A_2\overline{w}/w,w(z)\neq 0,\\ 0,w(z)=0,\end{cases}\\ &f=A_1\tilde{\varphi}+A_2\overline{\tilde{\varphi}}+A_3,z\in D_1,\\ &g_1(z)=A\xi+B\eta+E,g_2(z)=C\xi+D\eta+F,z\in D_2,\end{aligned} \tag{3.22}$$

$\Phi(z)$是复方程(2.2)在 $D_2$内的解，$\tilde{\Phi}(z)$，$\Phi(z)$满足边界条件：

$$\mathrm{Re}[\overline{\lambda(z)}e^{\tilde{\varphi}(z)}\tilde{\Phi}(z)]=r(z)-\mathrm{Re}[\overline{\lambda(z)}\tilde{\psi}(z)],z\in\Gamma, \tag{3.23}$$

$$\mathrm{Re}[\overline{\lambda(x)}(\tilde{\Phi}(x)e^{\tilde{\varphi}(x)}+\tilde{\psi}(x))]=s(x),\ x\in L_0=(0,2), \tag{3.24}$$

$$\begin{aligned}&\mathrm{Re}[\lambda(x)\Phi(x)]=-\mathrm{Re}[\lambda(x)(\Psi(x)-W(x))],\\ &\lambda(x)=1-i\text{ 或 }1+i,\ x\in L_0,\end{aligned} \tag{3.25}$$

$$\mathrm{Re}[\overline{\lambda(z)}\Phi(z)] = -\mathrm{Re}[\overline{\lambda(z)}\Psi(z)], z \in L_j, j = 1 \text{ 或 } 2, \tag{3.26}$$

$$\mathrm{Im}[\overline{\lambda(z_1)}\Phi(z_1)] = -\mathrm{Im}[\overline{\lambda(z_1)}\Psi(z_1)], \tag{3.27}$$

其中 $s(x)$ 如下面的(3.29)式中所示.

**证** 从复方程(2.2)问题 $A$ 的解 $w_0(z)$ 的表示式(2.30)看出，它满足估计式

$$\tilde{C}_\beta[w_0(z)X(z),\bar{D}] = C_\beta[w_0X,\bar{D}_1] + \tilde{C}_\beta[w_0X,\bar{D}_2] \leqslant M_3(k_1+k_2), \tag{3.28}$$

此处 $\tilde{C}_\beta[w_0X,\bar{D}_2]=C_\beta[w_0^+X,\bar{D}_2]+C_\beta[w_0^-X,\bar{D}_2]$，$w_0^+=\mathrm{Re}\,w_0+\mathrm{Im}\,w_0$，$w_0^-=\mathrm{Re}\,w_0-\mathrm{Im}\,w_0$，$X(z)$ 如(3.19)中所示，$\beta(0<\beta<\delta)$，$\delta(>0)$，$M_3=M_3(p_0,\beta,k_0,D)$ 都是非负常数. 将复方程(3.2)问题 $A$ 在 $D_1$ 上的解 $w(z)$ 代入(3.2)，使用[140]中第二章的结果，可求得如前所述的函数 $\tilde{\varphi}(z)$，$\tilde{\psi}(z)$. 并将 $\xi(z)=\mathrm{Re}\,w(z)+\mathrm{Im}\,w(z)$，$\eta(z)=\mathrm{Re}\,w(z)-\mathrm{Im}\,w(z)$ 分别代入到(3.22)中 $\xi,\eta$ 的位置，可确定 $g_1(z)$，$g_2(z)$，进而可得(3.21)中函数 $\Psi(z)$. 仿照(2.25)，引入(3.24)中的函数，不失一般性，可略去其中 $\Psi$ 的项，而得

$$s(x) = \begin{cases} 2r(x/2)/[a(x/2)-b(x/2)], \text{或} \\ 2r(x/2+1)/[a(x/2+1)+b(x/2+1)], x \in L_0, \end{cases} \tag{3.29}$$

然后根据边界条件(3.23)，(3.24)，可求得 $D_1$ 内的唯一解析函数 $\tilde{\Phi}(z)$ 及复方程(2.2)在 $D_2$ 内的解 $\Phi(z)$，将所求得的函数 $\tilde{\varphi}(z)$，$\tilde{\psi}(z)$，$\tilde{\Phi}(z)$，$\Psi(z)$，$\Phi(z)$ 及 $w_0(z)$ 代入到(3.21)，(3.20)，便知其中的 $w(z)$ 就是复方程(3.2)之问题 $A$ 的解.

**定理3.3** 在定理3.2相同的条件下，复方程(3.2)之问题 $A$ 是可解的.

**证** 首先，我们使用[140]第四章中的方法，求出复方程(3.2)适合边界条件(3.7)，(3.16)，(3.29)在椭圆区域 $D_1$ 上的解 $w(z)$，由定理3.1，可知此解 $w(z)$ 满足估计式(3.19). 然后，我们来求复方程(2.2)适合边界条件(3.8)及以下边界条件在双曲区域 $D_2$ 上

的解 $w_0(z)$

$$\mathrm{Re}[\overline{\lambda(x)}w_0(x)]=\mathrm{Re}[\overline{\lambda(x)}w(x)],x\in L_0=(0,2), \qquad (3.30)$$

这里 $\lambda(x)$ 如(3.16)中所示，这可如定理2.2那样求得，并可得知 $w_0(z)$ 满足形如(3.28)的估计式.

为了用逐次迭代法求出复方程(3.2)之问题 $A$ 在 $D_2$ 上的解. 我们先把上面求的函数 $w_0(z)$，$\xi_0(z)=\mathrm{Re}w_0(z)+\mathrm{Im}w_0(z)$，$\eta_0(z)=\mathrm{Re}w_0(z)-\mathrm{Im}w_0(z)$ 代入到(3.22)的相应函数 $w(z)$，$\xi(z)$，$\eta(z)$ 中，并可确定其中的 $g_1(z)$，$g_2(z)$ 与(3.21)中的 $\Psi(z)$，记作

$$g_1^1(z)=A\xi_0+B\eta_0+E, g_2^1(z)=C\xi_0+D\eta_0+F,$$

$$\Psi_1(z)=\frac{1+i}{2}\int_2^{x-y}g_1^1(z)d(x-y)$$

$$+\frac{1-i}{2}\int_0^{x+y}g_2^1(z)d(x+y), z\in\overline{D}_2, \qquad (3.31)$$

然后求复方程(2.2)在区域 $D_2$ 上的解 $\Phi_1(z)$，适合边界条件

$$\mathrm{Re}[\lambda(x)\Phi_1(x)]=-\mathrm{Re}[\lambda(x)(\Psi_1(x)-W(x))], x\in L_0,$$

$$\mathrm{Re}[\overline{\lambda(z)}\Phi_1(z)]=-\mathrm{Re}[\overline{\lambda(z)}\Psi_1(z)], z\in L_1 \text{ 或 } L_2,$$

$$\mathrm{Im}[\overline{\lambda(z_1)}\Phi_1(z_1)]=-\mathrm{Im}[\overline{\lambda(z_1)}\Psi_1(z_1)], \qquad (3.32)$$

记 $w_1(z)=w_0(z)+W_1(z)=w_0(z)+\Phi_1(z)+\Psi_1(z)$，并可知 $w_1(z)$ 满足估计式

$$\tilde{C}[w_1(z)X(z),\overline{D}_2]=C[\xi_1(z)X(z),\overline{D}_2]+C[\eta_1(z)X(z),\overline{D}_2]\leqslant M_4$$
$$=M_4(p_0,\beta,k,D), \qquad (3.33)$$

此处 $X(z)$，$\beta$，$k=(k_0,k_1,k_2)$ 如(3.19)中所述，$M_4$ 是一非负常数，其次将所求得的函数 $w_1(z)$ 及相应的函数 $\xi_1(z)=\mathrm{Re}w_1(z)+\mathrm{Im}w_1(z)$，$\eta_1(z)=\mathrm{Re}w_1(z)-\mathrm{Im}w_1(z)$ 代入到(3.22)中 $w$，$\xi$，$\eta$ 的位置，可得 $g_1^2(z)$，$g_2^2(z)$ 及 $\Psi_2(z)$，并如(3.31)，(3.32)那样，把 $\Psi_2(z)$ 代入到(3.25)－(3.27)中 $\Psi(z)$ 的位置. 类似于前，可求得复方程(2.2)于 $D_2$ 上的解 $\Phi_2(z)$，记 $w_2(z)=w_0(z)+W_2(z)=w_0(z)+\Phi_2(z)+\Psi_2(z)$，$z\in D_2$，$W_2(z)=\Phi_2(z)+\Psi_2(z)$，$z\in D_2$. 依次类推，可求得 $D_2$ 上的函数序列 $\{W_n(z)\}$，而函数

$$w_n(z)=w_0(z)+W_n(z),$$

$$\Psi_n(z)=\int_2^{x-y}[A\xi_{n-1}+B\eta_{n-1}+E]e_1d(x-y)$$
$$+\int_0^{x+y}[C\xi_{n-1}+D\eta_{n-1}+F]e_2d(x+y),$$
$$n=1,2,\cdots,z\in D_2, \tag{3.34}$$

其中 $e_1=(1+i)/2, e_2=(1-i)/2$. 由于

$$|[w_1(z)-w_0(z)]X(z)|\leqslant|\Phi_1(z)X(z)|+\sqrt{2}|X(z)|$$
$$\cdot[|\int_2^{x-y}[A\xi_0+B\eta_0+E]d(x-y)|$$
$$+|\int_0^{x+y}[C\xi_0+D\eta_0+F]d(x+y)|]$$
$$\leqslant 4MM_5(2M_3+1)(2m+1)R',$$

这里 $M_5=\max\limits_{z\in D_2}(|A|,|B|,|C|,|D|,|E|,|F|)$, $m=C[w_0(z)X(z),\overline{D}_2]$, $R'=2$, $M=1+2k_0^2(1+2k_0^2)$, $M_3$为(3.28)中的常数. 又

$$w_n(z)-w_{n-1}(z)=\Phi_n(z)-\Phi_{n-1}(z)+$$
$$\frac{1+i}{2}\int_2^{x-y}[\widetilde{A}(\xi_{n-1}-\xi_{n-2})+\widetilde{B}(\eta_{n-1}-\eta_{n-2})]d(x-y)+$$
$$\frac{1-i}{2}\int_0^{x+y}[\widetilde{C}(\xi_{n-1}-\xi_{n-2})+\widetilde{D}(\eta_{n-1}-\eta_{n-2})]d(x+y),$$
$$n=1,2,\cdots,\ z\in\overline{D}_2, \tag{3.35}$$

并可证:在 $\overline{D}_2$上,有

$$|[w_n(z)-w_{n-1}(z)]X(z)|$$
$$\leqslant[4MM_5(2M_3+1)(2m+1)R']^n/n!, \tag{3.36}$$

这里不妨设$\max\limits_{z\in D_2}[|\widetilde{A}|,|\widetilde{B}|,|\widetilde{C}|,|\widetilde{D}|]\leqslant M_5$. 因此函数序列 $\{w_n(z)X(z)\}$在 $\overline{D}_2$上一致收敛到函数 $w(z)X(z)$,而 $w(z)$满足方程

$$w(z)=w_0(z)+\Phi(z)+\frac{1+i}{2}\int_2^{x-y}[A\xi+B\eta+E]d(x-y)$$
$$+\frac{1-i}{2}\int_0^{x+y}[C\xi+D\eta+F]d(x+y), \tag{3.37}$$

且满足估计式

$$\tilde{C}[w(z)X(z),\overline{D}_2]\leqslant e^{4MM_5(2M_3+1)(2m+1)R'} \tag{3.38}$$

联合在证明开始时求得的在 $D_1$ 上的解，便知 $w(z)$ 是复方程(3.2)之问题 $A$ 于 $D$ 上的解，并知 $w(z)$ 在 $D$ 上满足估计式

$$\tilde{C}[w(z)X(z),\overline{D}]\leqslant M_6, \tag{3.39}$$

此处 $M_6=M_6(p_0,k_0,k_1,k_2,D,\beta)$ 与 $\beta(0<\beta<\delta)$ 都是非负常数.

其次，我们证明复方程(3.2)问题 $A$ 解的唯一性，即

**定理3.4** 在定理3.2相同的条件下，复方程(3.2)的问题 $A$ 至多有一个解.

**证** 设 $w_1(z),w_2(z)$ 是复方程(3.2)之问题 $A$ 的两个解，将它们代入复方程(3.2)与边界条件(3.7)，(3.8)，由条件 $C$，便知函数 $w(z)=w_1(z)-w_2(z)$ 满足复方程与边界条件

$$\left.\begin{cases}w_{\bar z}\\ w_{\bar z^*}\end{cases}\right\}=\tilde{A}_1w+\tilde{A}_2\overline{w},\ z\in\begin{cases}D_1\\ \overline{D}_2\end{cases}, \tag{3.40}$$

$$\begin{cases}\mathrm{Re}[\overline{\lambda(z)}w(z)]=0,\ z\in\Gamma,\\ \mathrm{Re}[\overline{\lambda(z)}w(z)]=0, z\in L_j(j=1\text{或}2),\end{cases}$$

$$\mathrm{Im}[\overline{\lambda(z_1)}w(z_1)]=0, \tag{3.41}$$

由定理3.2，可将 $w(z)$ 表示成

$$w(z)=W(z)=\begin{cases}\tilde{\Phi}(z)e^{\tilde{\varphi}(z)}, z\in D_1,\\ \Phi(z)+\Psi(z), z\in\overline{D}_2,\end{cases} \tag{3.42}$$

其中 $\mathrm{Im}\varphi(z)=0, z\in L_0$，又

$$\tilde{\varphi}(z)=\tilde{\varphi}_0(z)+Tg,\ g(z)=\begin{cases}\tilde{A}_1+\tilde{A}_2\overline{w}/w, \text{当 } w\neq0, z\in D_1,\\ 0, \text{当 } w=0, z\in D_1,\end{cases}$$

$$\Psi(z)=\frac{1+i}{2}\int_2^{x-y}[\tilde{A}\xi+\tilde{B}\eta]d(x-y) \tag{3.43}$$

$$+\frac{1-i}{2}\int_0^{x+y}[\tilde{C}\xi+\tilde{D}\eta]d(x+y),$$

而 $\Phi(z)$ 是复方程(2.2)在 $D$ 内的解，适合形如(3.25)－(3.27)的

边界条件，但取其中的 $\tilde{\varphi}(z)=0$，此外，由于 $w(z)$ 在 $L_0=(0,2)$ 内的连续性，还可导出 $\Phi(z)$ 在 $L_0$ 上适合条件

$$\begin{cases}\operatorname{Re}[\overline{\lambda}(x)\Phi(x)]=-\operatorname{Re}[\lambda(x)(\Psi(x)-w(x))],\\ \operatorname{Re}[\overline{\lambda(x)}\tilde{\Phi}(x)]=0, x\in L_0.\end{cases}\tag{3.44}$$

由(3.42)，(3.41)的第一式及(3.44)的第二式，如果能证 $\Psi(z)=0, z\in D_2$，那么可知在 $D_1$ 内的解析函数 $\Phi(z)$ 适合齐次的边界条件

$$\operatorname{Re}[\overline{\lambda(z)}e^{\tilde{\varphi}(z)}\tilde{\Phi}(z)]=0,\ z\in\Gamma,$$
$$\operatorname{Re}[\overline{\lambda(x)}\tilde{\Phi}(x)]=0,\ x\in L_0.\tag{3.45}$$

由于以上边值问题的指数 $K=-1/2$，因此 $\tilde{\Phi}(z)=0, w(z)=\tilde{\Phi}(z)\cdot e^{\tilde{\varphi}(z)}=0, z\in\overline{D}_1$.

余下要证明 $\Psi(z)=0, z\in\overline{D}_2$. 由定理3.3的证法，可得

$$|w(z)X(z)|\leqslant[4MM_5(2M_3+1)(2m+1)R']^n/n!,\tag{3.46}$$

让 $n\to\infty$，易知能导出 $w(z)=0, z\in D_2$. 因此(3.43)式中的 $\Psi(z)=0, z\in\overline{D}_2$.

这就证明了 $w_1(z)=w_2(z), z\in D$.

由以上两个定理，可知复方程(3.2)问题 $A$ 的唯一解可由逐次迭代法求得，并且此解 $w(z)$ 满足形如(3.19)，(3.39)的估计式. 我们还可证明如下的定理.

**定理3.5** 设复方程(3.2)满足条件 $C$，则其问题 $M$ 的解 $w(z)$ 满足估计式

$$C_\beta[w(z)X(z),\overline{D}_1]\leqslant M_7,\ C_\beta[w(z)X(z),\overline{D}_1]\leqslant M_8k,$$
$$\tilde{C}[w(z)X(z),\overline{D}_2]\leqslant M_9,\ \tilde{C}[w(z)X(z),\overline{D}_2]\leqslant M_{10}k,\tag{3.47}$$

其中 $X(z)=|z-t_1|^{2|\gamma_1|+\delta}|z-t_2|^{2|\gamma_2|+\delta}$，$\beta(0<\beta<\delta)$，$k=k_1+k_2$，$M_j=M_j(p_0,k_0,k_1,k_2,D,\beta)(j=7,9)$，$M_j=M_j(p_0,k_0,D,\beta)(j=8,10)$ 都是非负常数.

**证** (3.47)的第一、第三个估计式就是(3.19)，(3.38). 为了

证明(3.47)的第二、第四个估计式，不妨只讨论 $k=k_1+k_2>0$的情况，因为当 $k=k_1+k_2=0$时，由定理3.4，即知(3.47)的第二、第四个估计式成立. 用 $k=k_1+k_2>0$除复方程(3.2)与边界条件(3.7)，(3.8)，则知 $\tilde{w}(z)=w(z)/k$ 满足复方程与边界条件

$$\left\{\begin{matrix}\tilde{w}_{\bar{z}}\\ \tilde{w}_{\bar{z}^*}\end{matrix}\right\}=A_1\tilde{w}+A_2\overline{\tilde{w}}+A_3/k,z\in\left\{\begin{matrix}D_1\\ \bar{D}_2\end{matrix}\right\}, \tag{3.48}$$

$$\mathrm{Re}[\overline{\lambda(z)}\tilde{w}(z)]=r(z)/k,z\in\Gamma, \tag{3.49}$$

$$\mathrm{Re}[\overline{\lambda(z)}\tilde{w}(z)]=r(z)/k,z\in L_1 \text{ 或 } L_2,$$

$$\mathrm{Im}[\overline{\lambda(z_1)}\tilde{w}(z_1)]=b_1/k,$$

而 $A_3/k,r(z)/k,b_1/k$ 满足条件

$$L_p[A_3/k,\bar{D}_1]\leqslant 1,C[A_3/k,\bar{D}_2]\leqslant 1,C_\alpha[r/k,\Gamma]\leqslant 1,$$

$$C_\alpha[r/k,L_j]\leqslant 1,j=1\text{ 或 }2,|b_1/k|\leqslant 1. \tag{3.50}$$

使用导出(3.19)，(3.38)的方法，可得

$$C_\beta[\tilde{w}(z)X(z),\bar{D}_1]\leqslant M_7,$$

$$\tilde{C}[\tilde{w}(z)X(z),\bar{D}_2]\leqslant M_9, \tag{3.51}$$

于是有(3.47)的第二、第四个估计式.

### 3. 一般区域上一阶拟线性复方程的问题 $M$

现在我们要把区域 $D$ 的边界 $L=L_1\cup L_2$推广到较一般的情况.

1. 将边界特征线 $L_1$代以曲线 $L_1'$，而 $L_1',L_2$为

$$L_1'=\{x-y=\nu,y=-\gamma(x),0\leqslant x\leqslant l\},$$

$$L_2=\{x-y=2,x+y=\mu,l\leqslant x\leqslant 2\}, \tag{3.52}$$

这里 $\gamma(0)=0,\gamma(x)>0,0<x\leqslant l$，且 $\gamma(x)$在$0\leqslant x\leqslant l$ 可能除了有限个点外均有微商，又$1+\gamma'(x)>0$. 由此条件，可求出 $x+\gamma(x)=\nu$的反函数 $x=\sigma(\nu)$，而 $\sigma'(\nu)=1/[1+\gamma'(x)]$. 注意到 $L_1'$的参数方程为 $x=\sigma(\nu)=(\mu+\nu)/2$，即 $\mu=2\sigma(\nu)-\nu,0\leqslant\nu\leqslant 2$，作变换

$$\tilde{\mu}=2[\mu-(2\sigma(\nu)-\nu)]/[2-2\sigma(\nu)+\nu],\tilde{\nu}=\nu,0\leqslant\nu\leqslant 2, \tag{3.53}$$

其逆变换为

$$\mu=\frac{1}{2}[2-2\sigma(\nu)+\nu]\tilde{\mu}+[2\sigma(\nu)-\nu],\nu=\tilde{\nu},0\leqslant\nu\leqslant 2. \tag{3.54}$$

由于

$$\begin{aligned}&(u+v)_{\tilde{\nu}}=(u+v)_{\nu},\\&(u-v)_{\tilde{\mu}}=[2-2\sigma(\nu)+\nu](u-v)_{\mu}/2,\end{aligned} \tag{3.55}$$

则复方程(3.2),即(3.13)转化为

$$\begin{cases}(u+v)_{\tilde{\nu}}=A(u+v)+B(u-v)+E,\\(u-v)_{\tilde{\mu}}=[2-2\sigma(\nu)+\nu][C(u+v)+D(u-v)+F]/2,\end{cases} \tag{3.56}$$

又(3.53)可写成

$$\begin{cases}\tilde{x}=\frac{1}{2}(\tilde{\mu}+\tilde{\nu})=\frac{4x-(2+x-y)[2\sigma(x+\gamma)-x-\gamma]}{4-4\sigma(x+\gamma)+2x+2\gamma},\\\tilde{y}=\frac{1}{2}(\tilde{\mu}-\tilde{\nu})=\frac{4y-(2-x+y)[2\sigma(x+\gamma)-x-\gamma]}{4-4\sigma(x+\gamma)+2x+2\gamma},\end{cases} \tag{3.57}$$

这里 $\gamma$ 表示 $\gamma(x)=-y$,以上变换的逆变换为

$$\begin{cases}x=\frac{1}{2}(\mu+\nu)=[2-\sigma(x+\gamma)+x+\gamma](\tilde{x}+\tilde{y})/4\\+\sigma(x+\gamma)-(x+\gamma-\tilde{x}+\tilde{y})/2,\\y=\frac{1}{2}(\mu-\nu)=[2-\sigma(x+\gamma)+x+\gamma](\tilde{x}+\tilde{y})/4\\+\sigma(x+\gamma)-(x+\gamma+\tilde{x}-\tilde{y})/2.\end{cases} \tag{3.58}$$

我们可将(3.57),(3.58)简写成复数的形式,即 $\tilde{z}=\tilde{x}+i\tilde{y}=f(z)$ 及 $z=f^{-1}(\tilde{z})$,此变换 $\tilde{z}=f(z)$ 将区域 $D'$ 的边界 $L_1'$,$L_2$ 分别变为 $L_1=\{\tilde{x}+\tilde{y}=0,0\leqslant\tilde{x}\leqslant 1\}$,$L_2=\{\tilde{x}-\tilde{y}=2,1\leqslant\tilde{x}\leqslant 2\}$,而在 $L_j'$ 上的边界条件(3.8)转化为

$$\begin{cases}\operatorname{Re}\{\overline{\lambda[f^{-1}(\tilde{z})]}w[f^{-1}(\tilde{z})]\}=r[f^{-1}(\tilde{z})],z\in L_j,j=1\text{ 或 }2,\\\operatorname{Im}\{\overline{\lambda[f^{-1}(\tilde{z}_1)]}w[f^{-1}(\tilde{z}_1)]\}=b_1.\end{cases} \tag{3.59}$$

这里 $\tilde{z}_1=f(z_1)$. 使用定理3.3，定理3.4，可证对应于方程组(3.56)适合边界条件(3.59)之问题 $A$ 存在唯一解 $w(\tilde{z})$，而 $w(z)=w[f(z)]$ 为复方程(3.2)在区域 $D'$ 上之问题 $A$ 的解.

2. 将边界特征线 $L_2$ 代以曲线 $L_2'$. 现在 $L_1, L_2'$ 为

$$L_1=\{x+y=0, x-y=\nu, 0\leqslant x\leqslant l\},$$

$$L_2'=\{x+y=\mu, y=-\gamma(x), l\leqslant x\leqslant 2\}, \qquad (3.60)$$

此处 $\gamma(2)=0, \gamma(x)>0, l\leqslant x<2$，且 $\gamma(x)$ 在 $l\leqslant x\leqslant 2$ 上可能除了有限个点外具有微商，又 $1-\gamma'(x)>0$. 在此条件下，$x-\gamma(x)=\mu$ 具有反函数 $x=\tau(\mu)$，即 $\nu=2\tau(\mu)-\mu, 0\leqslant\mu\leqslant 2$. 作变换

$$\begin{aligned}\tilde{\mu}&=\mu=x+y, \tilde{\nu}=2\nu/[2\tau(\mu)-\mu]\\&=2(x-y)/[2\tau(x-\gamma)-x+\gamma],\end{aligned} \qquad (3.61)$$

此处 $\gamma$ 表示 $\gamma(x)=-y$，以上变换的逆变换为

$$\begin{aligned}\mu&=\tilde{\mu}=\tilde{x}+\tilde{y}, \nu=\frac{1}{2}[2\tau(\mu)-\mu]\tilde{\nu}\\&=\frac{1}{2}[2\tau(x-\gamma)-x+\gamma](\tilde{x}-\tilde{y}),\end{aligned} \qquad (3.62)$$

因此有

$$\begin{aligned}\tilde{x}&=\frac{1}{2}(\tilde{\mu}+\tilde{\nu})=\frac{2(x-y)+(x+y)[2\tau(x-\gamma)-x+\gamma]}{2[2\tau(x-\gamma)-x+\gamma]},\\ \tilde{y}&=\frac{1}{2}(\tilde{\mu}-\tilde{\nu})=\frac{-2(x-y)+(x+y)[2\tau(x-\gamma)-x+\gamma]}{2[2\tau(x-\gamma)-x+\gamma]},\end{aligned} \qquad (3.63)$$

其逆变换为

$$\begin{aligned}x&=\frac{1}{4}[2(\tilde{x}-\tilde{y})\tau(x-\gamma)+2(\tilde{x}+\tilde{y})-(x-\gamma)(\tilde{x}-\tilde{y})],\\ y&=\frac{1}{4}[-2(\tilde{x}-\tilde{y})\tau(x-\gamma)+2(\tilde{x}+\tilde{y})+(x-\gamma)(\tilde{x}-\tilde{y})].\end{aligned} \qquad (3.64)$$

我们可用 $\tilde{z}=\tilde{x}+i\tilde{y}=g(z)$ 与 $z=x+iy=g^{-1}(\tilde{z})$ 分别表示变换(3.63)与逆变换(3.64). 由(3.62)，可得

$$(u+v)_{\tilde{\nu}}=(u+v)_{\nu}\frac{2\tau(\mu)-\mu}{2}, (u-v)_{\tilde{\mu}}=(u-v)_{\mu}, \qquad (3.65)$$

则复方程(3.2)，即方程组(3.13)转化为

$$\begin{cases}(u+v)_{\tilde{\nu}}=[A(u+v)+B(u-v)+E]\dfrac{2\tau(\mu)-\mu}{2},\\(u-v)_{\tilde{\mu}}=C(u+v)+D(u-v)+F\end{cases}$$

(3.66)

而在 $L_j'$ 上的边界条件(3.8)转化为

$$\begin{cases}\mathrm{Re}\{\overline{\lambda[g^{-1}(\tilde{z})]}w[g^{-1}(\tilde{z})]\}=r[g^{-1}(\tilde{z})],z\in L_j,j=1或2,\\\mathrm{Im}\{\overline{\lambda[g^{-1}(\tilde{z}_1)]}w[g^{-1}(\tilde{z}_1)]\}=b_1,\end{cases}\quad(3.67)$$

这里 $\tilde{z}_1=g(z_1)$. 类似于第1种情形,先求出相应于(3.66)与边界条件(3.67)之问题 $A$ 的解 $w(\tilde{z})$,而 $w=w[g(z)]$ 就是复方程(3.2)在由 $\Gamma\cup L_1\cup L_2'$ 所围区域 $D'$ 上问题 $A$ 的解. 我们将此结果写成定理.

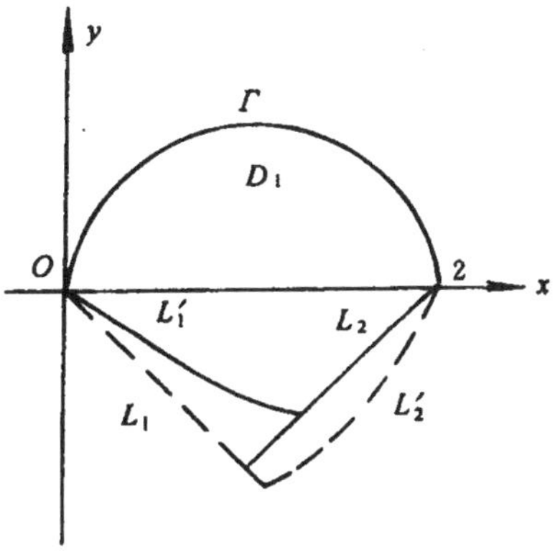


图 2

**定理3.6** 设 $D'$ 是由曲线 $\Gamma,L_1',L_2$(或 $L_1,L_2'$)所围的有界区域,又一阶拟线性复方程(3.2)在 $D'$ 上满足条件 $C$,则(3.2)适合边界条件

$$\begin{aligned}&\mathrm{Re}[\overline{\lambda(z)}w(z)]=r(z),z\in\Gamma,\\&\mathrm{Re}[\overline{\lambda(z)}w(z)]=r(z),z\in L_j'(j=1或2),\\&\mathrm{Im}[\overline{\lambda(z_1)}w(z_1)]=b_1\end{aligned}\quad(3.68)$$

之问题 $A$ 存在唯一解 $w(z)$,在上式中 $z_1=l-i\gamma_1(l)$ 或 $z_1=l-$

$i\chi_2(l)$.

类似于第五章§3，我们还可证明复方程(3.2)在区域 $D=\{|z-1|<1\}$上相应边值问题 $A$ 存在唯一解.

## §4. 二阶拟线性混合型方程的斜微商边值问题

本节中，我们讨论二阶混合型(椭圆-双曲型)方程的斜微商边值问题. 首先使用一定条件下的二阶椭圆型方程与双曲型方程的极值原理证明二阶线性混合型方程 Dirichlet 边值问题解的唯一性，进而使用第五章§3中的结果与本章前两节的结果，证明二阶拟线性混合型方程斜微商边值问题解的存在唯一性，同时也给出这种边值问题解的先验估计式，正如本章§1中所述，这种斜微商问题包含 Dirichlet 问题作为特殊情况.

### 1. 二阶混合型方程斜微商边值问题的提出

设区域 $D$ 及其边界 $\partial D=\Gamma\cup L$ 与§2中所述的相同. 我们考虑二阶拟线性混合型(椭圆-双曲型)方程

$$U_{xx}+\operatorname{sgn}yU_{yy}=aU_x+bU_y+cU+d,(x,y)\in\overline{D},\quad(4.1)$$

此处 $a,b,c,d$ 是 $z(\in\overline{D}),U,U_x,U_y(\in\mathbb{R}$ 的已知函数，其复形式为

$$\left.\begin{matrix}U_{z\bar z}\\U_{zz^*}\end{matrix}\right\}=F(z,U,U_z)=\operatorname{Re}[A_1U_z]+A_2U+A_3,\left\{\begin{matrix}z\in D_1\\z\in D_2\end{matrix}\right\},\quad(4.2)$$

其中

$$z=x+iy,U_z=\frac{1}{2}[U_x-iU_y],U_{z\bar z}=\frac{1}{4}[U_{xx}+U_{yy}],$$

$$U_{zz^*}=\frac{1}{2}[U_{zx}-iU_{zy}]=\frac{1}{4}[U_{xx}-U_{yy}],$$

$$A_1=\frac{a+ib}{2},\ A_2=\frac{C}{4},\ A_3=\frac{d}{4}.$$

令 $w(z)=U_z$，则方程(4.2)可写成一阶混合型复方程

$$\begin{cases} w_{\bar{z}} = \text{Re}[A_1 w] + A_2 U + A_3, z \in D_1, \\ \overline{w_{\bar{z}^*}} = \text{Re}[A_1 w] + A_2 U + A_3, z \in D_2, \end{cases} \tag{4.3}$$

而在双曲区域 $D_2$内，以上复方程可写成

$$\xi_\nu = A\xi + B\eta + CU + D, \eta_\mu = B\eta + A\xi + CU + D, \tag{4.4}$$

这里 $\mu = x + y, \nu = x - y, \xi = \text{Re}w + \text{Im}w, \eta = \text{Re}w - \text{Im}w, A = (\text{Re}A_1 + \text{Im}A_1)/2, B = (\text{Re}A_1 - \text{Im}A_1)/2, C = A_2, D = A_3$.

假设方程(4.2)满足条件 $C$，即

1) $A_j(z, U, U_z)(j=1,2,3)$对于在 $D^* = \overline{D} \backslash \{0,2\}$上任意连续可微的函数 $U(z)$，在 $D_1$上可测且对 $D_1$上几乎所有的 $z$ 关于 $w \in \mathbb{C}$ 连续，并在 $D_2^* = \overline{D}_2 \backslash \{0,2\}$上连续，还满足条件

$$L_p[A_j, \overline{D}_1] \leqslant k_0, j = 1,2, L_p[A_3, \overline{D}_2] \leqslant k_1, A_2 \geqslant 0, z \in D_1,$$
$$C[A_j, D_2^*] \leqslant k_0, j = 1,2, C[A_3, D_2^*] \leqslant k_1, \tag{4.5}$$

这里 $p(>2), k_0, k_1$都是非负常数.

2) 对于 $D^*$ 上任意两个连续可微函数 $U_1(z), U_2(z)$，在 $\overline{D}$ 上有

$$F(z, U_1, U_{1z}) - F(z, U_2, U_{2z}) = \text{Re}[\tilde{A}_1(U_1 - U_2)_z] + \tilde{A}_2(U_1 - U_2), \tag{4.6}$$

此处 $\tilde{A}_j(z, U_1, U_2)(j=1,2)$满足条件

$$L_p[\tilde{A}_j, \overline{D}_1] \leqslant k_0, C[\tilde{A}_j, D_2^*] \leqslant k_0, j = 1,2, \tag{4.7}$$

这里 $p(>2), k_0$都是非负常数. 容易看出：当(4.2)是线性方程时，从(4.5)可推出(4.6)，(4.7)成立.

如果方程(4.2)还满足以下条件，则称(4.2)满足条件 $C'$.

3) 对于任意两个实数 $U_1; U_2$与两个复数 $w_1, w_2$，方程(4.2)的系数满足条件

$$|A_j(z_1, U_1, w_1) - A_j(z_2, U_2, w_2)| \leqslant k_0[|z_1 - z_2|^\alpha + |U_1 - U_2|^\alpha + |w_1 - w_2|], \quad j = 1,2,$$

$$|A_3(z_1, U_1, w_1) - A_3(z_2, U_2, w_2)| \leqslant k_1[|z_1 - z_2|^\alpha + |U_1 - U_2|^\alpha + |w_1 - w_2|],$$

$$z_1, z_2 \in \overline{D}_2 \tag{4.8}$$

此处 $\alpha(0<\alpha<1)$，$k_0$，$k_1$都是非负常数.

方程(4.2)的斜微商问题可叙述如下：

**问题 $P$** 求(4.2)在 $D^* = \overline{D}\backslash Z(Z=\{0, x-y=2\}$或$\{x+y=0, 2\})$上的连续可微解 $U(z)$，使它适合边界条件

$$\frac{\partial U}{\partial l} = 2r(z). \text{ 即 } \operatorname{Re}[\overline{\lambda(z)}U_z] = r(z), z \in \Gamma,$$

$$U(0) = b_0,\ U(2) = b_2, \tag{4.9}$$

$$\frac{1}{2}\frac{\partial U}{\partial l} = \operatorname{Re}[\overline{\lambda(z)}U_z] = r(z), z \in L_j(j = 1 \text{ 或 } 2),$$

$$\operatorname{Im}[\overline{\lambda(z)}U_z]|_{z=z_1} = b_1, \tag{4.10}$$

这里 $\cos(l,n) \geqslant 0, z \in \Gamma, n$ 为 $\Gamma$ 的外法线方向，$\lambda(z) = a(x) + ib(x) = \cos(l, x) \mp i\cos(l, y)$具有(2.35)的形式. 当 $A_2 = 0$，可不设 $\cos(l,n) \geqslant 0, z \in \Gamma$. 而 $\lambda(z), r(z), b_0, b_1, b_2$满足

$$C_\alpha[\lambda(z), \Gamma] \leqslant k_0, C_\alpha[r(z), \Gamma] \leqslant k_2, |b_0|, |b_1|, |b_2| \leqslant k_2,$$

$$C_\alpha[\lambda(z), L_j] \leqslant k_0, C_\alpha[r(z), L_j] \leqslant k_2, j = 1 \text{ 或 } 2,$$

$$\max_{z\in L_1} \frac{1}{|a(x) - b(x)|} \leqslant k_0, \text{或} \max_{z\in L_2} \frac{1}{|a(x) + b(x)|} \leqslant k_0, \tag{4.11}$$

此处 $\alpha(0<\alpha<\frac{1}{2})$，$k_0$，$k_2$都是非负常数. 带有条件 $A_3=0$，$r(z)=0$，$b_0=b_1=0$的问题 $P$ 记作问题 $P_0$.

问题 $P$ 与问题 $P_0$在 $\partial D_1$上的指数为

$$K = \frac{1}{2}(K_1 + K_2), \tag{4.12}$$

其中

$$K_j = \left[\frac{\varphi_j}{\pi}\right] + J_j, J_j = 0 \text{ 或 } 1, e^{i\varphi_j} = \frac{\lambda(t_j - 0)}{\lambda(t_j + 0)},$$

$$\gamma_j = \frac{\varphi_j}{\pi} - K_j, j = 1, 2, \tag{4.13}$$

此处 $t_1=2$，$t_2=0$，$\lambda(t)=e^{\pi i/4}$或 $e^{-\pi i/4}$，$t\in[0,2]$. 如果 $A_2=0$，$z\in D$，

或 $\cos(l,n)=0, z\in\Gamma$，那么可不要点条件 $U(z)=b_2$，而选取 $K=-1/2$，否则取 $K=0$ . 这两种情形可用类似的方法讨论，而前者包含问题 $D$ 作为特殊情形，因此这里及以后只就 $K=-1/2$的情形进行讨论，而问题 $P$ 的解 $U(z)$不仅在 $\overline{D}$ 上连续，在 $D^*$ 上连续可微，为了保证 $U_z$ 在 $D^*$ 上连续可微，我们需要选取 $\gamma_1>0, 2\gamma_2<1$ 或 $\gamma_2>0, 2\gamma_1<1$. 而当(4.13)中的 $J_j=0, \gamma_j>0$，则 $U_z$ 在 $t_j$ 附近有界，如果 $J_j=0, \gamma_j=0$，或 $J_j=1$，则 $U_z$ 在 $t_j(j=1$或$2)$附近积分有界. 后面要证：在上述条件下，问题 $P$ 的解是存在唯一的，即上述问题 $P$ 的提法是适定的. 特别当边界条件(4.9)，(4.10)中的系数 $\lambda(z), r(z), b_0, b_1$满足§2中(2.38)所述的条件时，则问题 $P$ 成为 Dirichlet 问题(问题 $D$).

**2. 线性混合型方程(4.2)解的极值原理及问题 $D$ 解的唯一性**

先考虑方程(4.2)在椭圆区域 $D_1$的部分，不妨只讨论线性齐次方程

$$U_{z\bar{z}}-\mathrm{Re}[A_1(z)U_z]-A_2(z)U=0, z\in D_1. \quad (4.14)$$

**定理4.1** 设方程(4.14)在区域 $D_1$满足条件(4.5)，又 $U(z)$ 是(4.14)在 $\overline{D}_1$上的连续可微解，若 $M=\max\limits_{z\in\overline{D_1}}U(z)\geqslant 0$，则在边界 $\partial D_1$ 上必有一点 $z_0$，使得 $U(z_0)=M$；如果 $z_0=x_0\in(0,2)$，且 $U(z)<U(z_0), z\in\overline{D}_1\backslash\{z_0\}$，则当 $z(\in D_1)$沿不与实轴相切的方向 $l$ 趋于 $z_0$时有

$$\frac{\partial U}{\partial l}=\lim_{z(\in l)\to z_0}\frac{U(z_0)-U(z)}{|z-z_0|}>0. \quad (4.15)$$

**证** 关于$U(z)$在 $\overline{D}_1$上的非负最大值 $M$ 在边界 $\partial D_1$上的一点 $z_0$达到，这可由[140]第三章中§2中的结果得出. 至于(4.15)，不妨设 $z_0$是圆 $D_0=\{|z|<R\}$的一个边界点，因为在 $\overline{D}_1$上选取以 $z_0$ 为边界点且其边界为一光滑曲线的子区域，再作一个共形映射便达要求. 我们先求方程(4.14)在 $\overline{D}_0$上的一个连续可微解 $\Psi(z)$，使它适合边界条件：$\Psi(z)=1, z\in L_0=\{|z|=R\}$，可知$0<\Psi(z)\leqslant 1$，

$z\in\overline{D}_0$. 而 $V(z)=U(z)/\Psi(z)$是以下齐次方程在 $\overline{D}_0$上的一解.

$$LV = V_{z\bar{z}} - \operatorname{Re}[A(z)V_z] = 0, A(z) = -2(\ln\Psi)_{\bar{z}} + A_1(z), \tag{4.16}$$

易知 $V(z)<V(z_0), z\in D_0$, 且 $V(z)$在点 $z_0$达到最大值. 然后求方程(4.16)在 $\widetilde{D}_0=\{R/2\leqslant|z|\leqslant R\}$上的一个连续可微解 $\widetilde{V}(z)$, 适合边界条件

$$\widetilde{V}(z) = 0, z \in L_0; \widetilde{V}(z) = 1, |z| = R/2.$$

容易看出: $\partial\widetilde{V}/\partial s=2\operatorname{Re}[iz\widetilde{V}_z]=0, z\in\partial\widetilde{D}_0$, 又

$$\frac{\partial\widetilde{V}}{\partial n} = 2\operatorname{Re}[z\widetilde{V}_z]/R, z \in L_0, \frac{\partial\widetilde{V}}{\partial n} = -4\operatorname{Re}[z\widetilde{V}_z]/R, |z| = R/2.$$

这里 $s, n$ 分别表示边界 $\partial\widetilde{D}_0$的切向与外法向. 注意到 $W(z)=\widetilde{V}_z$ 是一阶复方程

$$W_{\bar{z}} - \operatorname{Re}[A(z)W] = 0, z \in \widetilde{D}_0$$

适合边界条件

$$\operatorname{Re}[izW(z)] = 0, z \in \partial\widetilde{D}_0$$

又$\overline{iz}$在边界 $\partial\widetilde{D}_0$上的指数为0, 因此 $W(z)$在 $\partial\widetilde{D}_0$上没有零点, 这样 $\partial\widetilde{V}/\partial n=2zW(z)/R<0, z\in L_0$. 设

$$\hat{V}(z) = V(z) - V(z_0) + \varepsilon\widetilde{V}(z), z \in \widetilde{D}_0,$$

这里选取正数 $\varepsilon$ 足够小, 使得 $\hat{V}(z)<0, |z|=R/2$. 显然 $\hat{V}(z)\leqslant 0$, $z\in L_0$, 又因 $L\hat{V}=0, z\in\widetilde{D}_0$, 根据此方程解的最大值原理, 有

$$\hat{V}(z)\leqslant 0, \text{即 } V(z_0)-V(z)\geqslant\varepsilon\widetilde{V}(z)=\varepsilon[\widetilde{V}(z)-\widetilde{V}(z_0)], z\in\widetilde{D}_0,$$

于是在点 $z=z_0$, 有

$$\frac{\partial V}{\partial n} \geqslant -\varepsilon\frac{\partial\widetilde{V}}{\partial n} > 0,$$

以及

$$\frac{\partial U}{\partial n} = \Psi\frac{\partial V}{\partial n} + V\frac{\partial\Psi}{\partial n} \geqslant -\varepsilon\frac{\partial\widetilde{V}}{\partial n} + V\frac{\partial\Psi}{\partial n} > 0.$$

进而注意到在点 $z_0$, 有 $\cos(l,n)>0, \cos(l,s)>0, \partial U/\partial s=0$, 故在 $z=z_0$, 有

$$\frac{\partial U}{\partial l} = \cos(l,n)\frac{\partial U}{\partial n} + \cos(l,n)\frac{\partial U}{\partial s} > 0. \tag{4.17}$$

其次考虑方程(4.2)在双曲区域 $D_2$的部分，并讨论线性齐次方程

$$U_{z^* \overline{z^*}} = \operatorname{Re}[A_1(z)U_{z^*}] + A_2(z)U,\ z \in \overline{D}_2. \quad (4.18)$$

设 $\mu=x+y,\nu=x-y$，则方程(4.18)转化为

$$L(U) = U_{\mu\nu} + \alpha(\mu,\nu)U_\mu + \beta(\mu,\nu)U_\nu + \gamma(\mu,\nu)U = 0, \quad (4.19)$$

其中$(\mu,\dot{v}) \in \Delta=\{0<\mu<\nu,\mu<\nu<2\}$. 假设(4.19)满足条件 $C_1$，即 1)$\alpha_\mu$ 在 $\tilde{\Delta}=\{0\leqslant\mu<\nu,\mu<\nu<2\}$上连续，2)$\alpha,\beta,\gamma$ 在 $\overline{\Delta}$ 上连续，3)在 $\Delta$ 上，有

$$\alpha \geqslant 0, \alpha_\mu + \alpha\beta - \gamma \geqslant 0, \gamma \geqslant 0. \quad (4.20)$$

经过变换 $\beta_1 = \exp[\int \beta d\mu]$，则有

$$\beta_1 L(U) = [\beta_1 U_\nu]_\mu + [\alpha_1 U]_\mu + \gamma_1 U,$$

这里 $\alpha_1=\beta_1\alpha,\gamma_1=\beta_1\gamma-\alpha_{1\mu}$，而条件 $C_1$可写成

$$\alpha_1 \geqslant 0, \gamma_1 \leqslant 0. \quad (4.21)$$

为了后面讨论的需要，还设方程(4.19)满足条件 $C_2$，即1)条件 $C_1$成立，2)在 $\Delta\cap\{0<\nu=常数<2\}$，除了可能有测度为0的点集外，$\alpha_\mu+\alpha\beta-\gamma>0,\gamma>0$ 或 3)在 $\Delta$ 上，$\alpha>0$.

**引理4.2** 设$[P_1,P_2]$是 $\hat{\Delta}=\{0\leqslant\mu<\nu,\mu<\nu\leqslant2\}$内平行于 $\mu$ 轴的一特征区间，又 $U\in C^2(\Delta)\cap C^1(\overline{\Delta})$，$L(U)$的系数满足条件 $C_2$，且在$[P_1,P_2]$上有 $L(U)\leqslant0$. 若$\max\limits_{[P_1,P_2]} U=U(P_2)\geqslant0$，则

$$[\beta_1 U_\nu]|_{P_2} \leqslant [\beta_1 U_\nu]|_{P_1}, \quad (4.22)$$

又若 $U(P_2)>0$，且 $U(P_2)>U(P_1)$，则

$$[\beta_1 U_\nu]|_{P_2} < [\beta_1 U_\nu]|_{P_1}, \quad (4.23)$$

**证** 由于在特征区间$[P_1,P_2]$上，$L(U)\leqslant0$，因而有

$$\beta_1 L(U) = [\beta_1 U_\nu]_\mu + [\alpha_1 U]_\mu + \gamma_1 U \leqslant 0,$$

将上式沿区间$[P_1,P_2]$积分，有

$$\int_{P_1}^{P_2} \{[\beta_1 U_\nu]_\mu + [\alpha_1 U]_\mu + \gamma_1 U\} d\mu \leqslant 0,$$

$$[\beta_1 U_\nu]_{P_2} - [\beta_1 U_\nu]_{P_1} \leqslant - \int_{P_1}^{P_2} \gamma_1 U d\mu + [\alpha_1 U]_{P_1} - [\alpha_1 U]_{P_2}$$

$$\leqslant \int_{P_1}^{P_2} [U(P_2) - U] \gamma_1 d\mu$$

$$- U(P_2) \int_{P_1}^{P_2} \beta_1 \gamma d\mu + [U(P_1) - U(P_2)] \alpha_1(P_1).$$

由条件 $C_1$ 及 $U(P_2) \geqslant U(P_1)$，从上式即得(4.22). 如果 $U(P_2) > 0, U(P_2) > U(P_1)$，由条件 $C_2$，便知有(4.23).

**定理4.3** 设1) $L(U)$ 的系数满足条件 $C_1$，2) 在 $\hat{\Delta} = \{0 \leqslant \mu < \nu, \mu < \nu \leqslant 2\}$ 上，$L(U) \leqslant 0$，3) $U_\nu(0,\nu) \leqslant 0$. 如果 $U(\in C^2(\Delta) \cap C^1(\overline{\Delta}))$ 在 $\overline{\Delta}$ 上取正的最大值，那么此最大值在 $\Delta \cap \{\mu = \nu\}$ 上达到.

**证** 先证在定理的条件下，又条件 $C_2$ 成立，则有定理中所述的结论. 假如定理中的结论不成立，即 $U(\mu,\nu)$ 在 $\overline{\Delta}$ 上的最大值不在 $\overline{\Delta} \cap \{\mu=\nu\}$ 上达到，由于 $U_\nu(0,\nu) \leqslant 0$，因此其最大值也不在 $\overline{\Delta} \cap \{\mu=0\}$ 达到，故最大点 $P_2 \in \{0 < \mu < \nu, \mu < \nu \leqslant 2\}$. 用 $P_1$ 表示 $\overline{\Delta} \cap \{\mu = 0\}$ 上与 $P_2$ 具有相同纵坐标的点. 易知 $U$ 在 $[P_1, P_2]$ 上的最大值在点 $P_2$ 点达到，且 $U(P_2) > 0, U(P_2) > U(P_1)$，根据引理4.2，可知(4.23)式成立. 由于 $U_\nu(P_2) \leqslant 0$，便知有 $U_\nu(P_2) < 0$，这表明 $U$ 不能在 $P_2$ 达到最大. 此矛盾证明了本定理结论的正确性.

现在要找出一个 $\overline{\Delta}$ 上具有二阶连续可微的函数 $g(\xi,\eta)$ 满足条件

$$L_1 g = g_{\mu\nu} + \alpha g_\mu + \beta g_\nu > 0, \ (\mu,\nu) \in \overline{\Delta}, \tag{4.24}$$

$$g_\nu \geqslant 0, (\mu,\nu) \in \Delta, g_\nu = 0, (\mu,\nu) \in \overline{\Delta} \cap \{\mu = 0\}. \tag{4.25}$$

例如 $g(\mu,\nu) = \mathrm{sh}k\mu \cdot \mathrm{ch}k\nu$ ($k$ 是足够大的正数) 就是满足以上条件的函数. 设 $V = e^{-\varepsilon g} U$，$\varepsilon$ 为一正数. 容易看出：

$$L_\varepsilon V = V_{\mu\nu} + \alpha_\varepsilon V_\mu + \beta_\varepsilon V_\nu + \gamma_\varepsilon V \leqslant 0, (\mu,\nu) \in \overline{\Delta}, \tag{4.26}$$

此处 $\alpha_\varepsilon = \alpha + \varepsilon g_\nu, \beta_\varepsilon = \beta + \varepsilon g_\mu, \gamma_\varepsilon = \gamma + \varepsilon[\varepsilon g_\mu g_\nu + L_1 g]$. 现在选取 $\varepsilon$ 足够小，使得 $L_\varepsilon V$ 满足定理中的条件. 由于 $e^{-\varepsilon g} > 0$，因此函数 $V$ 在 $\overline{\Delta}$ 上具有正的最大值. 由(4.25)，可得 $V_\nu \leqslant 0, (\mu,\nu) \in \overline{\Delta} \cap \{\mu = 0\}$. 再由(4.20)，(4.24)—(4.26)，可导出

$$\alpha_\varepsilon \geqslant 0, \alpha_{\varepsilon\mu} + \alpha_\varepsilon \beta_\varepsilon - \gamma_\varepsilon = \alpha_\mu + \alpha\beta - \gamma \geqslant 0,$$
$$\gamma_\varepsilon \geqslant \varepsilon[\varepsilon g_\mu g_\nu + L_1 g] > 0 ,$$

这里选取 $\varepsilon$ 足够小，因此条件 $C_2$ 成立. 让 $\varepsilon \to 0$，则有 $V \to U$，这样由 $V$ 在 $\overline{\Delta} \cap \{\mu=\nu\}$ 取正的最大值可导出 $U$ 在 $\overline{\Delta} \cap \{\mu=\nu\}$ 取到正的最大值.

现在来证明线性混合型方程(4.1)问题 $D$ 解的唯一性定理.

**定理4.4** 设线性混合型方程(4.1)满足条件 $C$ 与条件 $C_2$，则其问题 $D$ 在 $\overline{D}$ 上连续而在 $D$ 内的连续可微解是唯一的.

**证** 设 $U_1, U_2$ 是(4.1)问题 $D$ 的两个解，则 $U=U_1-U_2$ 满足齐次方程与齐次边界条件

$$U_{xx} + \operatorname{sgn} y U_{yy} = a U_x + b U_y + cU, (x,y) \in D, \quad (4.27)$$
$$U = 0, (x,y) \in \Gamma, U = 0, (x,y) \in L_1 \text{ 或 } L_2. \quad (4.28)$$

假如 $U$ 在 $\overline{D}$ 上取正的最大值，则由定理4.1与定理4.3，其最大点 $z_0$ 必在 $x$ 轴上的线段(0,2)内，但由(4.17)式与定理4.3，可导出在点 $z_0$ 的两个矛盾的不等式

$$\frac{\partial U}{\partial y}\Big|_{z=z_0} = -\frac{\partial U}{\partial n}\Big|_{z=z_0} < 0 \text{ 与 } \frac{\partial U}{\partial y}\Big|_{z=z_0} \geqslant 0.$$

因此，在 $\overline{D}$ 上有 $U \leqslant 0$，同理可证在 $\overline{D}$ 上，有 $U \geqslant 0$，即在 $\overline{D}$ 上，有 $U = U_1 - U_2 = 0$.

在[2]和[120]中，并不要求方程(4.1)的系数在 $\overline{D}_2$ 上满足Hölder连续的条件，这可通过满足条件 $C$ 与条件 $C_2$ 的(4.1)的解取极限而得. 在[120]中还介绍了在 $\Gamma$ 上把边界条件 $U(z)=r(z)$ 改为 $\partial U/\partial n = r(z)$ 的边值问题，但对前者却要边界 $\Gamma$ 在 $t_1=2, t=0$ 的切线平行于 $y$ 轴，才能证明此边值问题的可解性[116]. 下面主要介绍作者新近获得的关于拟线性方程(4.1)的一般斜微商边值问题 $P$ 的存在唯一性结果，其中并没有假方程(4.1)在 $\overline{D}_2$ 上满足条件 $C_2$，而使用的方法与[2]及[117]中给出的完全不同.

### 3. 拟线性方程(4.1)问题 *P* 解的存在唯一性

我们先介绍(4.1)问题 $P$ 解的表示定理，然后证明问题 $P$ 解

的存在唯一性，最后给出(4.1)的问题 $P$ 解的先验估计式

**定理4.5** 设拟线性方程(4.1)满足条件 $C$，则其问题 $P$ 的解 $U(z)$ 可表示成

$$U(z) = 2\mathrm{Re}\int_0^z w(z)dz + b_0, w(z) = w_0(z) + W(z), z \in D, \tag{4.29}$$

其中积分路线可如第五章(4.24)那样选取，又 $w_0(z)$ 是复方程(2.34)的解，满足边界条件(2.35)($w(z)=U_z$)，而 $W(z)$ 具有形式

$$w(z)=W(z)+w_0(z)=\tilde{\Phi}(z)e^{\tilde{\varphi}(z)}+\tilde{\psi}(z), \tilde{\varphi}(z)=\tilde{\varphi}_0(z)+Tg,$$

$$Tg = -\frac{1}{\pi}\iint_{D_1}\frac{g(\zeta)}{\zeta - z}d\sigma_\zeta, \tilde{\psi}(z) = Tf, z \in D_1, \tag{4.30}$$

$$W(z) = \overline{\Phi(z)} + \overline{\Psi(z)},$$

$$\Psi(z) = \int_2^\nu g_1(z)e_1 d\nu + \int_0^\mu g_2(z)e_2 d\mu, z \in D_2,$$

此处 $e_1=(1+i)/2, e_2=(1-i)/2, \mu=x+y, \nu=x-y, \tilde{\varphi}_0(z)$ 是 $D_1$ 内的解析函数，而 $\tilde{\varphi}(x)=0, x\in L_0=(0,1)$，又

$$g(z) = \begin{cases} A_{1/2} + \overline{A_1 w}/2w, w(z) \neq 0, \\ 0, w(z) \neq 0, \end{cases}$$

$$f(z) = \mathrm{Re}[A_1\varphi_z] + A_2 U + A_3, z \in D_1,$$

$$\left.\begin{aligned} g_1(z) &= A\xi + B\eta + CU + D, \\ g_2(z) &= B\eta + A\xi + CU + D, \end{aligned}\right. z \in D_2, \tag{4.31}$$

$$A = (\mathrm{Re}A_1 + \mathrm{Im}A_1)/2, B = (\mathrm{Re}A_1 - \mathrm{Im}A_1)/2,$$

$$C = A_2, D = A_3, z \in D_2,$$

而 $\tilde{\Phi}(z), \Phi(z)$ 分别是复方程(2.34)在 $D_1, D_2$ 内的解，适合边界条件

$$\mathrm{Re}[\overline{\lambda(z)}e^{\tilde{\varphi}(z)}\tilde{\Phi}(z)] = r(z) - \mathrm{Re}[\overline{\lambda(z)}\tilde{\psi}(z)], z \in \Gamma,$$

$$\mathrm{Re}[\overline{\lambda(x)}(\tilde{\Phi}(x)e^{\tilde{\varphi}(x)} + \tilde{\psi}(x))] = s(x), x \in L_0 = (0,2),$$

$$\mathrm{Re}[\lambda(x)\Phi(x)] = -\mathrm{Re}[\lambda(x)(\Psi(x) - \overline{W}(x))],$$

$$\lambda(x) = 1 + i \text{ 或 } 1 - i, x \in L_0,$$

$$\mathrm{Re}[\overline{\lambda(z)}\Phi(z)] = -\mathrm{Re}[\overline{\lambda(z)}\Psi(z)], z \in L_j, j = 1 \text{ 或 } 2.$$

$$\operatorname{Im}[\overline{\lambda(z_1)}\Phi(z_1)] = -\operatorname{Im}[\overline{\lambda(z_1)}\Psi(z_1)], \tag{4.32}$$

此处

$$s(x) = \begin{cases} 2r(x/2)[a(x/2) - b(x/2)], \text{或} \\ 2r(x/2+1)/[a(x/2+1) + b(x/2+1)]. \end{cases} \tag{4.33}$$

**证** 将方程(4.2)问题 $P$ 的解 $U(z)$ 对 $z$ 求偏微商，令 $w(z) = U_z$，代入方程(4.2)与边界条件(4.9)，(4.10)，可得 $w(z)$ 所满足的复方程

$$\begin{cases} w_{\bar{z}} = \operatorname{Re}[A_1 w] + A_2 U + A_3, z \in D_1, \\ \overline{w}_{z^*} = \operatorname{Re}[A_1 w] = A_2 U + A_3, z \in D_2, \end{cases} \tag{4.34}$$

并如第一章§1，§4那样，可求得如(4.30)，(4.31)中所示的函数 $\tilde{\varphi}(z), \tilde{\psi}(z), z \in D_1$，还可确定函数 $\Psi(z), z \in D_2$，同时也可确定(4.33)中的 $s(x)$. 注意到 $w_0(z) = U_{0z}$ 是复方程(2.34)问题 $A$ 的解，于是由(4.32)的前两个边界条件，可求得区域 $D_1$ 内的解析函数 $\tilde{\Phi}(z)$. 令 $W(x) = \tilde{\Phi}(x)e^{\tilde{\varphi}(x)} + \tilde{\psi}(x) - w_0(x), x \in L_0$，并可求得复方程(2.34)满足(4.32)后三个边界条件的解 $\Phi(z), z \in D_2$. 因而方程(4.2)问题 $P$ 的解 $U(z)$ 可表成(4.29)，(4.30)的形式.

**定理4.6** 设二阶拟线性方程(4.2)满足条件 $C$，则其问题 $P$ 具有形如(4.29)的解.

**证** 由定理2.3，可知二阶混合型方程(2.33)之问题 $P$ 具有形如(2.37)，(2.30)的解 $U_0(z)$，其中 $w_0(z) = U_{0z}$ 满足形如(3.28)的估计式. 记 $\xi_0(z) = \operatorname{Re} w_0(z) + \operatorname{Im} w_0(z), \eta_0(z) = \operatorname{Re} w_0(z) - \operatorname{Im} w_0(z)$，将 $\xi_0(z), \eta_0(z), U_0(z)$ 代入(4.31)式中相应的位置，而得

$$\begin{aligned} g_1^1(z) &= A\xi_0 + B\eta_0 + CU_0 + D, \\ g_2^1(z) &= A\xi_0 + B\eta_0 + CU_0 + D, \\ \Psi_1(z) &= \frac{1+i}{2}\int_2^{x-y} g_1^1(z)d(x-y) \\ &\quad + \frac{1-i}{2}\int_0^{x+y} g_2^1(z)d(x+y), z \in D_2. \end{aligned} \tag{4.35}$$

由于(4.33)中的函数 $s(x)$ 是确定的，我们可使用[140]第四章中

的方法，求出复方程(4.34)适合关系式(4.29)及(4.32)的前两个边界条件，即

$$\begin{aligned}&\operatorname{Re}[\overline{\lambda(z)}w(z)] = r(z), z \in \Gamma,\\&\operatorname{Re}[\overline{\lambda(x)}w(x)] = s(x), x \in L_0,\end{aligned}\tag{4.36}$$

在区域 $D_1$ 内的解 $U(z)$，而 $w(z)=U_z$ 满足形如(3.19)的估计式，然后求复方程(2.34)在双曲区域 $D_2$ 内的解 $\Phi_1(z)$，适合边界条件

$$\begin{aligned}&\operatorname{Re}[\overline{\lambda(z)}\Phi_1(z)] = -\operatorname{Re}[\overline{\lambda(z)}\Psi_1(z)], z \in L_1 \text{ 或 } L_2,\\&\operatorname{Im}[\overline{\lambda(z_1)}\Phi_1(z_1)] = -\operatorname{Im}[\overline{\lambda(z_1)}\Psi_1(z_1)],\\&\operatorname{Re}[\lambda(x)\Phi_1(x)] = \operatorname{Re}[\lambda(x)(\overline{W_1(x)} - \Psi_1(x))], x \in L_0,\end{aligned}\tag{4.37}$$

而 $w_1(z)=w_0(z)+\Phi_1(z)+\Psi_1(z)$ 适合形如(3.33)的估计式，又

$$U_1(z) = 2\operatorname{Re}\int_0^z w_1(z)dz + b_0, z \in D. \tag{4.38}$$

再将区域 $D_2$ 上的函数 $w_1(z)$ 及相应的 $\xi_1(z)=\operatorname{Re}w_1(z)+\operatorname{Im}w_1(z)$，$\eta_1(z)=\operatorname{Re}w_1(z)-\operatorname{Im}w_1(z)$ 及 $U_1(z)$ 代入到(4.30)，(4.31)中相应的位置，正如前面求得 $w_1(z)$ 那样，可求得

$$w_2(z) = w_0(z) + W_2(z) = w_0(z) + \Phi_2(z) + \Psi_2(z), z \in D_2,$$

及相应的函数 $U_2(z)$. 这样依次类推，可求得区域 $D_2$ 上的函数序列 $\{w_n(z)\}$，$\{U_n(z)\}$，并且在此区域 $D_2$ 内还有方程序列

$$\begin{aligned}&w_n(z) = w_0(z) + \overline{\Phi_n(z)} + \overline{\Psi_n(z)},\\&\Psi_n(z) = \frac{1+i}{2}\int_2^{x-y}[A\xi_{n-1} + B\eta_{n-1} + CU_{n-1} + D]d(x-y)\\&\qquad + \frac{1-i}{2}\int_0^{x+y}[A\xi_{n-1} + B\eta_{n-1} + CU_{n-1} + D]d(x+y),\end{aligned}\tag{4.39}$$

又 $w_n(z)-w_{n-1}(z)$，$U_n(z)-U_{n-1}(z)$ 满足

$$\begin{aligned}&\overline{w_n(z)} - \overline{w_{n-1}(z)} = \Phi_n(z) - \Phi_{n-1}(z)\\&+ \frac{1+i}{2}\int_2^{x-y}[\widetilde{A}(\xi_{n-1} - \xi_{n-2}) + \widetilde{B}(\eta_{n-1} - \eta_{n-2})\\&+ \widetilde{C}(U_{n-1} - U_{n-2})]d(x-y) + \frac{1-i}{2}\int_0^{x+y}[\widetilde{A}(\xi_{n-1} - \xi_{n-2})\\&+ \widetilde{B}(\eta_{n-1} - \eta_{n-2}) + \widetilde{C}(U_{n-1} - U_{n-2})]d(x+y), z \in D_2,\end{aligned}\tag{4.40}$$

$$U_n(z)-U_{n-1}(z)=2\mathrm{Re}\int_0^z[w_n(z)-w_{n-1}(z)]dz,n=1,2,\cdots.$$

正如定理3.3的证明，可证$\{w_n(z)X(z)\}$，$\{U_n(z)\}$在闭区域$\overline{D}_2$上分别一致收敛到函数$w(z)X(z)$，$U(z)$，而且函数$w(z)$，$U(z)$满足如下形式与关系式

$$\begin{aligned}
&w(z)=\tilde{\Phi}(z)e^{\tilde{\varphi}(z)}+\tilde{\psi}(z),z\in D_1,\\
&w(z)=w_0(z)+\overline{\Phi(z)}+\overline{\Psi(z)},\\
&\Psi(z)=\frac{1+i}{2}\int_2^{x-y}[A\xi+B\eta+CU+D]d(x-y)\\
&\qquad+\frac{1-i}{2}\int_0^{x+y}[A\xi+B\eta+CU+D]d(x+y),z\in D_2,\\
&U(z)=2\mathrm{Re}\int_0^z w(z)dz+b_0,z\in D,
\end{aligned}\tag{4.41}$$

也适合问题$P$的边界条件，因此是方程(4.2)之问题$P$的解.

**定理4.7** 设方程(4.2)满足条件$C$，则其问题$P$如定理4.5中所示的解$U(z)$满足估计式

$$\hat{C}^1[U,\overline{D}]=C[U,\overline{D}]+\tilde{C}[U_zX,\overline{D}]\leqslant M_1,\hat{C}^1[U,\overline{D}]\leqslant M_2k,\tag{4.42}$$

其中$X(z)$如(3.19)中所示，$\tilde{C}[U_zX,\overline{D}]$如(3.33)中定义. 又若(4.2)满足条件$C'$，则上述解$U(z)$满足估计式

$$\hat{C}^1_\beta[U,\overline{D}]=C_\beta[U,\overline{D}]+\tilde{C}_\beta[U_zX,\overline{D}]\leqslant M_3,\hat{C}^1_\beta[U,\overline{D}]\leqslant M_4k,\tag{4.43}$$

在以上两式中，$\beta(0<\beta<\delta)$，$k=k_1+k_2$，$M_j=M_j(\alpha,k_0,k_1,k_2,D,\beta)$ $(j=1,3)$，$M_j=M_j(\alpha,k_0,D,\beta)(j=2,4)$都是非负常数.

**证** 我们只证明(4.42)，(4.43)的第一式，因为从第一式容易推出第二式. 从问题$P$的解$U(z)$的表示式(4.29)，上节中的定理3.5，注意到(4.29)中$U(z)$与$w(z)$的关系，便可导出(4.42)的第一个估计式.

为了证明(4.43)中的第一个估计式，我们考虑(4.30)式中的函数

$$\Psi_1(z)=\int_2^{x-y}g_1(z)d(x-y),\Psi_2(z)=\int_0^{x+y}g_2(z)d(x+y),\tag{4.44}$$

其中 $g_1(z)$，$g_2(z)$ 如(4.31)所示. 由条件 $C$ 及(4.42)，易知 $\Psi_1(z)$，$\Psi_2(z)$ 分别关于 $\nu=x-y$，$\mu=x+y$ 满足 Hölder 连续条件，即 $\Psi_1(\mu,\nu)$，$\Psi_2(\mu,\nu)$ 在 $\overline{D}_2$ 上满足

$$C_\beta[\Psi_1(\cdot,\nu),\overline{D}_2]\leqslant M_5,C_\beta[\Psi_2(\mu,\cdot),\overline{D}_2]\leqslant M_5,\quad(4.45)$$

此处 $M_5=M_5(p_0,k_0,k_1,k_2,D,\beta)$ 是一非负常数. 另外，由条件 $C$，条件 $C'$ 及(4.42)，将定理2.3中所述问题 $P$ 的解 $U^0$ 及 $w^0=U_z^0$ 代入到(4.29)－(4.30)中 $U$ 及 $W$ 的位置，如定理4.6的证明，可得

$$\begin{aligned}&C_\beta[g_1(\mu,\cdot)X,\overline{D}_2]\leqslant M_6,C_\beta[g_2(\cdot,\nu)X,\overline{D}_2]\leqslant M_6,\\&C_\beta[\Psi_1(\mu,\cdot)X,\overline{D}_2]\leqslant M_7R,C_\beta[\Psi_2(\cdot,\nu)X,\overline{D}_2]\leqslant M_7R,\end{aligned}\quad(4.46)$$

这里 $R=2$，$M_j=M_j(p_0,k_0,k_1,k_2,D,\beta)$，$j=6,7$. 再由定理4.6，可给出 $\Phi(z)$ 所满足的估计式

$$\widetilde{C}_\beta[\Phi X,\overline{D}_2]\leqslant M_8=M_8(p_0,k_0,k_1,k_2,D,\beta)\,.\quad(4.47)$$

由(4.29)的第一式，容易得到

$$\hat{C}_\beta^1[U,\overline{D}_2]=C_\beta[U,\overline{D}_2]+\widetilde{C}_\beta[U_zX,\overline{D}_2]\leqslant M_9,\quad(4.48)$$

此处 $M_9=M_9(p_0,k_0,k_1,k_2,D,\beta)$. 将上面所得的 $\Phi+\Psi$ 记作 $w^1$，再由(4.29)的第一式，有相应的函数 $U^1$. 类似于(4.46)，经过具体的计算，可得 $\widetilde{w}_1^1(z)=\mathrm{Re}(w^1-w^0)-\mathrm{Im}(w^1-w^0)$ 与 $\widetilde{w}_2^1(z)=\mathrm{Re}(w^1-w^0)+\mathrm{Im}(w^1-w^0)$ 分别关于 $\nu=x-y$，$\mu=x+y$ 满足 Hölder连续的条件，即

$$C_\beta[\widetilde{w}_1^1(\cdot,\nu)X,\overline{D}_2]\leqslant MR,C_\beta[\widetilde{w}_2^1(\mu,\cdot)X,\overline{D}_2]\leqslant MR,\quad(4.49)$$

以及相应的函数 $\widetilde{U}_1^1(z)$，$\widetilde{U}_2^1(z)$ 满足的估计式

$$C_\beta[\widetilde{U}_1^1(\cdot,\nu),\overline{D}_2]\leqslant MR,C_\beta[\widetilde{U}_2^1(\mu,\cdot),\overline{D}_2]\leqslant MR,\quad(4.50)$$

这里 $M=(2+M_2k_0)[3k_0+2(2k_0M_1+k_1)](2m+1)$，$m=\hat{C}_\beta^1[U^0,\overline{D}_2]=C_\beta[U^0,\overline{D}_2]+\widetilde{C}_\beta[U_z^0X,\overline{D}_2]$，$M_1$，$M_2$ 是(4.42)中所示的常数. 这样，对于经迭代所得的函数 $w^n(z)$ 及相应的 $U^n$，其对应的函数 $\widetilde{w}_1^n(z)=\mathrm{Re}(w^n-w^{n-1})-\mathrm{Im}(w^n-w^{n-1})$，$\widetilde{w}_2^n(z)=\mathrm{Re}(w^n-w^{n-1})+\mathrm{Im}(w^n-w^{n-1})$，$\widetilde{U}_1^n(z)$，$\widetilde{U}_2^n(z)$ 满足估计式

$$C_\beta[\widetilde{w}_1^n(\cdot,\nu)X,\overline{D}_2]\leqslant\frac{(MR)^n}{n!},\ C_\beta[\widetilde{w}_2^n(\mu,\ \cdot)X,\overline{D}_2]\leqslant\frac{(MR)^n}{n!},$$

$$C_\beta[\widetilde{U}_1^n(\cdot,\nu),\overline{D}_2]\leqslant\frac{(MR)^n}{n!},\ C_\beta[\widetilde{U}_2^n(\mu,\ \cdot),\overline{D}_2]\leqslant\frac{(MR)^n}{n!},\tag{4.51}$$

于是$\{w^n(z)\}$,$\{U^n(z)\}$的极限函数$w(z)$,$U(z)$,其对应的函数$\widetilde{w}_1(z)=\mathrm{Re}w-\mathrm{Im}w$,$\widetilde{w}_2(z)=\mathrm{Re}w+\mathrm{Im}w$以及$\widetilde{U}_1(z)$,$\widetilde{U}_2(z)$满足估计式

$$C_\beta[\widetilde{w}_1(\mu,\nu)X,\overline{D}_2]\leqslant e^{MR},\ C_\beta[\widetilde{w}_2(\mu,\nu)X,\overline{D}_2]\leqslant e^{MR},$$

$$C_\beta[\widetilde{U}(\mu,\nu),\overline{D}_2]\leqslant e^{MR},\ \widetilde{C}_\beta[\widetilde{w}(\mu,\nu),\overline{D}_2]\leqslant e^{MR},\tag{4.52}$$

关于问题$P$的在$\overline{D}_1$上的估计式可由[140]第四章的结果或前面的定理3.1导出,因此(4.43)式成立.

**定理4.8** 设方程(4.2)满足条件$C$,则其问题$P$的解是唯一的.

**证** 设$U_1(z)$,$U_2(z)$是问题$P$的两个解,则$U=U_1(z)-U_2(z)$是方程

$$\left.\begin{cases}U_{z\bar{z}}\\U_{z^*\overline{z^*}}\end{cases}\right\}=\mathrm{Re}[\widetilde{A}_1U_z]+\widetilde{A}_2U,\ z\in\begin{cases}D_1\\\overline{D}_2\end{cases}\tag{4.53}$$

之问题$P_0$的解,它具有形如(4.29)—(4.31)中所述的表示式,但其中$A_3=0$,$D=0$,$r=0$,$b_0=b_1=0$.使用第五章定理4.2的证法以及关于椭圆型复方程间断 Riemann-Hilbert 边值问题解的唯一性定理(见[140]第四章§4),可证$U=U_1(z)-U_2(z)=0$,$z\in D$(见[139]30)).

### 4. 一般区域上二阶拟线性方程的问题 $P$

现在考虑较一般的区域$D'$,即其边界由$\Gamma$及$L_1'$,$L_2'$所组成,而$L_1'$,$L_2'$为两条曲线:

$$L'_1=\{x-y=\nu,y=-\gamma_1(x),0\leqslant x\leqslant l\},$$

$$L'_2=\{x+y=\mu,y=-\gamma_2(x),l\leqslant x\leqslant 2\},\tag{4.54}$$

此处$\gamma_1(0)=0$,$\gamma_2(2)=0$,$\gamma_1(x)>0$,$0<x\leqslant l$;$\gamma_2(x)>0$,$l\leqslant x<2$;

$\gamma_1(x),\gamma_2(x)$分别在$0\leqslant x\leqslant l,l\leqslant x\leqslant 2$上可能除了有限个点外均有微商，且$1+\gamma_1'(x)>0,1-\gamma_2'(x)>0$. 在这些条件下，$1+\gamma_1(x)=\nu$，$x-\gamma_2(x)=\mu$均有反函数$x=\sigma(\nu),x=\tau(\mu)$，因此$L_1',L_2'$的参数方程可写成

$$\begin{cases}L'_1:\mu=2\sigma(\nu)-\nu,\ 0\leqslant\nu\leqslant l+\gamma_1(l),\\ L'_2:\nu=2\tau(\mu)-\mu,\ l-\gamma_2(l)\leqslant\mu\leqslant 2.\end{cases}\tag{4.55}$$

现在相应于(4.10)的边界条件应改为

$$\operatorname{Re}[\overline{\lambda(z)}\,\overline{w(z)}]=r(z),z\in L'_1,\operatorname{Im}[\overline{\lambda(z_1)}\,\overline{w(z_1)}]=b_1,\tag{4.56}$$

或

$$\operatorname{Re}[\overline{\lambda(z)}\,\overline{w(z)}]=r(z),z\in L'_2,\operatorname{Im}[\overline{\lambda(z_1)}\,\overline{w(z_1)}]=b_1,\tag{4.57}$$

这里$z_1=x_1+i\gamma_1(l)=x_1+i\gamma_2(l)$. 对于形如(4.56)的边界条件，可如§3变换(3.53)，(3.57)，而对于形如(4.57)的边界条件，可使用变换(3.61)，(3.63)，但要求经此变换后，$L_1'$符合(3.52)或(4.54)第一式中所述的条件. 事实上，二阶拟线性方程(4.2)的问题$P$等价于一阶拟线性复方程

$$\begin{cases}w_{\bar z}=\operatorname{Re}[A_1w]+A_2U+A_3,z\in D_1,\\ \overline{w}_{z^*}=\operatorname{Re}[\overline{A}_1w]+A_2U+A_3,z\in D_2\end{cases}\tag{4.58}$$

适合边界条件

$$\operatorname{Re}[\overline{\lambda(z)}w(z)]=r(z),z\in\Gamma,$$
$$\operatorname{Re}[\overline{\lambda(z)}\,\overline{w(z)}]=r(z),z\in L'_1\text{或}L'_2,\operatorname{Im}[\overline{\lambda(z_1)}\,\overline{w(z_1)}]=b_1\tag{4.59}$$

及关系式

$$U(z)=2\operatorname{Re}\int_0^z w(z)dz+b_0\tag{4.60}$$

的问题$A$. 从(4.60)，可导出

$$C_\beta[U(z),\overline{D}]\leqslant M_{10}C[w(z)X(z),\overline{D}],\tag{4.61}$$

这里$M_{10}=M_{10}(D)$. 因此可使用定理3.6的证法，证明如(4.58)—(4.60)所示的问题$A$存在唯一解$[w(z),U(z)]$，而$U(z)$便是二阶

方程(4.2)之问题 $P$ 的解. 我们将此结果写成定理

**定理4.9** 设区域 $D'$ 是由 $\Gamma, L_1', L_2'$ 所围的有界区域, 又二阶拟线性方程(4.2)在 $\overline{D'}$ 上满足条件 $C$, 则(4.2)适合边界条件(4.9)与在 $L_j'(j=1,2)$ 上的边界条件(4.10)之问题 $P$ 存在唯一解.

不难看出: 定理4.9中所述的问题 $P$ 包含方程(4.2)适合在 $\Gamma \cup L_j'(j=1$或$2)$ 上的 Dirichlet 边界条件(2.32)的问题 $D$ 作为一种特殊情形. 在[23]1)中, A. V. Bitsadze 讨论了二阶方程(2.31)问题 $D$ 的可解性, 他考虑的区域 $D'$ 的边界为 $\Gamma \cup L_1' \cup L_2$, 其中 $L_1'$, $L_2$ 如(3.52)中所示, 但要求 $y=-\gamma(x)$ 是单调函数, 且 $|\gamma'(x)|<1$ 等, 且使用积分方程的方法.

## §5. 二阶拟线性混合型方程的其它边值问题

现在我们继续讨论二阶混合型方程(4.1)或(4.2)的其它一些边值问题, 如间断斜微商边值问题, 多连通区域上的斜微商边值问题, 以及一种区域边界较一般的斜微商边值问题. 对于最简单的二阶混合型方程(2.31)的 Dirichlet 边值问题或叫 Triocomi 问题, A. V. Bitsadze 在[23]1), 3)中作过讨论, 特别是对较一般的区域, 他使用积分方程的方法, 并涉及到复杂的泛函关系. 在区域的连通数上, 他只扩展到二连通的情形. 而在本节中, 不论对于所讨论的二阶混合型方程, 区域的连通数和一般性, 以及边界条件的广泛性上, 都达到了相当一般的情形, 又使用的方法与其他的作者各不相同, 且比较简便.

### 1. 间断的斜微商边值问题

设 $D$ 是如§2中所示的区域, 记 $D^+=D\cap\{y>0\}$, $D^-=D\cap\{y<0\}$. 在实轴线段 $AB$ 上有 $n$ 个点 $E_1=a_1, E_2=a_2, \cdots, E_n=a_n$, 其中 $a_0=0<a_1<\cdots<a_n<a_{n+1}=2$, 又在线段 $L_1=AC, L_2=CB$ 上分别有对应于 $E_1, \cdots, E_n$ 的点 $A_1=(1-i)a_1/2, A_2=(1-i)a_2/2$,

$\cdots, A_n=(1-i)a_n/2$，及 $B_1=1-i+(1+i)a_1/2, B_2=1-i+(1+i)\cdot a_2/2, \cdots, B_n=1-i+(1+i)a_n/2$，而 $A=A_0=0, B=B_{n+1}=2, C=A_{n+1}=(1-i)/2$. 又记 $D_1^-=\overline{D^-}\cap\{\bigcup_{j=0}^{[n/2]}(a_{2j}\leqslant x-y\leqslant a_{2j+1})\}, D_2^-=\overline{D^-}\cap\{\bigcup_{j=1}^{[(n+1)/2]}(a_{2j-1}\leqslant x+y\leqslant a_{2j})\}$（见图3）.

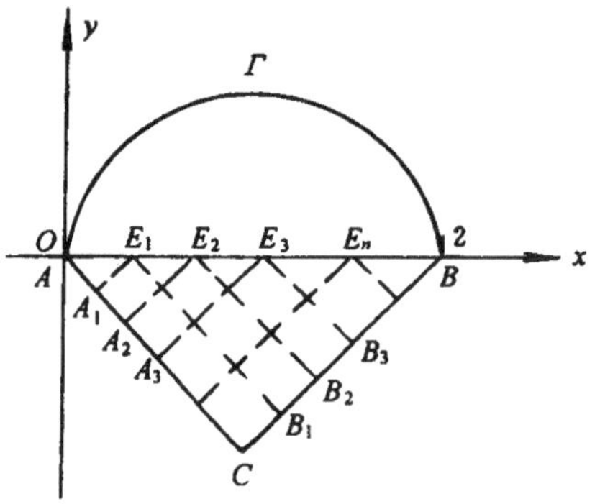


图 3

**问题 $P_1$** 二阶拟线性混合型方程(4.2)的间断边值问题，即求(4.2)在 $\overline{D}$ 上的连续解 $U(z)$，使它的偏微商 $U_z$ 在 $D_*=\overline{D}\backslash Z$ 上连续，$Z=\{x+y=0, x-y=2, x\pm y=a_j(j=1,\cdots,n), y\leqslant 0\}$，且适合边界条件：

$$\frac{1}{2}\frac{\partial U}{\partial l}=\mathrm{Re}[\overline{\lambda(z)}U_z]=r(z), z\in\Gamma,\ U(0)=c_0,$$

$$\frac{1}{2}\frac{\partial U}{\partial l}=\mathrm{Re}[\overline{\lambda(z)}U_z]=r(z), z\in L_3=\sum_{j=0}^{[n/2]}A_{2j}A_{2j+1}, \quad (5.1)$$

$$\frac{1}{2}\frac{\partial U}{\partial l}=\mathrm{Re}[\overline{\lambda(z)}U_z]=r(z), z\in L_4=\sum_{j=1}^{[(n+1)/2]}B_{2j-1}B_{2j},$$

$$\mathrm{Im}[\overline{\lambda(z)}U_z]|_{z=A_{2j+1}}=c_{2j+1}, j=0,1,\cdots,[n/2], \quad (5.2)$$

$$\mathrm{Im}[\overline{\lambda(z)}U_z]|_{z=B_{2j-1}}=c_{2j}, j=1,\cdots,[(n+1)/2],$$

其中 $l,\lambda(z),r(z)$ 在 $\Gamma$ 上与(4.9),(4.10)中的相同,而在 $L_3\cup L_4$ 上,$\lambda(z)=a(x)+ib(x)=\cos(l,x)+i\cos(l,y)$,$c_j$ 都是实常数,且 $\lambda(z),r(z),c_j$ 满足条件

$$\begin{cases}C_\alpha[\lambda(z),L_3\cup L_4]\leqslant k_0,C_\alpha[r(z),L_3\cup L_4]\leqslant k_2,\\ |c_j|\leqslant k_2,j=0,1,\cdots,n+1,\\ \max\limits_{z\in L_3}\dfrac{1}{|a(x)-b(x)|}\leqslant k_0,\max\limits_{z\in L_4}\dfrac{1}{|a(x)+b(x)|}\leqslant k_0,\end{cases}\tag{5.3}$$

此处 $\alpha(0<\alpha<1)$,$k_0$,$k_2$都是非负常数.

上述问题 $P_1$包含如下间断的 Dirichlet 问题(问题 $T_1$)作为特殊情形.

**问题 $T_1$** 求方程(4.2)($A_2=0$)在 $\bar{D}$ 上的连续解 $U(z)$,使 $U_z$ 在 $D_*$ 上连续,在点集 $E$ 附近可能有低于一级的无穷大,且适合边界条件

$$U(z)=\varphi(z),\ z\in\Gamma,\tag{5.4}$$

$$U(z)=\psi(z),\ z\in L_3\cup L_4,\tag{5.5}$$

这里 $\varphi(z),\psi(z)$满足条件

$$C_\alpha^1[\varphi(z),\Gamma]\leqslant k_0,C_\alpha^1[\psi(z),L_j]\leqslant k_2,j=3,4,\tag{5.6}$$

此处 $\alpha(0<\alpha<1)$,$k_0$,$k_2$如(5.3)中所设.

正如(2.37)中所述,对于问题 $T_1$,在(5.4),(5.5)式中作边界的切向微商,可得形如(5.1),(5.2)的边界条件,其中

$$\lambda(z)=a+ib=\begin{cases}\overline{i(z-1)},z\in\Gamma,\\ (1+i)/\sqrt{2},z\in L_3;(1-i)/\sqrt{2},z\in L_4,\end{cases}$$

$$r(z)=\begin{cases}\varphi_\theta,z\in\Gamma,\\ \psi_x/\sqrt{2},z\in L_3;\psi_x/\sqrt{2},z\in L_4,\end{cases}\tag{5.7}$$

$$c_j=\mathrm{Im}[\overline{\lambda(z)}U_{\bar z}]|_{z=A_1,A_3,\cdots,A_{[\frac{n}{2}]+1},B_1,B_3,\cdots,B_{[\frac{n+1}{2}]}}=0,j=1,\cdots,n+1.$$

为了给出方程(4.2)问题 $P_1$的可解性结果,可使用定理4.6,定理4.8中的证明方法.先考虑最简单的二阶混合型方程(2.31)或(2.33),仿照定理2.3的证明,在双曲区域 $D^-$ 内,可求得方程(2.33)适合边界条件(5.2)具有形如下的解

$$U(z) = 2\mathrm{Re}\int_0^z w(z)dz + c_0, w(z) = u + iv = U_z, \tag{5.8}$$

$$\overline{w(z)} = \begin{cases} \frac{1}{2}\{(1+i)f(x+y) + (1-i)[2r((x-y)/2) \\ -(a((x-y)/2) + b((x-y)/2))h_{2j+1}] \\ /[a((x-y)/2) - b((x-y)/2)], \ z \in D_1^-, \\ \frac{1}{2}\{(1-i)g(x-y) + (1+i)[2r((x+y)/2+1) \\ -(a((x+y)/2+1) - b((x+y)/2+1))h_{2j}] \\ /[a((x+y)/2+1) + b((x+y)/2+1)], z \in D_2^-, \end{cases} \tag{5.9}$$

此处 $h_{2j+1} = \mathrm{Re}[\lambda(A_{2j+1})(r(A_{2j+1}) + ic_{2j+1})] - \mathrm{Im}[\lambda(A_{2j+1}) \cdot(r(A_{2j+1}) + ic_{2j+1})], j=0,1,\cdots,[\frac{n}{2}], h_{2j} = \mathrm{Re}[\lambda(B_{2j-1})(r(B_{2j-1}) + ic_{2j})] + \mathrm{Im}[\lambda(B_{2j-1})(r(B_{2j-1}) + ic_{2j})], \ j=1,\cdots,[\frac{n+1}{2}]$，而在线段 $AB$ 上，$w(z)$ 适合边界条件

$$\mathrm{Re}\left[\frac{1-i}{\sqrt{2}}w(x)\right] = \frac{2r(x/2) - [a(x/2) + b(x/2)]h_{2j+1}}{\sqrt{2}[a(x/2) - b(x/2)]},$$

$$x \in (a_{2j}, a_{2j+1}), j=0,1,\cdots,[\frac{n}{2}],$$

$$\mathrm{Re}\left[\frac{1+i}{\sqrt{2}}w(x)\right] = \frac{2r(x/2+1) - [a(x/2+1) - b(x/2+1)]h_{2j}}{\sqrt{2}[a(x/2+1) + b(x/2+1)]},$$

$$x \in (a_{2j-1}, a_{2j}), \ j=1,2,\cdots,[\frac{n+1}{2}]. \tag{5.10}$$

以上边界条件可写成统一的形式，即记 $\lambda(z) = (1+i)/\sqrt{2}, z \in \Gamma_1 = \sum_{j=0}^{[n/2]}(a_{2j}, a_{2j+1}), \lambda(z) = (1-i)/\sqrt{2}, z \in \Gamma_2 = \sum_{j=1}^{[(n+1)/2]}(a_{2j-1}, a_{2j})$，则

$$\mathrm{Re}[\overline{\lambda(z)}w(z)] = s(z), z \in AB = \Gamma_0 = \Gamma_1 \cup \Gamma_2. \tag{5.11}$$

又设 $w(z) = u + iv = U_z$，则边界条件(5.1)可写成

$$\mathrm{Re}[\overline{\lambda(z)}w(z)] = r(z), z \in \Gamma, \tag{5.12}$$

只要(5.11),(5.12)中的$\lambda(z)$在椭圆区域$D^+$的边界$\Gamma\cup\Gamma_0$的标数

$$K=\frac{1}{2}(K_0+K_1+\cdots+K_n+K_{n+1})$$
$$=\sum_{j=0}^{n+1}\left[\frac{\varphi_j}{2\pi}-\frac{\gamma_j}{2}\right]=-\frac{1}{2},\ e^{i\varphi_j}=\frac{\lambda(a_j-0)}{\lambda(a_j+0)},$$
$$\gamma_j=\frac{1}{\pi i}\ln\left[\frac{\lambda(a_j-0)}{\lambda(a_j+0)}\right]=\frac{\varphi_j}{\pi}-K_j,j=0,1,\cdots,n+1. \quad (5.13)$$

且使$-\gamma_0<1/2,-\gamma_{n+1}<1/2$,那么仿照定理2.2的证法,根据定理1.1,可导出解析函数适合边界条件(5.11),(5.12)的边值问题存在唯一解$w(z)$,可写成(2.30)的形式,再由(5.9),可求得

$$\begin{aligned}f(x+y)&=\mathrm{Re}[(1-i)\overline{w(x+y)}],z\in D_1^-,\\ g(x-y)&=\mathrm{Re}[(1+i)\overline{w(x-y)}],z\in D_2^-.\end{aligned} \quad (5.14)$$

正如定理2.2的证明中所述,以上等式在$D^-$上均成立,因而

$$\overline{w(z)}=[(1+i)f(x+y)+(1-i)g(x-y)]/2,z\in D^-. \quad (5.15)$$

联合(5.8),(2.30),(5.15),便得方程(2.33)之问题$P_1$的解. 然后仿照定理3.3,定理4.6,使用逐次迭代法,而首先将(2.33)之问题$P_1$的解$U_0(z)$及$w_0(z)=U_{0z}$代入方程(4.2)解的积分表示式中,于是便可证明(4.2)之问题$P_1$解的存在唯一性. 现在把以上所得的结果写成定理.

**定理5.1** 设二阶拟线性混合型方程(4.2)满足条件$C$,又若边值问题$P_1$在椭圆区域$D^+$的边界$\Gamma\cup\Gamma'$的标数,也就是边界条件(5.11),(5.12)中$\lambda(z)$在$\Gamma\cup\Gamma_0$的标数$K=-1/2$,那么(4.2)之问题$P_1$存在唯一解. 特别对于(4.2)的问题$T_1$,也存在唯一解.

为了保证问题$T_1$解的唯一性,需要选取其标数$K=-1/2$. 事实上,由(5.7)有

$$\lambda(a_0-0)=e^{i\pi/2},\lambda(a_{n+1}+0)=e^{i3\pi/2},$$

$$\lambda(a_{2j}+0)=\lambda(a_{2j+1}-0)=e^{i\pi/4},j=0,1,\cdots,[\frac{n}{2}],$$

$$\lambda(a_{2j-1}+0)=\lambda(a_{2j}-0)=e^{-i\pi/4},j=1,2,\cdots,[\frac{n+1}{2}],$$

$$\frac{\lambda(a_0-0)}{\lambda(a_0+0)}=e^{i\pi/4}=e^{i\varphi_0},0<\gamma_0=\frac{\varphi_0}{\pi}-K_0=\frac{1}{4}-0<1,$$

$$\frac{\lambda(a_{2j-1}-0)}{\lambda(a_{2j-1}+0)}=e^{i\pi/2}=e^{i\varphi_{2j-1}},0<\gamma_{2j-1}=\frac{\varphi_{2j-1}}{\pi}-K_{2j-1}$$

$$=\frac{1}{2}-0<1,j=1,2,\cdots,\left[\frac{n+1}{2}\right],$$

$$\frac{\lambda(a_{2j}-0)}{\lambda(a_{2j}+0)}=e^{-i\pi/2}=e^{i\varphi_{2j}},-1<\gamma_{2j}=\frac{\varphi_{2j}}{\pi}-K_{2j}$$

$$=-\frac{1}{2}-0<0,j=1,2,\cdots,\left[\frac{n}{2}\right],$$

$$\frac{\lambda(a_{n+1}-0)}{\lambda(a_{n+1}+0)}=e^{-i7\pi/4}\text{或 }e^{-i5\pi/4},-1<\gamma_{n+1}=\frac{\varphi_{n+1}}{\pi}-K_{n+1}$$

$$=-\frac{3}{4}\text{或}-\frac{1}{4}<0, \tag{5.16}$$

当 $\gamma_{n+1}=-\frac{1}{4}$，可选 $K_0=K_1=\cdots=K_n=0,K_{n+1}=-1$，而当 $\gamma_{n+1}=-\frac{3}{4}$，可改选前述的 $K_{n+1}=-2,K_1=1$，这样在 $D^+$ 的边界 $\partial D^+$ 上，$\lambda(z)$的标数 $K=\frac{1}{2}(K_0+\cdots+K_{n+1})=-1/2$，这保证了其解的唯一性.

**2. 多连通区域上的边值问题**

先考虑 $D$ 是三连通区域，即椭圆区域 $D^+$ 由上半平面内三条光滑曲线 $\Gamma_1,\Gamma_2,\Gamma_3$及实轴上三线段 $\Gamma_1',\Gamma_2',\Gamma_3'$所围，而双曲区域 $D^-$ 由特征线 $L_1,L_2,L_3,L_4,L_5,L_6$及 $\Gamma_1',\Gamma_2',\Gamma_3'$所围，$\Gamma_1$与 $L_1,L_6$的交点为 $A_1,B_3$，$\Gamma_2$与 $L_2,L_3$的交点为 $B_1,A_2$，$\Gamma_3$与 $L_4,L_5$的交点为 $B_2,A_3$，又点 $A_1,B_1,A_2,B_2,A_3,B_3,C$ 的坐标分别为 $A_1=a_1=0,B_1=b_1,A_2=a_2,B_2=b_2,A_3=a_3,B_3=b_3=2$，且 $a_1=0<b_1<a_2<b_2<a_3<b_3,c=1-i$(见图4).

**问题 $P_2$**　求二阶拟线性混合型方程(4.2)在区域 $\overline{D}$ 上的连续解$U(z)$，使它的偏微商$U_z$ 在 $D_*=\overline{D}\backslash Z$ 上连续，而在 $Z=\{x\pm y=a_j,x\pm y=b_j,j=1,2,3,y\leqslant 0\}$附近可能有低于一级的无穷大，且适合边界条件

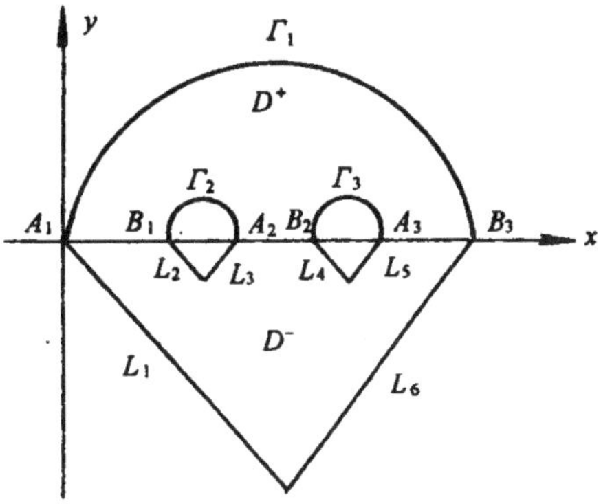


图 4

$$\frac{1}{2}\frac{\partial U}{\partial l}=\mathrm{Re}[\overline{\lambda(z)}U_z]=r(z),\ z\in\Gamma=\Gamma_1\cup\Gamma_2\cup\Gamma_3,\qquad(5.17)$$

$$\frac{1}{2}\frac{\partial U}{\partial l}=\mathrm{Re}[\overline{\lambda(z)}U_{\bar z}]=r(z),z\in L=L_1\cup L_3\cup L_5,\qquad(5.18)$$

$$\mathrm{Im}[\overline{\lambda(z)}U_{\bar z}]|_{z=z_j}=b_j,j=1,2,3,U(0)=b_0,$$

其中 $l$ 为 $\Gamma\cup L$ 上点的一个方向，类似于(5.1)，(5.2)中所设，又 $z_1=1-i,z_2=b_1+(1-i)(a_2-b_1)/2,z_3=b_2+(1-i)(a_3-b_2)/2,b_j(j=0,1,2,3)$都是实常数，而 $\lambda(z),r(z),b_j(j=0,1,2,3)$满足条件

$$C_\alpha[\lambda(z),\Gamma]\leqslant k_0,C_\alpha[r(z),\Gamma]\leqslant k_2,|b_j|\leqslant k_2,$$
$$j=0,1,2,3,\ C_\alpha[\lambda(z),L]\leqslant k_0,C_\alpha[r(z),L]\leqslant k_2,\qquad(5.19)$$
$$\max_{z\in L_1}\frac{1}{|a(x)-b(x)|}\leqslant k_0,\ \max_{z\in L_3\cup L_5}\frac{1}{|a(x)+b(x)|}\leqslant k_0,$$

此处 $\alpha(0<\alpha<1)$，$k_0,k_2$都是非负常数. 为了使得所求的解 $U(z)$是唯一的，除了要求方程(4.2)满足条件 $C$ 以外，还要使得以上边值问题 $P_2$在椭圆区域 $D^+$的标数 $K=-\frac{1}{2}$，即取

$$\lambda(z)=\frac{1+i}{\sqrt{2}},z\in L'=A_1B_1\cup A_2B_2\cup A_3B_3,\qquad(5.20)$$

且记 $t_1=a_1,t_2=b_1,t_3=a_2,t_4=b_2,t_5=a_3,t_6=b_3$，又 $D^+$ 在 $t_j$ 的内角为$\frac{\pi}{\alpha_j}(j=1,\cdots,6)$，并使

$$K=\frac{1}{2}(K_1+K_2+K_3+K_4+K_5+K_6)=\sum_{j=1}^{6}\left[\frac{\varphi_j}{\pi}-\frac{\gamma_j}{2}\right]=-\frac{1}{2},$$

$$e^{i\varphi_j}=\frac{\lambda(t_j-0)}{\lambda(t_j+0)},\gamma_j=\frac{1}{\pi i}\ln\left[\frac{\lambda(t_j-0)}{\lambda(t_j+0)}\right]=\frac{\varphi_j}{\pi}-K_j, \tag{5.21}$$

$$-\alpha_j\gamma_j<1,j=1,\cdots,6,$$

上述问题 $P_2$ 包含如下区域 $D$ 上的 Dirichlet 边值问题 $T_2$ 作为特殊情形.

**问题 $T_2$** 求方程(4.2)($A_2=0$)在 $\overline{D}$ 上的连续解 $U(z)$,使 $U_z$ 在 $D_*$ 上连续,在点集 $E$ 附近可能有低于一级的无穷大,且适合边界条件

$$U(z)=\varphi(z),z\in\Gamma=\Gamma_1\cup\Gamma_2\cup\Gamma_3, \tag{5.22}$$

$$U(z)=\psi(z),z\in L=L_1\cup L_3\cup L_5, \tag{5.23}$$

这里 $\varphi(z),\psi(z)$ 满足条件

$$C_\alpha^1[\varphi(z),\Gamma]\leqslant k_0,C_\alpha^1[\psi(z),L]\leqslant k_2, \tag{5.24}$$

其中 $\alpha(0<\alpha<1),k_0,k_2$ 与(5.19)中所述的相同.

类似于§4中方程(4.2)问题 $P$ 的可解性证明,先给出(4.2)问题 $P_2$ 解的表示式.

**定理5.2** 设方程(4.2)在区域 $D$ 上满足条件 $C$,那么(4.2)之问题 $P_2$ 的任一解 $U(z)$ 可表示成

$$U(z)=2\mathrm{Re}\int_0^z w(z)dz+b_0,w(z)=w_0(z)+W(z),z\in D, \tag{5.25}$$

其中 $w_0(z)$ 是复方程

$$\begin{cases}w_{\bar{z}}=0,z\in D^+,\\ \overline{w}_{\bar{z}^*}=0,z\in D^-\end{cases} \tag{5.26}$$

之问题 $A$ 的解,适合边界条件(5.17),(5.18)($w_0(z)=U_{0z}$),而 $W(z)$ 具有形式

$$W(z)=w(z)-w_0(z),z\in D,w(z)=\tilde{\Phi}(z)e^{\tilde{\varphi}(z)}+\tilde{\psi}(z),$$

$$\tilde{\varphi}(z)=\tilde{\varphi}_0(z)+Tg,$$

$$Tg=-\frac{1}{\pi}\iint_{D^+}\frac{g(\zeta)}{\zeta-z}d\sigma_\zeta,\tilde{\psi}(z)=Tf,z\in D^+, \tag{5.27}$$

$$\overline{W(z)}=\Phi(z)+\Psi(z),$$

$$\Psi(z)=\begin{cases}\int_0^{\mu}[A\xi+B\eta+CU]e_2d\mu(z\in D^-)\\ \quad+\int_2^{\nu}[A\xi+B\eta+CU]e_1d\nu,z\in D_{2j-1}^-\\ =\{a_j\leqslant x+y\leqslant b_j\},\ j=1,2,3,\\ \quad+\int_{a_{j+1}}^{\nu}[A\xi+B\eta+CU]e_1d\nu,z\in D_{2j}^-\\ =\{b_j\leqslant x+y\leqslant a_{j+1}\},\ j=1,2,\end{cases}\tag{5.28}$$

此处 $e_1=(1+i)/2, e_2=(1-i)/2, \mu=x+y, \nu=x-y, \tilde{\varphi}_0(z)$ 是 $D^+$ 内的解析函数，$\tilde{\Phi}(z), \Phi(z)$ 分别是复方程(5.26)在 $D^+, D^-$ 内的解，又

$$g(z)=\begin{cases}A_1/2+\overline{A}_1\overline{w}/2w, w(z)\neq 0,\\ 0,\ w(z)=0,\end{cases}$$
$$f(z)=\mathrm{Re}[A_1\tilde{\varphi}_z]+A_2U+A_3,\ z\in D^+,$$
$$g_1(z)=g_2(z)=A\xi+B\eta+CU+D,\ z\in D^-.\tag{5.29}$$
$$A=(\mathrm{Re}A_1+\mathrm{Im}A_2)/2, B=(\mathrm{Re}A_1-\mathrm{Im}A_1)/2,$$
$$C=A_2, D=A_3,$$

此处 $\xi=\mathrm{Re}w+\mathrm{Im}w, \eta=\mathrm{Re}w-\mathrm{Im}w$，而 $\tilde{\Phi}(z), \Phi(z)$ 适合边界条件

$$\begin{aligned}&\mathrm{Re}[\overline{\lambda(z)}e^{\tilde{\varphi}(z)}\tilde{\Phi}(z)]=\tilde{r}(z)-\mathrm{Re}[\lambda(z)\tilde{\psi}(z)], z\in\Gamma,\\ &\mathrm{Re}[\overline{\lambda(x)}(\tilde{\Phi}(x)e^{\tilde{\varphi}(x)}+\tilde{\psi}(x))]=s(x), x\in L',\\ &\mathrm{Re}[\lambda(x)\Phi(x)]=-\mathrm{Re}[\lambda(x)(\Psi(x)-\overline{W}(x))], x\in L',\\ &\mathrm{Re}[\overline{\lambda(z)}\Phi(z)]=-\mathrm{Re}[\overline{\lambda(z)}\Psi(z)], z\in L,\\ &\mathrm{Im}[\overline{\lambda(z_j)}\Phi(z_j)]=-\mathrm{Im}[\overline{\lambda(z_j)}\Psi(z_j)], j=1,2,3,\end{aligned}\tag{5.30}$$

这里 $L'=L_1'\cup L_2'\cup L_3', L_j'=(a_j,b_j), j=1,2,3, \lambda(x)=1+i$，当 $x\in L_1'$，而 $\lambda(x)=1-i$，当 $x\in L_2'\cup L_3'$；又

$$s(x)=\begin{cases}\dfrac{2r(x/2)-(a(x/2)+b(x/2))h(x)}{a(x/2)-b(x/2)}, x\in L',\\ \dfrac{2r((x+a_j)/2)-(a((x+a_j)/2)-b((x+a_j)/2))h(x)}{a((x+a_j)/2)+b((x+a_j)/2)},\\ \qquad x\in L_2'\cup L_3',\end{cases}\tag{5.31}$$

$$h(x)=\begin{cases}\operatorname{Re}[\lambda(z_1)(r(z_1)+ic_1)]-\operatorname{Im}[\lambda(z_1)(r(z_1)+ic_1)],\\ \operatorname{Re}[\lambda(z_j)(r(z_j)+ic_j)]+\operatorname{Im}[\lambda(z_j)(r(z_j)+ic_j)],j=2,3.\end{cases}\tag{5.32}$$

**证** 先用[140]第四章中的方法，求出方程(4.2)之问题 $P_2$在 $D^+$上的解 $U(z)$，类似于定理4.6的证明，由于我们选取边值问题在 $D^+$的边界 $\partial D^+$上的指数 $K=-\dfrac{1}{2}$，因此边值问题 $P_2$的解 $U(z)$ 是存在唯一的，记 $w(z)=U_z$，然后由(5.30)的三个边界条件，用逐次迭代法求出(4.2)或(4.4)在 $D^-$上的解 $U(z)$. 这样便求得 $D$ 上问题 $P_2$的解 $U(z)$，可表示成(5.25)的形式.

至于方程(4.2)问题 $P_2$解的唯一性，可先考虑 $A_2=0,z\in D^+$ 的情况，而当 $A_2=0,z\in D^+$ 不成立时，需要证明以下边值问题解的唯一性.

**问题 $Q_2$** 求方程(4.2)(满足条件 $C$)在闭区域 $\overline{D}$ 上的连续解 $U(z)$，且使 $U_z$ 在 $D_*=\overline{D}\backslash E$ 上连续，又在 $E=\{A_1,B_1,A_2,B_2,A_3,B_3\}$附近可能有低于一级的无穷大，并适合边界条件(5.17)，(5.18)，但将(5.18)中最后的点型条件改为

$$U(A_j)=c_{j-1},U(B_j)=c_{j+2},\ j=1,2,3,\tag{5.33}$$

这里 $c_j(j=0,1,\cdots,5)$都是实常数，满足条件($|c_j|\leqslant k_2$)，$j=0,1,\cdots,5$，又选取指数 $k=2$. 我们可证以下定理.

**定理5.3** 在定理5.2相同的条件下，方程(4.2)之问题 $Q_2$具有唯一解. 特别相应的问题 $T_2$(取 $k=1/2$)也是唯一可解的.

对于以上三连通区域上的问题 $T_2$是 L. Bers 在[19]2)就另一类混合型方程提出的，但未见有人给予解决，这里就方程(4.2)给以完整的解答. 此外，我们还可把以上结果推广到 $N$ 连通区域上去.

### 3. 一般区域上的斜微商边值问题

设 $D$ 是一单连通区域，分为椭圆区域 $D^+$与双曲部分 $D^-$，其中 $D^+$与图5中的相同，而双曲部分由两个三角形 $D_1^-$ 与 $D_2^-$ 组成，

$D_1^-$是由实轴上的线段 $L_0=\{0\leqslant x\leqslant a<2, y=0\}$与 $L_1=\{x+y=0, 0\leqslant x\leqslant a/2\}, L_2=\{x-y=a, a/2\leqslant x\leqslant a\}$所围，而 $D_2^-$的边界为实轴上的线段 $L_0'=\{a<x\leqslant 2, y=0\}$与 $L_3=\{x+y=a, a\leqslant x\leqslant 1+a/2\}, L_4=\{x-y=2, 1+a/2\leqslant x\leqslant 2\}$. 又 $D'$为较一般的单连通区域，即 $L_1$与 $L_4$分别由两条曲线

$$L'_1=\{x-y=\nu, y=-\gamma_1(x), 0\leqslant x\leqslant l<2\}, \tag{5.34}$$

$$L'_4=\{x+y=\mu, y=-\gamma_4(x), l<l'\leqslant x\leqslant 2\} \tag{5.35}$$

来代替，它们分别满足(4.54)中 $L_1', L_2'$的条件，即 $\gamma_1(0)=\gamma_4(2)=0, \gamma_1(x)>0, 0\leqslant x\leqslant l; \gamma_4(x)>0, l'\leqslant x\leqslant 2$，而主要条件为$1+\gamma_1'(x)>0, 0\leqslant x\leqslant l, 1-\gamma_4'(x)>0, l'\leqslant x\leqslant 2$. 这样的 $D'$由椭圆区域 $D^+$与双曲部分 $D_1', D_2'$组成，而 $D_1'$的边界为 $L_0, L_1'$与 $L_2$或其部分延长线，$D_2'$的边界为 $L_0', L_4'$与 $L_3$或其一部分延长线组成(见图5).

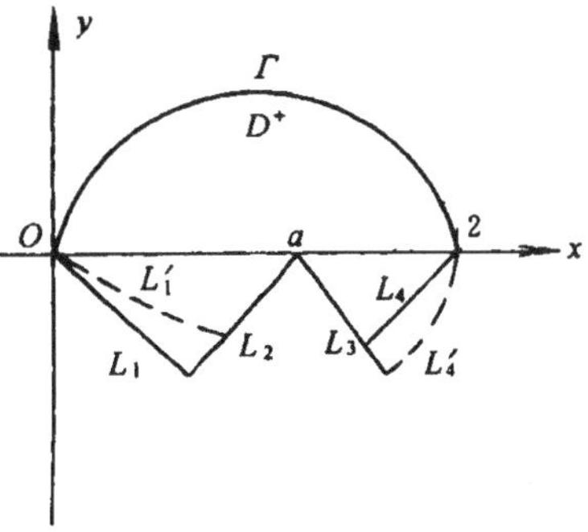

图 5

**问题 $P_3$** 求二阶拟线性混合型方程(4.2)在区域 $D'$上的斜微商边值问题，即求(4.2)在 $\overline{D}'$上的连续解 $U(z)$，使它的偏微商 $U_z$ 在 $D_*'=\overline{D}'\backslash E$ 上连续，而在 $E=\{0, a, 2\}$附近可能有低于一级的无穷大，且适合边界条件

$$\frac{\partial U}{\partial l}=2r(z) \text{ 即 } \operatorname{Re}[\overline{\lambda(z)}U_z]=r(z), z\in\Gamma, \tag{5.36}$$

$$\frac{1}{2}\frac{\partial U}{\partial l}=\operatorname{Re}[\overline{\lambda(z)}U_z]=r(z), z\in L'_1\cup L'_4, \tag{5.37}$$

$$\operatorname{Im}[\overline{\lambda(z)}U_z]|_{z=z_j}=b_j, j=1,2, U(0)=b_0, \tag{5.38}$$

这里 $z_1=l-i\gamma_1(l), z_2=l'-i\gamma_4(l'), \cos(l,n)\geqslant 0$, $n$ 为 $\Gamma$ 上每点的外法向量，$\lambda(z)=a+ib, r(z), b_0, b_1, b_2$满足条件

$$C_\alpha[\lambda(z),\Gamma]\leqslant k_0, C_\alpha[r(z),\Gamma]\leqslant k_0, |b_j|\leqslant k_2, j=0,1,4,$$
$$C_\alpha[\lambda(z), L'_1\cup L'_4]\leqslant k_0, C_\alpha[r(z), L'_1\cup L'_4]\leqslant k_2. \tag{5.39}$$

$$\max_{z\in L_1'}\frac{1}{|a(x)-b(x)|}\leqslant k_0,\max_{z\in L_4'}\frac{1}{|a(x)+b(x)|}\leqslant k_0,$$

此处 $\alpha(0<\alpha<1)$,$k_0$,$k_2$都是非负常数．特别，当 $\gamma_1(x)=x,0\leqslant x\leqslant a,\gamma_4(x)=x-2,1+a/2\leqslant x\leqslant 2$，那么区域 $D'$就是区域 $D$. 我们就把区域 $D$ 上的问题 $P_3$记作问题 $Q_3$. 实际上，区域 $D$ 上的问题 $Q_3$是问题 $P_1$当 $n=1$时的特殊情形，其中点 $E_1$为实轴上的点 $z=a$．

如果问题 $Q_3$在椭圆区域 $D^+$的边界条件的标数 $K=-1/2$，那么根据定理5.1，可知区域 $D$ 上问题 $Q_3$存在唯一解. 现在我们证明区域 $D'$上问题 $P_3$的可解性. 正如 § 4中的定理4.9的证明那样，根据(5.34)，(5.35)中所设的条件，可分别求出$1+\gamma_1(x)=\nu(0\leqslant x\leqslant l)$，$x-\gamma_4(x)=\mu(l'\leqslant x\leqslant 2)$的反函数 $x=\sigma(\nu)$，$x=\tau(\mu)$，因此 $L_1'$，$L_4'$的参数方程可写成

$$\begin{cases}L_1':\mu=2\sigma(\nu)-\nu,0\leqslant\nu\leqslant a,\\L_4':\nu=2\tau(\mu)-\mu,a\leqslant\mu\leqslant 2.\end{cases}\tag{5.40}$$

作变换

$$\tilde{\mu}=a[\mu-(2\sigma(\nu)-\nu)]/[a-2\sigma(\nu)+\nu],\tilde{\nu}=\nu,0\leqslant\nu\leqslant a,\tag{5.41}$$

$$\tilde{\mu}=\mu,\tilde{\nu}=[a(2\tau(\mu)-\mu-2)+(2-a)\nu]/[2\tau(\mu)-\mu-a],$$
$$a\leqslant\mu\leqslant 2,\tag{5.42}$$

它们的逆变换分别为

$$\mu=\frac{1}{a}[a-2\sigma(\nu)+\nu]\tilde{\mu}+[2\sigma(\nu)-\nu],\nu=\tilde{\nu},0\leqslant\tilde{\nu}\leqslant a,\tag{5.43}$$

$$\mu=\tilde{\mu},\nu=\frac{1}{2-a}[(2\tau(\mu)-\mu)(\tilde{\nu}-a)-a(\tilde{\nu}-2)],$$
$$a\leqslant\tilde{\mu}\leqslant 2,\tag{5.44}$$

如果用 $\tilde{x}=(\tilde{\mu}+\tilde{\nu})/2,y=(\mu-\nu)/2,\tilde{x}=(\tilde{\mu}+\tilde{\nu})/2,\tilde{y}=(\tilde{\mu}-\tilde{\nu})/2$分别表示上述变换与逆变换，则有

$$\begin{cases}\tilde{x}=\dfrac{2ax-(a+x-y)[2\sigma(x+\gamma_1(x))-x-\gamma_1(x)]}{2a-4\sigma(x+\gamma_1(x))+2x+2\gamma_1(x)},\\[2ex]\tilde{y}=\dfrac{2ay-(a-x+y)[2\sigma(x+\gamma_1(x))-x-\gamma_1(x)]}{2a-4\sigma(x+\gamma_1(x))+2x+2\gamma_1(x)},\end{cases}\tag{5.45}$$

$$\begin{cases} x=\dfrac{1}{2a}[a-2\sigma(x+\gamma_1(x))+x+\gamma_1(x)](\tilde{x}+\tilde{y}) \\ \qquad +\sigma(x+\gamma_1(x))-\dfrac{1}{2}(x+\gamma_1(x)-\tilde{x}+\tilde{y}), \\ y=\dfrac{1}{2a}[a-2\sigma(x+\gamma_1(x))+x+\gamma_1(x)](\tilde{x}+\tilde{y}) \\ \qquad +\sigma(x+\gamma_1(x))-\dfrac{1}{2}(x+\gamma_1(x)+\tilde{x}-\tilde{y}) \end{cases} \tag{5.46}$$

及

$$\begin{cases} \tilde{x}=\dfrac{[2\tau(x-\gamma_4(x))-x+\gamma_4(x)](x+y+a)+2(x-y)-2a(1+x)}{2[2\tau(x-\gamma_4(x))-x+\gamma_4(x)-a]}, \\ \tilde{y}=\dfrac{[2\tau(x-\gamma_4(x))-x+\gamma_4(x)](x+y-a)-2(x-y)+2a(1-y)}{2[2\tau(x-\gamma_4(x))-x+\gamma_4(x)-a]}, \end{cases} \tag{5.47}$$

$$\begin{cases} x=\dfrac{1}{2(2-a)}[(2\tau(x-\gamma_4(x))-x+\gamma_4(x))(\tilde{x}-\tilde{y}-a) \\ \qquad +2(\tilde{x}+\tilde{y}+a)-2a\tilde{x}], \\ y=\dfrac{1}{2(2-a)}[(2\tau(x-\gamma_4(x))-x+\gamma_4(x))(-\tilde{x}+\tilde{y}+a) \\ \qquad +2(\tilde{x}+\tilde{y}-a)-2a\tilde{y}]. \end{cases} \tag{5.48}$$

我们分别用 $\tilde{z}=g_1(z)$，$\tilde{z}=g_4(z)$表示变换(5.45)，(5.47)，而它们的逆变换表示为 $z=g_1^{-1}(\tilde{z})$，$z=g_4^{-1}(\tilde{z})$. 而经变换(5.41)，(5.42)，由于

$$(u+v)_{\tilde{\nu}}=(u+v)_{\nu},(u-v)_{\tilde{\mu}}=\frac{1}{a}[a-2\sigma(\nu)+\nu](u-v)_{\mu}, \tag{5.49}$$

$$(u+v)_{\tilde{\nu}}=\frac{2\tau(\mu)-\mu-a}{2-a}(u+v)_{\nu},(u-v)_{\tilde{\mu}}=(u-v)_{\mu}, \tag{5.50}$$

则在双曲部分 $D_1'$，$D_2'$的方程(4.2)，将有相应的方程组.

$$(u+v)_{\tilde{\nu}}=B(u+v)+A(u-v)+CU+D,$$

$$(u-v)_{\tilde{\mu}} = \frac{1}{a}[a - 2\sigma(\nu) + \nu][B(u+v) + A(u-v) + CU + D] \tag{5.51}$$

及

$$(u+v)_{\tilde{\nu}} = \frac{2\tau(\mu) - \mu - a}{2-a}[B(u+v) + A(u-v) + CU + D],$$
$$(u-v)_{\tilde{\mu}} = B(u+v) + A(u-v) + CU + D, \tag{5.52}$$

而边界条件

$$\mathrm{Re}\{\overline{\lambda[g_j^{-1}(\tilde{z})\}}w[g_j^{-1}(\tilde{z})]\} = r[g_j^{-1}(\tilde{z})], z \in L_j, j = 1,4,$$
$$\mathrm{Im}\{\overline{\lambda[g_j^{-1}(\tilde{z}_j)]}w[g_j^{-1}(\tilde{z}_j)]\} = b_j, j = 1,4, \tag{5.53}$$

这里 $\tilde{z}_j = g_j(z_j), j=1,4$,而

$$U(z) = \mathrm{Re}\int_0^z w(z)dz + b_0, \tag{5.54}$$

因此根据定理5.1,便可求得方程(4.2)之问题 $P_3$的唯一解$U(z)$.

**定理5.4** 设二阶拟线性混合型方程(4.2)满足条件 $C$,并且使得在椭圆区域 $D^+$的边界条件的标数 $K=-1/2$,则其问题 $P_3$存在唯一解 $U(z)$.

在[23]1),3)中,A. V. Bitsadze 使用积分方程的方法和非常复杂泛函数关系,以较多的篇幅介绍了他对二阶混合型方程(2.31)在一般区域 $D'$ 上的 Dirichlet 问题或叫一般混合问题 $T$ 的研究成果,但要求双曲区域 $D'_1, D'_2$如(5.34),(5.35)所示的边界 $L'_1, L'_4$ 满足更多的条件:$\gamma'_1(x) > 0, 0 \leqslant x \leqslant l; -\gamma'_4(x) > 0, l' \leqslant x \leqslant 2$. 由于我们这里使用了不同的方法,不仅使讨论的方程与边界条件更加一般,而且处理问题也较简便.

此外,对于区域 $D$ 上的二阶混合型方程

$$\mathrm{sgn}y|y|^m u_{xx} + u_{yy} = au_x + bu_y + cu + d, m > 0, \tag{5.55}$$
$$u_{xx} + \mathrm{sgn}y|y|^m u_{yy} = au_x + bu_y + cu + d, m > 0, \tag{5.56}$$

的 Tricomi 问题及斜微商边值问题,值得进一步研究. 我们对其中一部分问题也获得了一些研究成果,限于篇幅,这里不作介绍.

# 参考文献


[1] Adams, R. , Sobolev spaces, Academic Press, New York, 1975.

[2] Agmon, S. , Nirenberg, L. and Protter, M. H. , A maximum principle for a class of hyperbolic equations and applications to equations of mixed elliptic-hyperbolic type, Comm. Pure Appl. Math. , 6(1953), 455—470.

[3] Ahlfors, L. , Lectures on quasiconformal mappings, D. Van. Nostrand Co. , New York, 1966.

[4] Alkhutov, Yu A. and Mamedov, I. T. , 1)Some properties of the solutions of the first boundary value problem for parabolic equations with discontinuous coefficients, Soviet Math. Dokl. , 32(1985), No. 2, 343—347.

2) The first boundary value problem for nondivergence second order parabolic equations with discontinuous coefficients, Math. USSR Sbornik, 59(1988), 471—495.

[5] Avantaggiati, A. , Internal and external first order boundary value problems on $C^1$ domains, Instituto per le applicazioni del calcolo "Mauro Picone", Pubblicazioni Serie Ⅲ, N. 215, Roma, 1982.

[6] Bear, R. J. , Gilbert, R. P. and Kendall, H. , On a two-dimensional free-boundary problem, J. Appl. Math. Phys. , 11(1960), 341—355; 12(1960), 69—70.

[7] Begehr, H. , 1)Boundary value problems for mixed kind systems of first order partial differential equations, 3. Roumanian-Finnish Seminar on Complex Analysis, Bucharest 1976, Lecture Notes in Math. 743, Springer-Verlag, Berlin, 1979, 600—614.

2) An approximation method for the Dirichlet problem of nonlinear elliptic systems in $R^r$, Rev. Roumaine Math. Pure Appl. , 27(1982), 927—934.

3) Boundary value problems for analytic and generalized analytic functions, Complex Analysis Methods, Trends, and Applications, Akademie-Verlay, Berlin, 1983, 150—165.

4) Moving boundary problems of Hele Shaw type, Proc. 21. st Annual Iranian Math. Conference, Univ. Isfahan, Isfahan, 1990, 43—63.

5) Estimates of solutions to linear elliptic systems and equations, Part. Diff. Equations, Banach Centre Publ. , 27, Part 1, Warsaw, 1992, 45—63.

6) Complex analytic methods for partial differential equations, World Scientific, Singapore, 1994.

[8] Begehr, H. and Dai, Dao-qing, Initial boundary value problem for nonlinear

pseudoparabolic equations, Complex Variables, Theory Appl., 18(1992), 33—17.

[9] Begehr, H. and Gilbert, R. P., 1)Das Randwert-Normproblem für ein fastlineares elliptisches System und eine Anwendung, Ann. Acad. Sci. Fenn. A. I., 3(1977), 179—184.

2)On Riemann boundary value problems for certain linear elliptic systems in the plane, J. Diff. Equ., 32(1979), 1—14.

3)Hele-Shaw flows in $R^n$, Nonlinear Analysis, 10(1986), 65—85.

4) Non-Newtonian Hele-Shaw flows in $n \geqslant 2$ dimensions, Nonlinear Analysis 11 (1987), 17—47; Chinese transl. J. Hebei Normal Univ. Math. Sci. Ed., 3 (1987), 67—96.

5)Pseudohyperanalytic functions, Complex Variables, Theory Appl., 9(1988), 343—357.

6)Transformations, transmutations, and kernel functions Ⅰ, Ⅱ, Longman, Harlow, 1992, 1993.

[10] Begehr, H. and Hile, G. N., 1) Nonlinear Riemann boundary problems for a semilinear elliptic system in the plane, Math. Z., 179(1982), 241—261.

2) Riemann boundary value problem for nonlinear elliptic systems, Complex Variables, Theory Appl., 1(1983), 239—261.

3) Schauder estimates and existence theory for entire solutions of linear elliptic equations, Proc. Royal Soc. Edinburgh, 110A(1988), 101—123.

[11] Begehr, H. and Hsiao, G. C., 1)Nonlinear boundary value problems for a class of elliptic systems, Komplexe Analysis und ihre Anwendungen auf partielle Differentialgleichungen, Martin-Luther-Univ., Halle-Wittenberg, Wiss. Beiträge, 1980, 90—102.

2)On nonlinear boundary value problems of elliptic systems in the plane, Ord. Part. Diff. Equ., Proc. Dundee, 1980, Lecture Notes in Math. 864, Springer-Verlag, Berlin, 1981, 55—63.

3) Nonlinear boundary value problems of Riemann-Hilbert type, Contemporary Math., 11(1982), 139—153.

4)The Hilbert boundary value problem for nonlinear elliptic systems, Proc. Roy. Soc. Edinburgh, 94A(1983), 97—112.

[12] Begehr, H. and Jeffrey, A., ed., 1)Partial differential equations with complex anbalysis, Longman, Harlow, 1992.

2)Partial differentisal equations with real analysis, Longman, Harlow, 1992.

[13] Begehr, H. and Kumar, A., Bi-analytic functions of several complex variables, Complex Variables, Theory and Appl., 24(1993), 89—106.

[14] Begehr, H. and Lin, Wei, A mixed-contact boundary problem in orthotropic elasticity, Partial Differential Equations with Real Analysis, Longman, Harlow, 1992, 219—239.

[15] Begehr, H. and Wen, Guo-chun, 1)The discontinuous oblique derivative problem for nonlinear elliptic systems of first order. Rev. Roumaine Math. Pures Appl. , 33 (1988), 7—19.

2) A priori estimates for the discontinuous oblique derivative problem for elliptic systems, Math. Nachr. , 142(1989), 307—336.

3) Nonlinear elliptic boundary value problems and their applications, Longman, Harlow, 1996.

[16] Begehr, H, Wen, Guo-chun and Zhao, Zhen. , An initial and boundary value problem for nonlinear composite type systems of three equations, Math. Pannonica, 2(1991), 49—61.

[17] Begehr, H. and Xu, Zhen-yuan, Nonlinear half-Dirichlet problems for first order elliptic equations in the unit ball of $R^m(m \geqslant 3)$ , Appl. Anal., 45(1992), 3—18.

[18] Bergman, S. , Integral operators in the theory of linear partial differential equations, Sprınger-Verlag, Berlin, 1961.

[19] Bers, L. , 1)Theory of pseudoanalytic functions, New York University, New York, 1953.

2)Mathematical aspects of subsonic and transonic gas dynamics, Wiley, New York, 1958.

3) Quasiconformal mappings, with applications to differential equations, function theory and topology, Bull. Amer. Math. Soc. , 83(1977), 1083—1100.

[20] Bers, L. , John, F. and Schechter, M. , Partial differential equations, Intersience Publ. , New York, 1964.

[21] Bers, L. and Nirenberg, L. , 1) On a representation theorem for linear elliptic systems with discontinuous coefficients and its application, Conv. Intern. Eq. Lin. Derivate Partiali, Trieste, Cremonense, Roma, 1954, 111—140.

2) On linear and nonlinear elliptic boundary value problems in the plane, Conv. Intern. Eq. Lin. Derivate Partiali, Trieste,Cremonense,Roma,1954,141—167.

[22] Beyer, K. , Nichtlineare Randwertprobleme für elliptische Systeme 1, Ordnung für zwei Funktionen von zwei Variablem, Beiträge zur Analysis, 4(1972), 31—34.

[23] Bitsadze, A. V. , 1)Equations of Mixed type, Macmillan, New York, 1964.

2)Boundary value problems for elliptic equations of second order, Nauka, Moscow, 1966(Russian); Engl. Transl. North Holland Publ. Co. , Amsterdam, 1968.

3)Some classes of partial differential equations, Gordon and Breach, New York,

1988.

4)Partial differential equations, World Scientific, Singapore, 1994.

[24] Bliev, N. K., Generalized analytic functions in fractional space, Izdatel'stro Nauka Kazakhikai SSR, Alma-Ata, 1985(Russian).

[25] Bojarski, B., 1)Generalized solutions of a system of differential equations of first order and elliptic type with discontinuous coefficients, Mat. Sb. N. S., 43(85) (1957), 451—563(Russian).

2)Some boundary value problems for systems of 2m equations of elliptic type in the plane, Dokl. Akad. Nauk SSSR, 124(1958), 15—18(Russian).

3)Riemann-Hilbert problem for a holomorphic vector, Dokl. Akad. Nauk SSSR, 126(1959), 695—698(Russian).

4)Theory of generalized analytic vectors, Ann. Polon. Math., 17(1966), 281—320.

5)Subsonic flow of compressible fluid, Arch. Mech. Stos., 18(1966), 497—520; Mathematical Problems in Fluid Mechanics, Polon. Acad. Sci., Warsaw, 1967, 9—32.

[26] Bojarski, B. and Iwaniec, T., Quasiconformal mappings and non-linear elliptic equations in two variables Ⅰ, Ⅱ, Bull. Acad Polon. Sci., Sér. Sci. Math. Astr. Phys, 22(1974), 473—478;479—484.

[27] Brackx, F, Delanghe, R. and Sommen, F., Clifford analysis, Pitman, London, 1982.

[28] Brezis, H., The dam problem revisited, Proc. Sem. Montecatini, Pitman, London 1983.

[29] Buchanan, J., Bers-Vekua equations of two complex variables, Contemporary Math., 11(1982), 71—88.

[30] Carroll R. W. and Showalter R. E., Singuler and degenerate Cauchy problems, Academic Press, New York, 1976.

[31] Chisholm, J. S. R. and Common, A. K., Clifford algebras and their applications in mathematical physics, Reidel, Dordrecht, 1986.

[32] Colton, D., 1) Partial differential equations in the complex domain, Pitman, London, 1976.

2)Analytic theory of partial differential equations, Pitman, London, 1980.

[33] Colton, D. and Gilbert, R. P., Constructive and computational methods for differential and integral equations, Letures Notes in Math. 430, Springer-Verlag, Berlin, 1974.

[34] Courant, R. and Hilbert, H., Methods of mathematical physics Ⅱ, Interscience

Publ., New York, 1962.
[35] Crank, J., Free and moving boundary problems, Clarendon Press, Oxford, 1984.
[36] Dai, Dao-qing, On the Riemann-Hilbert boundary value problem for nonlinear elliptic equations in the plane, Partial Differential Equations with Complex Analysis, Longman, Harlow, 1992, 150—155.
[37] Danijuk, I. I., Nonregular boundary value problems in the plane, Izdat. Nauka, Moscow, 1975(Russian).
[38] Delanghe, R., 1)On regular-analytic functions with values in a Clifford algebra, Math. Ann., 185(1970), 91—111.
2)On regular functions with values in topological modules over a Clifford algebra, Bull. Soc. Math. Belg., 25(1973), 131—138.
[39] Delanghe, R. and Brackx, F., Hypercomplex function theory and Hilbert modules with reproducing kernel, Proc. London Math. Soc., 37(1978), 545—576.
[40] Dzhurajev, A., 1)Study of partial differential equations by the means of generalized analytical functions, Function Theoretic Methods for Partial Differential Equations, Lecture Notes in Math. 561, Springer-Verlag, Berlin, 1976, 29—38.
2)Systems of equations of composite type, Nauka SSSR, Moscow, 1972(Russian); Engl. transl. Longman, Harlow, 1989.
3)Methods of singular integral equations, Nauk SSSR, Moscow, 1987(Russian); Engl. transl. Longman, Harlow, 1992.
4)Degenerate and other problems, Longman, Harlow, 1992.
[41] 丁正中，一类半线性二阶退化椭圆型方程的一般边值问题，数学学报，27(1984)，177—191.
[42] Dong, Guang-chang, 1)Initial and nonlinear oblique boundary value problems for fully nonlinear parabolic equations, J. Partial Differential Equations, Series A, 1(1988), No. 2, 12—42.
2) Nonlinear second order partial differential equations, Amer. Math. Soc., Providence, RI, 1991.
[43] Douglis, A., A function-theoretic approach to elliptic systems of equations in two variables, Comm. Pure Appl. Math., 6(1953), 259—289.
[44] Douglis, A. and Nirenberg, L., Interior estimates for elliptic systems of partial differential equations, Comm. Pure Appl. Math., 8(1953), 503—538.
[45] Duduchava, R. and Rodino, L., The Riemann-Hilbert boundary value problem in a bicylinder, Bollettino U. M. I., (6)4—A(1985), 327—336.
[46] 方爱农，拟似共形映照与一阶非线性椭圆型方程组的函数论，数学学报，23(1980)，280—292.

[47] Fasano, A. and Primicerio, M., New results on some classical parabolic free boundary problems, Q. Appl. Math., 38(1980—1981), 439—460.

[48] Friedman A., 1) Variational principles and free boundary problems, Wiley, New York, 1982.

2) Partial differential equations of parabolic type, Malabar Fal., Kriger, 1983.

[49] Gakhov, F. D., Boundary value problems, Fizmatgiz, Moscow, 1963(Russian); Pergamon, Oxford, 1966.

[50] Gilbarg, D. and Trudinger, N. S., Elliptic partial differential equations of second order, Springer-Verlag, Berlin, 1977.

[51] Gilbert, R. P., 1) Function theoretic methods in partial differential equatiuons, Academic Press, New York, 1969.

2) Constructive methods for elliptic equations, Lecture Notes in Math., 365, Springer-Verlag, Berlin, 1974.

3) Nonlinear boundary value problems for elliptic systems in the plane, Nonlinear Systems and Applications, ed. V. Lakshmikantham. Academic Press, New York, 1977, 97—124.

4) Verallgemeinerte hyperanalytische Funktionentheorie, Komplexe Analysis und ihre Anwendungen auf partielle Differentialgleichungen, Martin-Luther-Univ. Halle-Wittenberg, Wiss. Beiträge, 1980, 124—145.

5) Plane ellipticity and related problems, Amer. Math. Soc., Providence, RI, 1981.

[52] Gilbert, R. P. and Buchanan, J. L., First order elliptic systems: A function theoretic approach, Academic Press, New York, 1983.

[53] Gilbert, R. P. and Hile, G. N., 1) Generalized hypercomplex function theory, Trans. Amer. Math. Soc., 195(1974), 1—29.

2) Degenerate elliptic systems whose coefficients matrix has a group inverse, Complex Variables, Theory Appl., 1(1982), 61—88.

[54] Gilbert, R. P. and Hsiao, G. C., Constructive function theoretic methods for higher order pseudoparabolic equations, Lecture Notes in Math. 561, Berlin, 1976, 51—67.

[55] Gilbert, R. P. and Kukral, D. K., A function theoretic method for $\Delta_1^2 u + Q(x)u = 0$, Ann. Math. Pure Appl., 104(1975), 31—42.

[56] Gilbert, R. P. and Lin, Wei, 1) Algorithms for generalized Cauchy kernels, Complex Variables, Theory Appl., 2(1983), 103—124.

2) Function theoretic solutions to problems of orthotropic elasticity, J. Elasticity, 15 (1985), 143—154.

[57] Gilbert, R. P. and Wen, Guo-chun, 1) Free boundary problems occurring in planar fluid dynamics, Nonlinear Analysis, 13(1989), 285—303.
2) Two free boundary problems occurring in planar filtrations, Nonlinear Analysis, 21(1993), 859—868.

[58] Gilbert, R. P. and Wenland, W., Analytic, generalized haperanalytic function theory and an application to elasticity, Proc. Roy. Soc. Edinburgh, 73A(1975), 317—331.

[59] Goldschmidt, B., Generalized analytic functions in $R^n$, Komplexe Analysis und ihre Anwendungen auf partielle Differentialgleichungen, Martin-Luther-Univ., Halle-Wittenberg, Wiss. Beiträge, 1980, 175—178.

[60] Guderley G., On the development of solutions of Tricomi's differential equation in the vicinity of the origin, J. Rational Mech. Anal., 5(1956), 747—790.

[61] Haack, W. and Wendland, W., Lectures on Pfaffian and partial differential equations, Pergamon Press, Oxford, 1972.

[62] Habetha, K., 1) Uber lineare elliptische Differentialgleichungssysteme mit analytischen Koeffizienten, Ber. Ges. Math. Datenverab. Bonn, 77(1973), 65—89.
2) On zeros of elliptic systems of first order in the plane, Function Theoretic Methods in Differential Equations, Pitman, London, 1976, 42—62.

[63] Hile, G. N., 1) Hypercomplex function theory applied to partial differential equations, Ph. D. Dissertation, Indiana University, Bloomington, 1972.
2) Function theory for a class of elliptic systems in the plane, J. Diff. Eq., 32(3)(1979), 369—387.

[64] Hile, G. N. and Protter, M. H., 1) Maximum principles for a class of first order elliptical systems, J. Diff. Eq., 24(1)(1977), 136—151.
2) Properties of overdetermined first order elliptic systems, Arch. Rat. Mech. Anal., 66(1977), 267—293.

[65] 侯宗义，在区域边界为抛物型退缩的一类二阶线性椭圆型方程的狄利克雷问题，科学记录，2(1958)，311—315.

[66] Hörmander, L., Linear partial differential operators, Springer-Verlag, Berlin, 1964.

[67] Hsiao, G. C. and Wendland, W., A finite element method for some integral equations of the first kind., J. Math. Anal. Appl., 58(1977), 449—481.

[68] Hua, Loo-keng, Lin, Wei and Wu, Tzu-chien, Second order systems of partial differential equations in the plane, Pitman, London, 1985.

[69] Huang, Sha, Two boundary value problems for the regular functions with values in a

real Clifford algebra in the hyperball, Systems Sci. Math. Sci. ,9(1996),236—241.
[70] Huang, Sha and Li, Sheng-xun, On oblique derivative problem for generalized regular functions with values in a real Clifford algebra, Integral Equations and Boundary Value Problems, World Scientific, Singapore, 1991, 80—85.
[71] Iftimie, V., Functions hypercomplexes, Bull. Math. Soc. Sci. Math. R. S. Roumanie, 9(57)(1965), 279—332.
[72] Iwaniec, T., Quasiconformal mapping problem for general nonlinear systems of partial differential equations, Symposia Math. 18, Acad. Press, London, 1976, 501—517.
[73] Iwaniec, T. and Mamourian, A., On the first order nonlinear differential systems with degeneration of ellipticity, Proc. Second Finnish-Polish Summer School in Complex Analysis, (Jyväskylä, 1983), Univ. Jyväskylä, 28(1984), 41—52.
[74] Kakıcilev, V. A., Boundary value problems for the linear conjugacy for the functions homomorphic in a bicylindrical domain, Dokl. Akad. Nauk SSSR, 178 (1968), 1003—1006(Russian).
[75] Keldych, M. V., On certain cases of degeneration of equations of elliptic type on the boundary of a domain, Dokl. Akad. Nauk SSSR(N. S.),77(1951), 181—183 (Russian).
[76] Kharab, A., A free boundary value problem for water invading an unsaturated medium, Computing, 38(1987), 185—207.
[77] Kracht, M. and Kreyszig, E., Methods of complex analysis in partial differential equations with applications, Wiley, New York, 1988.
[78] Krushkal, S. L. and Kühnau, R., Quasikonforme Abbildungen. Neue Methoden und Anwendungen, Teubner-Verlag, Leipzig, 1983.
[79] Krylov, N. V., Nonlinear elleptic and parabolic equations of the second order, D. Reidel Publishing Co., Dordrechtn-Boston, Mass., 1987.
[80] Kühnau, R. and Tutschke, W., 1) Boundary value and initial value problems in complex analysis, Longman, Harlow, 1991.
2) Geometric function theory and applications of complex analysis in mechanics, Longman, Harlow, 1991.
[81] Ladyshenskaja, O. A., Solonnikov, V. A. and Uraltseva, N. N., Linear and Quasilinear Equations of Parabolic Type, Amer. Math. Soc., Providence, RI, 1968.
[82] Ladyshenskaja, O. A. and Uraltseva, N. N., Linear and quasilinear elliptic equations. Academic Press, New York, 1968.
[83] Lanckau, E. and Tutschke, W., Complex analysis: Methods, trends, and

applications, Akademie-Verlag, Berlin, 1983.

[84] Lavrent'ev, M. A., Certain boundary value problems for systems of elliptic type, Sibirsk Mat. Z., 3(1962), 715—728(Russian).

[85] Lehto, O., Remarks on generalized Beltrami equations and conformal mappings, Proc. Romanian-Finnish Seminar on Teichmüller Spaces and Quasiconformal Mappings, Brasov, 1969. Sém. Inst. Math. Acad. R. S. Roumanie, Publ. House Acad. S. R. Roumanie, 1971, 203—214.

[86] Leray, J. and Schauder, J., Topologie et équations fonczionelles, Ann. Sci. École Norm. Sup., 51(1934), 45—78; YMH, 1(1946), 71—95(Russian).

[87] Levinson, N., Dirichlet problem for $\Delta u = f(x, y, u)$, J. Math. Mech., 12 (1963), 567—575.

[88] 李名德，秦禹春，一类奇性椭圆型偏微分方程的斜微商问题，杭州大学学报(自然科学)，1980，2:1—18.

[89] Li, Ming-zhong, Generalized Riemann-Hilbert problem for a system of first order quasilinear elliptic equations of several complex variables, Complex Varivables, Theory and Appl., 7(1987), 383—393.

[90] Li, Ming-zhong and Cheng, Jin, Boundary value problems for complex overdetermined partial differential equations of second order, Integral Equations and Boundary Value Problems, World Scientific, Singapore, 1991, 11—17.

[91] 李忠，变态的 Dirichlet 问题及其在拟保角映射中的应用，北京大学学报(自然科学)，1964，4:319—341.

[92] 李忠，闻国椿，一阶线性椭圆型偏微分方程组的黎曼-希尔伯特边值问题，数学学报，14(1964)，23—32.

[93] Lion, J. L. and Magenes, E., Non-homogeneous boundary value problems and applications, Springer-Verlag, Berlin, 1972.

[94] Litvinchuk, G. S., Boundary value problems and singular integral equations with shift, Nauka, Moscow, 1977(Russian).

[95] 柳企丰，多连通区域上非线性椭圆型复方程的 Riemann-Hilbert 问题，四川师院学报(自然科学)，1984，4:32—38.

[96] Lopatinski, Y. B., On a method of reducing boundary value problems for a system of differential equations of elliptic type to regular equations, Ukrain. Mat. Z., 5 (1953), 123—151(Russian).

[97] Lu, Chien-ke, 1) On compound boundary problems, Sci. Sinica, 14(1965), 1545—1555.

2)平面弹性复变方法，武汉大学出版社，1986.

3) Boundary value problems for analytic functions, World Scientific, Singapore,

1993.

[98] Malonek, H. and Müller, B., Definition and properties of a hypercomplex singular integral opertor, Results Math., 22(1992), 713—724.

[99] Mikhailov, L. G., A new class of singular integral equations and its applications to differential equations with singular coefficients, Wolters-Noordhoff, Groningen, 1970.

[100] Miranda, C., Partial differential equations of elliptic type, Springer-Verlag, Berlin, 1970.

[101] Monakhov, V. N., 1) Transformations of multiply connected domains by the solutions of nonlinear L-elliptic systems of equations, Dokl. Akad. Nauk SSSR, 220(1975), 520—523(Russian).

2) Boundary value problems with free boundaries for elliptic systems, Amer. Math. Soc., Providence, RI, 1983.

[102] Morrey, C. B., On the solution of quasilinear elliptic partial differential equations, Trans. Am. Math. Soc., 43(1938), 126—166.

[103] Mshimba, A. S. A., The Hilbert boundary value problem for elliptic differential equations in the plane, Appl. Anal., 30 (1988), 75—86.

[104] Mshimba, A. S. A. and Tutschke W., Functional analytic methods in complex analysis and applications to partial differentisal equations, World Scientific, Singapore, 1990.

[105] Mushelishvili, N. I., 1)Singular integral equations, Noordhoff, Groningen, 1953.

2)Some basic problems of the mathematical theory of elasticity, Nauka, Moscow, 1946(Russian); Noordhoff, Groningen, 1953.

[106] Naas, J. and Tutschke, W., 1) Some probabilistic aspects in partial complex differential equations, Complex Analysis and its Applications. Akad. Nauk SSSR, Izd. Nauka, Moscow, 1978, 409—412.

2)On the error in the approximate solution of boundary value problems of nonlinear first order differential equctions in the plane, Appl. Anal., 7(1978), 239—246.

[107] Nirenberg, L., 1)On nonlinear elliptic partial differential equations and Hölder continuity, Comm. Pure Appl. Math., 6(1953), 103—156.

2) An applicatioin of generalized degree to a class of nonlinear problems, Coll. Analyse Fonct. Liége, 1970, Vander, Louvain, 1971, 57—74.

[108] Nitsche, J. and Nitsche, J. J., Bemerkungen zum zweiten Randwertproblem der Differentialgleichung $\Delta\phi = \phi_x^2 + \phi_y^2$, Math. Ann., 126(1953), 69—74.

[109] Oleinik, O. A., On equations of elliptic type degenerating on the boundary of a

region, Dokl. Akad. Nauk SSSR(N. S.),87(1952), 885—888.

[110] Orton, M., Hilbert boundary value problems-a distributional approach, Proc. Roy. Soc. Edinburgh, 77A(1977), 193—208.

[111] Oskolkov, A. P., Interior estimates of the first order derivatives for a certain class of quasilinear elliptic systems, Trudy Mat. Inst. Steklov, 110(1970), 102—106 (Russian).

[112] Panejah, B. P., On the theory of solvability of the oblique derivative problem, Math. Sb. (N.S.), 114(1981), 226—268(Russian).

[113] Polozhy, G. N., Generalization of the thoery of analytic functions of a complex variable. p-analytic and (p, q)-analytic functions and some of their applications, Izdat. Kiev. Univ., Kiev, 1965(Russian).

[114] Protter, M. H. and Weinberger, H. F., Maximum priciples in differential equations, Prentice-Hall, Englewood Cliffs, N. J., 1967.

[115] 濮德潜，1)重复变函数Ⅰ，Ⅱ，数学研究与评论，3(1983)，113—122，5(1985)，101—108.

2) Function-theoretic process of hyperbolic equations, Integral Equations and Boundary Value Problems, World Scientific, Singapore, 1991, 161—169.

[116] Pul'kin, S. P., The Tricomi problem for the generalized Lavrent'ev-Bicadze equation, Dokl. Akad. Nuak SSSR, 118(1958), 38—41(Russian).

[117] Rudin, W., Function theory in the unit ball of $C^n$, Springer-Verlag, Berlin, 1980.

[118] Schauder, L., Der Fixpunktsatz in Funktionalräumen, Studia Math., 2(1930), 171—181.

[119] Shi, P., Invariance property of anisotropic Hele-Shaw flows, Appl. Anal., 30 (1988), 201—231.

[120] Smirnov, M. M., Equations of mixed type, Amer. Math Soc. Providence, RI, 1978.

[121] Sobolev, S. L., Applications of functional analysis in mathematical physics, Amer. Math. Soc., Providence, RI, 1963.

[122] Stein, E. M., Singular integrals and differentiability properties of functions, Princeton Univ. Press, Princeton, N. J., 1970.

[123] Stern, I., 1)Boundary value problems for generalized Cauchy-Riemann systems in the space, Boundary Value and Initial Value Problems in Complex Analysis, Longman, Harlow, 1991, 159—183.

2) On the existence of Fredholm boundary value problems for generalized Cauchy-Riemann systems in the space, Complex Variables, Theory Appl., 21(1993), 19—38.

[124] 戴中维，多连通区域上各种椭圆型复方程的斜微商问题，应用数学与计算数学，1982，1:69－73.

[125] Teichert-Gaida, A., On some compound nonlinear boundary value problem, Demostratio Math., 9(1976), 409－421.

[126] Tian, Mao-ying, The general boundary value problem for nonlinear degenerate elliptic equations of second order in the plane, Integral Equations and Boundary Value Problems, World Scientific, Singapore, 1991, 197－203.

[127] Tjurikov, E. V., The nonlinear Riemann-Hilbert boundary value problem for quasilinear elliptic systems, Soviet Math. Dokl., 20(1979), 863－866.

[128] Trudinger, N. S., Nonlinear oblique boundary value problems for nonlinear elliptic equations, Trans. Amer. Math. Soc., 295(1986), 509－546.

[129] Tutschke, W., 1) The Riemann-Hilbert problem for nonlinear systems of differential equations in the plane, Complex Anaysis and its Applications, Akad. Nauk SSSR, Izd. Nauka, Moscow, 1978, 537－542.

2) Boundary value problems for generalized analytic functions for several complex variables, Ann. Pol. Math., 39(1981), 227－238.

[130] Tutschke, W. and Mshimba A. S., Proceedings of the functional analytic methods in complex analysis and applications to partial differential equations, World Scientific, Singapore, 1995.

[131] Vekua, I. N., 1) Generalized analytic functions, Pergamon, Oxford, 1962.

2) Theory of thin shallow shells of variable thickness, Akad. Nauk Gruzin. SSR Trudy Tbilisi. Mat. Inst. Razmadze, 1965(Russian).

3) New methods for solving elliptic equations, North-Holland Publ., Amsterdam, 1967.

4) Shell theory: General methods of construction, Pitman, London, 1985.

[132] Vinogradov, V. S., 1) On some boundary value problems for quasilinear elliptic systems of first order in the plane, Dokl. Akad. Nauk SSSR, 121(1958), 579－581(Russian).

2) Elliptic systems in the plane, Complex Analysis-Methods, Trends, and Applications. Akademie-Verlag, Berlin, 1983, 166－173.

[133] Vvedenskaya, N. D., On a boundary problem for equations of elliptic type degenerating on the boundary of a region, Dokl. Akad. Nauk SSSR(N. S.), 91(1953), 711－714(Russian).

[134] 王传芳，奇异椭圆型方程的 Dirichlet 问题，杭州大学学报(自然科学)，1978，2: 19－32.

[135] 王莉萍，多圆柱区域上解析函数的 Riemann-Hilbert 值问题，青岛海洋大学学

报，21(1991)，134－142.
[136] Warowna-Dorau, G., A compound boundary value problem of Hilbert-Vekua type, Demonstratio Math., 7(1974), 337－352.
[137] Warschawski, W., On differentiability at the boundary in conformal mapping, Proc. Amer. Math. Soc., 12(1961), 614－620.
[138] Wegert, E., Nonlinear boundary value problems for homomorphic functions and singular integral equations, Akademie-Verlag, Berlin, 1992.
[139] Wen, Guo-chun, 1)Modified Dirichlet problem and quasiconformal mappings for nonlinear elliptic systems of first order, Kexue Tongbao (A monthly J. Sci.), 25 (1980), 449-453.
2)平面上一阶非线性椭圆型方程组的黎曼-希尔伯特边值问题，数学学报，23 (1980)，244－255.
3)二阶非线性椭圆型方程组的斜微商边值问题(Ⅰ)，河北化工学院学报，1980年数学专辑，119－144.
4)关于黎曼——希尔伯特边值问题的奇异情形，北京大学学报(自然科学)，1981，4:1－14.
5)二阶线性椭圆型方程组负指数时的Poincaré边值问题，数学研究与评论，1982，1:61－76.
6)The mixed boundary value problem for nonlinear elliptic equations of second order in the plane, Proc. 1980 Beijing Sym. Diff. Geom. Diff. Eq., Beijing, 1982, 1543－1557.
7)无界可测系数的二阶非线性椭圆型方程解的表示定理与混合边值问题，数学学报，26(1983)，533－537.
8)Oblique derivative boundary value problems for nonlinear elliptic systems of second order, Scientia Sinica, Ser. A, 26(1983), 113－124.
9)Some nonlinear boundary value problems for nonlinear elliptic equations of second order in the plane, Complex Variables, Theory Appl., 4(1985), 189－210.
10)一阶非线性椭圆型复方程的非线性间断边值问题，北京大学学报(自然科学)，1985，3:1－10.
11)Nonlinear oblique derivative boundary value problems for nonlinear elliptic systems of several second order equations, Proc. 1982 Changchun Sym. Diff. Geom. Diff. Eq., Changchun, 1986, 623－636.
12)Applications of complex analysis to nonlinear elliptic systems of partial differential equations, Analytic Functions of one Complex Variable, Amer. Math. Soc., Providence, RI, 1985, 217－234.
13)线性与非线性椭圆型复方程，上海科学技术出版社，上海，1985.

14) Some boundary value problems for nonlinear degenerate elliptic complex equations, Lectures on Complex Analysis, World Scientific, Singapore, 1988, 265—281.

15)Clifford 分析中的斜微商问题，烟台大学学报(自然科学与工程版)，1990，1:1—6.

16)Clifford analysis and elliptic systems, hyperbolic systems of first order, Integral Equations and Boundary Value Problems, World Scientific, Singapore, 1991, 237—243.

17) Conformal mappings and boundary value problems, Amer. Math. Soc., Providence, RI, 1992.

18)二阶完全非线性椭圆型方程的非正则斜微商边值问题，烟台大学学报(自然科学与工程版)，1992，4:1—8.

19) Function theoretic methods for partial differential equations and their applications and computations，数学进展，22(1993)，391—402.

20)可测系数的二阶非线性抛物型复方程的两种边值问题，烟台大学学报(自然科学与工程版)，1993，1:1—8.

21)二阶椭圆型方程在多连通区域上的一些间断边值问题，烟台大学学报(自然科学与工程版)，1994，1:6—11.

22) Initial and general nonlinear oblique derivative problems for full nonlinear parabolic complex equations, Complex Analysis and its Applications, Longman, Harlow, 1994, 334—343.

23) General initial and nonlinear boundary value problems for fully nonlinear parabolic equations of second order, Journal of Mathematical Sciences, U. S. Singh Memorial Volume, Part I, 28(1994), 1—26.

24)Initial-mixed boundary value problems for parabolic complex equations of second order with measurable coefficients, J. Analysis and its Applications, 14(1995), no. 3, 1—10.

25)Oblique derivative problems for nonlinear elliptic complex equations of second order, Functional Analytic Methods in Complex Analysis and Applications to Partial Differential equations, World Scientific, Singapore, 1996, 153—162.

26) Nonlinear irregular oblique derivative problems for fully nonlinear elliptic eqations, Acta Math Sci., 15(1995), 82—90.

27)The finite element method of the Poincaré boundary value problem for nonlinear elliptic systems of second order equations, Functional Analytic Methods in Complex Analysis and Applications to Partial Differential equations, World Scientific, Singapore, 1995, 174—181.

28) Initial-oblique derivative problems for nonlinar parabolic complex equations of second order with measurable cofficints, Complex Variables, Theory and application, 30(1996), 35－48.

29)可测系数的抛物型方程初-斜微商问题解的先验估计，烟台大学学报(自然科学与工程版)，1996，4:1－7.

30)Oblique derivative problems for linear mixed equations of second order, Science in China (Series A), 41(1998), No. 4, 246－256

[140] Wen, Guo-chun and Begehr, H., Boundary value problems for elliptic equations and systems, Longman, Harlow, 1990.

[141] Wen, Guo-chun and Chen, Li-cheng, Complex variable methods for the solution of some filtration problems with free boundaries, Arab. J. Sci. Eng., 17(1992), 4B:605－609.

[142] 闻国椿，方爱农，二阶非线性椭圆型方程组的复形式与某些边值问题，数学年刊，2(1981)，201－216.

[143] 闻国椿，康世祥，1)四阶椭圆型方程组在多连通区域上的斜微商边值问题，四川师范学院学报(自然科学)，1983，2:53－64.

2)一阶双曲型方程组的 Dirichlet 边值问题，四川师范大学学报(自然科学)，1992，1:55－62.

[144] 闻国椿，李鸿振，李子植，二阶非线性椭圆型复方程的非正则斜微商边值问题的一种近似解法，河北大学学报(自然科学)，1990，3:1－7.

[145] Wen, Guo-chun and Li, Ping-qian, The weak solution of Riemann-Hilbert problems for elliptic complex equations of first order, Appl. Anal., 45(1992), 209－227.

[146] 闻国椿，李生训，许克明，关于拟保角映射的基本定理，河北化工学院学报，1980年数学专辑，20－40.

[147] 闻国椿，柳企丰，1)四阶椭圆型方程组的 Riemann-Hilbert 边值问题，四川师范学院学报，1981数学专辑，90－103.

2)一阶非线性椭圆型复方程的非线性边值问题，四川师范学院学报(自然科学)，1983，4:22－31.

3)多连通区域上某些空气动力学的自由边界问题，四川师范大学学报(自然科学)，1986，1:26－38.

[148] 闻国椿，康世祥，柳企丰，2n 椭圆型复方程的 Dirichlet 边值问题，四川师范大学学报(自然科学)，1990，3:11－17.

[149] 闻国椿，戴中维，1)二阶非线性椭圆型复方程的非线性复合边值问题，河北师范大学学报(自然科学)，1983，1:6－18.

2)二阶线性椭圆型方程组在多连通区域上的 Poincaré 边值问题，北京大学学报

(自然科学)，1983，2:1—10.

[150] 闻国椿，戴中维，田茂英，自由边界问题的函数论方法及其在力学中的应用，高等教育出版社，北京，1996.

[151] 闻国椿，田茂英，1)二阶椭圆型方程在全平面上的解，数学杂志，1982，1:23—36.

2)多复变函数的一些边值问题，烟台大学学报(自然科学与工程版)，1989，2:1—14.

[152] 闻国椿，吴文燧，1)平面上一阶双曲型方程组的复形式，四川师范大学学报(自然科学)，1994，2:92—94.

2)n类一阶双曲型方程组的复形式及其解的存在唯一性，贵州大学学报(自然科学)，1995，2:65—71.

[153] Wen, Guo-chun and Xu, Zuo-liang, 1) Some free boundary value problems in elasticity, Geometric Function Theory and Applications of Complex Analysis in Mechanics, Longman, Harlow, 1991, 167—175.

2)带非光滑边界二阶非线性椭圆型方程的 Poincaré 问题，辽宁工学院学报，1994，1:13—18.

[154] Wen, Guo-chun and Yang, C. C., 1)Some discontinuous boundary value problems for nonlinear elliptic systems of first order in the plane, Complex Variables, Theory Appl., 25(1994), 217—226.

2) Finite element solutions of the oblique derivative problem for elliptic complex eqations of second order, 四川师范大学学报(自然科学)，1994，3:20—28.

3) On general boundary value problems for nonlinear elliptic equations of second order in a multiply connected domain, Acta Applicandae Mathematicae, 43(1996), 169—189.

[155] Wen, Guo-chun and Yang, Guang-wu, The mixed boundary value problem for quasilinear elliptic equations of second order, Complex Variables, Theory and Application, 26(1994), 101—112.

[156] 闻国椿，杨广武，黄沙等，广义解析函数及其拓广，河北教育出版社，保定，1989.

[157] 闻国椿，杨广武，康世祥，Some basic boundary value problems for elliptic complex equations of first order with non-smooth boundaries，四川师范大学学报(自然科学)，1994，6:17—25.

[158] Wen, Guo-chun and Zhao, Zhen, Integral equations and boundary value problems, World Scientific, Singapore, 1991.

[159] Wendland, W., 1)On a class of semilinear boundary value problems for certain elliptic systems in the plane, Complex Analysis and its Applications. Akad. Nauk

USSR, Izd. Nauka, Moscow, 1978, 108—119.

2) On the imbedding method for semilinear first order elliptic systems and related finite element methods, Continuation methods, Academic Press, New York, 1978, 277—336.

3)Elliptic systems in the plane, Pitman, London, 1979.

4)Zur Behandlung elliptischer Randwertaufgaben mit Integralgleichungen, Wiss. Schriftenreihe TH Karl-Marx-Stadt, 1979, 143—153.

[160] Wilson, D. G., Soloman, A. D. and Boggs, P. T., Moving boundary problems, Academic Press, New York, 1978.

[161] Wloka, J., Partielle Differentialgleichungen, Teubner-Verlag, Leipzig, 1982.

[162] Wolfersdorf, L. v., 1) A class of nonlinear Riemann-Hilbert problems for holomorphic functions, Math. Nachr., 116(1984), 89—107.

2)On strongly nonlinear Poincaré boundary value problems for harmonic functions, Z. Anal. Anw., 3(1984), 385—399.

[163] Wolferdorf, L. v. and Wolska-Bochenek, J., A compound Riemann-Hilbert problem for homomorphic functions with nonlinear boundary condition, Demonstration Math., 17(1984), 545—556.

[164] 吴素明，土坝渗流中的非线性自由边界问题，北京大学学报(自然科学)，1987，5:78—91.

[165] Xu, Zhen-yuan, 1)Nonlinear Poincaré problem for a system of first order elliptic equations in the plane, Complex Variables, Theory and Application, 7(1987), 363—381.

2) Boundary value problems and function theory for spin-invariant differential operators, Ph. D thesis, State Univ. Ghent, Ghent, 1989.

3)取值在 Clifford 代数中的正则函数的线性与非线性 Riemann-Hilbert 问题，数学年刊，11B(1990)，349—357.

[166] Xu, Zuo-liang, A free boundary in axisymmetric nonstationary filtration, Integral Equations and Boundary Value Problems, World Scientific, Singapore, 1991, 251—256.

[167] Yang, C. C., Wen, G. C., Li, K. Y. and Chiang, Y. M., Complex analysis and its applications, Longman, Harlow, 1993.

[168] 杨丕文，四元数空间中的正则函数与某些边值问题，四川师范大学学报(自然科学)，1994，6:1—7.

[169] 庄圻泰，杨重骏，何育赞，闻国椿，单复变函数论中的几个论题，科学出版社，北京，1995.

# 《现代数学基础丛书》已出版书目

1 数理逻辑基础(上册) 1981.1 胡世华 陆钟万 著
2 数理逻辑基础(下册) 1982.8 胡世华 陆钟万 著
3 紧黎曼曲面引论 1981.3 伍鸿熙 吕以辇 陈志华 著
4 组合论(上册) 1981.10 柯 召 魏万迪 著
5 组合论(下册) 1987.12 魏万迪 著
6 数理统计引论 1981.11 陈希孺 著
7 多元统计分析引论 1982.6 张尧庭 方开泰 著
8 有限群构造(上册) 1982.11 张远达 著
9 有限群构造(下册) 1982.12 张远达 著
10 测度论基础 1983.9 朱成熹 著
11 分析概率论 1984.4 胡迪鹤 著
12 微分方程定性理论 1985.5 张芷芬 丁同仁 黄文灶 董镇喜 著
13 傅里叶积分算子理论及其应用 1985.9 仇庆久 陈恕行 是嘉鸿 刘景麟 蒋鲁敏 编
14 辛几何引论 1986.3 J.柯歇尔 邹异明 著
15 概率论基础和随机过程 1986.6 王寿仁 编著
16 算子代数 1986.6 李炳仁 著
17 线性偏微分算子引论(上册) 1986.8 齐民友 编著
18 线性偏微分算子引论(下册) 1992.1 齐民友 徐超江 编著
19 实用微分几何引论 1986.11 苏步青 华宣积 忻元龙 著
20 微分动力系统原理 1987.2 张筑生 著
21 线性代数群表示导论(上册) 1987.2 曹锡华 王建磐 著
22 模型论基础 1987.8 王世强 著
23 递归论 1987.11 莫绍揆 著
24 拟共形映射及其在黎曼曲面论中的应用 1988.1 李 忠 著
25 代数体函数与常微分方程 1988.2 何育赞 萧修治 著
26 同调代数 1988.2 周伯壎 著
27 近代调和分析方法及其应用 1988.6 韩永生 著
28 带有时滞的动力系统的稳定性 1989.10 秦元勋 刘永清 王 联 郑祖庥 著
29 代数拓扑与示性类 1989.11 [丹麦] I. 马德森 著
30 非线性发展方程 1989.12 李大潜 陈韵梅 著

31 仿微分算子引论 1990.2 陈恕行 仇庆久 李成章 编
32 公理集合论导引 1991.1 张锦文 著
33 解析数论基础 1991.2 潘承洞 潘承彪 著
34 二阶椭圆型方程与椭圆型方程组 1991.4 陈亚浙 吴兰成 著
35 黎曼曲面 1991.4 吕以辇 张学莲 著
36 复变函数逼近论 1992.3 沈燮昌 著
37 Banach 代数 1992.11 李炳仁 著
38 随机点过程及其应用 1992.12 邓永录 梁之舜 著
39 丢番图逼近引论 1993.4 朱尧辰 王连祥 著
40 线性整数规划的数学基础 1995.2 马仲蕃 著
41 单复变函数论中的几个论题 1995.8 庄圻泰 杨重骏 何育赞 闻国椿 著
42 复解析动力系统 1995.10 吕以辇 著
43 组合矩阵论(第二版) 2005.1 柳柏濂 著
44 Banach 空间中的非线性逼近理论 1997.5 徐士英 李 冲 杨文善 著
45 实分析导论 1998.2 丁传松 李秉彝 布 伦 著
46 对称性分岔理论基础 1998.3 唐 云 著
47 Gel'fond-Baker 方法在丢番图方程中的应用 1998.10 乐茂华 著
48 随机模型的密度演化方法 1999.6 史定华 著
49 非线性偏微分复方程 1999.6 闻国椿 著
50 复合算子理论 1999.8 徐宪民 著
51 离散鞅及其应用 1999.9 史及民 编著
52 惯性流形与近似惯性流形 2000.1 戴正德 郭柏灵 著
53 数学规划导论 2000.6 徐增堃 著
54 拓扑空间中的反例 2000.6 汪 林 杨富春 编著
55 序半群引论 2001.1 谢祥云 著
56 动力系统的定性与分支理论 2001.2 罗定军 张 祥 董梅芳 著
57 随机分析学基础(第二版) 2001.3 黄志远 著
58 非线性动力系统分析引论 2001.9 盛昭瀚 马军海 著
59 高斯过程的样本轨道性质 2001.11 林正炎 陆传荣 张立新 著
60 光滑映射的奇点理论 2002.1 李养成 著
61 动力系统的周期解与分支理论 2002.4 韩茂安 著
62 神经动力学模型方法和应用 2002.4 阮 炯 顾凡及 蔡志杰 编著
63 同调论——代数拓扑之一 2002.7 沈信耀 著
64 金兹堡-朗道方程 2002.8 郭柏灵 黄海洋 蒋慕容 著

65　排队论基础　2002.10　孙荣恒　李建平　著
66　算子代数上线性映射引论　2002.12　侯晋川　崔建莲　著
67　微分方法中的变分方法　2003.2　陆文端　著
68　周期小波及其应用　2003.3　彭思龙　李登峰　谌秋辉　著
69　集值分析　2003.8　李　雷　吴从炘　著
70　强偏差定理与分析方法　2003.8　刘　文　著
71　椭圆与抛物型方程引论　2003.9　伍卓群　尹景学　王春朋　著
72　有限典型群子空间轨道生成的格(第二版)　2003.10　万哲先　霍元极　著
73　调和分析及其在偏微分方程中的应用(第二版)　2004.3　苗长兴　著
74　稳定性和单纯性理论　2004.6　史念东　著
75　发展方程数值计算方法　2004.6　黄明游　编著
76　传染病动力学的数学建模与研究　2004.8　马知恩　周义仓　王稳地　靳　祯　著
77　模李超代数　2004.9　张永正　刘文德　著
78　巴拿赫空间中算子广义逆理论及其应用　2005.1　王玉文 著
79　巴拿赫空间结构和算子理想　2005.3　钟怀杰 著
80　脉冲微分系统引论　2005.3　傅希林　闫宝强　刘衍胜　著
81　代数学中的 Frobenius 结构　2005.7　汪明义　著
82　生存数据统计分析　2005.12　王启华　著
83　数理逻辑引论与归结原理(第二版)　2006.3　王国俊　著
84　数据包络分析　2006.3　魏权龄　著
85　代数群引论　2006.9　黎景辉　陈志杰　赵春来　著
86　矩阵结合方案　2006.9　王仰贤　霍元极　麻常利　著
87　椭圆曲线公钥密码导引　2006.10　祝跃飞　张亚娟　著
88　椭圆与超椭圆曲线公钥密码的理论与实现　2006.12　王学理　裴定一　著
89　散乱数据拟合的模型、方法和理论　2007.1　吴宗敏　著
90　非线性演化方程的稳定性与分歧　2007.4　马　天　汪宁宏　著
91　正规族理论及其应用　2007.4　顾永兴　庞学诚　方明亮　著
92　组合网络理论　2007.5　徐俊明　著
93　矩阵的半张量积:理论与应用　2007.5　程代展　齐洪胜　著
94　鞅与 Banach 空间几何学　2007.5　刘培德　著
95　非线性常微分方程边值问题　2007.6　葛渭高　著
96　戴维-斯特瓦尔松方程　2007.5　戴正德　蒋慕蓉　李栋龙　著
97　广义哈密顿系统理论及其应用　2007.7　李继彬　赵晓华　刘正荣　著
98　Adams 谱序列和球面稳定同伦群　2007.7　林金坤　著

99 矩阵理论及其应用 2007.8 陈公宁 编著
100 集值随机过程引论 2007.8 张文修 李寿梅 汪振鹏 高 勇 著
101 偏微分方程的调和分析方法 2008.1 苗长兴 张 波 著
102 拓扑动力系统概论 2008.1 叶向东 黄 文 邵 松 著
103 线性微分方程的非线性扰动(第二版) 2008.3 徐登洲 马如云 著
104 数组合地图论(第二版) 2008.3 刘彦佩 著
105 半群的 $S$-系理论(第二版) 2008.3 刘仲奎 乔虎生 著
106 巴拿赫空间引论(第二版) 2008.4 定光桂 著
107 拓扑空间论(第二版) 2008.4 高国士 著
108 非经典数理逻辑与近似推理(第二版) 2008.5 王国俊 著
109 非参数蒙特卡罗检验及其应用 2008.8 朱力行 许王莉 著
110 Camassa-Holm 方程 2008.8 郭柏灵 田立新 杨灵娥 殷朝阳 著
111 环与代数(第二版) 2009.1 刘绍学 郭晋云 朱 彬 韩 阳 著
112 泛函微分方程的相空间理论及应用 2009.4 王 克 范 猛 著
113 概率论基础(第二版) 2009.8 严士健 王隽骧 刘秀芳 著
114 自相似集的结构 2010.1 周作领 瞿成勤 朱智伟 著
115 现代统计研究基础 2010.3 王启华 史宁中 耿 直 主编
116 图的可嵌入性理论(第二版) 2010.3 刘彦佩 著
117 非线性波动方程的现代方法(第二版) 2010.4 苗长兴 著
118 算子代数与非交换 $L_p$ 空间引论 2010.5 许全华 吐尔德别克 陈泽乾 著
119 非线性椭圆型方程 2010.7 王明新 著
120 流形拓扑学 2010.8 马 天 著
121 局部域上的调和分析与分形分析及其应用 2011.4 苏维宜 著
122 Zakharov 方程及其孤立波解 2011.6 郭柏灵 甘在会 张景军 著
123 反应扩散方程引论(第二版) 2011.9 叶其孝 李正元 王明新 吴雅萍 著
124 代数模型论引论 2011.10 史念东 著
125 拓扑动力系统——从拓扑方法到遍历理论方法 2011.12 周作领 尹建东 许绍元 著
126 Littlewood-Paley 理论及其在流体动力学方程中的应用 2012.3 苗长兴 吴家宏 章志飞 著
127 有约束条件的统计推断及其应用 2012.3 王金德 著
128 混沌、Mel'nikov 方法及新发展 2012.6 李继彬 陈凤娟 著
129 现代统计模型 2012.6 薛留根 著
130 金融数学引论 2012.7 严加安 著
131 零过多数据的统计分析及其应用 2013.1 解锋昌 韦博成 林金官 著

132　分形分析引论　2013.6　胡家信　著

133　索伯列夫空间导论　2013.8　陈国旺　编著

134　广义估计方程估计方程　2013.8　周　勇　著

135　统计质量控制图理论与方法　2013.8　王兆军　邹长亮　李忠华　著

136　有限群初步　2014.1　徐明曜　著

137　拓扑群引论(第二版)　2014.3　黎景辉　冯绪宁　著

138　现代非参数统计　2015.1　薛留根　著